生命科学核心课程系列教材

生物工程实验技术

主　编　常景玲
副主编　华承伟　孙　婕　陈建军

科学出版社

北　京

内 容 简 介

本书的编写主要从实验设计出发，以发酵过程控制、产物提取和分离纯化为主线，突出每个实验的基本原理、操作技能及数据处理方法。全书共7章，分别为实验室与实验的一般规则、生物过程参数检测与控制、发酵工程技术、酶工程技术、细胞工程技术、基因工程技术和生物产品分离纯化，每章都有相应的参考文献，书后还摘编了生物工程实验常用的附录。目前，为适应"厚基础、重应用、高工程素质"的人才培育模式，大多高校的生物工程及其相关专业均开设有综合大实验课程，教学一般采取连续课时，本书为此课程提供了具有代表性的、成套的综合大实验内容，便于教学中选用。

本书可作为高等院校生物工程、生物科学、食品科学、微生物等专业教学用书，也可供微生物发酵行业有关研究人员、企业技术人员等参考。

图书在版编目 (CIP) 数据

生物工程实验技术/常景玲主编 .—北京：科学出版社，2012
生命科学核心课程系列教材
ISBN 978-7-03-034489-2

Ⅰ.①生⋯　Ⅱ.①常⋯　Ⅲ.①生物工程-实验-高等学校-教材　Ⅳ.①Q81-33

中国版本图书馆 CIP 数据核字（2012）第 110384 号

责任编辑：席　慧　刘　晶/ 责任校对：刘小梅
责任印制：阎　磊 / 封面设计：迷底书装

科学出版社 出版
北京东黄城根北街 16 号
邮政编码：100717
http://www.sciencep.com

铁成印刷厂 印刷
科学出版社发行　各地新华书店经销

*

2012 年 6 月第 一 版　　开本：787×1092　1/16
2012 年 6 月第一次印刷　　印张：19
字数：492 000

定价：**42. 00 元**

（如有印装质量问题，我社负责调换）

《生物工程实验技术》编委会名单

前　言

生物工程被视为人类 21 世纪三大前沿学科之一。现代生物工程的应用领域非常广泛，包括农业、工业、医学、药物学、能源、环保、冶金、化工原料等，可概括为五大工程：基因工程、细胞工程、发酵工程、酶工程和生物反应器工程。

近年来，教育改革对高等院校提出了很多新的要求，教育部在教高［2007］1号、2号文件中强调，"高度重视实践环节，提高学生实践能力"。党的十七大报告也明确指出，"提高自主创新能力，建设创新型国家，是国家发展战略的核心，是提高综合国力的关键"。由此可见，党和国家十分关注大学生实践和创新能力的培养。生物工程被视为对未来有较大影响力的朝阳行业，生物工程专业的学生正面临着各种各样的机遇，生物工程专业应该培养"厚基础、重实践、强能力、高素质"的应用型人才。

高校生物工程专业主要是培养掌握现代生物工程及产业化科学原理，具有扎实的专业基础知识与技能，能够进行生物工程产品生产、研制与开发及工艺流程和工程设计等的高级工程技术人才。传统的生物工程专业实验教学一般以课程为单位，采用固定学时、以单元操作为模块、以验证性实验为主体的教学模式，实验内容简单，相互融合较少；验证性实验较多，综合性、设计性、研究性实验较少；传统型、经典型实验较多，实用型、反映学科前沿的实验较少。这种以老师为主、学生为辅的做法，使实验流于形式，教学效果较差，既不能调动学生学习的积极性和主动性，也很难体现生物工程实验的综合性特点，不利于学生综合应用所学理论与技术解决实际问题能力的培养，也不利于学生对于生物工程知识与技术全面的了解和掌握。生物工程专业开设综合大实验正是强化学生实践环节、提高学生动手能力的有效手段之一。通过为期 3～4 周的综合大实验的训练，学生可在实验设计能力、动手能力、创新能力、团队合作精神等方面有大幅提高，不但为其后续的毕业课题研究打下坚实的基础，还可增强学生再深造和就业的竞争力。

对于生物工程专业实验来说，其作为一门实验性及应用性较强的学科，不仅要求培养的人才具有深厚的理论基础，还应具备较强的独立分析和解决问题的能力，因此，生物工程专业建设过程中，如何规划与开设该专业的实验课程就成为一个非常重要的问题，尤其是如何建设能够体现生物工程专业特点和培养方向的专业综合性实验课程就更为迫切与关键。

本书的编写人员为在高校和企业常年从事生物工程教学、科研与生产的专家及青年学者，他们在参阅了大量相关论著和文献的基础上，将长期以来的研究成果和企业产品生产的先进工艺技术凝练在一起编写成本书，书中既有他人的成熟方法，也有自己积累的经验，具有可靠的重复性。其中，第 1 章由常景玲、王国霞、鲁吉珂和华承伟编写，第 2 章由陈建军编写，第 3 章由李兰编写，第 4 章由鲁吉珂和华承伟编写，第 5 章由孙婕编写，第 6 章由王国霞编写，第 7 章由张艳芳、孙婕和华承伟编写；常景玲、王国霞负责附录的编写。全书由常景玲教授最后审校和定稿。

　　建议本课程安排在短学期连续进行，全部实验可在 3～4 周内完成。各高校生物工程专业可根据实际情况选择书中的成套实验。

　　本书得以完成，全靠所有参编者的共同努力，但由于编者水平有限，书中不足及疏漏之处在所难免，恳请读者批评指正。

常景玲

2012 年 4 月 15 日

目　　录

第1章 实验室与实验的一般规则

1.1 实验室一般规则

1.1.1 实验室规则要点

(1) 每个同学都应遵守学习纪律，维护实验室秩序，保持室内安静，不大声说笑或喧哗。

(2) 实验前认真做好预习，明确目的和要求，了解本次实验内容的基本原理和操作步骤。

(3) 在实验过程中听从教师的指导，严肃认真地按操作规程进行实验，并简要、准确地将实验结果及原始数据记录在专用的实验记录本上，养成良好的、实事求是的科学作风。课后及时总结复习，根据原始记录进行整理，并写出实验报告，按时送交任课教师评阅。

(4) 保持实验室环境和仪器的整洁是做好实验的关键。必须维持实验桌面及试剂药品架上的清洁整齐，不要乱放和乱扔，仪器和试剂药品放置要井然有序。公用试剂药品用毕后立即盖好放回原处，要特别注意保持药品及试剂的纯净，严禁混杂。

(5) 使用仪器、药品、试剂和各种器材都必须注意爱护及节约，不得浪费。洗涤和使用玻璃仪器时，应谨慎仔细，防止损坏；在使用贵重精密仪器时，应严格遵守操作规程，发现故障立即报告教师，不要擅自动手拆散和检修。

(6) 废弃溶液可倒入水槽内，但强酸、强碱溶液必须先用水稀释后，再放水冲走。强腐蚀性废弃试剂药品、废纸及其他固体废物或带有渣滓沉淀的废液均应倒入废品缸内，不能倒入水槽内。

(7) 实验室内一切物品，未经本室教师许可，严禁携出室外，借物时必须办理登记手续。仪器损坏时，应随即向教师报告，如实说明情况并认真登记后方可补领。

(8) 必须遵守和熟悉实验室安全规章及防护知识，不得违反和破坏。禁止在实验室内吸烟。使用电炉时应有人在旁，不可擅自离开不管，用毕后切记断电。

(9) 每次实验结束后，应各自将仪器清理放置（部分玻璃器皿需倒置安放），并整理好实验桌面上的物品。值日生要负责当日实验室的卫生和安全检查，做好全部清理工作，离开实验室前应关上水、电、燃气、门窗等，严防安全隐患事故的发生。

(10) 对实验内容和安排不合理之处可提出改进意见，做到教学相长。对实验中出现的一切反常现象可开展分析和讨论。

(11) 洗净的仪器要放在架上或干净的纱布上晾干，不能用抹布擦拭，更不能用抹布擦拭仪器内壁。

(12) 挪动干净玻璃仪器时，勿使手指接触仪器内部。

(13) 取出的试剂和标准溶液，如未用尽，切勿倒回原试剂瓶内，以免掺混。

(14) 凡是发生烟雾、有毒气体及有臭味气体的实验，必须在通风橱内进行。

（15）用实验动物进行实验时，不许戏弄动物。进行杀死或解剖等操作，应按规定方法进行，绝对不能用动物、手术器械或药物开玩笑。

（16）一般容量仪器的容积都是在 20℃下校准的。使用时如温差在 5℃以内，容积改变不大，可以忽略不计。

1.1.2　实验室基本设施的使用

1.1.2.1　生物工程实验室的常规仪器、设备

1. 温度控制系统

（1）冰箱：根据药品、试剂及多种生物制剂保存的需要，必须具备不同控温级别的冰箱，最常使用的有 4℃、－20℃、－80℃冰箱。

4℃适合储存某些溶液、试剂、药品等。

－20℃适合某些试剂、药品、酶、血清、配好的抗生素、DNA 和蛋白质样品等的保存。

－80℃适合某些长期低温保存的样品、纯化的样品、特殊的低温处理消化液等的保存。

0～10℃的冷柜适合低温条件下的电泳、层析、透析等实验。

（2）液氮罐：有些实验材料、某些器官组织、细胞株、菌株及纯化的样品等，要求速冻和长期保存在超低温环境下，就需要一个液氮罐（－196℃），其具有经济、省力和较好地保持细胞生物学特性的优点。

（3）培养箱：37℃恒温箱用于细菌的固体培养和细胞培养。

CO_2 培养箱适用于培养各种细胞，可恒定地提供一定量的 CO_2（通常 5%），用来维持培养液的酸度（pH）。

37℃恒温空气摇床可进行液体细菌的培养。

（4）水浴锅：用于保温。

25～100℃水浴摇床可用于分子杂交实验及各种生物化学酶反应等实验的保温。

25～100℃水浴箱用于常规实验。

（5）烘箱：主用于烘干实验器皿，有些需要温度高些，有些需要温度低些。用于 RNA 方面的实验用具，需要在 250℃烘箱中烘干，有些塑料用具只能在 42～45℃的烘箱中进行烘干。

2. 水的净化装置

随着分子生物学的飞速发展，许多实验对水纯度的要求越来越高。常用的水的净化装置有以下几种。

（1）蒸馏水器：单蒸水常难以满足实验要求，可用双蒸水、三蒸水配液。多次蒸馏水可除去水中非挥发性杂质，不能完全除去水中溶解的气体杂质。

（2）离子交换器：用离子交换法制取的水，称为去离子水，其去离子效果好，但不能除去水中的非离子型杂质，其中常含有微量的有机物（树脂等）。

（3）超纯水：用蒸馏水、离子交换水、反渗透纯水作为供水，用磁铁耦合齿轮泵作用使水循环。超纯水用于 PCR、氨基酸分析、DNA 测序、酶反应、组织和细胞培养等。

3. 菌消毒设备

（1）蒸汽消毒锅：用于小批量物品的随时消毒。大批实验物品、试剂、培养基可使用大型消毒器定时进行消毒。

（2）紫外线、75%乙醇、0.1%SDS（消毒剂）。

一些不耐高压、高温消毒的用具可用紫外线照射，或用乙醇和 SDS 浸泡。

紫外线照射使用方便，但灭菌效果与距离有关，且产生臭氧污染，常用于无菌室、超净台和塑料用具的消毒。

（3）滤器滤膜：不耐高温、高压的试剂用其除菌。

（4）煮沸消毒：主要用于金属器械的消毒和急需时采用。

4. 计量系统

（1）称量系统：（各种天平）台秤、托盘天平、钮力摆动天平、光电分子天平、精密电子分析天平。

（2）液体体积的度量。

精量器：移液管、微量取液器。

粗量器：刻度试管、烧杯、锥形瓶、量筒。

（3）pH 测量。

pH 计：测定溶液中 H^+ 的直接电位的仪器，主要通过一对电极，在不同的 pH 溶液中产生不同的电动势，用 pH 表示出来。

pH 试纸：只适用于培养液、酚饱和液、缓冲液或其他试剂溶液 pH 的粗略估计；而大部分试剂配制严格要求 pH，需精确度高（小数点后两位）的 pH 计。

（4）OD 值测量：光密度计、分光光度计是利用物质在可见光和紫外线区域中的吸收光谱来鉴定该物质的性质及含量的一种仪器。它由光源、单色器、吸收池、接收器、测量仪表或显示屏幕所组成。OD 值是许多溶液中溶质定量的方便指标之一，通过所产生的单色光来测定某一溶液对该单色光的吸收值，利用它可进行核酸溶液定量和纯度的初步判断。

5. 离心机

离心技术是研究生物结构和功能不可缺少的一种物理技术手段。因为各种物质在沉淀系数、浮力和质量等方面有差异，可利用强大的离心力场，使其分离、纯化和浓缩。目前有各种各样的离心机，可供少于 0.05mL 到几升的样品离心之用。离心技术应用广泛，包括收集和分离细胞、细胞器和生物大分子等。据其转速的不同，离心机可分为以下几种类型。

（1）常速离心机：最大转速 8000r/min，最大离心力 10 000g。

医用或台式离心机：是离心机中最简单而廉价的，最常用于收集快速沉降系数的物质，如红细胞、粗大的沉淀物、酵母菌和细菌等。

低速冷冻离心机：主要用于细胞、细胞核、细胞膜及细菌的沉淀和收集等。

（2）高速离心机：最大转速 25 000r/min，最大离心力 100 000g。有冷冻和常温两种，多用于制备和收集微生物、细胞碎片、细胞、大的细胞器、硫酸铵沉淀物及免疫沉淀物等。

（3）超速离心机：最大转速 120 000r/min，最大离心力 500 000g。主要用于 DNA、RNA、蛋白质等生物大分子以及细胞器、病毒等的分离纯化；样品纯度检测；沉降系数和相对分子质量的测定等。

6. 超净工作台

内有紫外灯、照明灯，还应有酒精灯火焰、75％乙醇等灭菌的设备，是一种提供局部洁净度的设备。其原理是鼓风机驱动空气，经过低、中效的过滤器后，通过工作台面，使实验操作区域成为无菌的环境。超净台按气流方向的不同大致分为如下几种类型。

（1）侧流式：净化后，气流从左侧或右侧通过工作台面流向对侧，或者从上往下或从下往上流向对侧，它们都能形成气流屏障而保障台面无菌。

缺点：在净化气流和外面气体交界处，可由气体的流向而出现负压，使少量的未净化气体混入，而造成污染。

（2）外流式：气流面向操作人员的方向流动，从而保证外面气体不能混入。

缺点：在进行有害物质实验时，对操作人员不利，但可采用有机玻璃把上半部分遮挡起来，使气流从下方流出。

7. 电泳系统

电泳技术用于检测、鉴定各种生物大分子的纯度、含量及描述它们的特征，甚至还是分离、纯化、回收和浓缩样品的技术之一。核酸和蛋白质等都带有电荷，当它们被置于电场中时，能够移动。

电泳装置由两部分组成：电源装置和电泳槽装置。

（1）电源装置：电源需通过稳压器稳流，既能提供稳定的直流电，又能输出稳定的电压，可用于三种电泳仪。

常度稳压电泳仪：输出电压 $0\sim500V$，$0\sim15mA$；

中度稳压电泳仪：输出电压 $400\sim1000V$；

高度稳压电泳仪：输出电压 $1000V$ 以上的电源装置。

（2）电泳槽装置：可分为以下两种。

水平式电泳槽：一般分为微型电泳槽和大号水平式电泳槽；

垂直式电泳槽：分垂直平板电泳槽和圆柱形电泳槽装置。

8. PCR 仪

PCR（polymerase chain reaction）仪也称 DNA 热循环仪、基因扩增仪，它使一对寡核苷酸引物结合到正负 DNA 链上的靶序列两侧，从而酶促合成拷贝数百万倍的靶序列 DNA 片段。它的每一循环包括在三种不同温度下进行的 DNA 变性、引物复性、DNA 聚合酶催化的延伸反应三个过程。

9. 凝胶成像分析系统

对电泳后含溴化乙锭（EB）核酸样品的观察分析。

10. 干燥设备

（1）真空加热干燥箱：适用于热敏性、易分解、易氧化和复杂成分物料的快速干燥。

（2）电泳凝胶干燥箱：对电泳后的凝胶进行脱水干燥的仪器，一般可将凝胶干燥到一些玻璃纸上，干燥后的凝胶易于保存。

（3）液氮冷冻干燥：适用于活性蛋白质样品的干燥与结晶。

（4）真空泵：许多实验都需要抽真空，如乙醇沉淀后核酸样品的干燥、电泳凝胶的干燥等。

11. 其他

（1）微波炉：便于一些溶液的快速加热和定温加热，电泳琼脂糖凝胶配制、溶化等。

（2）制冰机：用于制造大多数核酸、蛋白质的实验操作所需的低温环境，以减少核酸酶或蛋白酶的水解。

（3）层析装置：（色谱分离）是一种分离多组分混合物的有效物理方法。

（4）磁力搅拌器：多角度旋转混匀器、快速振荡混合器，用于混合液体和液固样品的仪器。

（5）组织匀浆器：超声组织及细胞破碎器，用其进行样品的分离提纯实验。

（6）通风橱：很多溶剂能逸出毒气，故必备通风装置，放射性实验还要有有机玻璃屏蔽。

（7）玻璃蒸馏器、电热加帽、变压器：用于酚等有机溶剂的蒸馏。

（8）真空印记系统、DNA 合成/测序仪：这些都是对核酸进行深入研究的必备仪器。

（9）吸头、Eppendorf 管（EP 管）：微管移液器吸头（吸液尖）、EP 管（微量离心管）可洗涤，用硅化消毒后可反复使用。对一些要求严格的实验，如 RNA 的提取、保存等操作，应使用新的消毒吸头与 EP 管。另外还应备有常用规格的离心管（1000mL、500mL、250mL、50mL、7mL 等）及 96 孔、24 孔、12 孔、6 孔的细胞培养塑料平板等。

（10）小型设备、用具：定时器、滤膜、保鲜膜、防护眼镜、鸭嘴镊、常规的玻璃或塑料器皿（包括平皿、试管、烧杯、量瓶、试剂分液漏斗，避光保存的试剂应使用棕色试剂瓶，如饱和酚、巯基乙醇等）、记号笔、各种手套（PE、乳胶、家用、防酸的等）。

1.1.2.2　部分设备的使用方法

1. 恒温空气摇床的使用

（1）将样品瓶牢固放入弹簧夹中；

（2）接通电源开关，仪器进入准备状态；

（3）参数设定（设定温度、时间、转速等参数）；

（4）按启动键仪器开始工作，按暂停键可暂停托盘的旋转；

（5）按电源键，显示屏显示消失，关闭电源总开关。

2. 超净工作台的使用

（1）使用工作台时，先用经清洁液浸泡的纱布擦拭台面，然后用消毒剂擦拭消毒。

（2）接通电源，提前 30min 打开紫外灯照射消毒，处理净化工作区内工作台表面积累的微生物，15min 后，关闭紫外灯，开启鼓风机。

（3）工作台面上，不要存放不必要的物品，以保持工作区内的洁净气流不受干扰。

（4）操作结束后，清理工作台面，收集各废弃物，关闭风机及照明开关，用清洁剂及消毒剂擦拭消毒。

（5）最后开启工作台紫外灯，照射消毒 30min 后，关闭紫外灯，切断电源。

3. 低温台式高速离心机的使用

（1）把离心机置于平面桌或平面台上，目测使之平衡，用手轻摇一下离心机，检查离心机是否放置平衡。

（2）打开门盖，将离心管放入转子内，离心管必须成偶数对称放入，且要事先平衡，完毕用手轻轻旋转一下转子体，使离心管架运转灵活。

（3）关上门盖，注意一定要使门盖锁紧，完毕后用手检查门盖是否关紧。

（4）插上电源插座，按下电源开关（电源开关在离心机背面、电源座上方）。

（5）设置转子号、转速、时间：在停止状态下，用户可以设置转子号、转速、时间，此时离心机处于设置状态，停止灯亮、运行灯闪烁；按下启动键离心开始（常用，最高转速为 13 000r/min，时间最长为 20min）。

注意：对应的转子一定要设置在相应的转速范围内，不可超速使用，否则对试管或转子有损坏。

（6）离心机时间倒计时到"0"时，离心机将自动停止，当转子停转后，打开门盖取出离心管，关闭电源开关。

4. 微量移液器的使用

（1）将微量移液器装上吸头（不同规格的移液器用不同的吸头）。

（2）将微量移液器按钮轻轻压至第一停点。

（3）垂直握持微量移液器，使吸嘴浸入液面下几毫米，千万不要将吸嘴直接插到液体底部。

（4）缓慢、平稳地松开控制按钮，吸上样液；否则液体进入吸嘴太快，会导致液体倒吸入移液器内部，或吸入体积减小。

（5）1s 后将吸嘴提离液面。

（6）平稳地把按钮压到第一停点，再把按钮压至第二停点以排出剩余液体。

（7）提起微量移液器，然后按吸头弹射器除去吸头。

5. PCR 的使用

（1）开机：打开开关，视窗上显示"SELF TEST"。

（2）放入样品管，关紧盖子。

（3）如果要运行已经编好的程序，则直接按"Proceed"，用【箭头】键选择已储存的程序，按"Proceed"，则开始执行程序。

（4）如果要输入新的程序，则在 RUN-ENTER 菜单上用箭头键选择 ENTER PRO-GRAM，按"Proceed"：①命名新的程序，最多 8 个字母，输入后按"Proceed"确认（如输入字母、数字）；②输入程序步骤：输入名字后，确认，然后输入相关程序。

（5）输入完成的程序后，到 RUN-ENTER 菜单，选择新程序，开始运行。

（6）其他：用"Pause"可以暂停一个运行的程序，再按一次继续程序；用"Stop"或"Cancel"可停止运行的程序。

6. 电泳仪的使用

（1）首先用导线将电泳槽的两个电极与电泳仪的直流输出端连接，注意极性不要接反。

（2）按电源开关，显示屏出现"欢迎使用 DYY-12 型电脑三恒多用电泳仪……"等字样后，同时系统初始化，蜂鸣 4 声，设置常设值。屏幕转成参数设置状态，根据工作需要选择稳压稳流方式及电压电流范围。

（3）确认各参数无误后，按【启动】键，启动电泳仪输出程序。在显示屏状态栏中显示"Start"，并蜂鸣 4 声，提醒操作者电泳仪将输出高电压，注意安全。之后逐渐将输出电压加至设置值，同时在状态栏中显示"Run"，并有两个不断闪烁的高压符号，表示端口已有电压输出。在状态栏最下方，显示实际的工作时间（精确到秒）。

（4）电泳结束，仪器显示"END"，并连续蜂鸣提醒。此时按任一键可止鸣。

7. 高压灭菌锅

（1）开盖：转动手轮，使锅盖离开密封圈，添加蒸馏水至刚没于板上。

（2）通电：将控制面板上电源开关按至"ON"处，若水位低（LOW）则红灯亮。

（3）堆放物品：需包扎的灭菌物品，体积以不超过 $200mm \times 100mm \times 100mm$ 为宜，各包装之间留有间隙，堆放在金属框内，这样有利于蒸汽的穿透，提高灭菌效果。灭菌时间为 121℃，20min；如为液体，液体必须装在可耐高温的玻璃器皿中，且不可装满，2/3 即可，121℃，18～20min。

（4）密封高压锅：推横梁入立柱内，旋转手轮，使锅盖下压，充分压紧。

（5）设定时间和温度，开始灭菌。

（6）灭菌结束，所有东西放入干燥箱干燥，排尽水汽。

1.1.3 实验室的安全防护

实验室潜在各种危害因素，这些危害因素可能引发出各种事故，造成环境污染和人体伤害，甚至危及人的生命安全。因此我们不但要学习实验室安全技术和环境保护方面的有关知识，而且应该在实验中加以应用，防患于未然。

1.1.3.1 实验室常用危险品及其预防措施

生物工程专业实验室可能会遇到的易燃、易爆及有毒物质如下：

可燃性气体，如氢气、甲烷、乙烯、煤气、液化石油气、一氧化碳等；

可燃性液体，如乙醚、丙酮、汽油、苯、乙醇等；

可燃性固体，如木材、油漆、石蜡、合成纤维等，化学药品有五硫化磷、三硫化磷等；

爆炸性物质，如过氧化物、氮的卤化物、硝基或亚硝基化合物、乙炔类化合物等；

自燃物质，如磁带、胶片、油布、油纸等；

遇水燃烧物质，如活泼金属钾、钠、锂及其氢化物等；

混合危险性物质，如强氧化剂（重铬酸盐、氧气、发烟硫酸等）、还原剂（苯胺、醇类、有机酸、油脂、醛类等）；

有毒物质，如窒息性毒物（氮气、氢气、一氧化碳等）、刺激性毒物（酸类蒸气、氯气等）、麻醉性或神经毒物（芳香类化合物、醇类化合物、苯胺等）；

其他无机及有机毒物（如菌种诱变剂亚硝基胍等）和不能归入上述类型的有毒物质。

表 1-1 给出了几种常见的有毒物质在空气中的最高允许浓度。毒物侵入人体，主要是通过皮肤、消化道、呼吸道三条可能直接与毒物接触的途径。使用有毒物质时要准备好或戴上防毒面具、橡皮手套，有时要穿防毒衣装。实验室内严禁吃东西。

表 1-1 几种常见的有毒物质在空气中的最高允许浓度　　　　（单位：mg/m³）

物质名称	最高允许浓度	物质名称	最高允许浓度
一氧化碳	30	酚	5
氯气	2	乙醇	1500
氨气	30	甲醇	50
氯化氢及盐酸	150	苯乙烯	40
硫酸及硫酐	10	甲醛	5
苯	500	四氯化碳	5
二甲苯	100	溶剂汽油	350
丙酮	400	汞	0.1
乙醚	500	二硫化碳	10

离开实验室应洗手，特别应注意对可能被污染的面部或身体进行认真清洗。采用通风、排毒、隔离等安全防范措施。尽可能用无毒或低毒物质替代高毒物质。实验装置尽可能密闭，防止冲、溢、跑、冒事故发生。凡是某种物质侵入人体而引起局部或整个机体发生障碍，即发生中毒事件时，应在现场做一些必要处理，同时应尽快送医院或请医生来诊治。

1.1.3.2 水、电、蒸汽的正确使用

生物工程实验室中如何保证正确使用水、电、蒸汽，不仅关系到实验的正常进行，而且

关系到人体安全。

生物工程实验室中不论是培养基制备与杀菌，还是生物制品发酵与提取过程，一刻也离不开水。实验中除了应注意节约用水外，也应注意水的正确使用，应根据不同的用途选择自来水、蒸馏水、纯净水或重蒸水。实验室供水压力会因使用设备的不同而有不同要求。小型发酵罐的供水压力为 $1×10^5 Pa$，而中试规模发酵罐的供水压力为 $5×10^5 Pa$。另外，生物实验中会产生大量废水，冷却水可以直接排放，有毒废水应按照有关规定进行处理。

电的不正确使用会造成较大的伤害，甚至危及生命。电气设备要接地线，一般要用三眼插座，安装漏电保护装置，严禁用潮湿的手接触电器按钮。一般不带电操作，在特殊情况下带电操作时，必须穿上绝缘胶鞋及戴橡皮手套等防护用具；一般规定其动作电流不超过 30mA，切断电源时间应低于 0.1s。实验室内严禁随意拖拉电线。

当发生触电事故时，应迅速切断电源，如不能及时切断电源，应立即用绝缘的东西使触电者脱离电源。在将触电者移至适当地方后，及时解开衣服，使全身舒展，并立即找医生进行处理。如果触电者已处于休克状态等危急情况下，应立即实施人工呼吸及心脏按摩，直至救护医生到现场。

生物实验室中使用蒸汽的地方主要有培养基的高压蒸汽灭菌和大型发酵罐的温度控制等。如果实验室位于发酵工厂附近，可以向工厂购买配套装置。实验室内的蒸汽管路系统应具有防护套，外封套最好以镀锌套覆盖以使其美观、易于清洗并防止套封材料变湿。

空气在生物实验室中具有多种用途，除用于向发酵罐通风外，还用于气体分析仪器的校准等。

1.1.3.3　实验室的防火与防爆

对易燃易爆物品的使用，要做到用多少领多少，不用的要存放在安全的地方。使用过程中加强通风，目的在于有效控制易燃易爆物质在空气中的浓度。同时注意设备的密闭性，防止泄漏。另外，应管理好明火及高温表面，在有易燃易爆物质的场所，严禁明火（如电热板、开式电炉、电烘箱、马弗炉、煤气灯等）及白炽灯照明；严禁在实验室内吸烟；避免摩擦和冲击。严禁各类电气火花，包括高压电火花放电、弧光放电、电接点微弱火花等。

实验室管理人员应了解基本的消防措施，掌握灭火器材的使用方法。当出现火灾时，必须根据火灾的大小、燃烧物的类别及其环境情况选用合适的灭火器材，通常实验室发生火灾时按下述顺序选用灭火器材：二氧化碳灭火器、干粉灭火器、泡沫灭火器。实验室管理人员在电器发生火灾时应立即切断电源，并进行灭火。在特殊情况下不能切断电源时，不能用水来灭火，以防二次事故发生，应立即报火警，并说明情况。

设备漏、冲、冒等使可燃、可爆物质逸散在室内时，不可随意切断电源（包括仪器设备上的电源开关）。有时因通风设备没打开，一旦发生上述事故，就想推上电源开关加强通风等，这是非常危险的。某些电器设备是非防爆型的，启动开关瞬间发生的微弱火花将引发一场原可避免的重大事故。应该打开门窗进行自然通风，切断相邻室内的火源，及时疏散人员，有条件时可用惰性气体冲淡室内气体同时立即报告消防队进行处理。

1.1.4　实验室的环保知识

生物工程实验室的废液、废气和废渣必须经过处理才能排放，以防污染环境。为建立环保意识，应从使用的源头抓起。实验室一切药品及中间产品必须贴上标签，防止误用或处理不当引发事故。处理有毒或带有刺激性的物质时，必须在通风橱内进行，防止这些物质散逸在室内。实验室的废液应根据性质的不同分别集中在废液桶内，并贴上明显的标签。在集中废液时要注意，有些废液是不可以混合的，如过氧化物与有机物、盐酸等挥发性酸与不挥发性酸、铵盐及挥发性胺与碱等。接触过有毒物质的器皿、滤纸、容器等要分类收集后集中处理。废弃的培养基集中后，先经过高压灭菌再另行处理。一般的酸碱处理，必须在进行中和后用水大量稀释，才能排放到地下水槽。

1.1.5 生物安全性

生物安全是指生物技术从研究、开发、生产到实际应用整个过程中的安全性问题。这一问题的提出是由基因技术的出现，使人们有可能利用该技术创造许多前所未见的、具新性状的产品或新的物种，这就有可能出现目前还不能预见的后果。

生物安全性评价和控制，通常根据所设计的生物安全等级设定不同的生物安全水平。某一生物安全水平是由生物技术机构的实践与技术、安全设备及所拥有的设施几个方面的要求共同组成的，以适应对特定的生物进行安全的操作和处理。

我国于 1993 年正式颁布了《基因工程安全管理办法》，该办法按照潜在危险程度将基因工程工作分为 4 个安全等级：安全等级 I，该类基因工程工作对人类健康和生态环境尚不存在危险；安全等级 II，该类基因工程工作对人类健康和生态环境具有低度危险；安全等级 III，该类基因工程工作对人类健康和生态环境具有中度危险；安全等级 IV，该类基因工程工作对人类健康和生态环境具有高度危险。同时，该办法阐明了基因工程从实验室研究、中试到工业化生产不同工作阶段的安全性评价要点。

从微生物学和生物医学实验的生物危害分类来看，第 I 类微生物为已经确定并有特征表明尚未得知可使健康成人致病的活菌株，对实验人员和周围环境影响极小。属于这一等级的微生物有蜡状芽孢杆菌、家禽阿米巴原虫及犬瘟热病毒等。第 II 类微生物为天生具有中等危险性的广谱病原学因子，存在于公众之间，并与人类多种严重疾病有着联系。在敞开的实验工作台操作这类因子时，即使采用熟练的微生物实验技巧，也会导致潜在的生物危害。属于这一等级的代表性微生物有肝炎病毒（甲型、乙型、丙型）、沙门氏菌属、弓形虫属、葡萄球菌、链球菌、麻疹、骨髓灰质炎、肠炎等的病原体。第 III 类微生物为能够引起严重或致命性感染的病原体，不管它是天生的还是外来的。属于这一等级的代表性微生物有结核分枝杆菌、圣路易型脑炎病毒及贝纳氏立克次氏体（Q 热病原体）等。第 IV 类微生物为能够引起高度危险甚至威胁生命的疾病的病原体，不管它是天生的还是外来的。对于这类有潜在传染性的诊断材料、隔离物和感染动物的处理操作都会对实验工作人员产生高度危险。属于这一等级的代表性微生物有 Marburg（青猴热）、Congo Crimean 出血热病毒等的病原体。

有关负压洁净室级别分类标准和 $P_1 \sim P_4$ 级工作室适应工况范围见表 1-2 和表 1-3。

基因工程方面的微生物学实验操作规程，从生物安全角度考虑至少应该包括以下内容。

（1）在实验室内禁止饮食、吸烟、嚼口香糖、含咽喉片等。

（2）在敞开的实验台上操作病原性微生物时，应该在操作面上铺满一整块浸有消毒剂的纱布或其他有吸附性能的纺织品，以便及时吸收溢出的病原体，防止飞溅。一旦溢出，应立即消毒。

（3）移液操作时，不允许用口吸，应该用机械式的抽吸器材。

表 1-2　负压洁净室级别分类标准

标准提出单位	研究对象	级别					
		无感染可能	发病可能性小	感染机会多，症状轻	易感染，症状重	感染机会多，有重症无对症治疗	
美国疾病控制与预防中心（CDC）	病原微生物	1	2	3	4	5	6
美国国立癌症研究所（NCI）	癌病毒		低	中	高		
美国国立卫生研究院	遗传基因	P_1	P_2	P_3	P_4		
日本国立预防卫生研究院	微生物病毒		2a	2b	3a	3b	4a 　 4b
英国	病原微生物	C		B	A		
中国	病原微生物	4	3	2	1		
隔离类别		一次隔离		二次隔离			

表 1-3　$P_1 \sim P_4$ 级工作室适应工况范围

级别	工作特点	DNA 载体
P_1	1. 通常用微生物实验室 2. 可用嘴操作吸管 3. 对外人进入不限制 4. 可在开放性实验台上进行实验	若干低等真核生物及原生动物、噬菌体
P_2	1. 禁止外人进入实验室区域 2. 可能发生气溶胶的实验在Ⅱ级生物学安全柜中进行 3. 禁止用嘴操作吸管 4. 室内设高压消毒柜，对废弃物先灭菌再排放	无脊椎动物及植物、变温脊椎动物的生殖细胞和胚胎
P_3	1. 实验区域由双重门和气阀与外部隔离 2. 非本区人员禁止入内 3. 平时送外部空气入室内，室内排风经 HEPA 过滤后排放室外 4. 在Ⅱ级生物学安全柜内进行实验 5. 实验人员工作服为室内专用，用后先灭菌，再拿到外面去洗涤	变温脊椎动物，无脊椎动物的病毒、植物病毒、灵长类以外的哺乳类及鸟类
P_4	1. 隔离区采用独立建筑物与外部隔离 2. 根据相应隔离等级，保持室内负压 3. 在密闭型生物学安全柜（GBLⅢ级）内做实验 4. 非本区人员禁止入内 5. 取出的器材和废弃物先经双门高压消毒柜灭菌消毒后，再取出；排除的废液也要先灭菌后再排放 6. 实验室入口处设置国际生物学危险标志	灵长类的癌及致癌性研究

（4）接种时，白金耳或其他合金材料的环不应因受力而颤动，柄要短，圈要小。火焰灼烧时，应注意防止喷溅，以免散布有机体。

（5）使用各种塞盖时，不允许沾上培养物。不推荐使用螺口玻璃容器，最好使用一次性的塑料制品。

（6）使用注射器时必须当心。最好使用一次性的制品，并应在安全工作台内操作。

1.2　实验方案的确定

1.2.1　确定实验方案的原则

1.2.1.1　实验方案及其基本结构

实验方案是进行课题研究的具体设想，是进行课题研究的工作框架，是指导实验工作有序开展的一个纲要。制订课题的实验方案，是保证课题研究顺利进行的必要措施，是课题研究成果质量的重要保证，也有利于课题实施的科研管理。实验前，应围绕实验目的、针对研究对象的特征对实验工作的开展进行全面的规划和构想，拟定一个切实可行的实验方案。实验方案的基本结构主要包括：课题的含义与表述；研究的背景；研究的目的、意义；研究的范围和内容；研究的理论依据和假设；研究的方法和途径；进展的步骤（阶段任务、目标）、进度；成果形式；人员分工及责任；经费预算等。

1.2.1.2　确定实验方案的基本原则

一个优秀的实验设计方案应遵循以下原则。

(1) 科学性原则：是实验方案设计的首要原则。它指设计的实验原理、操作方法、操作程序都必须与所学理论知识及实验方法相一致。

(2) 可行性原则：指设计实验方案时，所运用的实验原理在实施时切实可行，而且所选用的化学药品、仪器、设备和方法等在现有条件下能够满足。

(3) 简约性原则：是指实验设计尽可能采用简单的装置或方法，用较少的实验步骤及药品，在较短的时间内完成实验，且效果明显。

(4) 安全性原则：是指实验中尽量防止带有危险性的操作，尽量避免与有毒物质接触，若无法避免应采取安全措施。

1.2.1.3　生物工程实验方案选择应注意的问题

1. 最佳方案选择

生物工程专业实验所涉及的内容十分广泛，由于实验目的不同、研究对象特征的不同、系统的复杂程度不同，实验者要想高起点、高效率地着手实验，必须在明确目的的基础上，对实验技术路线与方法进行选择。在进行系统周密的调查研究的基础上，总结和借鉴前人的研究成果，紧密结合生物工程理论和科学的实验方法，寻求合理的技术路线、最有效的实验方法。生物工艺过程的实验研究中，由于技术的积累，针对一个课题往往会有多种可供选择的工艺过程研究方案。研究者应根据研究对象的特征，从技术和经济相结合的角度对方案进行评价及筛选，以确定实验研究工作的最佳切入点。

2. 过程分解与系统简化

生物工艺过程开发中所遇到的研究对象和系统往往是十分复杂的，各种因素交织在一起，给实验结果的正确判断造成困难。生物细胞体系具有多相、多组分和非线性等特点，是一个复杂的群体生命活动，对错综复杂的过程，要认识其内在的本质和规律，必须采用过程分解与系统简化相结合的实验研究方法，在简化的基础上建立过程的物理模型，再据此推出数学模型，即在生物工程理论的指导下，将研究对象分解为不同层次，然后在不同层次上对实验系统进行合理的简化，并借助科学的实验手段逐一开展研究。在实验研究方法中，过程的分解是否合理、是否真正地揭示了过程的内在关系，是研究工作成败的关键。因此，过程的分解不能仅凭经验和感觉，还必须遵循生化工程理论的正确指导。例如，在微生物生长动力学的研究中，把细胞群体视为单组分，不考虑细胞个体之间的差别，细胞内各种成分均以相同的比例增加，建立了均衡生长模型，简化了计算。

由生物反应工程的理论可知，任何一个实际的工业反应过程，其影响因素均可分解为两类，即生物代谢因素和工程因素。生物代谢因素体现了生物反应本身的特性，其影响通过本征动力学规律来表达。工程因素体现了实现反应的环境，即生物反应器的特性，其影响通过各种传递规律来表达。生物反应的本征动力学规律与传递规律是相互独立的。基于这一认识，在研究一个具体的生物反应过程时，应对整个过程依生物代谢因素和工程因素进行不同层次的分解，在每个层次上抓住其关键问题，通过合理简化，开展有效的实验研究。

3. 工艺与工程相结合的开发思想

工艺与工程相结合的开发思想极大地推进了现代生物工程新技术的发展，如原位萃取发酵、膜反应器技术、超临界萃取与反应技术等都是将反应器的工程特性与反应过程的工艺特性有机结合在一起而形成的新技术。因此，如同过程分解可以帮助研究者找到行之有效的实验方法一样，通过工艺与工程相结合的综合思维，也会使研究者在实验技术路线和方法的选择上得到有益的启发。

4. 生物安全与可持续发展

生物工程学科发展的目的就是为了使人类社会可持续发展。因此，保护我们人类地球的生态平衡，开发资源、节约能源、保护环境将成为国民经济发展的重要课题。尤其对生物工程工业，如何有效地利用自然资源，避免高污染、高毒性化学品的使用，保护环境，实现清洁生产，是发酵工程和生物化工新技术、新产品开发中必须认真考虑的问题。

1.2.2　实验内容的确定

1.2.2.1　实验目标和关键问题的阐述

实验的目标必须要阐述清楚，所有实验主事人（stakeholder）都需要提供投入，所以首先应该明确做实验的目标。实验内容的确定应抓住实验课题的主要矛盾，有的放矢地开展工作。例如，同样是研究生物反应器中的流体变化，对搅拌罐研究的重点是机械混合及其流体返混合阻力问题，而气升式反应器研究的重点是气流搅拌及其流体返混合流体的均布问题。因此，在确定实验内容前，要对研究对象进行认真的分析，以便抓住关键问题。

1.2.2.2　响应（实验指标）的选择

所谓响应就是实验的观察或结果，是指为达到实验目的而必须通过实验来获取的一些表征实验研究对象特性的参数，如发酵过程的细胞生长速率、工艺实验测定的转化率和收率等。在一个实验中可能有多种响应，在选择响应时有一些关键问题需要考虑。首先，响应可以是连续的也可以是离散的。离散的响应可能是计数也可能是类别，如二元响应（好、坏）或有序响应（容易、适中、难）。一般情况下，连续响应更可取，如测量打开一扇门所用的力，用连续测试量评判要比用有序响应（容易、适中、难）好。一个连续特征的连续值记录要比该特征在指定范围内的百分比记录好，当然有时需要做某种权衡。其次，要注意选择响应应该有利于增加对问题的机制和物理法则的理解。例如，对于一个皂块的生产过程，现发现存在质量不足的问题。为解决这一问题，需要做改进工艺的实验，这时，皂块质量显然是一个响应选择，但通过对生产过程进一步的检查发现有两个子工序对皂块质量有直接的影响：影响皂块密度的混合工序和影响皂块大小的成形工序。故为了更好地了解造成质量不足问题的机制，可选择皂块的密度和大小作为响应。虽然不直接把皂块的质量作为响应，但是它可由皂块的密度和大小得到。因此研究密度和大小并无信息损失，且这样做可能会得到混合和成形两个子工序中的一些新的信息，进而可更好地了解质量不足的问题所在。

　　另外，响应可根据阐述的目标分为三大类型：①"望目"型（target），即实验的指标越接近某值越好；②"望大"型（maximize），即实验的指标越大越好；③"望小"型（minimize），即实验的指标越小越好。一个过程可能有很多响应变量，而且这些响应变量的重要程度对我们来说也可能不尽相同。相应的确定必须紧紧围绕实验目的，实验目的不同，研究的着眼点就不同，实验指标也就不一样。例如，同样是进行谷氨酸发酵研究，实验目的可能有两种：一种是通过控制生物素在发酵过程的亚适量，了解谷氨酸发酵的代谢过程；另一种是温度敏感型菌株，进行强制发酵。

1.2.2.3　因子和水平的选择

　　所谓因子（factor），就是实验中所研究的变量，如温度、压力、流量、原料组成、酸碱度、搅拌强度等。为了研究因子对响应的影响，需要用到因子的两个或更多个不同的取值，这些取值称为因子的水平（level）或设置（setting）。处理（treatment）是指因子的水平组合。当只有一个因子时，它的水平就是处理。要使实验成功，至关重要的是要在计划阶段把潜在的重要因子划定出来。划定潜在因子有两种图方法：第一，用过程或系统的流程图（flow chart），它对看出因子在多阶段过程的哪个位置出现非常有用；第二，用因果图（cause-and-effect diagram），可用它来列出和组织安排所有可能影响响应的潜在因子，因其形状似鱼骨，因果图也称为鱼骨图（fishbone diagram）。必须辨别各因子的不同特征，因为它们会影响到对实验设计的选择。有的因子其水平在实验中是难以变化的（hard to change），如炉温，改变温度设置要花相当长一段时间才能使其稳定在新设置的水平上。有的因子可能是难以设置的（hard to set），使得实验中的实际水平不同于所需要的水平，例如，在汽车挡风玻璃上喷射的弹丸实际冲击力只能设定在目标冲击力的 3psi① 误差范围之内。另外，有些因子的水平是很难或不可能控制的，这一类因子称为噪声（noise）因子。噪声因子的例子包括环境或顾客使用的条件等。

　　因子可以是定量的也可以是定性的。例如，温度、时间、压力等可在一个连续区域内取值的因子叫做定量因子。定性因子是在离散点上取值的因子，如操作模式、供货商、位置、生产线等都是定性因子。在这两类因子中，定量因子对因子水平的选择有更大的自由度，如取值于区间（100℃，200℃）的温度 T，则可取 130℃ 和 160℃ 作为因子 T 的两个水平，也可以取125℃、150℃ 和 175℃ 作为因子 T 的三个水平。若只考虑线性效应，两个水平就足够了；若还考虑非线性效应，则需要三个或更多个水平。一般来说，定量因子的水平值布置应该足够分

---

① 1psi＝6.894 76×10³Pa。

散，这样效应才可能检测出来，但也不要布置得太分散以致各种物理、机械因素都会包括进来（这样会使得统计建模和预测变得困难）。对于定性因子的水平选择就缺乏灵活性。例如，要比较三种测试方法，那么这三种方法都必须考虑作为"测试方法"因子的三个水平，除非研究人员暂时不想研究其中某一种方法，这样只有将两种方法在二水平实验中做比较了。

当水平个数的选择比较灵活时，则应该选择可依赖于所给因子水平组合的实验计划的可行性。在选择因子和水平时，必须考虑到费用和实际中的限制。实验因子必须具有可控制性和可检测性，即可采用现有的仪器进行控制，或可采用现有的分析方法或检测仪器直接测得，并具有足够的准确度。另外，选择因子必须与实际限制相适应，如果一个因子水平组合（如炉内长时间高温）可能导致灾难性的结果（如烧毁设备甚至爆炸），那么选择因子和水平时就应避免出现这种组合，或者选择能回避实施这种组合的其他设计。

选取变量水平时，应注意变量水平变化的可行域。可行域是指因子水平的变化在工艺、工程及实验技术上所受到的限制。例如，温度水平的变化应限制在生物催化剂的活性温度范围内，以确保实验在生物催化剂活性相对稳定范围内进行。在专业实验中，确定各变量的水平前，应充分考虑实验项目的工业背景及实验本身的技术要求，合理地确定其可行域。此外，实验因子与实验指标应具有明确的相关性，在相关性不明的情况下，应通过简单的预备实验加以判断。

1.2.3　实验设计

1.2.3.1　实验设计的"三要素"和"六原则"

实验设计（design of experiment）或设计实验（designed experiment）是一系列实验及分析方法集，通过有目的地改变一个系统的输入来观察输出的改变情况；是在已确定实验内容的基础上，需要制订完善的统计研究设计方案，拟定一个具体的实验安排表，以指导实验的进程。生物工程专业实验通常涉及多变量、多水平的实验设计，由于不同变量、不同水平所构成的实验点在操作可行域中的位置不同，对实验结果的影响程度也不一样。所以，如何安排和组织实验，用最少的实验获取最有价值的实验结果，成为实验设计的核心内容。

那么什么样的设计方案才称得上是完善的呢？一般来说，完善的设计方案需具备以下几个条件：实验所需的人力、物力和时间资源；实验设计的"三要素"和"六原则"均符合专业和统计学要求，对实验数据的收集、整理、分析等有一套规范的规定和正确的方法。而其中准确把握统计研究设计的"三要素"和"六原则"，是科学实验设计的核心。

实验设计的"三要素"：①实验对象。实验所用的材料即实验对象。例如，用小鼠做实验，小鼠就是本次实验的实验对象，或称为受试对象。实验对象选择的合适与否直接关系到实验实施的难度，以及别人对实验新颖性和创新性的评价。一个完整的实验设计中所需实验材料的总数称为样本含量。最好根据特定的设计类型估计出较合适的样本含量。样本过大或过小都有弊端。②实验因素。所有影响实验结果的条件都称为影响因素，实验研究的目的不同，对实验的要求也不同。影响因素有客观与主观、主要与次要因素之分。研究者希望通过研究设计进行有计划的安排，从而能够科学地考察其作用大小的因素称为实验因素（如药物的种类、剂量、浓度、作用时间等）；对评价实验因素作用大小有一定干扰性且研究者并不想考察的因素称为区组因素或称重要的非实验因素（如动物的窝别、体重等）；其他未加控制的许多因素的综合作用统称为实验误差。最好通过一些预实验，初步筛选实验因素并确定取哪些水平较合适，以免实验设计过于复杂，实验难以完成。③实验效应。实验因素取不同水平时在实验单位上所产生的反应称为实验效应。实验效应是反映实验因素作用强弱的标志，它必须通过具体的指标来体现。要结合专业知识，尽可能多地选用客观性强的指标，在仪器和试剂允许的条件下，应尽可能多地选用特异性强、灵敏度高、准确可靠的客观指标。对一些半客观（如读 pH 试纸上的数值）或主观指标（对一些定性指标的判断上），一定要事先规定读取数值的严格标准，只有这样才能准确地分析自己的实验结果，从而也大大提高自己实验结果的可信度。

实验设计的"六原则"：①随机性原则。实验设计中的随机化原则，是指被研究的样本是从总体中任意抽取的。这样做的意义在于：一是可以消除或减少系统误差，使显著性测验有意义；二是平衡各种条件，避免实验结果中的偏差，即运用"随机数字表"实现随机化；运用"随机排列表"实现随机化；运用计算机产生"伪随机数"实现随机化。尽量运用统计学知识来设计自己的实验，减少外在因素和人为因素的干扰。②对照性原则。在实验设计中，通常设置对照组，通过干预或控制研究对象以消除或减少实验误差，鉴别实验中的处理因素同非处理因素的差异。实验设计中可采用的对照方法很多，除了有阳性对照、标准对照、自身对照、相互对照之外，通常采用空白对照的原则，即不给对照组以任何处理因素，只有通过对照的设立我们才能清楚地看出实验因素在其中所起的作用。值得强调的是，不给对照组任何处理因素是相对实验组而言的，实际上对对照组还是要做一定的处理，只是不加实验组的处理因素。当某些处理本身夹杂着重要的非处理因素时，还需设立仅含该非处理因素的实验组为实验对照组；历史或中外对照组的设立——这种对照形式应慎用，其对比的结果仅供参考，不能作为推理的依据；多种对照形式并存。③重复性原则，即控制某种因素的变化幅度，在同样条件下重复实验，观察其对实验结果影响的程度。一般认为重复 5 次以上的实验才具有较高的可信度。任何实验都必须能够重复，这是具有科学性的标志。上述随机性原则虽然要求随机抽取样本，这能够在相当大的程度上抵消非处理因素所造成的偏差，但不能消除它的全部影响。平行重复的原则就是为解决这个问题而提出的。④平衡性原则。一个实验设计方案的均衡性好坏，关系到实验研究的成败。应充分发挥具有各种知识结构和背景的人的作用，群策群力，方可有效地提高实验设计方案的均衡性。在实验设计的过程中要注意时间上的分配，只有在时间上分配合理，才不会出现一段时间特别忙而一段时间特别闲的情况。⑤弹性原则。所谓空格，指的是在时间分配图上留有空缺。适当的空缺是非常必要的，只有这样才能富有弹性地实施实验计划，并不断地调整好自己的实验进度。⑥最经济原则。不论什么实验，都有它的最优选择方案，这包括在资金的使用上，也包括人力时间的损耗上，必要时可以预测实验的产出和投入的比值，这个比值越大越好，当然是以所拥有的实验条件作基础的。

另外，还有一个重要的原则是分区组（blocking）。一组齐性（homogeneous）单元称为一个区组（block）。区组的例子很多，如天、星期、上午-下午、批次、地块、孪生子、肾对等。要使分区组（blocking）有效，需把实验单元进行合理的安排使得区组内单元的差异远比区组间单元的差异小。通过在同一区组内比较处理，区组效应在处理效应比较中得以消除，从而使实验更有效。例如，假设存在一种已知的关于时间"天"的效应影响着响应，那么如果所有的处理能安排在同一天进行，则"天"与"天"之间的差异就可消除。

1.2.3.2　实验设计的基本步骤

（1）选择实验计划。根据实验设计的原则，在确定实验内容的基础上，选择实验计划，这一步是十分重要的。一个不好的设计可能只能获得极少的信息（这些信息还可能无助于分析），而一个精心安排好的设计实验可能会使结果变得清晰明白，而且不需要进行太复杂的分析。

（2）实验的实施。实验实施过程中，有时需先做一个尝试性的实验，看看是否进行该实验有困难，即该因子设置及响应测量是否有问题，这样做是很有必要的。在实验中任何与实验计划有偏离的内容都必须记录下来。例如，对难以设置的因子，其实际用值都应该记录下来。

（3）分析数据。对由实验收集到的数据有必要进行分析，而且这种分析应与所用的设计相适应。这种分析包括模型拟合、通过残差分析评估模型的假定等。

（4）做推断、提建议。基于数据分析，需要得出某些推断或结论。结论包括识别的重要因子及利用这些重要因子对响应所建立的模型，也可包括给出关于这些重要因子好的水平组合设置的建议。有时还有必要做一个验证性实验（confirmation experiment），以验证所推荐的水平组合是否真的好。结论应该重新提及计划实验时要达到的目标，还应包括给出是否要做跟随实验的建议。例如，若两个模型解释实验数据同等好，而只能选择一个作为最优模型，那么就必须做一个跟随实验。

1.2.3.3　实验设计的基本方法

近代实验设计可以追溯到伟大的统计学家 R. A. Fisher 于 20 世纪 30 年代在英国 Rothamsted 农业实验站的开创性工作。R. A. Fisher 的杰出工作及 F. Yates 和 D. J. Finney 的卓越贡献都是受到农业及生物中的问题的激励。农业实验规模较大、花费时间长，而且必须妥善处理田间的差异，这些考虑便导致了分区组、随机化、重复实验、正交性及方差分析和部分析因设计等技术的发展。这时组合设计理论（R. C. Bose 为此做了基础性工作）也随着处理区组设计和部分析因设计中问题的刺激而发展起来。这个时期的工作在社会科学研究及纺织和羊毛等工业中得到了应用。

第二次世界大战后，实验设计得到了迅速的发展。新的技术着重于流程的建模和优化，而不是限于处理比较，处理比较曾是农业实验中最初等的目的。由于实验的费用问题，流程工业的实验趋于考虑更省时间和更经济地设计实验次数。这种对时间和费用因素的考虑使得序贯实验成为自然而然的选择。同样这些考虑导致了实验设计的一些新技术的发展，如著名的中心复合设计和最优设计等，它们的分析更多地依赖回归建模和图表分析。基于拟合模型的过程优化也受到重视，因为设计的选择常常与特殊的模型相联系（如二阶中心复合设计对应一个二阶回归模型），且实验的区域可能是不规则的，故在寻找与一个特殊模型和（或）实验区域相适应的设计时需要有灵活的策略。随着快速计算方法的发展，最优设计（J. Kiefer 为此做了开拓性工作）已经成为这种策略的一个重要组成部分。

1. 单因素法

一种低效率的实验设计，一次只改变一个参数，而其他参数都保持不变。例如，单因素法（one factor at a time）优化发酵培养基组成，原理是保持培养基中其他所有组分的浓度不变，每次只研究一个组分的不同水平对发酵性能的影响。这种策略的优点是简单、容易，结果很明了，培养基组分的个体效应从图表上可很明显地看出来，而不需要统计分析。这种策略的主要缺点是：忽略了组分间的交互作用，可能会完全丢失最适宜的条件；不能考察因素的主次关系；当考察的实验因素较多时，需要大量的实验和较长的实验周期。但由于它的容易和方便，单因素法一直以来都是培养基组分优化的最流行的选择之一。

2. 析因实验设计

为了提高实验的有效性，英国人 R. A. Fisher 提出了"同时改变所有参数"的实验设计思想，这种方法被称为析因实验（factorial experiment）或析因设计（factorial design）。析因实验的优点是：与一次只改变一个参数的实验方法相比，可以减少实验次数；可以观察参数间的相互作用；得到的结果适用范围更广——主效应和相互作用是在各参数各种可能组合的情况下得到的，与实际情况较接近。对于一个实验，要完成所有因子的考察，实验次数 n、因子数 K 和因子水平数 N 之间的关系为：$n = N^K$。一个 4 因子 3 水平的实验，实验次数为 $3^4 = 81$。可见，对多因子、多水平的系统，该法的实验工作量非常之大，在对多因子、多水平的系统进行工艺条件寻优或动力学测试的实验中应谨慎使用。

析因实验设计基本步骤为：第一，确定影响参数和响应；第二，确定影响参数改变的水平；第三，写出析因实验设计表（可参考有关书籍及实验设计软件）；第四，计算主效应（一个参数的水平改变时所引起的响应变化）和相互作用（两个参数及多个参数之间的相互作用）；第五，根据计算得到的主效应和相互作用，设计新的实验，寻找最佳的影响因素组合。

实验分组（blocking）和实验次序的随机化（randomization）。在现实世界中，实验都是在有噪声的环境中进行的，这种环境会对实验结果造成影响，降低实验精度。为尽量减小这种影响，实验分组和实验次序的随机化是两个重要的措施。例如，一个 2^3 的析因设计，需要做 8 次实验。但是，假设每天只能做 4 次实验，如何安排实验——哪 4 次实验今天做，哪 4 次实验明天做？一般来说，在时间上或空间上越靠近，实验受到的环境影响越相近，这便是实验分组的理论根据。关于具体实验分组安排的析因实验设计表可参考有关书籍。

这种实验分组法最早是由 Fisher 提出的，其目的在于平衡或消除不均匀的影响，如不同天之间、机器之间、批次之间、班之间的差异。其实际意义在于提高计算的效应的准确度，不进行实验分组，环境的噪声有可能掩盖住一些重要的效应，使得它们难以被发现。但是要注意，在实验分组情况下，最高阶的相互作用与不均匀性因素发生了混淆。有一条经验：如果析因实验中的实验次数多于 8 次，一般需要进行实验分组。

进行完实验分组以后，在每一组中需要做若干实验，它们之间在时间或空间上都有一定间隔。如果在其中存在某种趋势性的环境影响，则实验次序不同，实验结果所受到的影响也不同。为克服这类未知的趋势性的环境影响，对每组实验中的实验次序进行随机化是一种有效措施。

如前所述，通过对析因实验的实验结果进行分析可以得到各参数的主效应和相互作用。但是，所有实验都是在有噪声的环境中进行的。虽然通过实验分组（blocking）和实验次序随机化（randomization）可以在一定程度上抑制环境噪声对实验结果的影响，但不能完全消除，求得的主效应和相互作用都受到不同程度的影响。所有参数的计算主效应和相互作用都是在其真值的基础上再加上环境噪声的影响。一些参数原本对响应没什么影响，其主效应或相互作用本应为零，但由于环境噪声的影响，计算出的这些主效应和相互作用一般并不等于零，它们完全是环境噪声引起的。另一些参数对响应有明显的影响，其主效应或相互作用本不为零，其计算结果便是在此基础之上再加上环境噪声的影响。那么，如何来区分这两类主效应和相互作用呢？可应用正态分布图来达到此目的。为什么能够应用正态分布图来区分上述两类主效应和相互作用呢？这是因为：①多个随机变量的均值更加服从正态分布（《概率论与数理统计》中的中心极限定理）；②主效应和相互作用都是两个均值之差，所以它们比较服从正态分布。另外，值得注意的是，各个参数的主效应和相互作用都是由相同的响应值进行加、减运算，再取平均得到的，可以认为它们的正态分布方差是相同的，只是均值不同。服从均值为零（或均值绝对值很小）的分布的主效应或相互作用可以认为是完全由环境噪声所引起的，可以认为它们是没有意义的，是可以忽略的；而其他的主效应或相互作用可以认为是有意义的。

对于一个 2^4 的析因实验设计，正态分布图做法基本步骤如下。

第一，计算各个参数的主效应和相互作用，共有 15 个，它们是 A、B、C、D、AB、AC、AD、BC、BD、CD、ABC、ABD、BCD、CDA、ABCD。

第二，把它们按数值从小到大的次序排序，每一个数值都有一个次序号 i。

第三，按公式 $P=100(i-0.5)/15$ 计算各个数值对应的分布函数估计值。式中，i 是数值大小的次序号。

第四，把各个主效应或相互作用画在正态分布概率纸上：主效应或相互作用的数值作为横坐标，对应的分布函数估计值作为纵坐标。

第五，确定服从均值为零（或均值绝对值很小）的分布的主效应或相互作用：关键是注意主效应或相互作用绝对值较小的数据点，对这些点用直线进行拟合，得到一条直线。与这条直线接近的数据点，可以认为服从均值为零（或均值绝对值很小）的分布，与它们相对应的主效应或相互作用可以认为是完全由环境噪声引起的，是无意义的，是可以忽略的；相反，远离这条直线的数据点，才代表有意义的主效应或相互作用。

3. 部分析因实验

完全析因实验的优点是可以考虑所有可能的实验条件组合，但是其缺点也是明显的，即随着参数个数 K 的增大，需要做的实验次数随水平数呈 N 倍增多。由于这个缺点，完全析因实验（特别是多参数的完全析因实验）在工业中并未得到广泛的应用，而多用 2 水平析因实验筛选对效应具有显著影响水平的因子，从而为下一步实验设计打下基础。

而如果可以假设一定的高阶相互作用是可以忽略的，则通过仅进行完全析因实验所要求的一部分实验便可以得到主效应和低阶相互作用。实际经验表明，这样做往往是合理的，这类实验称为部分析因实验。很明显，应用部分析因实验设计可以降低成本、节省时间，所以，这类实验在工业中得到了较广泛的应用。田口博士（Dr. Taguchi）对促进在工业中广泛应用部分析因实验设计的贡献很大。他把部分析因实验的应用技术进行了简化，大大方便了普通工程师把这种实验设计应用于解决工程实际问题。Taguchi 开发了用于部分析因实验设计的正交表。

4. 正交实验设计

正交实验设计（orthogonal experimental design）所采取的方法是制订一系列规格化的实验安排表供实验者选用，这种表称为正交表（可参考有关书籍）。正交实验设计具有下列特点：①完成实验要求所需的实验次数少；②数据点的分布很均匀；③可用相应的极差分析方法、方差分析方法、回归分析方法等对实验结果进行分析，引出许多有价值的结论。正交表的标记方法为：$L_N(q^S)$，式中，L 表示正交表；N 表示正交表的行数（实验次数）；q 表示因子的水平数；S 表示正交表的列数（最多能安排的因素个数，包括交互作用、误差等）。正交表的特点为：①正交表中任意一列中，不同的数字出现的次数相等，在实验安排中，所挑选出来的水平组合是均匀分布的（每个因素的各水平出现的次数相同），即均衡分散性；②正交表中任意两列，把同行的两个数字看成有序数对时，所有可能的数对出现的次数相同，任意两因素的各种水平的搭配在所选实验中出现的次数相等，即整齐可比性。正交表一般可分为以下两种。

　　1）各列水平数均相同的正交表

　　各列水平数均相同的正交表，也称单一水平正交表（图 1-1）。这类正交表名称的写法举例如下：

　　各列水平数均为 2 的常用正交表有：L_4（2^3）、L_8（2^7）、L_{12}（2^{11}）、L_{16}（2^{15}）、L_{20}（2^{19}）、L_{32}（2^{31}）。

　　各列水平数均为 3 的常用正交表有：L_9（3^4）、L_{27}（3^{13}）。

　　各列水平数均为 4 的常用正交表有：L_{16}（4^5）。

　　各列水平数均为 5 的常用正交表有：L_{25}（5^6）。

　　2）混合水平正交表

　　各列水平数不相同的正交表，称为混合水平正交表，图 1-2 所示就是一个混合水平正交表名称的写法。

图 1-1　单一水平正交表　　　　　　　图 1-2　混合水平正交表

　　选择正交表的基本原则：一般都是先确定实验的因素、水平和交互作用，后选择适用的 L 表。在确定因素的水平数时，主要因素宜多安排几个水平，次要因素可少安排几个水平。

　　（1）先看水平数。若各因素全是 2 水平，就选用 L（2^*）表；若各因素全是 3 水平，就选 L（3^*）表。若各因素的水平数不相同，就选择适用的混合水平正交表。

　　（2）每一个交互作用在正交表中应占 1 列或 2 列。要看所选的正交表是否足够大，能否容纳得下所考虑的因素和交互作用。为了对实验结果进行方差分析或回归分析，还必须至少留一个空白列，作为"误差"列，在极差分析中要作为"其他因素"列处理。

　　（3）要看实验精度的要求。若要求高，则宜取实验次数多的 L 表。

　　（4）若实验费用很昂贵，或实验的经费很有限，或人力和时间都比较紧张，则不宜选实验次数太多的 L 表。

　　（5）按原来考虑的因素、水平和交互作用去选择正交表，若无正好适用的正交表可选，简便且可行的办法是适当修改原定的水平数。

　　（6）对某因素或某交互作用的影响是否确实存在没有把握的情况下，选择 L 表时常为该选大表还是选小表而犹豫。若条件许可，应尽量选用大表，让影响存在的可能性较大的因素和交互作用各占适当的列。某因素或某交互作用的影响是否真的存在，留到方差分析进行显著性检验时再做结论。这样既可以减少实验的工作量，又不至于漏掉重要的信息。

　　以某种生物制品发酵培养基优化实验为例，当选择葡萄糖（为碳源）、蛋白质（为氮源）、表面活性剂和某种无机盐为实验影响因子，每个因子选择 2 个水平时，正交实验设计依如下步骤进行。

　　（1）选用合适的正交表。这是一个 4 因素 2 水平的正交实验及分析问题，因此要选择

L_N（2^S）型的表，不考虑交互作用时，$S \geq 4$，L_8（2^7）是满足条件的最小的正交表。若考虑 A 与 B、A 与 C 的交互作用，则 $S \geq 6$，L_8（2^7）仍是满足条件的最小的正交表。

也可由实验次数应满足的条件来选择正交表。实验次数 N 由 $df_T = N - 1$ 确定，其中，$df_T =$ 各因子自由度之和＋因子交互作用自由度之和＋误差自由度，因子自由度＝$q - 1$，交互作用自由度＝A 因子自由度×B 因子自由度，而误差自由度是未知的。所以，一般由 $N \geq$ 各因子自由度之和＋因子交互作用自由度之和＋1 确定 N，故 N 不是唯一的。当不考虑交互作用时，可取 $N = S(q - 1) + 1$。例如，三因素四水平 4^3 的正交实验至少应安排 $3(4-1) + 1 = 10$ 次以上的实验，若包括第一、第二个因素的交互作用的正交实验，至少应安排的实验次数为 $3(4-1) + (4-1)(4-1) + 1 = 19$。又如，安排 $4^3 \times 2^3$ 的混合水平的正交实验，至少应安排 $3(4-1) + 3(2-1) + 1 = 13$ 次以上的实验。若再加上包括第一、第五个因素的交互作用的正交实验，则至少应安排的实验次数为 $3(4-1) + 3(2-1) + (4-1)(2-1) + 1 = 16$。

（2）表头设计——查交互作用表。将各因子正确地安排在正交表的相应列中。安排因子的次序是：先排定有交互作用的单因子列，再排两者的交互作用列，最后排独立因子列。交互作用列的位置可根据两个作用因子本身所在的列数，由同水平的交互作用表查得，交互作用所占的列数等于单因子水平数减 1，如 L_8（2^7）的交互作用表（表 1-4）。

表 1-4　L_8（2^7）的交互作用表

列号	1	2	3	4	5	6	7
1	(1)	3	2	5	4	7	6
2		(2)	1	6	7	4	5
3			(3)	7	6	5	4
4				(4)	1	2	3
5					(5)	3	2
6						(6)	1

表 1-4 中所示为第 2 列和第 4 列的交互作用在第 6 列。考虑交互作用 A×B 和 A×C，则例中的表头可设计为表 1-5 所示的形式。

表 1-5　考虑交互作用的表头设计

列号	1	2	3	4	5	6	7
因子	葡萄糖/(g/L)	蛋白胨/(g/L)		表面活性剂/(g/L)			无机盐/(g/L)
符号	A	B	A×B	C	A×C		D

第 6 列为空白列，作为随机误差列，也可把第 7 列作空白列。一般要求至少有一个空白列。

（3）制订实验安排表。根据正交表的安排将各因子的相应水平填入表中，形成一个具体的实施计划表。交互作用列和空白列不列入实验安排表，仅供数据处理和结果分析用。正交实验在具体操作时，还要注意下面一些问题。①分区组。对于一批实验，如果要使用几台不同的机器，或要使用几种原料来进行，为了防止机器或原料的不同而带来误差，从而干扰实验的分析，可在开始做实验之前，用 L 表中未排因素和交互作用的一个空白列来安排机器或原料。与此类似，若实验指标的检验需要几个人（或几台机器）来做，为了消除不同人

（或仪器）检验水平的不同给实验分析带来干扰，也可采用在 L 表中用一空白列来安排的办法。这样一种做法称为分区组法。②因素水平表排列顺序的随机化。每个因素的水平序号从小到大时，因素的数值总是按由小到大或由大到小的顺序排列。按正交表做实验时，所有的 1 水平要碰在一起，而这种极端的情况有时是不被希望出现的，有时也没有实际意义。因此在排列因素水平表时，最好不要简单地按因素数值由小到大或由大到小的顺序排列。从理论上讲，最好能使用一种称为随机化的方法。所谓随机化，就是采用抽签或查随机数值表的办法，来决定排列的别有顺序。③实验进行的次序没必要完全按照正交表上实验号码的顺序。为减少实验中由于先后实验操作熟练的程度不均匀带来的误差干扰，理论上推荐用抽签的办法来决定实验的次序。④在确定每一个实验的实验条件时，只需考虑所确定的几个因素和分区组该如何取值，而不要（其实也无法）考虑交互作用列和误差列怎么办的问题。交互作用列和误差列的取值问题由实验本身的客观规律来确定，它们对指标影响的大小在方差分析时给出。⑤做实验时，要力求严格控制实验条件。这个问题在因素各水平下的数值差别不大时更为重要。例如，例中的因素 A（葡萄糖）的 3 个水平：$m_1=2.0$，$m_2=2.5$，$m_3=3.0$，在以 $m=m_2=2.5$ 为条件的某一个实验中，就必须严格认真地使 $m_2=2.5$。若因为粗心和不负责任，造成 $m_2=2.2$ 或 $m_2=3.0$，那就将使整个实验失去正交实验设计方法的特点，使极差和方差分析方法的应用丧失了必要的前提条件，因而得不到正确的实验结果。

（4）分析正交实验结果。正交实验方法之所以能得到科技工作者的重视并在实践中得到广泛的应用，其原因不仅在于能使实验的次数减少，而且能够用相应的方法对实验结果进行分析并引出许多有价值的结论。因此，用正交实验法进行实验，如果不对实验结果进行认真的分析，并引出应该引出的结论，那就失去用正交实验法的意义和价值。

正交设计就是从"均匀分散、整齐可比"的角度出发，以拉丁方理论和群论为基础，用正交表来安排少量的实验，从多个因素中分析出哪些是主要的，哪些是次要的，以及它们对实验的影响规律，从而找出较优的工艺条件。正交实验不能在给出的整个区域上找到因素和响应值之间的一个明确的函数表达式，即回归方程，从而无法找到整个区域上因素的最佳组合和响应值的最优值。而且对于多因素、多水平实验，仍需要做大量的实验，实施起来比较困难。

5. 均匀设计

均匀设计（uniform design）是我国数学家方开泰等独创的将数论与多元统计相结合而建立起来的一种实验方法。这一成果已在我国许多行业中取得了重大成果。均匀设计最适合于多因素、多水平实验，可使实验处理数目减小到最小限度，仅等于因素水平个数。虽然均匀设计节省了大量的实验处理，但仍能反映事物变化的主要规律。例如，一个 5 因素 5 水平的实验，用正交表需要安排 $5^5=3125$ 次实验。这时，可以选用均匀设计法，仅用 5 次实验就可能得到能满足需要的结果。均匀设计法不再考虑"数据整齐可比"性，只考虑实验点在实验范围内充分"均衡分散"。

均匀设计和正交设计相似，也是通过一套精心设计的表来进行实验设计的，由均匀设计表和相应的使用表组成。每一个均匀设计表有一个代号 $U_n q^S$ 或 $U_n^* q^S$，其中"U"表示均匀设计；"n"表示要做 n 次实验；"q"表示每个因素有 q 个水平；"S"表示该表有 S 列。右上角加"*"和不加"*"代表两种不同类型的均匀设计表，通常加"*"的均匀设计表有更好的均匀性，应优先选用。

如均匀设计表 $U_6^* 6^4$，表示要做 6 次实验，每个因素有 6 个水平，该表有 4 列（表 1-6）。

表 1-6　均匀设计表 $U_6^* 6^4$

	1	2	3	4
1	1	2	3	6
2	2	4	6	5
3	3	6	2	4
4	4	1	5	3
5	5	3	1	2
6	6	5	4	1

　　每个均匀设计表都附有一个使用表，它指示我们如何从设计表中选用适当的列，以及由这些列所组成的实验方案的均匀度。表 1-7 是 $U_6^* 6^4$ 的使用表。它告诉我们，若有两个因素，应选用 1、3 两列来安排实验；若有三个因素，应选用 1、2、3 三列，…，最后一列 D 表示刻画均匀度的偏差（discrepancy），偏差值越小，表示均匀度越好。当实验数 n 给定时，通常 U_n 表比 U_n^* 表能安排更多的因素。故当因素 S 较大，且超过 U_n^* 的使用范围时可使用 U_n 表。

表 1-7　$U_6^* 6^4$ 使用表

S	列号				D
2	1	3			0.1875
3	1	2	3		0.2656
4	1	2	3	4	0.2990

　　均匀设计有其独特的布（实验）点方式，其特点如下。①每个因素的每个水平做一次且仅做一次实验。②任两个因素的实验点点在平面的格子点上，每行每列有且仅有一个实验点。性质①和②反映了实验安排的"均衡性"，即对各因素、每个因素的每个水平一视同仁。③均匀设计表任两列组成的实验方案一般并不等价。均匀设计表的这一性质和正交表有很大的不同，因此，每个均匀设计表必须有一个附加的使用表。④当因素的水平数增加时，实验数按水平数的增加量在增加。例如，当水平数从 9 水平增加到 10 水平时，实验数 n 也从 9 增加到 10。而正交设计当水平增加时，实验数按水平数的平方的比例在增加。当水平数从 9 到 10 时，实验数将从 81 增加到 100。这个特点使均匀设计更便于使用。

　　均匀设计表的使用如下。

　　(1) 根据实验的目的，选择合适的因素和相应的水平。

　　(2) 选择适合该实验的均匀设计表，然后根据该表的使用表从中选出列号，将因素分别安排到这些列号上，并将这些因素的水平按所在列的指示分别对号，则实验就安排好了。例如，在阿魏酸的合成工艺考察中，为了提高产量，选取了原料配比（A）、吡啶量（B）和反应时间（C）3 个因素，它们各取了 7 个水平如下：

　　原料配比（A）：1.0，1.4，1.8，2.2，2.6，3.0，3.4

　　吡啶量（B）（mL）：10，13，16，19，22，25，28

　　反应时间（C）（h）：0.5，1.0，1.5，2.0，2.5，3.0，3.5

　　根据因素和水平，选取均匀设计表 $U_7^* 7^4$ 或 $U_7 7^4$。由它们的使用表中可以查到，当 $S=3$ 时，两个表的偏差分别为 0.2132 和 0.3721，故应当选用 $U_7^* 7^4$ 来安排该实验，其实验方案列于下表。该方案是将 A、B、C 分别放在表 $U_7^* 7^4$ 的后 3 列而获得的（表 1-8）。

表 1-8　$U_7^* 7^4$ 安排该实验方案表

No.	配比（A）	吡啶量（B）/mL	反应时间（C）/h	收率（Y）/%
1	1.0（1）	13（2）	1.5（3）	
2	1.4（2）	19（4）	3.0（6）	
3	1.8（6）	25（6）	1.0（2）	
4	2.2（1）	10（1）	2.5（5）	
5	2.6（5）	16（3）	0.5（1）	
6	3.0（6）	22（5）	2.0（4）	
7	3.4（7）	28（7）	3.5（7）	

（3）结果分析。均匀设计的结果没有整齐可比性，分析结果不能采用一般的方差分析方法，通常要用回归分析或逐步回归分析的方法，它能揭示变量之间的相互关系，因此在均匀设计的数据分析中成为主要的手段。可采用一元、多元线性回归和二次型回归。

6. 部分析因设计

当全析因设计所需实验次数实际不可行时，部分析因设计（fractional factorial design）是一个很好的选择。在培养基优化中经常利用 2 水平部分析因设计，但也有特殊情况，如 Silveira 等实验了 11 种培养基成分，每成分 3 水平，仅做了 27 组实验，只是 3^{11} 全析因设计 177 147 组当中的很小一部分。2 水平部分析因设计表示为：$2n-k$，n 是因子数目；$1/2k$ 是实施全析因设计的分数。这些符号可显示需要多少次实验。虽然通常部分析因设计没有提供因素的交互作用，但它的效果比单因素实验更好。

7. Plackett-Burman 设计

Plackett-Burman 设计（Plackett-Burman design）由 Plackett 和 Burman 提出，这类设计是两水平部分析因实验，适用于从众多的考察因素中快速、有效地筛选出最为重要的几个因素，供进一步详细研究用。理论上讲 PB 实验应该应用在因子存在累加效应，没有交互作用——析因的效应可以被其他因子所提高或削弱的实验上。实际上，倘若因子水平选择恰当，设计可以得到有用的结果。Castro 等利用 PB 实验对培养基中的 20 种组分仅进行了 24 次实验，使 γ-干扰素的产量提高了近 45%。

8. 中心组合设计

中心组合设计（central composite design）由 Box 和 Wilson 提出，是响应曲面中最常用的二阶设计，它由三部分组成：立方体点、中心点和星点。它可以被看成是 5 水平部分析因实验，中心组合设计的实验次数随着因子数的增加而呈指数倍增加。

假定有 k 个输入因子，用 $X=(x_i, \cdots, x_k)$ 表示其编码形式，一个中心复合设计由下面三部分组成。

（1）n_f 个立方体点（cube point）或角点（corner point），其中 $x_i=-1$ 或 1，$i=1, \cdots, k$。它们组成设计的析因部分（factorial portion）。

（2）n_c 个中心点（center point），其中 $x_i=0$，$i=1, \cdots, k$。

（3）$2k$ 个星点（star point）或轴点（axial point），具有形式（$0, \cdots, x_i, \cdots, 0$），$x_i=-\alpha$ 或 α，$i=1, \cdots, k$。

中心复合设计可用于单个（single）实验或序贯（sequential）实验中。立方体点和部分中心点构成一个一阶设计。若实验数据表明存在整体曲度，则可通过添加星点和其他中心点来将设计扩展为一个二阶设计。另外，若实验区域接近最优区域，则序贯实验不必要，应在单个实验中使用一个中心复合设计。以序贯的形式选用中心复合设计确实是有好处的。

在选择中心复合设计时有 3 个问题：

（1）选择设计的析因部分；

（2）确定星点的 α 值；

（3）确定中心点的个数。

具体选择原理与方法可参考有关书籍。下面以一个红霉素发酵培养基优化来简单说明中心组合设计的步骤。

（1）因子显著性筛选实验设计。实验设计（design-expert）专家的 minimum run equire-plicated Res Ⅳ design 是一个适用于 5～50 个因子、水平数为 2 的经济有效的实验设计。可以通过较少的实验次数，快速从众多因子中筛选出具有显著影响的因子，也可采用 2^k 析因等实验设计，实验在单因素实验的基础上，利用该设计在发酵培养基中添加不同量的淀粉（A）、糊精（B）、葡萄糖（C）、豆饼粉（D）、棉籽饼粉（E）和玉米浆（F）6 种因素，考察它们对实验结果影响的显著性。每个因素取高（＋1）和低（－1）两个编码水平，编制实验设计表，表中可以实际水平代替编码水平。对实验结果进行方差分析及多元回归处理。实验结果分析表明，淀粉、糊精、豆饼粉和玉米浆对实验结果影响显著，而葡萄糖和棉籽饼粉对实验结果影响不显著。

（2）最峭攀登搜索法（steepest ascent search）确定中心组合设计中心区。根据上述实验结果确定显著影响因素，以拟合的多元回归方程系数符号和大小确定爬坡方向及步长，使响应值快速接近最大响应中心。结果分析表明：在淀粉 5%、糊精 1.4%、豆饼粉 4.2% 和玉米浆 1.4% 时，红霉素产量最高，因此，作为实验的中心点。

（3）中心组合设计及响应面分析。采用中心组合设计（central composite design，CCD），中心组合设计中每个因素取 5 个水平：$\pm\alpha$（轴向点）、±1（因素点）和中心点，实验采用 $\alpha=2$，设计 4 因素 5 水平的实验，实验增加 6 个中心点用于估算误差。实验结果用响应面进行分析。

（4）实验结果的验证。对上述响应面分析结果进行实验验证，进行可靠性分析，得到最优化实验结果。

9. Box-Behnken 设计

Box-Behnken 设计（Box-Behnken design）由 Box 和 Behnken 提出。当因素较多时，作为 3 水平部分析因设计的 Box-Behnken 设计是相对于中心组合设计的较优选择。和中心组合设计一样，Box-Behnken 设计也是 2 水平因素设计产生的。

10. 序贯实验设计

序贯实验设计法是一种更加科学的实验方法，它将最优化的设计思想融入实验设计，采取边设计、边实施、边总结、边调整的循环运作模式。例如，单因素优选、正交实验设计都相当于预实验（前期实验），根据预实验提供的信息，通过数据处理和寻优，搜索出最灵敏、最可靠、最有价值的实验点作为后续实验的内容，周而复始，直至得到最理想的结果。这种方法既考虑了实验点因子水平组合的代表性，又考虑了实验点的最佳位置，使实验始终在效率最高的状态下运行，实验结果的精度提高，研究周期缩短。在生物工程过程开发的实验研究中，尤其适用于模型鉴别与参数估计类实验。

1.2.3.4　实验设计最优化技术

目前，对培养基优化实验进行数学统计的方法很多，下面介绍几种目前应用较多的优化方法。

1. 响应曲面法

Box 和 Wilson 提出了利用析因设计来优化微生物产物生产过程的全面方法，Box-Wilson 方法即现在的响应曲面法（response surface methodolog，RSM）。RSM 是一种有效的统计技术，它是利用实验数据，通过建立数学模型来解决受多种因素影响的最优组合问题。对 RSM 的研究表明，研究工作者和产品生产者可以在更广泛的范围内考虑因素的组合，以及对响应值的预测，而均比一次次的单因素分析方法更有效。现在利用 SAS 软件可以很轻松地进行响应曲面分析。

2. 单纯形优化法

单纯形优化法（modified simplex method）是近年来应用较多的一种多因素优化方法。它是一种动态调优的方法，不受因素数的限制。由于单纯形优化法必须要先确定考察的因素，而且要等一个配方实验完后才能根据计算的结果进行下一次实验，所以主要适用于实验周期较短的细菌或重组工程发酵培养基的优化，以及不能大量实施的发酵罐培养条件的优化。

3. 遗传算法

遗传算法（genetic algorithm，GA）是一种基于自然群体遗传演化机制的高效探索算法，它是美国学者 Holland 于 1975 年首先提出来的。它摒弃了传统的搜索方式，模拟自然界生物进化过程，采用人工进化的方式对目标空间进行随机化搜索。它将问题域中的可能解看做群体的一个个体或染色体，并将每一个体编码成符号串形式，模拟达尔文的遗传选择和自然淘汰的生物进化过程，对群体反复进行基于遗传学的操作（遗传、交叉和变异），根据预定的目标适应度函数对每个个体进行评价，依据适者生存、优胜劣汰的进化规则，不断得到更优的群体，同时以全局并行搜索方式来搜索优化群体中的最优个体，求得满足要求的最优解。

1.3　实验的实施

1.3.1　发酵过程

实验方案的实施主要包括：实验器材及设备的准备、实验流程的组织、实验装置的安装调试、实验数据的采集与测定等。生物工程专业实验所涉及的实验设备主要分为生物反应设备、分离与精制设备、辅助设备和测试设备等。

1.3.1.1　发酵实验的操作方式

发酵实验主要有间歇培养、流加培养和连续培养 3 种操作方式。

1. 间歇培养

间歇培养又称为分批培养。在以细胞为生物催化剂的间歇反应器中加入反应基质，进行灭菌（或在灭过菌的反应器中加入经过灭菌的培养基）和冷却后，接入微生物菌种，维持一定的反应条件进行反应。反应过程中，除了好氧反应需要在反应过程中通入无菌空气、消泡剂及维持一定 pH 所用的酸碱之外，反应过程中不再加入反应基质，也不输出产物，只有待反应进行到规定的程度后，才将全部发酵液放出，进行后处理。在分批培养过程中，基质浓度、产物浓度及细胞浓度均随反应进行的时间而变化，尤其是细胞本身将经历不同的生长阶段，显示出不同的催化活力。因此，间歇操作反应器的基本特征是：反应物料一次加入，一次卸出；反应器物系的组成随反应时间而变化，属于非稳态过程。

　　间歇培养实验可在三角瓶中进行，根据菌种好氧与否采用摇瓶振荡培养或静止培养方法；也可以在发酵罐中进行。摸索和优化培养基组成及培养条件的初步实验常常在三角瓶中进行，因为可同时进行多个条件的实验，然后可在发酵罐中进行实验，确定适宜的操作条件，如通气量、搅拌转速等。

2. 流加培养

　　流加培养又称为半连续培养或补料分批培养，是一种介于分批培养和连续培养之间的过渡培养方式，是在分批培养的过程中，间歇或连续地补加新鲜培养基的培养方法。流加培养同时兼有间歇培养和连续培养的某些特点，其优点是可使培养系统中维持很低的底物浓度，减少底物的抑制或其分解代谢物的阻遏作用，防止出现当某种培养基成分的浓度高时影响菌体得率和代谢产物生成速率的现象。例如，在面包酵母的培养中，糖浓度过高，即使是好氧的条件，也会生成乙醇，减少了细胞对糖的得率。迄今为止，运用补料分批培养技术进行生产和研究的产品范围十分广泛，包括单细胞蛋白、氨基酸、激素、抗生素、维生素、酶、有机酸、核苷酸等，几乎遍及整个发酵行业。

　　流加培养的要求是控制底物浓度，因此，其核心问题是流加什么和怎样流加。从流加方式看，流加培养分为无反馈控制和有反馈控制两类。在无反馈控制的流加培养中，底物的流量按事先设置好的条件变化，又分为定流量流加、断续流加、指数流加等方法。在有反馈控制的流加培养中，根据控制方式分为间接（取与过程密切相关的、可以测定的参数为控制指标，如 pH、DO、QCO_2 等）和直接（连续或间断地测定培养液中流加的底物浓度，以此作为控制指标）两类；另外，根据控制流加底物浓度的情况，可分为保持一定浓度值（定值控制）和浓度随时间变化（程序控制）的控制方法。流加培养实验可以在三角瓶中进行，但最好在发酵罐中进行。

3. 连续培养

　　连续培养是以一定速率不断地向混合均匀的培养罐中供给新鲜的培养基，同时等量地排出培养液，维持一定培养罐液量的培养方法。与培养环境不断变化的间歇培养过程不同，在连续培养中微生物所处的环境能够保持稳定状态，菌体密度、底物浓度、比生长速率、pH等参数可不随培养时间的变化而改变，微生物的比生长速率可以任意调节。应用连续培养法，使用各种限制性底物，就可以建立起高度选择性的培养环境，是研究微生物反应速度和微生物对环境因子响应的一种独特方法。该方法已在酒精发酵生产中广泛应用，在其他发酵产品生产中的应用前景乐观。

　　连续培养根据控制的方法可分为恒化器和恒浊器两类。恒化器是通过对培养液中某一微生物生长的必要成分浓度的控制来进行调控，酒精连续发酵就属于这一类。恒浊器则是通过对培养液浊度变化的控制来实现调控。连续培养实验必须在发酵罐中进行。

1.3.1.2　发酵实验技术与装备

1. 种子培养技术

应根据发酵实验的规模确定种子培养的量，可包括液体试管培养和三角瓶培养，根据菌种的需氧程度确定采用摇瓶培养还是静止培养。一般在菌体生长到对数末期时，为适宜的种子培养时间。细菌的接种量常采用种子培养液占发酵培养液的体积分数的方法计算，依菌种不同，接种量在 1%～10%，甚至更高一些；酵母和霉菌从斜面到种子培养基的接种量常采用每毫升液体培养基中接入的酵母菌个数和孢子数的方法计算，从种子培养基到发酵培养基常采用种子培养液占发酵培养液的体积分数的方法计算。

种子培养基的组成和培养条件常常需要根据发酵实验的产品类型，以及发酵培养基组成和培养条件而进行优化。

2. 间歇发酵实验技术

若采用三角瓶培养，培养基灭菌后冷却到发酵温度，按一定的接种量接种，在培养箱中静止培养或在摇瓶机上振荡培养，一般做 3 个平行实验，检测必要的参数。如果采用发酵罐培养，需按如下方法准备培养罐并试运转。

实验装置及试运转：2.5～5L 的小型搅拌式培养罐可以从底座上卸下来进行蒸汽加压灭菌，也可以用蒸汽发生器产生的蒸汽原位灭菌。搅拌叶片由罐上部的电机带动，培养罐的温度由插入培养液中的温度传感器测定，而反应液温度是由培养罐底部冷却管中的冷却水或电加热器所控制。培养罐的上盖装有接种口、取样口、空气排出口、酸或碱液入口和温度传感器安装口等。反应器底部设有进气口和料液排出口。从压缩机出来的加压空气经过转子流量计，再通过空气过滤器除菌，然后从培养罐底部的进气口进入培养液中。

在培养罐中加入去离子水，将温度传感器、除菌过滤器安装好，pH 和溶氧电极标定后安装好，用硅橡胶管连接好取样口、流加液入口、pH 调节剂入口和消泡剂入口，不需要的接口全部封好。橡胶管用弹簧夹夹住，排气口用一小段棉花塞好。确认所有的连接没有问题后，打开通风排气系统，检查是否有漏气、阻塞现象（轻轻堵住排气口，看其他地方是否漏气），确认正常；设定搅拌转速，确认搅拌系统正常运转；设定发酵温度，打开加热和冷却系统，确认能够保持发酵温度；设定 pH，确认 pH 调节系统能够保持发酵液恒定的 pH；检查各接口管密封完好程度。

间歇发酵实验方法如下。

（1）小培养罐中加入已配制好的培养基。

（2）装好培养基的培养罐放在灭菌锅中灭菌或实罐原位灭菌（121℃，20～30min），消泡剂同时灭菌。

（3）将灭过菌的培养罐取出后，开通冷却水进行冷却，同时开动搅拌器，通入无菌压缩空气以防产生负压，冷却到发酵温度。

（4）用硅胶管将流加液贮瓶连接蠕动泵和培养罐上的入口，再将贮瓶上的排气口塞上棉花。消泡剂贮瓶与培养罐的入口用硅胶管连接，靠近培养罐的地方用弹簧夹夹住。消泡剂贮瓶排气口塞上棉花。

（5）如果传感器不能采用蒸汽加压灭菌，可以在室温下把传感器在 75% 乙醇中浸泡15min 进行灭菌，然后用无菌水洗净，尽快安装在培养罐上。

（6）控制通气量和搅拌转速。

（7）向培养罐中接入事先培养好的种子培养液（在接种口周围围好浸过乙醇的脱脂棉，边通风边拧松盖子，当完全取下时，点燃酒精灯，进行接种，之后盖上盖子，熄灭火焰。拿取盖子时最好用坩埚钳）。

（8）发酵：在一定温度下进行发酵，控制一定的搅拌转速和通风量，有必要时通过流加酸或碱控制一定的 pH，间隔一定时间取样，测定需要的参数。不能马上分析时把样品保存在冰箱中。发酵一段时间后，结束发酵。

3. 流加发酵实验技术

需首先确定流加哪种组分、怎样流加。培养罐的准备和试运转方法同间歇实验方法。流加发酵实验方法如下。

（1）～（8）的操作方法同"间歇培养方法"的步骤（1）～（8）。

（9）开动蠕动泵以既定的方式和流量流加既定的培养液组分（需流加的组分事先灭菌）。必要时可通过流加酸或碱控制一定的 pH。

（10）流加培养既定的时间，每隔一定时间取样测定培养液的必要参数，如底物浓度、菌体浓度、产物量等。取样时关小排气阀，增加培养罐的内压，打开取样管取出培养液，弃掉开始的数毫升后，取必需量的培养液。取样口应经常用 75% 乙醇浸泡，以保持清洁。培养结束后，清洗培养罐并按灭菌要求将培养罐灭菌，以备下次使用。

4. 单级连续发酵实验技术

连续培养可采用容积为 2～3L 的小型发酵罐、流加基质贮槽（是小型发酵罐有效容积的 20 倍）、微量供液蠕动泵、连接用的硅胶管和消泡剂。

连续发酵实验方法：培养罐的准备和试运转同间歇发酵方法。

（1）小型发酵罐中加入已调配好的培养基，固定溢流管位置（位置和液量的关系事先确定好）。硅胶管连接培养基贮槽和发酵罐的培养基流入口。

（2）将事先校正的 pH 复合电极插入小发酵罐中。

（3）消泡剂贮瓶与发酵罐的入口用硅胶管连接，靠近发酵罐的地方用弹簧夹夹住。消泡剂瓶排气口塞上棉花。

（4）将连续培养系统在 121℃灭菌 15～30min。灭菌结束后尽快开始通气，冷却到培养温度。

（5）控制通气量和搅拌转速。

（6）按一定的接种量向发酵罐中接种事先培养好的种子培养液，开始间歇培养。为防止起泡，将消泡剂泵接通，以每 10min 流入 1 或 2 滴消泡剂的速度调整泵的流量。

（7）常测定已经开始间歇培养的菌体密度，求增殖速度。

（8）开通培养基贮槽和小发酵罐之间起输送作用的蠕动泵，同时开通排出侧的蠕动泵，调节排出侧蠕动泵流量大于输入侧蠕动泵的流量（约 2 倍），以防止由泵的流量误差引起的罐内培养液体积的增大。

（9）以比（8）中测定的增殖速度小的稀释率（$h-1$）提供培养基，可根据增殖速度进行调整。在每个稀释速率下，当流入 3～4 倍发酵罐有效容积以上的培养基后，开始测菌体量，之后经过 2 倍容积以上的培养基以后，若无菌体量的变化，则视为达到该稀释速率下的稳态。在各稀释速率下测菌体浓度（X）、残存底物浓度（S）、产物浓度（P）及贮槽中流入底物浓度（S_0）。

1.3.2 分离与精制过程

1.3.2.1 分离的定义和意义

分离是混合的逆过程。生物反应过程产生的有用物质，均不同程度地与其他物质以混合物的形式存在。只有获得一定质和量的纯品，才能满足结构、物性测定、活性、毒理实验等要求。生物大分子的易失活，对热、有机溶剂和 pH 的敏感性，增加了分离的难度，使分离在生物技术中的地位愈显重要。

1.3.2.2　分离实验技术与装备

分离纯化生物大分子的方法很多，主要是利用它们之间特异性的差异，如分子大小、形状、酸碱性、溶解度、极性、电荷及对其他分子的亲和性等建立起来的。如果欲分离的目标分子是细胞内产物，首先涉及的是细胞的破碎。接下来的分离过程可分成粗分离和精制分离。细胞的破碎常采用机械法（研磨和匀浆器）、物理法（超声波、渗透压法、冻融法）和化学法（溶剂处理）。粗分离时首先选用离心、超滤、盐析、等电点沉淀和有机溶剂分级分离法等来分离生物大分子，这些方法的特点是简便、处理量大，既能除去大量杂质，又能浓缩蛋白质溶液，但分离度低。一般样品经粗分离后，转为小体积，进一步的精提纯通常使用柱层析法。有时还可选择梯度离心、电泳法作为最后的提纯步骤，但制备的样品量小，不及柱层析法应用广泛。用于精提纯的方法一般分离度高。

生物大分子分离涉及的常规固液分离法、超滤法、沉淀法等分离法的单元操作，在一般的实验室均能够实现。这里主要讨论生物大分子中低压色谱分离技术与装备。

从色谱分离的基本原理上分类，有以下几种分离模式在生物大分子的分离和纯化过程中常被采用。

1. 体积排阻色谱

体积排阻色谱（size exclusion chromatography，SEC）是一种纯粹按照溶质分子在流动相溶剂中的体积大小而分离的色谱法。填料具有一定范围的尺寸，大分子进不去而先流出色谱柱，小分子后流出。在用水系统作为流动相的情况下，又称为凝胶过滤色谱（GFC）。用于生物大分子分离的传统 SEC 填料主要是多糖聚合物软胶，必须在低压下使用，目前在一定程度上被微粒型交联的亲水凝胶（如交联琼脂糖 Superose 6 和 Superose 12）、乙烯共聚物（如 TSK-Gel PW）和亲水性键合硅胶（如 Zoubax GF250 和 450）所代替。随所用填料孔径大小的不同，SEC 能分离相对分子质量为 1 万～200 万的生物大分子。此法对于分析分离或实验室小规模制备平均粒度在 $3\sim13\mu m$ 的规格较适用，有良好的柱效率和分离能力。但对于大规模的制备分离和纯化，因要考虑成本和渗透性，可以采用较粗的粒度。体积排阻色谱一般用于原料液的初分离，获取几个相对分子质量的级分，供进一步分离纯化使用。

2. 离子交换色谱

生物大分子和离子交换剂之间的相互作用主要是静电作用，导致介质表面的可交换离子与带相同电荷的蛋白质分子发生交换。所用的介质，其基体主要是亲水性共聚物。用于生物大分子分离的商品离子交换剂，以一价离子测定的交换容量差别不大，故一般更愿意用"蛋白质结合量"来表征。

传统的离子交换树脂不适用于分离蛋白质等大分子生物物质，主要原因是它们的交联度较大，因而空隙较小，不能允许大分子的进入；而且电荷密度较高，使结合比较牢固，致使吸附的蛋白质等生物大分子易变性。

3. 反向色谱

反向色谱（reversed phase chromatography，RPC）是基于溶质、极性流动相和非极性固定相表面间的疏水效应建立的一种色谱模式。任何一种有机分子的结构中都有非极性的疏水部分，这部分越大，一般保留值越高。在高效液相色谱中这是应用面最广的一种分离模式。在生物大分子的反相液相色谱条件下，流动相多采用酸性的低离子强度的水溶液，并加一定比例的能与水互溶的异丙醇、乙腈或甲醇等有机改性剂。大量使用的填料为孔径在30nm 以上的硅胶烷基键合相。实验表明，烷基键长对蛋白质的反相保留没有显著的影响，但在蛋白质的活性回收上，短链烷基（如 C4、C8、苯基）和长链烷基（C18、C22）反相填料是有区别的，表现在烷基链越长，固定相的疏水性越强，因而为使蛋白质较快洗脱下来，需要增加流动相的有机成分。过强的疏水性和过多的有机溶剂会导致蛋白质的不可逆吸附及生物活性的损失。总体来说，在烷基键合硅胶上的反相色谱，由于其柱效高、分离度好、保留机制清楚，是蛋白质分离、分析、纯化中广泛使用的一种方法。

4. 疏水作用色谱

疏水作用色谱（hydrophobic interaction chromatography，HIC）的原理与反向色谱相同，区别在于 HIC 填料表面疏水性没有 RPC 强。所用填料同样分有机聚合物（交联琼脂糖Superose 12、TSK-PW、乙烯聚合物等）和大孔硅胶键合相两类。疏水配基一般是低密度分布在填料表面上的苯基、戊基、丁基、丙基、羟丙基、乙基或甲基，也有的是在硅胶表面键合聚乙二醇。流动相一般为 pH 6～8 的盐水溶液，做降浓度梯度淋洗，在高盐浓度条件下，蛋白质与固定相疏水缔合；浓度降低时，疏水作用减弱，逐步被洗脱下来。和普通反相液相色谱相比，这种表面带低密度疏水基团的填料对蛋白质的回收率高，蛋白质变性可能性小。由于流动相中不使用有机溶剂，也有利于蛋白质保持固有活性。

5. 亲和色谱

亲和色谱（affinity chromatography）是利用生物大分子和固定相表面存在的某种特异性吸附而进行选择性分离的一种生物大分子分离方法。通常是在载体（无机或有机填料）表面先键合一种具有一般反应性能的所谓间隔臂（如环氧、联氨等），随后再连接上配基（如酶、抗原或激素等）。这种固载化的配基将只能和与其有生物特异性吸附的生物大分子相互作用而被保留，没有这种作用的分子将不保留而先流出色谱柱。此后改变流动相条件（如pH 或组成），将保留在柱上的大分子以纯品形态洗脱下来。亲和色谱选择性强、纯化效率高，往往可以一步获得纯品。

生物来源的原料液常常需要多步纯化才能达到要求，采用的分离策略随分离对象而异。但就以上的 5 种最基本的分离模式而言，体积排阻、离子交换及疏水色谱一般安排在反相色谱和亲和色谱之前。

一般在进行分离和纯化生物大分子的化学及生化实验室里，常常使用简单易行、价格适中的中、低压液相色谱，压力一般在 2～3MPa 以下。还可以充分利用实验室现有的常规输液泵或蠕动泵、带流动池的紫外分光光度计、玻璃或塑料色谱柱及必要的液流系统来建立所需的中、低压液相色谱设备。

所谓低压，没有严格的界限，一般指在蠕动泵所能达到的压力指标以下。因为有泵和检测器，可以连续化操作，实现自动的梯度淋洗和馏分收集等操作。色谱柱管一般是玻璃和聚合物材料的。对于蛋白质和核酸等生物大分子的分离，一般使用软质的凝胶过滤色谱填料（如葡聚糖、琼脂糖和合成高聚物填料）、离子交换和疏水相互作用介质。大多数蛋白质和核酸在紫外区有光吸收，因而紫外检测器很常用。例如，Bio-Rad 公司的低压液相色谱系统——ECONO System 就使用了双流路、双向、可变速的蠕动泵，最高压力可达 0.2MPa，流量 0.1～20mL/min。该系统配梯度淋洗装置和馏分收集器，使用 254nm 和 280nm 双波长紫外检测器。

介于高压和低压液相色谱之间、一般操作压力在 2～3MPa 以下的称为中压液相色谱。在中压条件下，经典的多糖凝胶会受到压力的限制，此时应采用交联改性的多糖凝胶（如 Sepharose CL、Superose 等）、聚合物微球、复合材料介质或硬质 SiO$_2$ 基体的化学键合相。瑞士 Labomatic 公司的高效中压液相制备色谱系统 HP-MPLC 中，最大压力 2MPa，最大流量 156mL/min，单泵驱动，配备可实现二元多阶段线性梯度淋洗的控制器，梯度持续时间 1～600min 可调，混合池体积 10～150mL，紫外分光检测器，馏分收集器有圆盘式和排式两种。

一般实验室规模的制备色谱柱直径不超过 2cm，而且常常可以在 5nm 内径的分析柱上进行制备分离；克级规模的制备色谱柱内径一般在 5cm 左右，而工业上大规模的制备色谱内径达 50cm，可以获得千克级的产品。

1.3.3　测试设备及使用

生物工程与工艺专业实验中基本参数有温度、压力、pH、流量等。而对这些基本参数的正确测试和控制，直接关系到实验结果的准确性。

1.3.3.1　温度的测量与控制

在生物反应过程中温度的测量与控制至关重要。温度的测量与控制一般借助于仪表来完成。检测仪按作用的不同可分为测温元件、温度测量及控制仪表。

1. 测温元件

热膨胀式温度计是根据某些物质受热膨胀的原理制成的，分玻璃管液体温度计、压力式温度计和双金属温度计三种，其中以玻璃管液体温度计最为简单常用。

玻璃管液体温度计：由装有工作液体的玻璃感温泡、玻璃毛细管和刻度标尺三部分构成。其工作原理是基于工作液体在玻璃管中的热膨胀或冷收缩作用，当温度发生变化时，感温泡和毛细管中的液体体积也随之变化，引起毛细管中液柱的升高或降低，通过标尺即可读出不同的温度数值。

根据所用工作液体的不同，其测温范围也不同。通常用水银和乙醇为工作液体，水银温度计的测温范围为 −30～300℃，最高可达 600℃；乙醇温度计多用于常温和低温的测量中，测温范围为 −100～75℃。

玻璃管液体温度计又有棒式、内标式和外标式之分。由于玻璃管液体温度计具有结构简单、使用方便、价格便宜、测量较精确等优点，所以应用广泛。

使用玻璃管液体温度计应经过校验，特别是用于测量要求较高的场合，只有经校验合格的温度计才能在现场使用。对于不同的测量场合，温度计插入深度要符合规定。水银温度计应按凸形弯月面顶点切线处读数，乙醇温度计则按凹形弯月面取低点的切线处读数。温度计插入恒温介质中一般要经过一定时间，待温度达到稳定后才读数。使用时注意轻拿轻放，避免剧烈振动，使用完毕要放在盒内，绝不可将温度计倒置。

热电偶温度计具有灵敏度高、使用方便、测温范围宽及便于远距离测量等优点，在温度测量中占有重要地位。由于热电偶温度计的体积小、热惯性小、便于安装等优点，所以适于测量物体内部温度、表面温度及动态温度等。

热电阻温度计的作用原理是基于物质在温度变化时本身电阻值也随之发生变化的特性来

测量温度。热电阻温度计在使用时应注意：①感温元件之间和感温元件与外壳之间应有良好的绝缘；②测量变化的温度时，常有动态误差存在，必须注意选择具有适当时间常数（热惰性）的温度计；③测量电阻温度计的电阻值时，会产生自热现象，即由于电流的热效应使感温元件自身温度上升，为使自热现象对测量影响不超过一定限度，标准铂电阻温度计使用电流规定不超过 1mA，对于一般电阻温度计，要求工作电流不超过 6mA，这时自热现象对测量的影响不超过 0.1℃。

2. 温度测量及控制仪表

测温元件只是将被测对象温度变化转变成相应的物理量，而将这些物理量反映出来，要通过测量仪表的显示和记录。

温度测量仪表有 XWC 系列的自动平衡记录仪、数字温度仪，UJ 系列的电位差计等。XWC、UJ 系列仪表均利用平衡电桥法进行测量，消除了电流及接线电阻的影响，所以被广泛采用。XWC 系列仪表通常用于监视及记录，UJ 系列仪表常用于精确测量。温度控制仪表的种类较多，选用何种类型仪表要依据被控对象的精度要求和选用何种测温元件而定。

1.3.3.2 压力的测量与控制

1. 压力的测量

压力是流体流动过程中的重要参数。发酵过程中发酵罐中要保持正压；而有些特殊发酵过程，则需要保持负压。

U 形管压力计为液柱式压力计，其基本原理是流体静力学中的连通器原理。U 形管压力计可用来测量气体或液体的压力。U 形管内的指示液必须与被测流体不互溶，其密度应大于被测流体的密度。

弹簧式压力计又称为压力表，有普通压力表和精密压力表两类。根据被测流体介质和压力大小等情况，压力表有各类型号可选用。使用时应根据使用要求选择合适的压力表。

2. 压力的控制

生物反应过程中常需保持系统压力恒定。控制压力稳定的关键在于控制上游压力恒定，即控制系统进口压力为给定值。常用的控制压力的方法主要是利用流体力学原理的稳压管或利用机械作用原理的稳压阀。

（1）稳压管：稳压管为一套管，内管与气相连通，套管内装有与气体不互溶的液体，可用水、盐水、甘油等。

（2）稳压阀：稳压阀用于气源压力控制。对稳压要求不高的场合，可采用减压阀。例如，与钢瓶配套的氧气减压阀和氢气减压阀、空气减压过滤器等。稳压要求较高时，可采用专门的减压稳压阀系列产品。

（3）稳压罐：由于稳压的目的多半是为了稳流，在稳压要求较低的情况下，可采用大容量的缓冲罐或者稳压瓶，以达到短时稳压稳流作用。

1.3.3.3 pH 测量与控制

pH 是标志溶液酸碱浓度的基本参数。生物反应过程中，pH 的测量与控制具有重要的意义。测量溶液的 pH 实际上就是测量溶液的氢离子活度，通常使用 pH 计进行测定。pH 计是电化学分析仪器，主要由电极和电计两大部分组成，采用电极电位法测量。电极电位测量法的测定原理是插入溶液中的两个电极（分别为指示电极和参比电极）在测定溶液中组成一组原电池，该电池产生的电动势大小与溶液的 pH 有关，通过测量电动势就可测定出溶液的 pH。指示电极常用玻璃电极，有时也采用锑电极；参比电极常用甘汞电极和氧化银电极。目前常把氯化银参比电极和玻璃电极组合在一起，做成复合玻璃电极，复合电极的优点是使用方便。与其他传感器相比，玻璃电极传感器具有测量范围宽、重复性好、稳定性高、精度高等特点，因此以玻璃电极作传感器的电位测量法获得了最广泛的应用。当然，各种新型 pH 玻璃电极也不断出现，如亚微米玻璃电极、平面玻璃 pH 复合电极、晶体管 pH 固体电极，其测量性能更为稳定和准确。

常用的 pH 计有以下几种。

1. 一点标定型 pH 计（台式）

目前市售 pH 计绝大部分属此类。使用时先将 pH 玻璃电极浸入与待测液 pH 相近的第一种缓冲溶液（如 pH 4.01），调节定位旋钮到该缓冲溶液的理论 pH 指示值 4.01。将电极清洗后浸入样品液，此时仪器所指示的 pH 即为试样的 pH。若在测定样品液之前还在第二种缓冲液（如 pH 10.01）中测 pH，此时往往不能显示理论值 10.01（绝大多数情况不小于 10.01），其原因是该电极的斜率不能达到理论斜率（即 $<59mV/pH$）。这样不得不调节斜率补偿旋钮，使显示值为 10.01。若再在第一缓冲液中测量，又不能显示 4.01（绝大多数情况下大于 4.01）。采用这类 pH 计进行测量，虽然仪器的精度可达 $\pm0.01pH$，而实际的测量误差有可能大于 $\pm0.01pH$。

2. 带微机处理机的数字式 pH 计（台式）

其特点是两点自动标定，从而不必像用上述 pH 计那样调节斜率补偿旋钮。具体操作是：先将 pH 玻璃电极浸入第一种缓冲液（如 pH4.01），然后必须再将电极浸入第二种缓冲液（如 pH 10.01），最后再测定样品的 pH。若仅将电极浸入第一种缓冲液，则无法对样品进行测定。这类仪器最大的优点是，即使 pH 玻璃电极不能达到理论响应，但总能自动地将在两次缓冲溶液中测得的毫伏值自动地"两点成一线"，只要样品的 pH 在这两点之内，均能自动地、准确地显示样品液的 pH，即不再存在斜率补偿问题。

3. 便携式 pH 计

最简便的便携式 pH 计是手握式 pH 计。

玻璃电极的使用方法如下（以 pHS-3C 型数字酸度计为例）。

（1）按下电源开关，仪器预热 30min。

（2）标定：仪器连续使用时，每天要标定一次：①在测量电极插座处插上复合电极，选择开关调到 pH 档，调节温度旋钮，使旋钮刻线对准溶液温度值，把斜率调节旋钮按顺时针方向旋到底；②把清洗过的复合电极插入 pH 7 标准溶液，调节定位旋钮使读数与当时温度条件下中性缓冲液的 pH 一致；③取出电极，用蒸馏水清洗后再插入 pH 4 或 pH 9 的标准缓冲溶液中，调节斜率旋钮到显示当时液温条件下的 pH。仪器标定完成。

（3）测量 pH：当被测溶液与标准溶液液温相同时，把清洗过的电极浸入被测溶液，用玻棒搅匀溶液后在显示屏上读出溶液的 pH。当被测溶液与标准溶液温度不同时，需将温度调节旋钮调节到实际温度值，此时测出的 pH 为被测溶液的 pH。

玻璃电极的注意事项为：①玻璃电极初次使用或久放后重新使用时，应在蒸馏水或 0.1mol/L 的盐酸中浸泡 24h 以上。②玻璃电极不宜在较强的酸性、碱性溶液中长时间测量；不宜在高温下使用，否则会使电极老化，缩短使用寿命；也不宜同无水乙醇等脱水介质接触，以免其表面失水影响其性能。③使用前检查电极的玻璃薄膜有无裂痕、气泡或斑点，电极球泡应注意保护，防碰、防污。④测量黏度较大的溶液时，应尽量缩短测量时间，以免污染电极，使用后应立即仔细清洗电极。

1.3.3.4　流量的测量与控制

流量测量方法有直接法和间接法两种。直接法有湿式流量计、盘式流量计、齿轮流量计等，是以单位时间内从测量腔室内所排出流体的固定容积作为测量依据；间接法是以测量与流量有对应关系的物理量的变化为依据，算出实际流量，有毛细管流量计、转子流量计、孔板流量计、电磁流量计、质量流量计等。

(1) 转子流量计：转子流量计为一根内部空间呈锥形的玻璃管。上有刻度，内装一转子，可视流量大小用不同材质制成。当被测流体以一定流量通过转子流量计时，在转子的上、下端形成一个压差，该压差形成了升力。当升力足够大时，使转子上浮，随着转子上浮，环隙面积增大，环隙中的流速减小，转子两端面上的压差也随之减小。当转子浮升至某一高度，转子所受的升力恰好等于其净重时，转子便悬浮在此高度上。此刻通过转子最大截面处与玻璃管上刻度水平切点的读数为该流体的流量值。

(2) 质量流量计：测量质量流量的方法有直接法和间接法两种。直接法是应用质量流量计直接测量质量流量，如科里奥利力式质量流量计、热式流量计、双涡轮质量流量计、动量矩式质量流量计和惯性力式质量流量计等；间接法是对测量的体积流量进行温度和压力的动态补偿，补偿结果得到质量流量。

(3) 蠕动泵：蠕动泵广泛应用于生物反应过程中的科研与生产上。其基本的工作原理是：电动驱动器以一定的转动频率，带动压轮做顺时针（或逆时针）方向转动，由于输液（气）软管受挤压、进口端产生负压将输液（气）提起，由出口端将管内的输液（气）排出。通过调节驱动电机的转速和微调压管间隙及选用不同孔径的输液软管来控制输液（气）的流量。

1.3.4　辅助设备及使用

生物工程专业实验所用的辅助设备主要包括动力设备和换热设备。动力设备主要用于物流的输送和系统压力的调控，如离心泵、计量泵、真空泵、气体压缩机、鼓风机等。换热设备主要用于温度的调控和物料的干燥，如超级恒温槽、电热烘箱、马弗炉等。辅助设备通常为定型产品，可根据主体设备的操作控制要求及实验物系的特性来选择。选择时，一般是先定设备类型，再定设备规格。

1.3.4.1　高温电炉

高温电炉又称马弗炉，常用于实验室化学分析与物理测定等。高温电炉的炉膛由耐高温而无胀缩碎裂的材料制成。炉膛内外壁空间均匀地串有电热丝或排放硅碳加热棒，外层包着耐火砖、耐火土等。外壳包上铁皮，炉门用耐火砖制成，中间有一小孔，嵌一片透明的云母片，便于观察炉内升温情况。高温电炉应放置在稳固的水泥台上，温控仪应与电炉相隔一定距离以防止热干扰。使用方法和注意事项如下。

(1) 连接热电偶至温控仪的导线，应用补偿导线，连接时正负极不可接反。

(2) 初次或长期未使用而再次使用时，应进行烘炉干燥。

(3) 易燃、易爆、加热后挥发出有毒或腐蚀性气体的物品不允许在高温炉内加热。

(4) 炉膛内要保持清洁，周围不允许堆放易燃、易爆物品。

（5）工作温度不得超过额定温度，并要经常观察，防止失控而损坏仪器设备甚至酿成事故。

（6）用毕后应切断电源，但不能立即打开炉门，以免炉膛骤冷碎裂，先开一条小缝加快降温。最后用坩埚钳取出被加热的器物。

（7）高温电炉不用时，应将炉门关好，防止耐火材料受潮气侵蚀。

1.3.4.2　电热恒温干燥箱

电热恒温干燥箱简称烘箱，是生物工程实验室最常用设备。工作温度可从室温至铭牌规定的额定值。使用方法和注意事项如下。

（1）通电源后，先预设置到所需温度，将加热开关打开，闭合鼓风机开关。

（2）箱为非防爆型的，不允许将带有易燃、易爆或加热后有挥发性的毒物和腐蚀性气体的物品放入箱内干燥处理。

（3）烘箱使用温度不能超过铭牌上的额定温度值。

（4）被烘物品如试样、药品等应盖好，以防烘箱内的灰尘和铁锈因鼓风而将其玷污。

（5）用毕后应先关闭鼓风机，加热转换旋钮至"断"，控温仪回至"0"处，然后切断电源。

1.3.4.3　制冷设备

制冷设备如低温槽、冰柜、冰箱等，冰箱是实验室常用设备之一，它由箱体、制冷系统、电气系统、自动控制和附件组成。冰箱适用于低温保存样品、试剂和菌种等，冰箱的冷冻室可制冰块或用于小型物品的冻结。它的使用方法和注意事项如下。

（1）冰箱的放置应离壁 10cm，以保证冷凝器对流效率高。

（2）冰箱温度调节时，不可一次调得过低，以防冻坏箱内的物品。

（3）冰箱内蒸发器由于结霜而使制冷效果下降，对于无自动化霜功能的冰箱，应及时进行手动或人工化霜。

（4）一般冰箱是非防爆型的，因此不允许易燃、易爆物品存放，对于具有强烈气味的物品，需密封后放入，以防污染。

（5）若长期不使用，应将里外擦净，箱门略留缝隙。应避免日光的直射，并远离热源。

1.3.4.4　旋片式真空泵

实验室常用的真空泵为旋片式真空泵。旋片式真空泵利用两块能滑动旋片的转子，偏心地装在腔内，并且分进气口、排气口。旋片借弹簧的弹力作用，使旋片与腔内壁紧密接触，将腔分为两个部分。当转子转动带动旋片在腔内旋转时，使进气口方面的腔室逐渐扩大容积，吸入气体。另外，对已吸入的气体进行压缩，由排气口排出，达到抽气获得真空的目的。泵的全部机件都浸在真空油内，油起着油封、润滑和冷却作用。使用注意事项如下。

（1）真空泵所抽的气体应干燥、清洁。如果必须利用真空泵抽吸对黑色金属有腐蚀性的气体或含有水汽的气体时，应加过滤和吸附装置，并应经常洗涤、更换泵内污油。

（2）旋片式真空泵不宜作为把气体由一容器抽送至另一容器的输气泵使用。

（3）旋片式真空泵进气口敞开通大气的连续工作时间不得超过 5min。

（4）真空泵与真空系统或与被抽气容器连接管道应尽可能短，并应尽量减少接头。

（5）真空泵在停车前，必须在泵的进气口先通入大气，以免泵内真空油在大气压作用下倒流入真空系统。

1.3.4.5　无油气体压缩机

无油气体压缩机是好氧发酵过程不可缺少的设备。它的工作过程可描述为：电动机驱动偏心轴旋转，偏心轴每转一周，连杆带动胶膜上下往复动作一次，完成一次气体压缩工作循环。当偏心轴向下旋转，连杆及膜片向下运动时，进气阀片打开，常压空气经过初滤器进入膜腔，此时排气阀处于关闭状态；当偏心轴向上旋转时，连杆及膜片向上运动，进气阀关闭，排气阀打开，将膜腔气体压入冷却管道，进行降温，再至分水滤气器粗除水并滤气，所获气体经输气罐输出。无油气体压缩机的使用方法如下。

（1）通电源，指示灯亮。当转动"开、关"手柄后，电动机运转，压缩机工作。

（2）将调压阀调至所需输出压力。严禁超压工作，以免造成事故。

（3）压缩机应置于清洁、干燥处工作，进气过滤器要经常清洗以保持进气口畅通和排气稳定。

（4）对于严格要求输入气体干燥的仪器，应在仪器前加接除水器。

1.3.4.6　电动离心机

电动离心机主要是利用离心机高速旋转时产生的离心力，使固液分离。离心机有多种类型，可依据不同要求选用。使用时应注意下列几点。

（1）离心机放置应平稳，处于水平位置。

（2）离心管必须对称放置，若管为单数，应再加一管装有同样质量的水的离心管，并调整对称。

（3）启动离心机时应逐渐加速，若发现异样，应立即停机检查，排除故障后再工作。

（4）关闭离心机时同样要逐渐减速，让其自然停止，不得强制停止。

（5）密封式离心机在工作时要盖好盖子，当机器完全停转后，方可打开盖子，取出离心管，确保安全。

（6）离心机的套管要保持清洁，管底可垫上橡皮、泡沫塑料等缓冲物，以免试管破碎。

1.4　数据处理与分析

生物工程是一门实践性很强的学科，生物工程实验是学习、了解和掌握生物工程相关理论的重要实践环节，其根本目的在于提高学生动手能力，并有针对性地解决工业应用实际问题。因此，生物工程实验在新产品研发、生产过程监测控制、产品质量检验等方面发挥重要作用。生物工程实验数据涉及发酵工程、酶工程、细胞工程及基因工程实验，过程体系复杂，实验参数较多。为得到可靠的实验结果，需要采集大量的实验数据，并应用科学的、有理论依据的数学方法加以分析、处理和归纳评价。因此，掌握和应用误差理论、统计理论和科学的数据处理方法是非常必要的。

1.4.1　数据的误差分析

生物工程实验过程中，由于客观条件的局限（如实验方法不完善或设备的精度不够，周围环境的影响等），或因人的主观观察力的限制，实验观测值和真实值之间总是存在一定的差异。这种差异是不可避免的，无论采用多么精密的仪器、多么完善的实验方法，也不论操作者多么细心，每次实验结果总是不完全一致的。测量值与真实值之间的差值就是误差。

1.4.1.1 真值与平均值

真值是待测量客观存在的确定值，也称理论值或实际值。由于误差是客观存在的，真值通常是无法测得的。测量的次数无限多时，正负误差的出现概率相等，在消除系统误差的情况下，测量值的平均值非常接近真值。但实际上测量的次数总是有限的。用有限测量值求得的平均值只能是近似真值，或称为最佳值。平均值是描述实验数据集中趋势的常用测量值，一组数据的平均值主要有下列几种：算术平均值、几何平均值、均方根平均值、中位值、加权平均值及调和平均值。

（1）算术平均值：是一组数据（各次测量值）之和除以这组数据的个数（测量次数），是最常用的一种平均值。设 x_1、x_2、$\cdots$、x_n 为各次测量值，n 代表测量次数，算术平均值为

$$\overline{x} = \frac{x_1 + x_2 + \cdots + x_n}{n} = \frac{\sum\limits_{i=1}^{n} x_i}{n} \tag{1-4-1}$$

（2）几何平均值：是将一组数据（n 个测量值）连乘并开 n 次方求得的平均值，适用于对比率数据的平均值，主要用于计算数据平均变化率。

$$\overline{x}_n = \sqrt[n]{x_1 \cdot x_2 \cdots x_n} \tag{1-4-2}$$

（3）均方根平均值：也称平方平均值，是一组数据的 2 次方的幂平均（广义平均）的表达式，用来计算一组数据的平均差，统计中常用来计算标准差。

$$\overline{x}_{均} = \sqrt{\frac{x_1^2 + x_2^2 + \cdots + x_n^2}{n}} = \sqrt{\frac{\sum\limits_{i=1}^{n} x_i^2}{n}} \tag{1-4-3}$$

（4）中位值（中位数）：是指一组有限数据（n 个测量值）按大小顺序排列时的中间值。如果 n 是奇数，这组数据的中位数是中间那个数据；如果 n 是偶数，这组数据的中位数是中间 2 个数据的算术平均值。

（5）加权平均值：是不同权重数据的平均值，是把一组数据按照合理的权重系数计算出的平均值，是算术平均值的广义表现形式。如果一组数据所有的权重系数相等，此时加权平均值便等于算术平均值。

$$\overline{x} = \frac{\omega_1 x_1 + \omega_2 x_2 + \cdots + \omega_n x_n}{\omega_1 + \omega_2 + \cdots + \omega_n} = \frac{\sum\limits_{i=1}^{n} \omega_i x_i}{\sum\limits_{i=1}^{n} \omega_i} \tag{1-4-4}$$

式中，ω_1、ω_2、$\cdots$、ω_n 分别为各测量值相应的权重系数，可以是测量值的重复次数、测量者在总数中所占的比例，也可根据经验确定。

（6）调和平均值：是将一组数据的个数 n 为分子，以各个数值倒数的总和为分母，求得的平均值，调和平均值与倒数的算术平均值互为倒数。

$$\overline{x} = \frac{n}{\dfrac{1}{x_1} + \dfrac{1}{x_2} + \cdots + \dfrac{1}{x_n}} = \frac{n}{\displaystyle\sum_{i=1}^{n} \dfrac{1}{x_i}} \qquad (1\text{-}4\text{-}5)$$

1.4.1.2　误差的分类

误差根据其性质和产生的来源不同可分为三类：系统误差、随机误差和过失误差。

（1）系统误差：是指在测量和实验中由仪器本身性能、操作习惯或者环境条件等因素引起的误差，其特点是测量结果向一个方向偏移，其数值按一定规律变化，具有重复性、单向性。系统误差的来源主要有：测量仪器不良，如刻度不准、仪表零点未校正等；测试方法本身固有的性质，如实验条件不能达到理论公式要求等；外界环境的改变，如温度、压力、湿度等偏离校准值；实验人员的习惯和偏向，如读数偏高或偏低等。实验过程中应当根据系统误差的特点，找出其产生原因，设法消除或者降低系统误差的影响。

（2）随机误差：也称偶然误差，是在测量过程中随机产生的不可预计的误差，其产生的原因不明，具有有界性、对称性和补偿性。随着测量次数的增加，随机误差服从统计规律，其算术平均值趋近于零。因此，尽管随机误差无法控制和补偿，但多次测量结果的算术平均值将更接近于真值。

（3）过失误差：是明显与事实不符的误差，主要是由实验人员粗心大意、操作不当或设备故障、工艺泄漏等原因引起的。过失误差无规律可循，致使测量值严重失真。在原因清楚的情况下，应及时消除过失误差。若原因不明，应根据统计学的方法进行判断和取舍。一旦存在过失误差，应舍弃有关数据重新测量，在实验过程中要加强责任感，养成专心、认真、细致的实验习惯，避免过失误差。

（4）精确度和精密度：精确度，反映测量值与真值的接近程度。精确度与测量误差大小相对应，是在一定条件下系统误差和随机误差的综合，精确度越高，测量误差越小。

精密度是一定条件下多次测量值间的离散程度，是测量值重现性的量度，反映随机误差的影响。精密度高，则表示随机误差小。精密度是获得良好测量精度的先决条件，精密度不好，就不可能获得良好的测量精度。

1.4.1.3　误差的表示方法

误差是客观存在，在测量过程中测量值不可能精确地等于真值。常用绝对误差和相对误差来表示测量值的准确程度。

（1）绝对误差：测量值和真值之差，反映测量值偏离真值的绝对大小，其量纲和测量值、真值相同，但绝对误差不能完全反映测量的准确程度。

$$D = x - A_0 \qquad (1\text{-}4\text{-}6)$$

式中，D 为绝对误差；x 为测量值；A_0 为真值。

由于真值 A_0 一般是无法测得的，常用两种方法来近似确定真值：一是相同条件下多次重复测量的平均值代替真值，二是采用高一级标准仪器的测量值（示值）作为实际值 A 以代替真值 A_0。由于高一级标准仪器存在较小的误差，所以 A 不等于 A_0，但更接近于 A_0。x 与 A 之差称为仪器的示值绝对误差，记为

$$d = x - A \qquad (1\text{-}4\text{-}7)$$

（2）相对误差：绝对误差与真值的比值，反映绝对误差在真值中占有的比值，用百分数

表示。相对误差能够反映测量的准确程度。

示值绝对误差 d 与被测量的实际值 A 的百分比称为实际相对误差，记为

$$\delta_A = \frac{d}{A} \times 100\%$$ (1-4-8)

以仪器的示值 x 代替实际值 A 的相对误差称为示值相对误差，记为

$$\delta_x = \frac{d}{x} \times 100\%$$ (1-4-9)

一般来说，生物工程实验过程中，用示值相对误差较为适宜。

（3）引用误差：测量的绝对误差与仪表的满量程范围之比，常用来衡量和确定仪表精度等级，用百分数表示。引用误差是相对误差的一种特殊形式，记为

$$\delta_{引} = \frac{绝对误差}{量程范围} \times 100\% = \frac{d}{X_n} \times 100\%$$ (1-4-10)

式中，d 为绝对误差；X_n 为仪表量程范围（上限值－下限值）。

（4）算术平均误差：各个测量值误差的算术平均值，在数据处理中常用来表示一组测量值的平均误差，记为

$$\delta_{平} = \frac{\sum\limits_{i=1}^{n} |d_i|}{n}$$ (1-4-11)

式中，n 为测量次数；d_i 为第 i 次测量的误差。

（5）标准误差：亦称均方根误差，是各测量值误差的均方根平均值，记为

$$\sigma = \sqrt{\frac{\sum\limits_{i=1}^{n} d_i^2}{n}}$$ (1-4-12)

上式适用于无限测量的场合。实际测量工作中，测量次数是有限的，测量的真值未知，采用下式计算标准误差：

$$\sigma = \sqrt{\frac{\sum\limits_{i=1}^{n} (x_i - \overline{x})^2}{n-1}}$$ (1-4-13)

由此可见，标准误差不是测量值的实际误差，其对一组测量数据中的较大数据或较小数据比较敏感，其大小反映在一定条件下每一个测量值对其算术平均值的离散程度。标准误差越小，测量的精度就越高；反之精度就低。

1.4.1.4　测量仪表精确度

仪器仪表的精确等级是用最大引用误差（又称允许误差）来表示的。最大引用误差等于仪表示值中的最大绝对误差与仪表的量程范围之比，用百分数表示，是仪表误差的主要形式，表明仪表的测量精确度，是仪表最主要的质量指标，即

$$\delta_{引|max} = \frac{仪表最大绝对误差}{仪表量程范围} \times 100\% = \frac{d_{max}}{X_n} \times 100\%$$ (1-4-14)

式中，$\delta_{引|max}$ 为仪表的最大引用误差；d_{max} 为仪表示值的最大绝对误差；X_n 为仪表量程范围（上限值－下限值）。

通常情况下采用标准仪表校验较低级别的仪表，因此最大示值绝对误差就是被校表与标准表之间的最大绝对误差。

若以 $a\%$ 表示某仪表的最大引用误差，则该仪表的精度等级为 a 级。精度等级的数值越小，说明最大引用误差越小，仪表精度等级越高。仪表的精度等级常以圆圈内的数字标明在仪表的面板上。例如，某台压力表的允许误差为 1.5%，这台压力表的精度等级就是 1.5，通常简称 1.5 级仪表。

假设某仪表的精度等级为 a 级，表明仪表在正常工作条件下，其最大引用误差的绝对值 $\delta_{引|max}$ 不能超过的界限 $a\%$，即

$$\delta_{引|max} = \frac{d_{max}}{X_n} \times 100\% \leqslant a\% \tag{1-4-15}$$

由式（1-4-15）可知，在应用该仪表进行测量时所能产生的最大绝对误差为

$$d_{max} \leqslant a\% \cdot X_n \tag{1-4-16}$$

而用该仪表测量的最大相对误差为

$$\delta_{Amax} = \frac{d_{max}}{X} \leqslant a\% \cdot \frac{X_n}{X} \tag{1-4-17}$$

由上式可以看出，用仪表测量值所能产生的最大相对误差不会超过该仪表允许误差 $a\%$ 乘以仪表量程 X_n 与测量值 X 的比。在实际测量中，为得到可靠的结果，取误差最大值，可用下式对仪表的相对测量误差进行估计：

$$\delta_m = a\% \cdot \frac{X_n}{X} \tag{1-4-18}$$

由此可见，仪表测量值的相对误差不仅与仪表的精度等级有关，而且与仪表量程和测量值有关。因此，在选用仪表时不能盲目追求仪表的精度等级，应兼顾仪表量程进行合理选择。一般而言，应使测量值落在仪表满刻度值的 2/3 处较为适宜。另外，在仪器精度能满足测试要求的前提下，尽量使用精度低的仪器，一方面可以降低测试成本；另一方面，高精度仪器对周围环境、操作等要求过高，使用不当时反而会加速仪器的损坏。

1.4.1.5　直接测量值和间接测量值

直接测量值是通过仪器直接测试读数得到的数据，如分光光度计测出的吸光度值、发酵罐中的连接 pH 电极显示的 pH 等；间接测量值就是直接测量值经过公式计算后得到的测量值，如根据单位时间内吸光度的变化值计算出的酶活等。数据分析就是要对这些直接测量值或间接测量值进行分析、比较、整理和总结，并最终得出有价值的信息和规律。

1.4.2　实验数据的处理

生物工程实验和实际生产过程中涉及大量的数据，由于生物过程内在的规律，这些数据并非杂乱无章，而是呈现一定的规律性。同时由于测量过程中误差的不可避免性，这些数据又呈现一定的波动性。因此在实验过程中获得的大量数据必须经过正确的处理，才能得出有价值的结果。数据处理得当，实验结果清晰而准确，否则，将得出模棱两可甚至错误的结论。由此可见，实验数据的处理是实验过程中的重要环节。

实验数据的处理主要包括两个方面：一是实验数据的记录，二是实验数据的分析处理。

1. 实验数据的记录

实验记录是实验工作的原始资料，严谨科学的数据处理从良好的数据记录习惯开始。

（1）实验之前，应准备好专门的有页码的实验记录本和记录笔（一般用签字笔或钢笔），绝不允许用零散纸片或者书籍做记录。

（2）实验过程中要仔细观察，如实、客观、详细、准确地记录实验数据和现象，切忌夹杂主观因素，更不能随意拼凑或编造实验数据。

（3）实验记录内容要详尽，包括所用试剂材料名称、规格、用量，实验方法和具体条件（温度、时间、仪器名称型号等），操作关键及注意事项，实验现象（正常的和异常的）、数据和结果等。

（4）实验记录应做到条理分明、文字简练、字迹清楚，不得涂改、擦抹。写错之处可以划去重写，养成认真写好实验记录的良好习惯。根据需要，实验数据记录可事先设计好表格，实验中边观察边填写，力求整洁清楚，便于整理总结。

（5）实验中如发生误操作或对实验结果有怀疑，应如实说明，便于实验之后的追溯和总结，必要时应重做实验，切勿将不可靠的结果当作正确结果。

（6）实验完成之后，要养成及时整理实验记录的习惯，应培养一丝不苟和严谨的科学作风。

2. 实验数据的分析处理

通过实验记录下来的大量数据必须经过正确分析处理和关联，才能清楚地反映各变量间的内部规律。实验数据分析处理常用的方法有三种：列表法、图示法和回归分析法。

（1）列表法：将记录的原始实验数据、运算数据和最终处理结果直接列举在数据表中的一种数据处理方法。列表法简单易行、条目清楚，便于检查结果的合理性，可显示实验指标各变量间的对应关系和大致变化规律。

列表法处理实验数据时要注意以下几点。①表格应有标题或必要的文字说明。②应清楚标明每一行或每一列的数据名称及单位。③数字排列要整齐，位数和小数点要对齐，有效数字的位数要合理。④从原始数据到运算数据及最终处理结果的运算步骤和公式要标注清楚。

（2）图示法：将实验数据绘制成曲线，由图示直观地反映出实验数据各变量间的极值及变化趋势的一种数据处理方法。图示法直观明了，不仅可利用曲线形象地表达数据变化规律，而且可简便求出实验需要的某些结果（如直线的斜率、截距值等），计算没有进行观测的对应点（内插法、外推法）。图示法的关键是坐标的合理选择，包括坐标类型和坐标刻度的确定。

图示法处理实验数据时要注意以下几点。①坐标纸要选择适当，要尽可能使得到的数据曲线线性化。线性函数宜选用直角坐标纸，如果变量数值在实验范围内发生数量级的变化，应选用对数坐标纸。②坐标刻度要选择适当，使坐标读数的有效数字与实验数据的有效数字位数相同，并尽可能使曲线主要部分的切线与横坐标和纵坐标的夹角成 45°，要尽可能使数据的点布满纸面，不要使所做曲线局缩在一角。③连接曲线要平滑。④曲线要有名称和必要的文字说明，实验数据反映在曲线上的点要用符号标明，横纵坐标轴代表的变量及单位要清楚标明。

（3）回归分析法：借助于数学方法将实验数据按一定函数形式整理成方程，以数学模型的形式揭示变量间相互关系的一种数据处理方法。回归分析法可得到变量间明确的函数关系，结果较为准确。虽然回归分析计算的工作量较大，但目前在计算机上采用软件（Excel、

Origin 软件）处理，可大大减小工作量，轻松实现回归分析，因此回归分析法在实验数据处理上应用非常广泛。

下面以 Excel 2003 为例，介绍回归分析法在数据处理中的应用步骤。

（1）新建 Excel 文档，将要回归到两组实验数据 X、Y，分别作为横坐标和纵坐标，分两列输入新建文档。

（2）选择上述两列数据，在"插入"栏里点击"图表"，选择"XY 散点图"，点击"完成"。

（3）鼠标放在散点图的点上，点击鼠标右键，选择"添加趋势线"，在"类型"一栏，根据趋势线形状，选择一种趋势线类型，一般选择"线性"，在"选项"里面选择"显示公式"和"显示 R^2 值"，点击"确定"，即可得到回归方程。

1.4.3　实验报告的撰写

实验报告是实验结束后撰写的反映实验过程和结果的书面材料，是对实验工作的回顾与总结，是整个实验过程中一个非常重要的环节。实验报告具有确证性和纪实性。实验结束后，应根据实验记录和结果，及时整理总结，并写出实验报告。这不仅有助于学生加深对实验的理解，提高对实验的认识，更重要的是，实验报告的撰写训练可以培养学生解决实际问题的能力、归纳分析能力、逻辑推理能力和文字表达能力。

一般而言，一份完整的实验报告包括以下几个部分的内容。

（1）标题：标题是实验报告的主题思想，是对实验内容的高度概括。标题必须能准确、清楚地呈现出实验的主要问题。标题应简明扼要，不宜过长。

（2）实验日期、地点、实验人及同实验人、所属课程名称：如实记录实验日期和天气情况，标明实验地点，标明实验人和同组实验人的姓名、学号等信息，标明实验所属课程名称及指导老师。

（3）实验目的：通过本次实验要达到什么样的目的，需要验证并深化理解生物工程哪一方面理论原理，需要掌握何种实验操作等。

（4）实验原理：简明扼要地说明实验所依据的基本原理、实验方案及装置设计原则，不要照搬照抄实验教材，如有必要，可画出实验装置示意图。

（5）实验材料、仪器及试剂：根据实验的实际情况，详细列出实验所用的材料、仪器（厂家、型号）及试剂（规格、纯度）等。

（6）实验操作步骤：根据实验的实际操作顺序，详细记录实验过程中的操作步骤和采用的分析方法，按照先后顺序标明序号，使条理清晰，并突出操作要点，便于追溯和查缺补漏。

（7）实验结果与分析：记录实验过程中采集的原始实验数据，并进行整理、分析、讨论，以列表法、图示法或回归分析法处理数据，并归纳总结得出结果或结论。

（8）实验注意事项：根据实际实验情况，结合自己的认识与了解，通过分析思考，指出在实验过程中可能影响结果的注意事项。

（9）思考题：针对实验方法、现象、结果等进行思考、分析、探讨和评价，提出对实验的认识、体会和建议，总结实验的收获及对实验课的改进意见等。

（10）参考文献：注明撰写实验报告引用的参考资料出处，一是表明对别人研究成果的尊重；二是可以给读者提供信息来源，便于追本溯源。

1.5　生物反应过程的优化与放大

生物反应过程主要包括发酵技术、酶技术、培养技术和反应器等内容。而以获得高产量、高底物转化率和高生产强度相对统一为目标的微生物发酵过程是工业生物技术的核心。微生物细胞具有生理活性及代谢的多样性，因此生物反应过程面向的是复杂、多相的生物转化体系。生物反应过程的优化与放大不仅关系到能否发挥菌种的最大生产性能，且对下游处理的难易程度有重要的影响。

1.5.1　生物反应过程的优化与调控原理

长期以来，以微生物等为代表的过程研究，是基于经典的以动力学为基础的工程学概念及经典的以化学计量学和热力学研究为基础的生物学概念的。随着过程工程技术和生物技术的进展，对过程系统的认识由宏观到微观、由还原论到综合论，必须引入现代的工程学和生物学基础，特别是在深入开展微生物过程研究中如何整体性看待遗传和生理就成为过程优化与放大的重要问题。在现有的生物反应过程研究中往往是先进行遗传育种，然后进行发酵条件优化，在过程中忽略遗传和蛋白质信息流的改变，也就是说把菌种改造的基因特性与发酵过程优化研究分割开来。在研究过程中，还经常发现由单一生理调控机制出发做出的解释往往缺乏全局性的概念，只揭示了生理调控的局部和某一时段的特点，因此难于对整个过程控制和优化起决定性作用。

以上情况，实际上提出了发酵过程系统生物学研究的重要性问题。系统生物学不同于以往的仅关心个别基因和蛋白质的实验生物学，它要研究所有的基因、蛋白质及组分间的所有相互关系。显然，系统生物学是以整体性研究为特征的一种大科学。工业微生物过程的系统生物学研究的主要内容是：把生物反应器体系作为相对封闭的生态系统，用系统生物学的方法来研究微生物内在的生理活动、微生物之间的相互作用、微生物与外在环境相互作用关系。这种全域性研究可以发掘微生物生物合成调控基因，为代谢工程改造菌种、重构微生物基因组及表达调控系统提供理论基础；发掘发酵过程参数优化的分子机制，为进一步优化发酵过程参数提供理性依据。

在研究方法上，强调宏观的差异分析法。这种研究方法以系统生物学为背景，直接把代谢产物或途径与转录谱相联系建立高通量筛选平台，有可能产生跳跃式而不是递增式改良，并且把菌种改良与发酵过程开发统一起来，提供的研究基础还可以用于其他工业生产菌株，可以加快菌种高效筛选与过程开发。

以上研究理论的深入和技术方法的进步，必定反映在生物反应器结构与功能的变化上，特别是提出了从基于参数传感技术的反馈控制发展为以信息处理为基础的生物过程检测与分析；提供了大量的过程检测数据，但不是像 pH 和 DO 电极那样只是提供了一个单变量的方法，而是以各种谱分析为主要内容的可以同时测量很多变量的多变量方法。这些谱分析有各种质谱仪（MS），其中包括用于发酵尾气成分分析的气体质谱仪和测定各种微生物系统有机物的热裂解质谱仪（PyMS）；各种红外光谱分析（IR），其中包括用于营养成分消耗和产物形成的近红外（NIR）及在红外指纹区应用的中红外（MIR）；用于生物细胞或生物有机物分析的拉曼光谱（Raman spectroscopy）；研究生物系统电极极化性能的非线性双电极谱的双电极系统（dielectric spectro）。对这些谱图测量所得到的海量数据，在数据处理时必须有强而粗犷的高维快速分析功能，可以采用多元化学计量学方法。

此外，有关工业微生物过程的系统生物学的研究方法，在转录水平上可采用基因芯片分析转录组，在翻译水平上采用 2D 电泳、时间飞行质谱分析蛋白质组，在调控网络上采用染色体免疫沉降方法分析所有的转录调控位点等。由此可见，用于生命科学测定技术与分析的仪器所得到信息已开始作为重要的发酵过程检测参数，如何解决生物过程的信息处理及其与控制系统之间的关系就成为一个值得关注的问题。

具有先进的生物过程优化和放大能力是生物反应器设计的核心技术。由于在生物反应器中所发生的反应是在分子水平的遗传特性、细胞水平的代谢调节和反应器工程水平的混合传递等多尺度（水平）上发生的，所以，如何利用生物反应器中的多参数检测技术和在线计算机控制与数据处理技术，把细胞在反应器中各种表型数据与代谢调控有关的基因结构研究关联起来，是反应器过程优化与放大的重要内容，也是当前国内外竞相发展的具有原创性的知识产权技术，对促进生物技术产业化发展具有重要意义。目前，生物反应过程主要基于以下几个方面的理论进行优化研究。

(1) 基于微生物反应计量学的培养环境优化技术。

(2) 基于微生物代谢特性的分阶段培养技术。

(3) 基于反应动力学模型的优化技术。

(4) 基于代谢通量分析的优化技术。

(5) 基于环境胁迫的优化技术。

(6) 基于辅因子调控的优化技术。

(7) 基于生物反应系统的优化技术。

1.5.2　生物反应过程的优化与控制实验

尽管现代生物技术在基因工程和代谢工程领域有了长足的进展，通过诱发变异、基因重组和培养能够得到高产菌株，然而，通过优化控制使发酵过程产品生产最优（即生产能力最大、成本消耗最低、产品质量最高）仍是发酵工程领域中存在的主要问题之一，因此对微生物发酵过程优化控制的研究日益受到重视。微生物发酵过程优化控制的主要问题是建立过程模型及制订优化控制策略和算法。近年来，微生物发酵过程优化控制技术研究已经取得了一些进展，发酵过程建模方面的主要研究成果包括：机理分析建模、黑箱建模和混合建模。发酵过程优化控制策略方面的主要研究成果包括：基于线性化近似的经典优化控制、基于直接寻优算法的仿真优化控制、基于非线性系统理论的优化控制及基于人工智能技术的优化控制。

1.5.2.1　生物反应过程建模

(1) 基于过程机理分析的建模：基于质能平衡、Monod 方程、Contois 方程等建立过程机理模型，以及从基质分子、细胞代谢和反应器等多尺度建立过程机理模型，在依据机理确定模型形式的情况下，用回归的方法确定模型参数。机理建模需要深入了解发酵过程机理，虽然模型中各参数的物理意义明确，但由于生物反应过程的复杂性、生物传感器的缺乏及各参数之间的严重关联，机理建模难度较大。机理建模通常仅考虑生物量、产物和限制性基质 3 个过程状态变量，目前最复杂的过程模型也仅仅是加入了多种基质和产物对过程模型的影响，无法充分表达复杂的微生物反应过程特性，机理建模过程中引入的大量假设也使得模型的适应性较差。

（2）黑箱建模：生物反应过程是多变量、强耦合、慢时变的复杂非线性过程，机理建模尚不成熟。以最小二乘为基础的一元和多元回归辨识建立发酵过程模型，取得了一定效果。Zhang 等用偏最小二乘回归对重要参量难以在线获取的发酵过程建模，所得模型易与经典的预测控制方法结合，且具有差错诊断功能，回归建模方法简单易用，但需大量数据样本才能保证建模精度，且对测量误差比较敏感。随着非线性系统理论研究的深入和辨识技术的发展，非线性函数逼近方法被用于生物反应过程建模，应用较多的是人工神经网络（artificial neural network，ANN）技术和支持向量机（support vector machine，SVM）技术。

（3）混合建模：随着过程控制、仿真与优化技术的发展，对系统模型提出了更高的要求，除了较高的建模精度外，还要求大范围描述过程动态行为的能力，传统的建模方法已经不能满足要求。近年来，充分利用对象的先验知识，用辨识的方法估计机理模型参数，建立生物反应过程混合模型的研究取得了进展。

1.5.2.2　生物反应过程的优化控制

（1）基于线性化近似的经典优化控制：经典的优化控制方法以"极大值原理"为代表，极大值原理是分析力学中哈密顿方法的推广，理论体系比较完善，在早期发酵过程优化控制中应用较多。极大值原理存在的优化控制对象比较复杂时，极大值原理方法需要很大的计算量，并且只能求取少数过程的优化轨线，用极大值原理得出的是开环控制，不能消除和抑制参数变动及环境变化对系统造成的扰动。

（2）基于直接寻优算法的仿真优化控制：随着仿真技术、人工智能技术的迅速发展和控制理论与其他学科的交叉渗透，基于模型的仿真技术在发酵过程优化控制中得到广泛应用。在过程仿真模型基础上，结合有效的寻优方法，获得过程最优控制律，并设计控制器跟踪过程的最优控制律，从而实现过程的优化控制。

（3）基于非线性系统理论的优化控制：20 世纪 60 年代以来，非线性系统理论的研究进入了一个新阶段，采用微分几何方法（特别是微分流形理论）设计的稳定的非线性优化控制器应用广泛。将微分几何方法引入控制领域，给非线性系统控制带来了飞跃性发展，但也存在一定的局限。微分几何方法对系统模型精度要求很高，复杂过程模型的不确定性和参数的时变性的存在，使得系统控制性能难以得到保障。

（4）基于人工智能技术的优化控制：人工智能理论及计算机科学技术的进步促使自动控制向智能控制发展，不断丰富和发展的智能控制技术集成了众多学科的特点，解决了许多传统方法难以解决的复杂系统的控制问题。智能控制主要有专家控制、神经网络控制等，近年来，将智能控制用于发酵过程优化取得了较好的效果。Guerreiro 等开发了一个用户友好的专家系统用于乙醇生产的大型连续发酵单元，理论计算结果和实际结果之间的差异非常小，系统可靠性较高。Sar 等将滤波器引入实时编码遗传算法中，解决了流加生物反应器的优化控制问题，滤波器的引入优化了控制曲线，提高了算法的收敛性。

智能控制方法单独模拟人类智能活动时，存在着各自的局限性，如模糊控制难以建立模糊规则和隶属度函数；神经网络控制难以确定网格结构和规模；专家控制难以进行知识获取、知识自动更新等。为弥补这方面的不足，将各种智能方法交叉应用成为控制领域的研究方向之一。

总之，生物反应过程的复杂性和高度非线性等诸多因素及多容量过程特征，使系统具有动态性和难以预测性。用一个线性或拟线性关系的数学模型只能粗略地反映过程的状态，远远满足不了控制优化所需要的因子效果的响应关系。因此，对工业规模的发酵生产工艺的优化，建议采用非模型的处理方法，重视发酵过程参数趋势曲线相关的研究方法，即所谓数据驱动型的方法。张嗣良和储炬（2003）对不同规模生物反应器实验装置进行了专门设计研究，并提出了基于参数相关的发酵过程多水平问题研究的优化技术和发酵过程多参数调整的放大技术，对不同发酵产品进行了实验研究，取得了较满意的结果。

1.6　实验文献与网络资源

生物科学与工程是当今发展最快的新兴学科，随着基因组学、蛋白质组学和代谢组学的发展，生命科学相关理论研究和工程应用方面知识总量迅猛增长，并且还不断有大量的文献资源持续涌现。知识爆炸式增长对有选择性地利用和获取信息造成了障碍。本章从海量的生命科学领域文献资料中选取了一些常用的工具书、期刊和网络资源，以期拓展对该领域相关行业研究热点和发展趋势的了解，加深对所学基础知识的理解并最终提高实验能力。需要说明的是，由于相关文献资料很多，本章提供的文献与网络资源并不局限于以下各表格列举的内容。

1.6.1　实验室常备工具书

实验室工具书是在实验室的学习和实验过程中作为工具使用的具有高度概括性的特定书籍。工具书是解决实验过程中遇到问题的重要参考资料，其正确使用有助于理解实验原理、规范操作步骤、科学处理实验数据并提出实验改进方案。生物科学与工程实验主要包括分子生物学实验、细胞培养实验、微生物学实验、发酵工程实验及蛋白质分离纯化实验，其部分实验室相关工具书如表 1-9 所示（但不局限于表 1-9）。

表 1-9　生物工程实验室部分常备工具书

书　名	作　者	内容简介	出版社
分子生物学实验室工作手册	K. 巴克，王维荣等译	分子生物学实验室工作指导性手册	科学出版社
分子克隆实验指南（上、下册）	J. 萨姆布鲁克等著，黄培堂等译	分子生物学经典实用手册	科学出版社
细胞实验指南	D. L. 斯佩克特等著，黄培堂译	细胞实验操作指南	科学出版社
细胞培养	司徒镇强等	细胞培养理论及实验技术	世界图书出版公司
工业微生物学实验技术	杜连祥等	微生物实验基本技术和方法	天津科学技术出版社
微生物学实验教程	周德庆	微生物学基本技术及应用实验	高等教育出版社
发酵工程实验技术	陈坚等	发酵实验室常用技术	化学工业出版社
蛋白质电泳实验技术	郭尧君	蛋白质电泳原理方法	科学出版社
蛋白质纯化与鉴定实验指南	D. R. 马歇克等著，朱厚础等译	蛋白质纯化和鉴定实验技术	科学出版社

1.6.2　生物科学与工程部分主要期刊

科技论文是在科学研究和科学实验的基础上，对自然科学及其他专业技术领域的某些现象或问题进行科学分析、研究、阐述，揭示这些现象和问题的本质及规律性，并按照特定格式进行的书面表达。科技论文具有学术性、创新性和科学性。科技论文是促进科技信息交流和成果推广的重要手段，也是科技活动产出的一种重要形式。科技期刊是科技论文的主要载体。生命科学与工程领域期刊按照学科大类主要分为两个部分：生命科学研究领域（*Cell*，*Genes & Development* 等）和生物工程领域（*Biotechnology and Bioengineering*，*Journal of Biotechnology* 等）；按照刊登文章性质分为综述性期刊（*Annual Review of Biochemistry*，*Annual Review of Microbiology* 等）和实证性期刊（*Biochemical Journal*，*Bioresource Technology* 等）；按照学科涵盖领域分为综合性期刊（*Nature*，*Science* 等）和专业性期刊（*Nucleic Acids Research*，*Journal of Molecular Catalysis B：Enzymatic* 等）。生命科学与工程领域部分主要期刊见表 1-10（但不局限于表 1-10）。值得注意的是，随着学科的交叉和融合，上述期刊间的分类也越来越不明显，如大多数科技期刊在刊登一些实证性论文的同时，也会刊登一些综述性论文。

表 1-10　生物科学与工程部分主要期刊

期刊名称	简　介	影响因子 （2010 年）	链　接
Nature	多学科重要前沿研究报道	36.101	http://www.nature.com/nature/index.html
Science	权威，综合性自然科学期刊	31.364	http://www.sciencemag.org/
Cell	生命科学研究权威学术期刊	32.401	http://www.cell.com/
PNAS	美国科学院院刊，综合性期刊	9.771	http://www.pnas.org/
Genes & Development	遗传及分子生物学相关领域专业期刊	12.889	http://genesdev.cshlp.org/
Nucleic Acids Research	核酸及蛋白质代谢及相互作用领域专业期刊	7.836	http://nar.oxfordjournals.org/
Annual Review of Biochemistry	生物化学及分子生物学综述性期刊	29.742	http://www.annualreviews.org/journal/biochem
Journal of Biological Chemistry	生物化学与分子生物学领域专业期刊	5.328	http://www.jbc.org/
Biochemical Journal	生化细胞及分子生物学领域专业期刊	5.016	http://www.biochemj.org/
The EMBO Journal	分子生物学相关领域综合性期刊	10.124	http://www.nature.com/emboj/index.html
Microbiology and Molecular Biology Reviews	微生物学及分子生物学领域综述性期刊	12.22	http://mmbr.asm.org/
Annual Review of Microbiology	微生物学领域综述性期刊	12.415	http://www.annualreviews.org/journal/micro
Biotechnology Advances	生物技术方面综述性期刊	7.6	http://www.journals.elsevier.com/biotechnology-advances/
Biotechnology and Bioengineering	应用生物技术专业期刊	3.7	http://onlinelibrary.wiley.com/journal/10.1002/（ISSN）1097-0290
Bioresource Technology	生物资源转化及应用专业期刊	4.365	http://www.journals.elsevier.com/bioresource-technology/

续表

期刊名称	简　介	影响因子 (2010 年)	链　接
Journal of Molecular Catalysis B：Enzymatic	生物催化转化领域专业期刊	2.33	http://www. journals. elsevier. com/jour-nal-of-molecular-catalysis-b-enzymatic/
Journal of Biotechnology	生物技术领域专业期刊	2.97	http://www. journals. elsevier. com/jour-nal-of-biotechnology/
Process Biochemistry	工业应用导向的生物过程专业期刊	2.648	http://www. journals. elsevier. com/process-biochemistry/
Cell Research （细胞研究）	国内细胞及分子生物学国际期刊	9.417	http://www. cell-research. com/index. asp
Acta Biochimica et Biophysica Sinica （生物化学与生物物理学报）	国内生化及分子生物学领域国际期刊	1.547	http://www. abbs. info/index. asp
Science China Life Sciences （中国科学 生命科学）	国内生命科学领域国际期刊	1.345	http://life. scichina. com：8082/sciC/CN/volumn/current. shtml
Chinese Science Bulletin （科学通报）	国内自然科学领域综合性期刊	1.087	http://csb. scichina. com：8080/kxtb/CN/volumn/current. shtml
Chinese Journal of Biotechnology （生物工程学报）	国内生物工程领域专业学术期刊	1.070	http://journals. im. ac. cn/cjbcn/ch/index. aspx
中国生物工程杂志 （*China Biotechnology*）	国内生物工程产业发展专业学术期刊	0.3013[a]	http://159. 226. 100. 150：8082/biotech/CN/volumn/home. shtml
食品科学 （*Food Science*）	国内食品行业专业性期刊	0.3755[a]	http://www. chnfood. cn/

　　a. 国内期刊影响因子统计来自中国科技期刊引证指标数据库（http://sdb. csdl. ac. cn/jcr_index. jsp），其余为 SCI 收录期刊，影响因子数据来自美国科学信息研究所的期刊引证报告。

1.6.3　生物科学与工程网络资源

　　网络资源是通过计算机网络管理和传播的电子信息资源。网络资源以网络为传播媒介，具有科学性、客观性、独特性和新颖性。对生物科学与工程领域而言，网络资源主要分为科技文献数据库和其他网络资源。科技文献数据库主要包括科技期刊文摘数据库（Pubmed）、全文数据库（Springer、Elsevier 等）和引文数据库（Web of Science、EI 等），详见表 1-11（但不局限于表 1-11）。其他网络资源数据库主要包括核酸数据库、蛋白质数据库、菌种库、实验室网站和网站论坛等，详见表 1-12（但不局限于表 1-12）。

表 1-11　生物科学与工程领域部分主要文献数据库

数据库名称	简　介	链　接
Pubmed	生物医学文摘数据库	http://www. ncbi. nlm. nih. gov/pubmed/
ProQuest Digital Dissertation	博士、硕士学位论文数据库	http://www. proquest. com/en-US/default. shtml
Elsevier Science Direct	20 多个学科全文数据库	http://www. sciencedirect. com/
Springer	多学科全文数据库	http://www. springerlink. com/
Wiley InterScience	多学科全文数据库	http://onlinelibrary. wiley. com/
Nature 期刊数据库	生物医学等学科全文数据库	http://nature. calis. edu. cn/
Science Online 数据库	综合性电子出版物数据库	http://www. sciencemag. org/
Cell Press	生命科学前沿学术期刊	http://www. cell. com/
Web of Science	SCI 网络版数据库	http://isiknowledge. com

续表

数据库名称	简　介	链　接
EI（工程索引）	EI 工程领域网络数据库	http://www.engineeringvillage.org
中国知网	中文综合性文献数据库	http://www.cnki.net/
万方数据库	中文综合性文献数据库	http://www.wanfangdata.com.cn/
重庆维普数据库	中文科技期刊数据库	http://www.cqvip.com/
中国科学引文数据库	中国科技文献计量和引文分析	http://sdb.csdl.ac.cn/

表 1-12　生物科学与工程领域相关网络资源

资源名称	简　介	链　接
NCBI（national center for biotechnology information）	美国提供文献、基因序列、蛋白质序列等的功能性数据库，包括美国最主要的核酸序列数据库 GenBank	http://www.ncbi.nlm.nih.gov/
EMBL-bank（EMBL nucleotide sequence database）	欧洲最主要的核酸序列数据库	http://www.ebi.ac.uk/embl/
DDBJ（DNA data bank of Japan）	亚洲主要的核酸序列数据库	http://www.ddbj.nig.ac.jp/
UniProt（universal protein resource）	欧洲最主要的蛋白质序列和功能信息数据库	http://www.uniprot.org/
PIR（protein information resource）	美国最主要的蛋白质序列数据库	http://pir.georgetown.edu/pirwww/
ATCC（American type culture collection）	全球性生物标准品资源中心	http://www.atcc.org/
CSHL（cold spring harbor laboratory）	分子生物学领域科研及教育中心	http://www.cshl.edu/
中国生物技术信息网	中国生物技术信息化平台	http://www.biotech.org.cn/
生物谷	中国生物医药门户网站	http://www.bioon.com/
丁香园	中国生命科学领域专业交流平台	http://www.dxy.cn/
小木虫	中国学术信息交流服务平台	http://emuch.net/
科学网	全球华人科学服务交流互动平台	http://www.sciencenet.cn/

【思考题】

1. 一个优秀的实验设计方案应遵循哪些原则？
2. 生物工程实验方案选择应注意的问题是什么？
3. 正交表选择的基本原则是什么？
4. 生物反应过程的优化与放大包括哪些内容？

参 考 文 献

董大钧. 2008. SAS 统计分析. 北京：电子工业出版社.

方开泰. 1994. 均匀设计与均匀设计表. 北京：科学出版社.

费业泰. 2010. 误差理论与数据处理. 北京：机械工业出版社.

郭尧君. 1999. 蛋白质电泳实验技术. 北京：科学出版社.

何幼鸾，汤文浩. 2006. 生物化学实验. 武汉：华中师范大学出版社.

贾士儒. 2004. 生物工程专业实验. 北京：中国轻工业出版社.

柯德森. 2010. 生物工程下游技术实验手册. 北京：科学出版社.

雷德柱，胡位荣. 2010. 生物工程中游技术实验手册. 北京：科学出版社.

刘佳佳，曹福祥. 2004. 生物技术原理与方法. 北京：化学工业出版社.

刘晓兰. 2010. 生化工程. 北京：清华大学出版社.

伦世仪. 2008. 生化工程. 2 版. 北京：中国轻工业出版社.

沈其君. 2005. SAS 统计分析. 北京：高等教育出版社.

唐涌濂，张雪洪，胡洪波. 2004. 生物工程单元操作实验. 上海：上海交通大学出版社.

徐清华. 2004. 生物工程设备. 北京：科学出版社.

袁晓燕. 2005. 怎样撰写科技论文. 长沙大学学报，19（2）：91-93.

张嗣良，储炬. 2003. 多尺度微生物过程优化. 北京：化学工业出版社.

Harrison S R. 1984. Applied Statistical Analysis. Sydney：Prentice-Hall of Australia.

JeffWu C F，Hamada M. 2003. 实验设计与分析及参数优化. 张润楚，郑海涛，兰燕，等译. 北京：中国统
　　计出版社.

Montgomery D C. 1998. 实验设计与分析. 3 版. 汪仁官，陈荣昭译. 北京：中国统计出版社.

Quinn G P，Keough M J. 2003. 生物实验设计与分析. 蒋志刚，李春旺，曾岩，等译. 北京：高等教育出
　　版社.

第**2**章 生物过程参数的检测与控制

生物反应过程是细胞生长代谢的过程，有着很强的时变性，会随着细胞种类、生长阶段及生长环境的变化而发生变化。换言之，细胞的生长是受内外条件相互作用调控的复杂过程，外部条件包括物理条件、化学条件及生物学条件；内部条件主要是细胞内部的生化反应条件。通常对细胞生长的控制只能是对外部因素进行直接控制；而对细胞培养环境条件的控制首先就应该对描述细胞生长的各种参数，如物理参数、化学参数、生物参数和间接参数进行检测和控制。就发酵而言，发酵参数和条件的检测是非常重要的，检测所提供的信息有助于人们更好地理解发酵过程，从而对发酵工艺过程进行改进。通过获得给定发酵过程及菌体的重要参数的数据，以便实现对发酵过程的优化、模型化和自动控制。一般而言，由检测获取的信息越多，对发酵过程的理解就越深，工艺改进的潜力也就越大。

生物反应需要检测的参数种类多。对于普通的化学反应过程而言，只需要检测温度、压力、反应物浓度及产物浓度等几个参数；但对于微生物反应，需要测定的参数非常多，如表 2-1 所示，这些参数可分为物理参数、化学参数和生物参数三大类。

表 2-1 生物反应过程参数的分类

物理参数	化学参数		生物参数
	检测技术成熟	检测技术尚不成熟	
温度	pH	成分浓度	氧利用率，OUR
压力	氧化还原电位	糖	二氧化碳释放速率，CER
功率输入	溶解氧浓度	氮	呼吸商，RQ
搅拌速率	溶解 CO_2 浓度	前体	总氧利用体积溶氧系数 ($K_L \cdot a$)
通气流量	排气 O_2 浓度	诱导物	
位置	排气 CO_2 浓度	产物	细胞浓度，X
加料速率	其他排气成分	代谢物	细胞生长速率
		金属离子	比生长速率
培养液质量	Mg^{2+}，K^+，Ca^{2+}		细胞得率
培养液体积	Na^+，Fe^{2+}，SO_4^{2-}		糖利用率
	PO_4^{3-}		氧的利用率
培养液表观黏度	NAD，NADH		比基质消耗率
培养液浊度	ATP，ADP，AMP		前提利用率
积累量	脱氢酶活力		产物量
酸	其他各种酶活力		比生产率
碱	细胞内成分		其他需要计算的值参数
消泡剂	蛋白质		功率，功率准数
	DNA		雷诺数
细胞量	RNA		生物量
气泡含量			生物热
面积			碳平衡
表面张力			能量平衡

实验 2.1　生物量的测定

【实验目的】

微生物生物量的测定可以反映发酵过程中生物生长的具体情况，同时也能间接地指示出发酵是否正常。其测定的指标主要包括直接或间接测定细胞群体的数量或质量、原生质及细胞中某些代谢活动的变化等，通过微生物生物量的测定，可以客观地评价培养条件、营养物质等对微生物生长的影响，为进一步研究其生长动力学奠定基础。

【实验原理】

1. 细菌总数的测定

（1）血细胞板直接计数法：利用血细胞计数板在显微镜下直接计数，是一种常用的微生物计数法。此法是将待测细菌悬液或孢子液置于计数板的计数室中，根据计数室已知的容积及在显微镜下观察到的微生物个体数计算出单位体积内微生物总数。该法只适用于计算形态较大的酵母菌、藻类及孢子等。血细胞计数板被 4 条槽分成 5 个平台，中间的平台又被一横隔槽隔成两半，每一边的平台上刻有方格网，该方格网由 9 个大方格组成。大方格有两种形式：一种是一个大方格分成 25 个中方格，每个中方格又分成 16 个小方格；另一种是一个大方格分成 16 个中方格，每个中方格又分成 25 个小方格。每个大方格中的小方格均为 400个。每一个大方格边长为 1mm，高为 0.1mm，如果令每个大方格所对应的空间成为计数室，则计数室的容积为 $0.1mm^3$。计数时，数 5 个中格内的菌体数即可，求出每个中方格中菌体数的平均值，再乘以 25 或 16，得出一个大方格中的总菌数，再换算成 1mL 菌液中的总菌数，参见图 2-1。

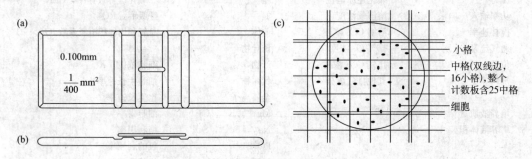

图 2-1　血细胞计数板构造示意图
(a) 正面图；(b) 横切面图；(c) 计数室样图

（2）染色涂片计数法：该法是利用涂片面积与视野面积之比来计算样品中微生物量。将稀释定容的菌液均匀涂布在一定面积的载玻片上，经固定染色后，在显微镜下借相同倍数标定过的目测微尺，测得视野半径，计算出视野面积，从已知总面积计算出视野面积。最后根据几个视野中的细胞平均值，计算出 1mL 样品中细菌数。

（3）比浊度法：在科学研究和生产过程中，为及时了解培养中微生物的生长情况，需定时测定培养液中微生物的数量，以便适时地控制培养条件，获得最佳的培养物。比浊法是常用的测定方法。比浊法是在浊度计或比色计上对培养液中微生物的数量进行测定。某一波长的光线，通过混浊的液体后，其光强度将减弱。入射光及透过光的强度比与样品液的浊度和液体的厚度相关。

$$\lg \frac{I_i}{I_o} = -Kcd$$

式中，I_i 为透过光的强度；I_o 为入射光的强度；K 为吸光系数；c 为样品液的浊度；d 为液层厚度；I_i/I_o 称为透光度（transmittance）。

透光度的负对数称光密度（optical density，OD），其表达式为

$$\lg \frac{1}{I_i \cdot I_o^{-1}}$$

如果样品液层厚度一定，则 OD 值与样品的浊度相关，根据此原理，可通过测定样品中的 OD 值来代表培养液中的浊度即微生物量。也可同时做平板计数法，对比一定混浊度所含活菌数制成曲线。该法测定的是微生物的总量，适用于菌体分散良好的非丝状单细胞微生物的测定。在进行大量培养时，该法比平板计数法能较快得出结果，省时省力。

2. 微生物细胞质量的测定法

一个微生物细胞在合适的外界条件下不断吸收营养物质，并按自己的代谢方式进行新陈代谢。如果同化作用的速度超过了异化作用，则其原生质的总量（质量、体积、大小）就不断增加，于是出现了个体的生长现象。如果这是一种平衡生长，即各细胞组分是按恰当的比例增长时，则达到一定程度后就会发生繁殖，从而引起个体数目的增加，这时，原有的个体已经发展成一个群体。随着群体中个体的进一步生长，就引起了这一群体的生长，这可以其体积、质量、密度或浓度作指标来衡量。微生物的生长不同于其他生物的生长，微生物的个体生长在科研上有一定困难，通常情况下也没有实际意义。微生物是以量取胜的，因此，微生物的生长通常指群体的扩增。微生物的生长繁殖是其在内外各种环境因素相互作用下的综合反映，因此生长繁殖情况就可作为研究各种生理生化和遗传等问题的重要指标；同时，微生物在生产实践上的各种应用或是对致病、霉腐微生物的防治都与它们的生长抑制紧密相关，所以有必要介绍一下微生物生长情况的检测方法。既然生长意味着原生质含量的增加，所以测定的方法也都直接或间接地以此为根据，测定繁殖则都要建立在计数这一基础上。微生物生长的衡量，可以以其质量、体积、密度、浓度作指标来进行衡量；而测定单位体积培养物中细胞的质量，包括干重和湿重，无论对理论研究还是生产实践都有着非常重要的意义。干重通常是湿重的 20%～25%，它比湿重与细胞总量的关系更直接。该法简单而相对准确，适用于菌体浓度较高的样品，但前提是样品不能含有菌体以外的其他干物质。

3. 核酸含量的测定

总核酸含量的测定：工业生产上使用的复合发酵培养基常含有大量固体成分，如黄豆饼粉、花生饼粉等，它们与菌体混在一起，使得发酵液中菌体浓度的测定比较困难，此时可测定发酵液中菌体所含核糖核酸（RNA）和脱氧核糖核酸（DNA）的总量，以此作为衡量发酵液中菌体浓度的标准则不失为一种好的技术。核酸由碱基、戊糖和磷酸三部分组成。其中，碱基具有吸收紫外光的性质，DNA 和 RNA 的水溶液在 260nm 处具有最大紫外吸收峰。将发酵液离心所得固形物用 5% 的三氯乙酸在 80℃ 的水浴中抽提 30min，DNA 和 RNA 为酸溶性物质被抽提出来。将抽提物适当稀释，然后测定其在 260nm 处的吸光度。

DNA 含量的测定：DNA 是重要的生物大分子，它不但是细胞的重要组成成分之一，还

和蛋白质一起构成生命的主要物质基础；而且它的主要生物学功能是直接参与生物遗传信息的传递过程，是遗传的物质基础。DNA 主要集中在细胞核中，由腺嘌呤、鸟嘌呤、胞嘧啶和胸腺嘧啶 4 种碱基的脱氧核糖核苷酸组成。一般来说，不同生物其 DNA 含量不同，而同一种生物其 DNA 含量相对较稳定，因此可以通过测定 DNA 含量而相对区别，更进一步测定 DNA 分子中 GO 的摩尔分数，还是分类学中的一个重要指标。DNA 分子中的嘌呤环和嘧啶环的共轭双键系统具有紫外吸收高峰在 260nm 的特征，DNA 的摩尔消光系数（或称吸收系数）ε(P)260nm（pH 7.0）＝6600，含磷量为 9.2%，因此，每毫升溶液 1μg DNA 的光密度值为 0.020。只有 OD_{260}/OD_{280} 在 1.9 左右，得出的结果才较准确。将样品配成约 5～50μg DNA/mL 的溶液，于紫外分光光度计上测定 260nm 处吸收值，DNA 含量的测定必须首先将细胞破碎，进而去除其他含磷物质和含糖物质后，利用紫外吸收或显色等方法测得其最终含量。

4. 典型的丝状真菌生物量测定

从真菌生理代谢的角度出发，物质代谢和能量代谢密切相关。能量代谢的关键是细胞中有机物氧化分解产生氢，经呼吸链氧化释放能量。脱氢酶是呼吸链的主干酶系，它们可以把基质氧化脱下的氢，交给呼吸链传递释放出能量，用于生物合成和维持细胞的生命活动。因此测定真菌体内脱氢酶活性，可以表征菌丝的生理活性，反映被测样品中的活细胞生物量。本实验通常使用四唑盐系列化合物（TTC、MTT、INT 和 XTT）测定细胞内脱氢酶活性。无色 TTC（2，3，5-氯化三苯基四氮唑）作为人造氢受体，它在细胞呼吸过程中接受氢，还原成三苯基甲腙（TF）。后者以红色晶体的形式存在于细胞内，采用有机溶剂（如甲苯、乙酸乙酯、三氯甲烷、丙酮或乙醇等）进行萃取。萃取液测定吸光度后，根据标准曲线计算TF 生成量，进而求出 TTC-脱氢酶活性（TTC-DHA）。

【实验器材与试剂】

1. 实验器材

(1) 细菌总数的测定：血细胞计数板；盖玻片、普通光学显微镜、接物测微尺、玻璃铅笔、干燥洁净载玻片、0.01mL 吸管；721 光电比色计或 751 紫外分光光度计等。

(2) 微生物细胞质量的测定：烘箱、离心机、真空干燥器、分析天平、移液枪等。

(3) 核酸含量测定：冷冻离心机、红外线快速干燥器、红外线快速水分测定仪、匀浆器或超声波破碎器、恒温水浴锅、紫外分光光度计等。

(4) 分光光度计、容量瓶等。

2. 实验试剂

(1) 细菌总数的测定：发酵液、1%石炭酸复红染液。

(2) 微生物细胞质量的测定：发酵液。

(3) 核酸含量测定：发酵液、5%～10%过氯酸（PCA）或三氯乙酸（TCA）、乙醚或氯仿、1mol/L 的 NaOH、1mol/L 的 PCA、钼酸铵-过氯酸沉淀剂、二苯胺显色剂等。

(4) 典型的丝状真菌生物量测定。

菌种：黑曲霉；

培养基：液体培养基（葡萄糖 1.5g/L、酵母膏 2.7g/L、玉米浆 10g/L、硫酸铵 6g/L，pH 6.4～6.7）；

主要试剂：TTC 工作液、20% Na_2S、丙酮。

【实验方法与步骤】

1. 细菌总数的测定

1）血细胞板直接计数法

（1）取发酵液，稀释后待用。

（2）将血细胞计数板正面朝上放在载物台上，再将盖玻片正好覆盖在计数室上面，取少量稀释液，从计数板一侧的中间平台与盖玻片接触的边缘处滴加稀释液，让稀释液通过毛细现象自行渗入并充满计数室，期间不能有气泡的产生，用滤纸吸去多余稀释液。

（3）显微观察并计数，低倍镜下找到大方格网的位置，再在高倍镜下寻找中方格，选取 5 个中方格进行计数，计算平均值。

（4）以一个计数室含 25 个中方格的计数板（25×16）为例计算。设发酵液的稀释倍数为 n，5 个中方格总菌数为 m。已知 1 个计数室的容积为 0.1mm^3，则

$$菌浓度 = (m/5) \times 25 \times 10^4 \times n(个/mL) \tag{2-1-1}$$

2）染色涂片计数法

（1）用接物测微尺测量油镜视野半径，通过 πr^2 计算出视野的面积。一般油镜半径为 0.08mm。

（2）在载玻片中部用玻璃铅笔划一个边长为 2cm 的正方形，面积为 4cm^2。

（3）用 0.01mL 吸管吸取定容稀释发酵液，置于玻片正方形中，均匀涂满整个正方形面积，干燥固定，再经 1‰石炭酸复红染色 1～2min。

（4）观察计数：在涂片上观察数个视野，所取的视野要求分布均匀，统计每个视野中的菌数，求出平均值，根据下列公式计算：

$$每毫升样品中菌数 = A \times S/S' \times 100 \times B \tag{2-1-2}$$

式中，A 为所观察视野平均菌数；S' 为涂片面积；S 为一个视野面积；B 为稀释倍数。

3）比浊度法

（1）把比色计的波长调整到 420nm，开机预热 10～15min。

（2）在比色杯中盛未接种的发酵液进行零点调整。

（3）将发酵液倒入相同类型的比色杯中，测定其 OD 值。若菌液浓度大，可适当进行稀释，使 OD 值的读数以 0～0.4 为最好。

（4）测定后把比色杯中的菌液倾入容器中，用水冲洗比色杯，冲洗水也收集于容器中进行灭菌。最后用 70％乙醇冲洗比色杯。

2. 微生物细胞质量的测定

1）湿菌体含量的测定

（1）用移液枪取 10mL 发酵液于离心管中，以 3000r/min 的转速离心 10min。

（2）用无菌水或缓冲液冲洗 1～2 次，再离心弃去上清液（离心速度及时间如上）。

（3）利用分析天平称重计算固形物在发酵液中所占体积百分比（V/V）或质量百分比（m/V）。即可得到该培养物湿重。

（4）结果计算（体积百分比，PMV）为

$$湿菌体含量 = \frac{发酵液体积 - 上清液体积}{发酵液体积} \times 100\% \tag{2-1-3}$$

2）干菌体含量的测定

（1）将上述方法得到微生物细胞，转移到烘烤至恒重的蒸发皿内。

（2）连同蒸发皿一起放到105℃或110℃的烘箱内，或采用红外线烘干，也可在80℃或40℃下真空干燥。

（3）恒重后放在干燥器内，冷却后称量即可得到微生物细胞干重。

（4）结果计算（g/L）为

$$干菌体含量 = \frac{菌体干重}{发酵液体积} \times 100\% \tag{2-1-4}$$

3. 核酸含量的测定

（1）生物材料的处理及核酸组分的分离：将生物组织（或细胞）通过匀浆器或超声波破碎细胞。

（2）将破碎后的酸不溶的非脂类化合物与1mol/L NaOH 在37℃保温过夜，RNA 被降解为酸性核苷酸，而 DNA 不被分解，加入 PCA 或 TCA（达到终浓度为5%～10%）酸化后，DNA 即沉淀下来，上清液为 RNA 的酸解产物；或者也可以将经酸和有机溶剂处理后的组织用 1mol/L PCA 于40℃处理18h 抽提出 RNA，再用 0.5mol/L PCA 在70℃处理20min，抽提出 DNA。

（3）DNA 含量的测定。

a. 紫外吸收法：取洁净离心管甲乙两支，分别准确加入 1.0mL DNA 样液，然后向甲管加入 1.0mL 蒸馏水，向乙管加入 1.0mL 过氯酸-钼酸铵沉淀剂，摇匀后置冰箱内 30min，使之沉淀完全。3000r/min 离心 10min，各吸取上清液 0.5mL 转入相应的甲乙两容量瓶内，定容至50mL。以蒸馏水作空白对照，使用紫外分光光度计分别测定上述甲乙两稀释 A_{260} 值。试液中 DNA/RNA 总含量按下式计算：

$$DNA(\mu g) = \frac{A_{260(甲)} - A_{260(乙)}}{0.02} \times V_B \times D \tag{2-1-5}$$

式中，$A_{260(甲)}$ 为被测稀释液在260nm 处的总光密度值；$A_{260(乙)}$ 为加沉淀剂除去大分子核酸后被测稀释液在260nm 处的光密度值；（$A_{260(甲)} - A_{260(乙)}$）为被测稀释液的光密度值；V_B 为被测试液总体积（mL）；D 为样液的稀释倍数；0.02 为脱氧核糖核酸的比消光系数，即每毫升含 $1\mu g$ DNA 钠盐的水溶液（pH 为中性）在260nm 波长处，通过光径为 1cm 时的光密度值。

b. 二苯胺显色法：DNA 中的2-脱氧核糖在酸性环境中与二苯胺试剂一起加热产生蓝色反应，在595nm 处有最大吸收。DNA 在 40～400μg 时，光密度与 DNA 的浓度成正比，如在反应液中加入少量乙醛，可提高灵敏度。具体操作如下。

（4）DNA 标准曲线的制订：取10支试管分成5组，依次加入 0.4mL、0.8mL、1.2mL、1.6mL、2.0mL DNA 标准液，添加蒸馏水至 2.0mL，蒸馏水作为对照，然后各加入 4.0mL 二苯胺试剂，混匀，于60℃恒温水浴中保温 1h，冷却后于 595nm 处进行比色测定。取平均值，绘标准曲线。

DNA 含量按如下公式计算：

$$DNA\% = \frac{待测液中测得的 DNA 微克数}{待测液中样品的微克数} \times 100 \tag{2-1-6}$$

4. 典型的丝状真菌生物量测定

（1）菌体的培养与收集：活化后的黑曲霉制成浓度为 $10^7 \sim 10^8 g/mL$ 的孢子悬液，以 5% 的接种量接种到装液量为 50mL 的 250mL 锥形瓶中。28℃，160r/min 培养 24h，培养液 0.08MPa 真空抽滤 10min，无菌水洗涤 3 次收集菌体。

（2）TTC 工作液的配制：称取 25mg 烘干的 TTC 置于 25mL 容量瓶中，加蒸馏水定容至刻度，作为 TTC 母液（1mg/mL）备用。将 TTC 母液稀释成浓度为 $10\mu g/mL$、$20\mu g/mL$、$30\mu g/mL$、$40\mu g/mL$、$50\mu g/mL$、$60\mu g/mL$ TTC 工作液。

（3）TF 标准曲线的制订：取 1mL 不同浓度的 TTC 工作液（对照为 1mL 蒸馏水），加入 1mL 20% Na_2S 新配溶液，摇匀。反应 1h 后，各管分别加入 8mL 丙酮溶解 TF。反应液在 485nm 处，测定吸光度，绘制标准曲线，并求出 TF 摩尔消光系数。

（4）测量：称取湿重为 0.1g 的菌体，置于 10mL 离心管中。加入 3mL 0.5% TTC-PBS（pH8.0）染色液，40℃恒温水浴染色 60min，迅速加入 0.5mL 甲醛终止酶促反应。离心收集菌体，弃去上清液。菌体经无菌水洗涤后，转移至比色管中，加入 80% 丙酮溶液 25mL，室温萃取 2h。在 485nm 处测定吸光度（A，A 为 A_{485} 的吸光值）。

（5）公式计算：在最适条件下，每秒使 1mol 的 TTC 转化为 TF 所需的酶量定义为一个 Kat 单位（$= 10^{12}$ pKat）。每克菌体湿重所含的 TTC 脱氢酶量为 TTC 脱氢酶比活力（Specific DHA）。

$$DHA = (\gamma \cdot V \cdot 10^9)/(\varepsilon \cdot 60) \tag{2-1-7}$$

式中，DHA 为脱氢酶活（pKat）；γ 为 TTC 还原反应初速度（A/min）；V 为 TF 萃取液体积（mL）；ε 为 TF 摩尔消光系数（L/mol）。

$$Specific\ DHA = DHA/w$$

式中，Specific DHA 为脱氢酶比活力（pKat/g）；DHA 为脱氢酶活（pKat）；w 为菌体湿重（g）。

（6）DHA 吸光度与活菌体湿重的关系验证：分别称取湿菌体 0.02g、0.04g、0.06g、0.08g、0.1g，依次加入高温灭活的菌体（121℃灭菌 20min，用滤纸吸去水分后所得），使每个样品总重为 0.1g，如步骤（4）测定吸光度。考察吸光度值与活菌湿重之间的线性关系。

【实验结果与分析】

（1）将结果记录于下表中。n 为发酵液的稀释倍数；m 为 5 个中方格总菌数。

	各中格中的菌数/个					m	n	二室平均值	菌数/mL
	1	2	3	4	5				
第一室									
第二室									

按公式（2-1-1）计算出待测发酵液的菌浓度。

（2）染色体显微涂片的结果按公式（2-1-2）计算。

（3）按公式（2-1-3）和公式（2-1-4）分别求出待测发酵液中微生物细胞的湿重和干重。

（4）核酸含量结果的计算见公式（2-1-5）和公式（2-1-6）。

（5）丝状菌丝生物量的计算见公式（2-1-7）。

【注意事项】

1. 细胞质量的测定

（1）细胞具有吸湿性，称量时需迅速。

（2）判断恒重要反复测量数次，两次称重之差不超过 0.0004g。

2. 核酸含量的测定

（1）由于大分子核酸易发生变性，此值也随变性程度不同而异，所以一般采用比消光系数计算得到的 DNA 或 RNA 量是一个近似值。

（2）二苯胺试剂的配制方法如下：使用前称取 1.0g 重结晶二苯胺，溶于 100mL 分析纯冰醋酸中，再加入 1mL 60%过氯酸，混匀待用，临用时加入 1.0mL 1.6%乙醛，且所配的试剂应为无色。

（3）在比色时，光密度至少读 2～3 次，求其平均值，以减少仪器不稳定而产生的误差。

【思考题】

1. 针对实际微生物反应过程，如何选择菌体生物量的测定方法？

2. 在菌体生物量测定过程中，误差的来源主要有哪些？怎样避免？

3. 如果应用血细胞计数板对长有鞭毛的运动细菌进行计数，会存在什么问题？能否计数？如果可以，采用何种手段加以解决？

4. 总结、比较生物量测定不同方法的优缺点。

实验 2.2　微生物菌体密度的测定

【实验目的】

菌体密度是微生物重要的物理性质之一，它是细胞分离、悬浮液输送等物理操作及装置实际上不可缺少的参数。本实验让学生了解测定菌体密度的原理，掌握测定菌体密度的实验技术及其密度瓶和刻度离心管的使用方法。

【实验原理】

设微生物细胞的密度为 ρ_m，则

$$\rho_m = m/V$$

式中，m 为细胞质量；V 为细胞的体积；微生物细胞悬浮液的密度为 ρ，则

$$\rho = \phi\rho_m + (1-\phi)\rho_w$$

$$\rho_m = \frac{\rho - (1-\phi)\rho_w}{\phi}$$

式中，ϕ 为细胞悬浮液的体积分数；ρ_w 为溶剂密度。测定出细胞悬浮液的体积分数 ϕ、ρ 及 ρ_w，就可以求出微生物的菌体密度 ρ_m。确定单位体积溶液中的细胞量的方法有：细胞计数法，或测定沉降速度或黏度的间接测量法等。本实验采用带刻度离心管离心法确定悬浮液中的细胞体积分数 ϕ，采用密度瓶法确定微生物细胞悬浮液 ρ 和溶剂密度 ρ_w。

【实验器材与试剂】

(1) 实验器材：密度瓶（带盖）；7mL 刻度离心管等；
(2) 菌种：酵母菌；
(3) 培养基：牛肉膏蛋白胨（牛肉膏 3g/L、蛋白胨 10g/L、氯化钠 5g/L，pH 7.0～7.2）；
(4) 缓冲液：0.05mol/L，pH 5.0 的 KH_2PO_4 缓冲液。

【实验步骤】

(1) 培养基灭菌：取 250mL 三角瓶 1 只，加入配好的液体培养基，121℃、0.103MPa 灭菌 15min 冷却。

(2) 种子活化和接种：将酵母菌接入培养基，25℃培养活化。取活化后的酵母菌接入已灭菌冷却的三角培养瓶中，振荡混匀。

(3) 培养：将已接种的三角瓶培养液置于振荡培养箱，200r/min，28℃培养 48h 后取出。

(4) 制备菌悬浮液：将三角瓶内发酵液，4000r/min 离心分离 10min。去上清，收集菌体。用配好的缓冲液反复冲洗 2～3 次，并用此缓冲液制成菌悬液。

(5) 测定密度瓶的容积（V）：称取密度瓶空瓶的质量 $m_空$，加入水后称量 $m_水$，利用密度公式计算其容积。

(6) 测定缓冲液、菌悬液的密度 ρ 和 ρ_w：取已知质量的干净密度瓶，加满缓冲液，盖上盖，置于恒温箱中。此时，通过毛细管可能会注出部分溶液，应擦去。将密度瓶外部仔细擦干净后称重（准确至 0.0001g）。同理加入菌悬液后称重。

(7) 测定悬浮液中的细胞的体积分数 ψ：取 3 支 7mL 刻度离心管，将制好的菌悬液倒入离心管，1000r/min 离心 10min 后，读数，取 3 次平均值。

(8) 结果计算：计算密度瓶的容积（V）

$$V = \frac{m_水 - m_空}{\rho_水} \tag{2-2-1}$$

式中，$\rho_水$ 为所测温度下水的密度。

计算缓冲液、菌悬液的密度 ρ 和 ρ_w

$$\rho = \frac{m_2 - m_1}{V} \tag{2-2-2}$$

式中，m_1 为密度瓶质量（g）；m_2 为缓冲液和密度瓶的质量（g）；V 为密度瓶的容积（L）。同理测定菌悬液的密度 ρ_w。

计算酵母细胞的菌体密度 ρ_m

$$\rho_m = \frac{\rho - (1 - \psi)\rho_w}{\psi} \tag{2-2-3}$$

【实验结果与分析】

(1) 将测得的数据填入下表。

数据记录表

ρ_w	ρ	ψ

（2）按照式（2-2-3）计算酵母细胞的菌体密度 ρ_m。

【注意事项】

（1）密度瓶使用前应恒重，应检查瓶盖与瓶是否配套。
（2）装满液体时不能留有气泡。
（3）恒浴时要注意及时用小滤纸各吸去溢出的液体，不能让液体溢出到瓶壁上。
（4）要小心从水浴中取出，不能用手握瓶体，以免人体温度使液体溢出。
（5）擦干时小心吸干，不能用力擦，以免温度上升。

【思考题】

1. 测定细菌菌体密度时应注意哪些问题？
2. 测定细菌菌体密度的意义。

实验 2.3　亚硫酸盐法测定体积溶氧系数

【实验目的】

（1）了解 Na_2SO_3 法测定 $K_L \cdot a$ 的原理，并用该法测定摇瓶的 $K_L \cdot a$；
（2）了解摇瓶的转速（振幅、频率）对体积溶氧系数 $K_L \cdot a$ 的影响。

【实验原理】

由双膜理论导出的体积溶氧传递方程：
$$N_v = K_L \cdot a(C^* - C_L) \tag{2-3-1}$$
是在研究通气液体中传氧速率的基本方程之一，该方程指出：就氧的物理传递过程而言，$K_L \cdot a$ 的数值一般是起着决定性作用的因素。所以，求出 $K_L \cdot a$ 作为某种反应器或某一反应条件下传氧性能的标度，对于衡量反应器的性能、控制发酵过程，有着重要的意义。

在有 Cu^{2+} 存在的条件下，O_2 与 SO_3^{2-} 快速反应生成 SO_4^{2-}
$$2Na_2SO_3 + O_2 \xlongequal{Cu^{2+}} 2Na_2SO_4 \tag{2-3-2}$$
并且在 20～25℃下，相当宽的 SO_3^{2-} 浓度范围（0.035～0.9mol/L）内，O_2 与 SO_3^{2-} 的反应速度和 SO_3^{2-} 浓度无关。利用这一反应特性，可以从单位时间内被氧化的 SO_3^{2-} 量求出传递速率。

当反应（2-3-2）达稳态时，用过量的 I_2 与剩余的 Na_2SO_3 作用
$$Na_2SO_3 + I_2 + H_2O \xlongequal{} Na_2SO_4 + 2HI \tag{2-3-3}$$
然后再用标定的 Na_2SO_3 滴定剩余的碘
$$2Na_2S_2O_3 + I_2 \xlongequal{} Na_2S_4O_6 + 2NaI \tag{2-3-4}$$
由反应（2-3-2）、（2-3-3）、（2-3-4）可知，每消耗 4mol Na_2SO_3 相当于 1mol O_2 被吸收，故可用 $Na_2S_2O_3$ 的量来求出单位时间内氧吸收量。
$$N_v = N \times \Delta V / (1000 \times m \times \Delta t \times 4) [\text{mol}/(\text{mL} \cdot \text{min})]$$
在实验条件下，$P = 1\text{atm}$①；$C^* = 0.21\text{mmol/L}$；$C_L = 0\text{mmol/L}$。

---

① 1atm=1.013 25×10⁵Pa。

据方程（2-3-1）有

$$K_L \cdot a = N_v / C^* \quad (1/min)$$

式中，N_v 为体积溶氧速率 $[mol/(mL \cdot min)]$；$K_L \cdot a$ 为体积溶氧系数（1/min）；C^* 为气相主体中含氧量（mmol/L）；C_L 为液相主体中含氧量（mmol/L）；Δt 为取样间隔时间（min）；ΔV 为 Δt 内消耗的 Na_2SO_3 的量（mL）；m 为取样量（mL）；N 为 Na_2SO_3 标准液的当量数（N）。

【实验器材与试剂】

1. 实验器材

摇瓶机，250mL、500mL 三角瓶两只，2mL、5mL 移液管各一支，碱式滴定管等。

2. 化学试剂

（1）1%淀粉指示剂：称取 1g 可溶性淀粉用少量水调匀，倾入 80mL 沸水中，继续煮沸到透明，冷却后用水稀释到 100mL（需现配）。

（2）0.02mol/L 碘液：144g KI，溶于 100mL 水中，加入 50.764g I_2，逐渐溶解，用水定容至 1000mL，储存于棕色瓶中。

（3）0.8mol/L Na_2SO_3 溶液：称取 100.832g 无水硫酸钠，加水溶解，定容至 1000mL。

（4）0.025mol/L $Na_2S_2O_3$ 标准液：称取 6.25g $Na_2S_2O_3 \cdot 5H_2O$，0.05g 碳酸钠，溶于 1000mL 新鲜煮沸并冷却后的水中，储存于棕色瓶中。

（5）10^{-7}mol/L Cu^{2+} 溶液。

【实验步骤】

（1）将 100mL 0.8mol/L 的 Na_2SO_3 溶液装入 500mL 的三角瓶中。滴入数滴 Cu^{2+} 溶液，取样 $m_1 = 2$mL 移入一只装有 8mL 0.2mol/L 碘液的 250mL 三角瓶中。

（2）然后将 500mL 三角瓶上摇瓶机持续摇瓶 150min 后，再取样 $m_2 = 2$mL 移入另外一只装有 8mL 0.2mol/L 碘液的 250mL 三角瓶中。

（3）用 0.025mol/L 硫代硫酸钠标准液滴定，在样品液颜色由蓝色变成浅蓝色时，加入 1%淀粉指示剂，继续滴定至蓝色褪去即为终点。

【实验结果与分析】

（1）操作条件为 20～30℃，按表 2-2 记录数据。

表 2-2　数据记录表

记录项目	反应前	反应后
$Na_2S_2O_3$ 终读数/mL		
$Na_2S_2O_3$ 初读数/mL		
$V_{Na_2S_2O_3}$/mL		
ΔV/mL		
N_v/$[mol\ O_2/(L \cdot h)]$		
$K_L \cdot a$/(1/h)		

（2）套用原理中提及的公式计算出 N_v 和 $K_L \cdot a$。

【注意事项】

(1) 从样品液移取 2mL 进入碘液时，应注意将移液管的下端置于离开碘液液面不超过 1cm 位置处，以防止溶液进一步氧化。

(2) 滴定终点的掌握会直接影响最终的测定结果，所以滴定时一定要仔细观察，采取少量多次的原则。

【思考题】

1. 分析操作因素对实验结果的可能影响。

2. 总结影响 $K_L \cdot a$ 的主要因素。

3. 对于一个几十立方米的发酵罐，采用亚硫酸盐法测定是否可行？

实验 2.4　动态法测定体积溶氧系数

【实验目的】

学习运用动态溶氧电极法测量计数获得 $K_L \cdot a$ 值的过程，比较其与亚硫酸盐法测定 $K_L \cdot a$ 的不同点。

【实验原理】

虽然亚硫酸盐法方法简单，使用范围广，但其测定 $K_L \cdot a$ 时是在非培养条件下进行的，因此所测 $K_L \cdot a$ 值与实际培养体系的 $K_L \cdot a$ 值不同。采用氧电极测量 $K_L \cdot a$ 除具有操作简单、受溶液中其他离子干扰少的优点外，还可以在微生物培养状态下快速、连续的测量，所得信息可迅速为发酵过程控制所参考。利用氧电极进行 $K_L \cdot a$ 的测定有多种方法，动态法是常用方法之一。

微生物通风培养液中对氧进行物料衡算，有

$$\frac{dC}{dt} = K_L \cdot a(C^* - C) - Q_{O_2} g X \tag{2-4-1}$$

式中，C 为培养液中的溶解氧浓度 DO(mg/L)；C^* 为无微生物好氧时与气相平衡时的饱和溶解氧浓度 DO(mg/kg)；X 为菌体浓度（g/L）；Q_{O_2} 为比呼吸速度 $[gO_2/(g\,细胞 \cdot h)]$。

$K_L \cdot a$ 中的 a 为单位培养液中的气液比表面积，1/m。当处于稳定状态时，$dC/dt = 0$，于是

$$\overline{C} = C^* - Q_{O_2} \frac{X}{K_L \cdot a} \tag{2-4-2}$$

当停止通风，根据培养液中溶解氧浓度变化速率可以求出 $Q_{O_2} \cdot X$。当液体的溶氧浓度下降到一定程度时（不低于临界氧浓度），此时刻（t）恢复通气，培养液中溶解氧浓度逐渐升高，最后恢复到原先的水平。在此过程中溶解氧浓度的变化 $C(t)$，可通过对式（2-4-2）积分而得到

$$C(t) = \overline{C} + (C_0 - \overline{C})\exp(-K_L \cdot a \cdot t) \tag{2-4-3}$$

从这一非常稳定的解析式中可求得 $K_L \cdot a$。

【实验器材与试剂】

1. 实验器材

小型发酵罐。

发酵罐、培养液、控制台等。

溶氧电极：溶氧电极分为极谱型（图 2-2）与原电池两种。电极的表面覆盖有氧通透性很高的聚四氯乙烯膜。以原电池型电极为例（图 2-3），聚四氯乙烯膜覆盖在阴极（银或铂）上，阳极材料为铅，电解液为碱性溶液（如氢氧化钾）。当氧通过覆盖膜在阴极被还原，则产生电动势，有电流产生，此时的电极反应如下。

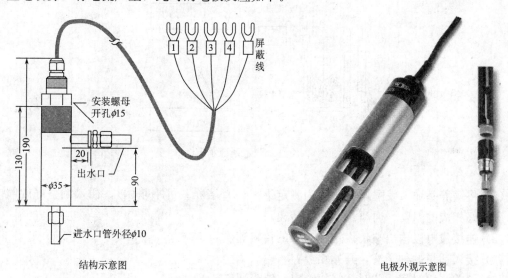

结构示意图　　　　　　　　　　　电极外观示意图

图 2-2　在线溶氧电极工作示意图

左图中单位为 mm

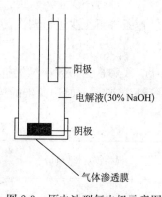

阴极：$O_2 + 2H_2O + 4e^- \longrightarrow 4OH^-$

阳极：$2Pb \longrightarrow 2Pb^{2+} + 4e^-$

$\quad\quad\quad 2Pb^{2+} + 4OH^- \longrightarrow 2Pb(OH)_2$

总反应：$O_2 + 2Pb + 2H_2O \longrightarrow 2Pb(OH)_2$

反应中生成的电流的大小与参加反应的氧浓度成正比。

2. 实验试剂

发酵液。

图 2-3　原电池型氧电极示意图

【实验步骤】

1. 溶解氧电极的标定

不同类型的氧电极，其使用说明书有一定的区别，使用时应严格参照各自使用说明书操作。下面举例说明。

（1）将组装好的氧电极与测定装置连接好，插入水中，接通电源约 5min（长时间未使用的氧电极需约 30min）预热。

（2）将氧电极浸入无氧水（饱和亚硫酸钠溶液：在 100mL 三角瓶中将 17g 亚硫酸钠加入 50mL 蒸馏水中，DO 值减少到一定值后，调节溶氧仪的调节旋钮，使仪表指针至零点）。

（3）从无氧水中取出氧电极后，用水冲洗，并用滤纸吸去覆盖膜上的水滴，然后将氧电极插入充分通入空气的纯水中，至指针稳定后，调节校正钮使指针与饱和 DO 值吻合（水温 37℃时，溶解氧浓度为 6.86mg/kg 或 20.9%），对于没有温度补偿的溶氧仪，应采用与培养温度相同的水。将水加入发酵罐中测定更好。

（4）重复步骤（2）和步骤（3），使显示数值稳定在一定范围内。

（5）同时，应调整好记录仪的零点与 100% 这两点。

2. $K_L \cdot a$ 的测定

$K_L \cdot a$ 测定系统如图 2-4 所示。

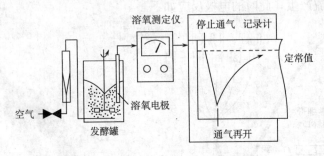

图 2-4　$K_L \cdot a$ 测定系统示意图

（1）将培养基加入发酵罐（若仅为测定 $K_L \cdot a$，培养基可不杀菌），插入调整好的氧电极，设定好相应的温度、通风量及搅拌转速。

（2）连接氧电极输出端，设定记录仪的传输速度。

（3）接入适量的种子液，开始培养。

（4）培养一定时间，此时 DO 值一定，停止通气。

（5）当 DO 值降至 1～2mg/kg 时，通气，DO 值回升，渐渐恢复至原值。

（6）进行不少于 3 个搅拌转速条件下的测定（针对搅拌转速对 $K_L \cdot a$ 的影响），每一搅拌转速条件下至少进行两次测定，这样得出搅拌转速与 $K_L \cdot a$ 的关系式为

$$K_L \cdot a = AN^\alpha \tag{2-4-4}$$

式中，A 和 α 为常数；N 为搅拌速率。由 $\lg K_L \cdot a$ 对 $\lg N$ 作图，可求出 A 和 α 值。

测定 $K_L \cdot a$ 时记录纸的传输速度见表 2-3。

表 2-3　测定 $K_L \cdot a$ 时记录纸的传输速度

搅拌转速/(r/min)	传输速度/(mm/h)	
	通气停止时	通气再开时
400	2	6
600	2	18
800	2	18

【实验结果与分析】

1. 实验数据处理

（1）利用求时间常数的方法求解 $K_L \cdot a$ 值。

在符合一级反应速度式条件下，任一时刻的浓度达到 $1/e$ 所需时间是一定的，由式 (2-4-3) $C(t)-\overline{C}$ 至 $(C_0-\overline{C})/e$ 的时间为 τ（时间常数）时

$$\ln(1/e) = -K_L \cdot a \cdot \tau^{-1} \tag{2-4-5}$$

τ 的倒数相当于 $K_L \cdot a$。因此，如果计算出 $C(t)-\overline{C}$ 降至 $1/e$ 所需时间，此时间的倒数即 $K_L \cdot a$（图 2-5）。

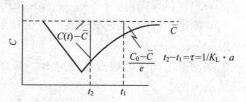

（2）微分法：将式（2-4-1）变形为

$$C = C^* - \left(\frac{\mathrm{d}C}{\mathrm{d}t} + Q_{O_2} \cdot X\right)/K_L \cdot a \tag{2-4-6}$$

图 2-5　利用时间常数 τ 求 $K_L \cdot a$ 的方法

由 DO 浓度随时间的变化，求出相应各点的 $\mathrm{d}C/\mathrm{d}t$（直线的斜率）和 $Q_{O_2} \cdot X$，然后 $(\mathrm{d}C/\mathrm{d}t + Q_{O_2} \cdot X)$ 对 DO 作图得一直线，其斜率为 $-1/K_L \cdot a$。

由于读取 $\mathrm{d}C/\mathrm{d}t$ 值时误差较大，可如图 2-6 所示，采用一镜子，使纸面上的曲线与镜子里所映曲线呈光滑连接，此时，与镜面垂直相交直线的斜率即 $K_L \cdot a$。

（3）积分法：式（2-4-3）两边取对数，则

$$\ln\frac{[C(t)-\overline{C}]}{[C_0-\overline{C}]} = -K_L \cdot a \cdot t \tag{2-4-7}$$

t 对 $\ln\{[C(t)-\overline{C}]/[C_0-\overline{C}]\}$ 作图，从斜率求可得 $-K_L \cdot a$。这里的 $\overline{C}$ 值是根据实验值推测的，若得不到较好的直线关系，应适当选择推测值，重复进行上述处理工作。积分法中，选定 $\overline{C}$ 是关键点。如图 2-7 所示，记录纸上时间间隔尽可能在较宽范围内，以便于在时间轴上等值选取 3 点，由任一推测的数值 C 与其差值 C_1、C_2 和 C_3 求出 $\overline{C}$。

$$\overline{C} = C' - \frac{C_1 C_3 - C_2^2}{C_1 + C_3 - 2C_2} \tag{2-4-8}$$

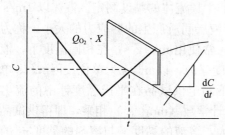

图 2-6　微分法求 $K_L \cdot a$

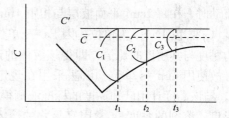

图 2-7　积分法求 $K_L \cdot a$

【注意事项】

（1）为减少氧扩散的影响，测定液需充分搅拌。

（2）除温度外，其他溶质的浓度也影响氧的溶解度。

（3）氧电极的使用中，应保证电极内外压力一致。

（4）覆膜电极所指示的数值，不是测试样品中的绝对氧含量。

（5）在利用氧电极测定 $K_L \cdot a$ 值时一定要确保记录装置的灵敏度与 DO 电极输出电压相吻合。

（6）通气停止时，应降低搅拌速度（100~200r/min）以防止高搅拌转速将空气从培养液表面带入培养液中；再通气时，搅拌转速回复到原设定值。另外，应注意 $K_L \cdot a$ 值不仅

受通风、搅拌的影响，而且也受搅拌叶、挡板形状及其安装位置的影响。

【思考题】

1. 为什么要测定 $K_L \cdot a$？本实验是用何种方法测定 $K_L \cdot a$ 值的？

2. 测定 $K_L \cdot a$ 值有没有其他方法？采用不同的方法测得的 $K_L \cdot a$ 值能否进行比较，为什么？

3. 动态法与亚硫酸盐法测定 $K_L \cdot a$ 的主要不同点是什么？

实验 2.5　发酵液黏度的测定

【实验目的】

(1) 掌握毛细管黏度计测量黏度的方法；

(2) 了解发酵液的流变学性质。

【实验原理】

黏度是指流体对流动的阻抗能力，该法以动力黏度、运动黏度或特性黏数表示。测定供试品黏度可用于纯度检查等。

流体分牛顿流体和非牛顿流体两类。牛顿流体流动时所产生的剪应力不随流速的改变而改变，纯液体和低分子物质的溶液属于此类；非牛顿流体流动时所产生的剪应力随流速的改变而改变，高聚物的溶液、混悬液（发酵液）、乳剂和表面活性剂的溶液属于此类。

黏度的测定用黏度计。黏度计有多种类型，该法采用毛细管式和旋转式两类黏度计。毛细管黏度计因不能调节线速度，不便测定非牛顿流体的黏度，但对高聚物的稀薄溶液或低黏度液体的黏度测定较方便；旋转式黏度计适用于非牛顿流体的黏度测定。液体以 1m/s 的速度流动时，在每 $1cm^2$ 平面液层与相距 1m 的平行液层间所产生的剪应力的大小，称为动力黏度（η），以 Pa·s 为单位。因 Pa·s 单位太大，常使用 mPa·s。在相同温度下，液体的动力黏度与其密度的比值，即得该液体的运动黏度 (υ)，以 m^2/s 为单位。因 m^2/s 单位太大，故使用 mm^2/s 单位。该法采用在规定条件下测定供试品在平氏黏度计中的流出时间（s），与该黏度计用已知黏度的标准液测得的黏度计常数（mm^2/s^2）相乘，即得供试品的运动黏度。溶剂的黏度 η_0 常因高聚物的溶入而增大，溶液的黏度 η 与溶剂的黏度 η_0 的比值（η/η_0）称为相对黏度（η_r），通常用乌氏黏度计中的流出时间的比值（T/T_0）表示；当高聚物溶液的浓度较稀时，其相对黏度的对数值与被测溶液浓度的比值，即为该溶液的特性黏数 η。根据被测溶液的特性黏数可以计算其平均分子质量。

由 Poisluillc 公式可知，通过一支毛细管的液体的体积正比于流动的时间 t、管两端压力差 P 和毛细管半径的四次方，而与毛细管长度 L、液体的黏度 η 成反比

$$V = \frac{\pi t r^4 P}{8 L \eta} \tag{2-5-1}$$

在已知标准液体的绝对黏度时，即算出被测液体的绝对黏度。设两种液体在本身重力作用下，分别流经同一毛细管，且流出的体积相等，则

$$\eta_1 = \frac{\pi t_1 r^4 P_1}{8LV} \qquad \eta_2 = \frac{\pi t_2 r^4 P_2}{8LV}$$

两式相比：

$$\frac{\eta_1}{\eta_2} = \frac{P_1 t_1}{P_2 t_2} \tag{2-5-2}$$

又

$$P = \rho g h$$

式中，h 为推动液体流动的液位差；ρ 为液体密度；g 为重力加速度。如果每次取样的体积一定，则可保持 h 在实验中情况相同。

已知某温度下参比液体的黏度，并测得 t_1、ρ_1、t_2、ρ_2，被测液体黏度可按上式计算。

【实验器材与试剂】

1. 实验器材

水浴恒温槽：可选用直径 30cm 以上、高 40cm 以上的玻璃缸或有机玻璃缸，附有电动搅拌器与电热装置，除另有规定外，在（20±0.1）℃测定运动黏度或动力黏度。

温度计：分度为 0.1℃。

秒表：分度为 0.2s。

平氏黏度计 [图 2-8(a)]：可根据需要分别选用毛细管内径为 (0.8±0.05)mm、(1.0±0.05)mm、(1.2±0.05)mm、(1.5±0.1)mm 或 (2.0±0.1)mm 的平氏黏度计。

乌氏黏度计 [图 2-8(b)]：除另有规定外，毛细管 E 内径为 0.5mm±0.05mm、长 140mm±5mm；测定球 A 的容量为 3.5mL±0.5mL（选用流出时间以 120～180s 为宜）。

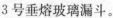

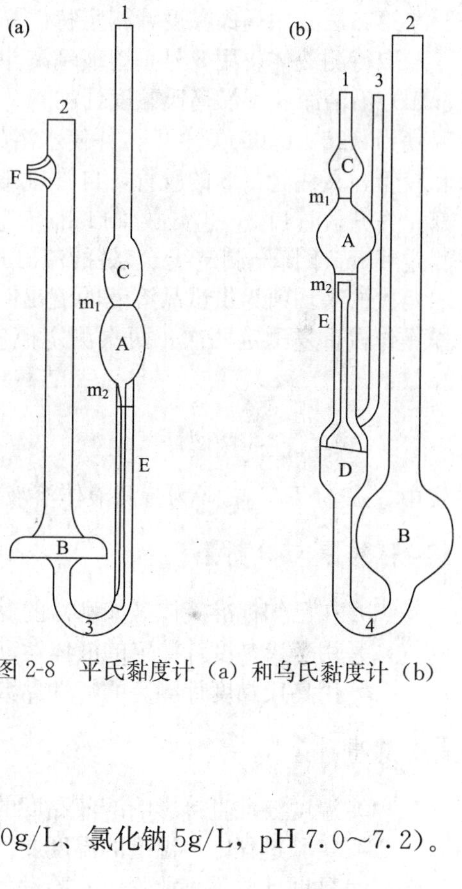

图 2-8　平氏黏度计 (a) 和乌氏黏度计 (b)

3 号垂熔玻璃漏斗。

2. 实验材料和试剂

菌种：酵母菌。

培养基：牛肉膏蛋白胨（牛肉膏 3g/L、蛋白胨 10g/L、氯化钠 5g/L，pH 7.0～7.2）。

【实验步骤】

(1) 培养基灭菌：取 250mL 三角瓶 1 只，加入配好的液体培养基，121℃、0.103MPa、15min 灭菌冷却。

(2) 种子活化和接种：将酵母菌接入培养基，25℃培养活化。取活化后的酵母菌接入已灭菌冷却的三角瓶培养瓶中，振荡混匀。

(3) 培养：将已接种的三角瓶培养液置于振荡培养箱，200r/min，28℃培养 48h 后取出。

(4) 测定：第一法（用平氏黏度计测定运动黏度或动力黏度）。

取毛细管内径符合要求的平氏黏度计 1 支，在支管 F 上连接一橡皮管，用手指堵住管口 2，倒置黏度计，将管口 1 插入培养液，自橡皮管的另一端抽气，使发酵液充满球 C 与 A 并达到测定线 m_2 处，提出黏度计并迅速倒转，抹去黏附于管外的供试品，取下橡皮管使其连接于管口 1 上；将黏度计垂直固定于恒温水浴中，并使水浴的液面高于管口球 C 的中部，放置 15min 后，自橡皮管的另一端抽气，使供试品充满球 A 并超过测定线 m_1，开放橡皮管口，使供试品在管内自然下落，用秒表准确记录液面自测定线 m_1 下降至测定线 m_2 处的流出时间。依法重复测定 3 次以上，每次测定值与平均值的差值不得超过平均值的 $\pm 5\%$。另取一份发酵液进行同样操作，并重复测定 3 次以上。以先后两次取样测定的总平均值按下式计算，即供试品的运动黏度或供试品溶液的动力黏度。

$$\eta = Kt\rho \tag{2-5-3}$$

式中，K 为用已知黏度的标准液测得的黏度计常数（mm^2/s^2）；t 为测得的平均流出时间（s）；ρ 为待测液体在相同温度下的密度（g/cm^3）。

第二法（用乌氏黏度计测定特性黏数）。

取待测液体，用 3 号垂熔玻璃漏斗滤过，弃去初滤液（约 1mL），取续滤液（不得少于 7mL）沿洁净、干燥乌氏黏度计的管 2 内壁注入 B 中，将黏度计垂直固定于恒温水浴［水浴温度为（25 ± 0.05）℃］中，并使水浴的液面高于球 C；放置 15min 后，将管口 1、3 各接一乳胶管，夹住管口 3 的胶管，自管口 1 处抽气，使供试品溶液的液面缓缓升高至球 C 的中部；先开放管口 3，再开放管口 1，使供试品溶液在管内自然下落，用秒表准确记录液面自测定线 m_1 下降至测定线 m_2 处的流出时间，重复测定两次，两次测定值相差不得超过 0.1s，取两次的平均值为供试品溶液的流出时间（T）。取经 3 号垂熔玻璃漏斗滤过的溶剂进行同样操作，重复测定两次，两次测定值应相同，为溶剂的流出时间（T_0）。按下式计算特性黏数：

$$[\eta] = \frac{\ln \eta_r}{C} \tag{2-5-4}$$

式中，η_r 为 T/T_0；C 为待测液体溶液的浓度（g/mL）。

【实验结果与分析】

（1）在已知标准液体（如水）的黏度时，则被测液体的黏度可按式（2-5-2）计算。

（2）用平氏黏度计测定的液体运动黏度利用式（2-5-3）求得。

（3）用乌氏黏度计测定的特性黏数可按式（2-5-4）求得。

【注意事项】

（1）温度波动直接影响溶液黏度的测定，一般波动控制在 ± 0.5℃。

（2）实验过程中恒温槽的温度要恒定，溶液每次稀释恒温后才能测量。

（3）黏度计要垂直放置，实验过程中不要振动黏度计，否则影响结果的准确性。

（4）黏度计一定要洗干净，以备下组使用。

【思考题】

1. 在进行发酵液的黏度测定时，要注意哪些问题？

2. 利用毛细管黏度计测定发酵液的黏度有何优缺点？

3. 比较乌氏黏度计与平氏黏度计测定发酵液黏度的优缺点。

实验 2.6　酸度和 pH 的测定

【实验目的】

掌握酸度和 pH 的测定方法，对抗生素或啤酒的发酵过程进行监测。

【实验原理】

总酸是指样品中能与 NaOH 作用的所有物质的总量，在发酵工程操作中，一般用中和每升发酵液所消耗 1mol/L NaOH 的毫升数来表示。常用全自动电位滴定仪测定酸度（图 2-9）。

pH 是微生物生长和产物合成过程的一个非常重要的状态参数，是微生物代谢活动的综合指标。pH 的变化可影响菌体内各种酶的活力、菌对基质的利用速率和细胞的结构，从而影响细胞的生长和产物的合成。在发酵过程中，引起 pH 下降的因素有：培养基中碳源过多，特别是葡萄糖过量或中间补糖过多；通气不足或菌体生长过于旺盛，使发酵罐内溶解氧不足，致使有机酸大量积累；生理酸性物质的利用；大量 CO_2 的产生等。引起 pH 上升的因素有：培养基中氮源过多；氨基氮释放；生理碱性物质的利用；氨

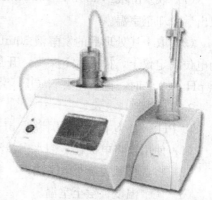

图 2-9　T890 自动滴定仪

水等碱性物质加入过多；红霉素、林可霉素、螺旋霉素等碱性抗生素的生成；菌体自溶等。故对发酵过程的 pH 进行检测和控制是非常重要的。

pH 表示溶液中 H^+ 的活度，定义如下：

$$pH = -\lg[H^+]$$

pH 的测量多使用 pH 计。pH 计上有一个指示电极（玻璃电极）和一个参比电极（图 2-10）。银-氯化银电极（Ag/AgCl）和甘汞电极（$Hg/HgCl_2$）是用于 pH 测量的最常用的参比电极。

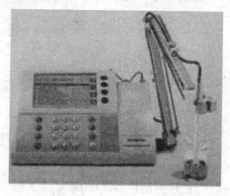

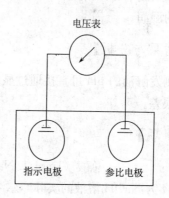

图 2-10　pH 计测量系统示意图

【实验器材与试剂】

1. 实验器材

全自动电位滴定仪、pH 计。

2. 实验材料与试剂

（1）材料：发酵液。

（2）主要试剂：0.1mol/L NaOH 标准溶液。

0.5％酚酞指示剂：称取 0.5g 酚酞溶于 95％的中性乙醇中，定容至 100mL。

【实验步骤】

1. 酸度滴定

（1）取发酵液约 100mL 于 200mL 烧杯中，在 40℃恒温水浴中振荡 30min，除去 CO_2，取出后冷却至室温。

（2）取上述处理后的发酵液 50mL，将其置于有磁力搅拌棒的烧杯中，再将烧杯放在自动电位滴定仪上，插入 pH 探头，开启磁力搅拌器，逐滴滴入 0.1mol/L NaOH 标准溶液，至 pH 为 8.2 时，记下耗去 NaOH 溶液的毫升数（V）。

2. pH 测定

以 PHS-3C 型 pH 计为例说明 pH 的测定步骤。

（1）使用前将电极在蒸馏水中浸泡 24h，接通电源，预热 30min 后进行标定。

（2）将选择开关旋至 pH 档。

（3）调节温度补偿至室温。

（4）把斜率调节旋钮顺时针旋转到底（100%位置）。

（5）校正：将洗净擦干的电极插入 pH 为 6.86 的缓冲液中，调节定位旋钮至 6.86，用蒸馏水将电极清洗和擦干后，再插入 pH 为 4.00 的标准缓冲液中，调节斜率至 pH 4.00。重复上述校正步骤，直至不用再调节定位和斜率两旋转为止。用蒸馏水将电极清洗和擦干，待用。

（6）将电极插入发酵液中，搅动发酵液，使电极与发酵液均匀接触，待显示屏上读数不变时，该数字即溶液的 pH。

（7）关闭电源，用蒸馏水清洗和擦干电极，套上装有少量补充液的电极保护套，保持电极球泡的湿润。

【实验结果与分析】

待测发酵液的 pH 可直接通过显示屏上的读数来体现，但每次测定时最好重复测定 3 次以减少误差。

【注意事项】

$$总酸（1mol/L\ NaOH\ 毫升数/100mL\ 发酵液）＝2MV$$

式中，M 为 NaOH 溶液的实际摩尔浓度（mol/L）；V 为消耗 NaOH 溶液的体积（mL）。

【思考题】

1. 发酵过程控制策略的制订为何要重点参考 pH 的变化？

2. 在发酵过程中，检测参数可分为在线参数和离线参数，在线 pH 与离线 pH 为何存在一定差距？要缩小二者的差距，则在取样和测定时应注意哪些事项？

3. 玻璃电极一般在什么温度范围内使用？

4. 甘汞电极在使用时为何要使电极内充满氯化钾溶液且无气泡？

实验 2.7　总糖、还原糖含量的测定

【实验目的】

通过准确、快速测定发酵液总糖或还原糖的含量，可及时了解微生物对总糖或还原糖的消耗情况，并将此消耗情况与 pH 的变化情况进行关联分析，得到补料分批式发酵过程的补糖策略，从碳源调控的角度实现发酵过程的优化。

【实验原理】

1. 费林氏定糖法——总糖和还原糖含量测定

费林（Fehling）试剂是含有硫酸铜与酒石酸钾钠的氢氧化钠溶液，该试剂是一种弱的氧化剂，它不与酮和芳香醛发生反应。还原糖的醛基在碱性溶液中能将二价铜离子（Cu^{2+}）还原成亚铜离子（Cu^+），过量的二价铜离子（Cu^{2+}）在酸性溶液中与碘化钾反应析出游离碘，用标准硫代硫酸钠溶液滴定，利用空白与样品滴定数之差，查标准曲线得出糖（以葡萄糖计）的含量。为了防止 Cu^{2+} 和碱反应生成氢氧化铜或碳酸铜沉淀，Fehling 试剂中加入酒石酸钾钠，它与 Cu^{2+} 形成的酒石酸钾钠络合铜离子是可溶的络离子，此络合反应是可逆的，平衡后溶液内保持一定浓度的氢氧化铜。

费林氏定糖法始于 20 世纪 40 年代，是一种传统的测糖方法，测定操作步骤烦琐，影响因素多。但该法推广和普及的时间很早，并且测定时不需考虑发酵液的颜色问题，故至今国内的一些工厂及实验室仍在使用费林氏定糖法测定发酵液中总糖和还原糖的含量。

2. 3，5-二硝基水杨酸（DNS）比色法——总糖和还原糖含量测定

还原糖是指还有自由醛基或酮基的糖类。在糖类中，分子中含有游离醛基或酮基的单糖和含有游离酮基的二糖都具有还原性。双糖和多糖不一定是还原糖，其中乳糖和麦芽糖是还原糖，蔗糖和淀粉是非还原糖。对没有还原性的双糖和多糖，可用酸水解法使其降解成有还原性的单糖进行测定，再分别求出发酵液的总糖和还原糖的含量（还原糖以葡萄糖含量计）。

还原糖在碱性条件下加热，被氧化成糖酸及其他产物，3，5-二硝基水杨酸则被还原为棕红色的 3-氨基-5-硝基水杨酸。在一定范围内，还原糖的量与棕红色物质颜色的深浅度呈一定比例关系。利用分光光度计，在 540nm 波长下测定反应后混合溶液的吸光度，查标准曲线并计算，便可求出样品中还原糖和总糖的含量。由于多糖水解为单糖时，每断裂一个糖苷键需加入一分子水，所以在计算多糖含量时应乘以 0.9。

DNS 法操作简便、快速、杂质干扰较少，故该法现已逐渐得到推广和普及。由于发酵液一般会有颜色，而且不同的发酵过程及不同发酵时期，发酵颜色的深浅不一，采用 DNS 法测发酵液中总糖和还原糖的含量时，应该视情况不同对发酵液进行适当倍数的稀释，并离心分离出其中的固形物。在测吸光度时，建议用稀释后的上清液作为对照样品或将其脱色后再进行测定。

3. 葡萄糖试剂盒法——葡萄糖含量测定

$$葡萄糖 + O_2 + H_2O \longrightarrow 醌亚胺 + 4H_2O$$
$$2H_2O + 苯酚 + 4\text{-}氨基安替吡啉 \longrightarrow 醌亚胺 + 4H_2O$$

红色醌亚胺化合物可在波长 505nm 处检测，颜色深浅与葡萄糖含量成正比。

【实验器材与试剂】

1. 实验器材

（1）费林氏定糖法：高速离心机；电子天平，碱性滴定管，电炉，500mL、1000mL 及 2000mL 试剂瓶，100mL 容量瓶，100mL 三角瓶，10mL 离心管。

（2）3,5-二硝基水杨酸（DNS）比色法：高速离心机、分光光度计（包括比色皿）、恒温水浴槽、电热恒温鼓风干燥箱、1000mL 棕色试剂瓶、100mL 容量瓶、20mL 试管、10mL 离心管。

（3）葡萄糖酶试剂盒法：高速离心机，分光光度计（包括比色皿），恒温水浴槽，20～200μL、100～1000μL 可调移液器，10mL 试管。

2. 实验材料和试剂

1）材料

（1）费林氏定糖法：$CuSO_4 \cdot 5H_2O$、酒石酸钾钠、氢氧化钠、碘化钾、硫代硫酸钠、无水碳酸钠、浓硫酸、浓盐酸、可溶性淀粉、酚酞、乙醇、蒸馏水、发酵液。

（2）3,5-二硝基水杨酸（DNS）比色法：葡萄糖（分析纯）、氢氧化钠、酒石酸钾钠、结晶酚、亚硫酸钠、蒸馏水、发酵液。

（3）葡萄糖试剂盒法：葡萄糖试剂盒（或 D-葡萄糖法快速检测试剂盒）、蒸馏水、发酵液。

2）试剂

（1）费林氏定糖法。

费林氏 A 液：称取 $CuSO_4 \cdot 5H_2O$ 60.00g，用蒸馏水溶解，定容至 1000mL。

费林氏 B 液：称取酒石酸钾钠 187.50g、氢氧化钠 125.00g，用蒸馏水溶解，定容至 1000mL。

30% 碘化钾溶液：称取 150.00g 碘化钾，用蒸馏水溶解，定容至 500mL。

费林氏混合液：将 A 液、B 液、30% 碘化钾溶液按 2：2：1 的体积比混匀，现配现用。

0.05mol/L $Na_2S_2O_3$ 溶液：称取硫代硫酸钠 26.00g，无水碳酸钠 0.20g，用蒸馏水溶解，稀释至 200mL。

6mol/L NaOH 溶液：称取氢氧化钠 120g，用蒸馏水溶解，定容至 500mL。

2mol/L H_2SO_4 溶液：量取浓硫酸 240mL，缓缓注入适量蒸馏水中，冷却至室温，定容至 2000mL。

3mol/L HCl 溶液：量取浓盐酸 270mL，加入蒸馏水，定容至 1000mL。

1% 淀粉指示剂：称取可溶性淀粉 5g，用少量蒸馏水搅匀，倒入 450mL 煮沸的蒸馏水中，冷却后定容至 500mL。

0.5% 酚酞指示剂：称取酚酞 0.5g，用无水乙醇溶解，定容至 100mL。

（2）3,5-二硝基水杨酸（DNS）比色法。

1mg/mL 葡萄糖标准溶液：准确称取分析纯葡萄糖 100mg，置于 100mL 容量瓶中，用蒸馏水溶解并定容至 100mL，摇匀，在冰箱中保存。

2mol/L NaOH 溶液：称取氢氧化钠 40g，用蒸馏水溶解，定容至 500mL。

3,5-二硝基水杨酸（DNS）试剂：准确称取 185g 酒石酸钾钠，用 50℃ 左右的蒸馏水溶解。向此酒石酸钾钠热水溶液中先加入 6.3g DNS 和 262mL NaOH 溶液，再加入 5g 结晶酚和 5g 亚硫酸钠，搅拌，使其溶解，冷却后加蒸馏水定容至 1000mL，储存于棕色试剂瓶中，一周后使用。

（3）葡萄糖试剂盒法：葡萄糖试剂盒中含有 1mg/mL 葡萄糖标准溶液、1％苯酚溶液和酶试剂（含葡萄糖氧化酶、过氧化物酶）。

酶工作液：用蒸馏水将 1％苯酚溶液稀释 10 倍（即 0.1％苯酚溶液），将 0.1％苯酚溶液与等量酶试剂混合。

【实验步骤】

1. 费林氏定糖法

（1）空白样测定：吸取 5mL 蒸馏水，于 100mL 三角烧瓶中，加入费林氏混合液 10mL，加热煮沸 1～2min，冷却，加 2mol/L H_2SO_4 10mL，立即用 0.05mol/L $Na_2S_2O_3$ 标准溶液滴定至淡黄色，加淀粉指示剂 2mL 左右，继续滴至淡蓝色褪去，记录消耗的 $Na_2S_2O_3$ 溶液毫升数（Y）。

（2）还原糖测定：吸取样品滤液 0.25mL 于 100mL 三角烧瓶中，加入 5mL 蒸馏水，再加入费林氏混合液 10mL，其他同步骤（1），记录消耗的 $Na_2S_2O_3$ 溶液毫升数（Y_1）。

（3）总糖测定：取上清液 0.25mL，置于 100mL 三角烧瓶中，加入 3mol/L HCl 溶液 10mL，加热煮沸 1～2min，冷却；加入酚酞指示剂 2 滴后，用 6mol/L NaOH 溶液中和至溶液显红色；加入费林氏混合液 10mL，以下操作同步骤（2），记录消耗的 $Na_2S_2O_3$ 溶液毫升数（Y_2）。

（4）标准曲线的绘制：准确称取无水葡萄糖 1g，置于 100mL 容量瓶中，用 0.01mol/L HCl 溶液溶解，定容至 100mL，摇匀；准确量取该葡萄糖溶液 1mL、2mL、3mL、4mL、5mL，分别置于 5 个 100mL 三角烧瓶中，向其中分别加入蒸馏水 4mL、3mL、2mL、1mL、0mL，量取 5mL 蒸馏水作为空白样；分别向上述 5 个含葡萄糖的样品（溶液总体积均为 5mL）及空白样品中加入费林氏混合液 20mL，煮沸，3min 后迅速冷却至室温，再分别向其中加入 2mol/L H_2SO_4 溶液 15mL，并立即用 0.05mol/L $Na_2S_2O_3$ 溶液滴定，以 1％淀粉溶液作指示剂。

以空白样与含葡萄糖样品所消耗的 $Na_2S_2O_3$ 溶液毫升数之差为纵坐标，以样品中葡萄糖含量（g/L）为横坐标，绘制标准曲线，并得到标准曲线方程。

2. 3，5-二硝基水杨酸（DNS）比色法

（1）发酵液预处理：取 100mL 发酵液，在高速离心机中以 3000r/min 的转速离心 10min，取上清液。如果上清液颜色较深，可用活性炭脱色（参考用量为 0.5％～5％）。

（2）标准曲线的绘制：取 7 支 20mL 试管（有准确刻度），分别编号为 0、1、2、3、4、5 和 6，按表 2-4 分别加入葡萄糖标准溶液（浓度为 1mg/mL）、蒸馏水和 DNS 试剂，配制成不同葡萄糖含量的反应液。

将各试管振摇，使反应液混匀，然后将试管置于沸水浴中，5min 后取出，迅速冷却至室温，并用蒸馏水定容至 20mL，加塞后摇匀。在 540nm 波长处测 0～6 号试管中溶液的吸光度，以吸光度值为纵坐标、以葡萄糖含量为横坐标作图，再进行线性拟合，得到标准曲线方程。

表 2-4　不同葡萄糖含量的反应液的配制

试管号	1mg/mL 葡萄糖标准溶液 体积/（mg/mL）	蒸馏水体积/ （mL/mL）	DNS 试剂体积/ （mL/mL）	反应液中葡萄糖含量/ （mg/mL）
0	0	2.0	1.5	0
1	0.2	1.8	1.5	0.1
2	0.4	1.6	1.5	0.2
3	0.6	1.4	1.5	0.3
4	0.8	1.2	1.5	0.4
5	1.0	1.0	1.5	0.5
6	1.2	0.8	1.5	0.6

（3）上清液还原糖含量测定：取 20mL 试管（有标准刻度），按表 2-5 中 7 号试管加入上清液、蒸馏水和 DNS，然后将试管置于沸水浴中，5min 后取出，迅速冷却至室温，并用蒸馏水定容至 20mL，加塞后摇匀。在 540nm 波长处测该试管溶液的吸光度，将测出的吸光度值代入标准曲线方程，即得到该上清液的还原糖含量。空白样仍用 0 号试管中的混合液。

表 2-5　上清液还原糖及总糖含量测定所用反应液的配制

试管号	上清液体积/mL	蒸馏水体积/mL	DNS 试剂体积/mL
0	0	2.0	1.5
7	2.0	0	1.5

（4）上清液总糖含量测定：取上清液 2mL，置于 100mL 三角瓶中，加入 6mol/L HCl 溶液 10mL，加热煮沸 1~2min，冷却；加入酚酞指示剂 2 滴后，用 6mol/L NaOH 溶液中和至溶液显红色；其余步骤同还原糖含量测定。

3. 葡萄糖试剂盒法

将样品、葡萄糖标准溶液、酶工作液和蒸馏水按表 2-6 混合，在 37℃ 水浴中保温 20min，再在 505nm 处测试管内样品的吸光度（A）。

表 2-6　葡萄糖试剂盒法测定体系的组成

液 体	空白管	标准管	测定管
蒸馏水	20	—	—
标准液	—	20	—
样品	—	—	20
酶工作液	3.0	3.0	3.0

【实验结果与分析】

1. 费林氏定糖法

（1）还原糖含量：先计算 $Y-Y_1$，再将该计算值（纵坐标值）代入标准曲线方程中，所得值即该样品的还原糖含量。

（2）总糖含量：先计算 $Y-Y_2$，再将该计算值（纵坐标值）代入标准曲线方程中，所得值即该样品的总糖含量。

2. 3，5-二硝基水杨酸（DNS）比色法

在 540nm 波长处测待测溶液的吸光度，将该吸光度值代入葡萄糖的标准曲线方程，即得该上清液的还原糖含量。

由于多糖水解为单糖时，每断裂一个糖苷键需加入一分子水，所以在计算多糖含量时应乘以 0.9。

3. 葡萄糖试剂盒法

$$葡萄糖含量 = \frac{测定管样品的吸光度}{标准管内葡萄糖溶液的吸光度} \times 5.55 (mmol/L)$$

【注意事项】

（1）各试管的处理应一致，测定溶液应同时放入沸水中，再同时从沸水浴中取出。

（2）在用碘化钾和硫酸洗涤试管时要洗净，否则会影响滴定结果的准确性。

（3）滴定终点时溶液呈现二价铜离子的浅蓝色。

【思考题】

1. 比较费林氏定糖法与 DNS 法的优缺点。

2. 在发酵过程中，为何既要测定总糖的含量，还要测定还原糖的含量？测定结果对发酵调控有何指导作用？

3. 分别根据费林氏定糖法、DNS 法设计林可霉发酵液总糖和还原糖含量测定的方案。

实验 2.8　搅拌功率的测定

【实验目的】

（1）掌握搅拌功率曲线的测定方法；

（2）了解影响搅拌功率的因素及其关联方法。

【实验原理】

搅拌操作是重要的化工单元操作之一，它常用于互溶液体的混合、不互溶液体的分散和接触、气液接触、固体颗粒在液体中的悬浮、强化传热及化学反应等过程，搅拌聚合釜是高分子化工生产的核心设备。

搅拌过程中流体的混合要消耗能量，即通过搅拌器把能量输入到被搅拌的流体中。因此搅拌釜内单位体积流体的能耗成为判断搅拌过程好坏的依据之一。

由于搅拌釜内液体运动状态十分复杂，搅拌功率目前尚不能由理论得出。只能由实验获得它和多变量之间的关系，以此作为搅拌操作放大过程中确定搅拌规律的依据。

液体搅拌功率消耗可表达为下列诸变量的函数：

$$N = f(k, n, d, \rho, \mu, g, \cdots) \tag{2-8-1}$$

式中，N 为搅拌功率（W）；k 为无量纲系数；n 为搅拌转数（r/s）；d 为搅拌器直径（m）；ρ 为流体密度（kg/m³）；μ 为流体黏度（Pa·s）；g 为重力加速度（m/s²）。

由因次分析法可得下列无因次数群的关联式：

$$\frac{N}{\rho n^3 d^5} = k \left(\frac{d^2 n \rho}{\mu} \right)^x \left(\frac{n^2 d}{g} \right)^y \tag{2-8-2}$$

式中，令

$$\frac{N}{\rho n^3 d^5} = N_p$$

N_p 称为功率准数

$$\frac{d^2 n \rho}{\mu} = R_e \qquad\qquad (2\text{-}8\text{-}3)$$

R_e 称为搅拌雷诺数

$$\frac{n^2 d}{g} = F_r \qquad\qquad (2\text{-}8\text{-}4)$$

F_r 称为搅拌佛鲁德数，则

$$N_p = K R_e^x F_r^y$$

令

$$\phi = \frac{N_p}{F_r^y}$$

ϕ 称为功率因数，则

$$\phi = K R_e^x$$

一般情况下，弗雷德准数 F_r 的影响较小，可忽略 F_r 的影响，即 $y=0$。则

$$\phi = N_p = K R_e^x$$

因此，在对数坐标纸上可标绘出 N_p 与 R_e 的关系。

本实验中，搅拌功率采用下式得：

$$N = I \times V - (I^2 \times R + K n^{1.2}) \qquad\qquad (2\text{-}8\text{-}5)$$

式中，I 为搅拌电机的电枢电流（A）；V 为搅拌电机的电枢电压（V）；R 为搅拌电机的内阻（Ω），见实验现场给出的数据；n 为搅拌电机的转数（r/s）；K 为常数，见实验现场给出的数据。

【实验器材与试剂】

（1）实验器材：本实验使用的是标准搅拌槽，其直径为 280mm；搅拌浆为 6 片平直叶圆盘涡轮。装置流程图如图 2-11 所示。

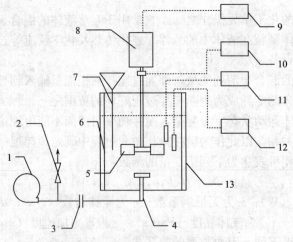

图 2-11　多相搅拌实验装置流程图

1. 空压机；2. 调节阀；3. 流量计；4. 气体分布器；5. 搅拌浆；6. 挡板；7. 注入器；
8. 电机；9. 电机调速器；10. 扭矩测量仪；11. 溶氧仪；12. 电导率仪；13. 搅拌槽

（2）实验试剂：羧甲基纤维素钠（CMC）水溶液。

【实验步骤】

（1）测定 CMC 溶液搅拌功率曲线：打开总电源，各数字仪表显示"0"。打开搅拌调速开关，慢慢转动调速旋钮，电机开始转动。在转速为 $250\sim600\text{r/min}$，取 $10\sim12$ 个点测试（实验中适宜的转速选择：低转速时搅拌器的转动要均匀；高转速时以流体不出现旋涡为宜）。实验中每调一个转速，待数据显示基本稳定后方可读数。同时注意观察流型及搅拌情况。每调节一个转速记录以下数据：电机的电压（V）、电流（A）、转速（r/min）。

（2）测定气液搅拌功率曲线：各套均以空气压缩机为供气系统，用各套的气体流量计调节相同的空气流量输入到搅拌槽内，应同时记录每一转速下的液面高度，其余操作同上。

（3）实验结束时一定把调速降为"0"，方可关闭搅拌调速。

（4）实验过程中每组需测定搅拌槽内流体黏度。

【实验结果与分析】

在已知搅拌电机的各项指标的前提下，通过调节转速，记录电压、电流、转速等指标，按原理中公式（2-8-5）计算出搅拌功率。

【注意事项】

1. 电机调速一定是从"0"开始的，调速过程要慢，否则易损坏电机。

2. 不得随便移动实验装置。

3. 黏度测定仪使用后要清洗干净、吹干，否则影响以后使用。

【思考题】

1. 搅拌功率曲线对几何相似的搅拌装置能共用吗？

2. 试说明测定 $K\text{-}R_e$ 曲线的实际意义。

实验 2.9　氨基氮和铵离子含量的测定

【实验目的】

通过测定发酵过程中氨基氮和铵离子含量的变化，可及时了解微生物对有机氮源和无机氮源的利用情况，并制订发酵工程中的氮源控制方案，从氮源调控的角度实现发酵过程的优化。

【实验原理】

在发酵生产啤酒的过程中，α-氨基氮是酵母繁殖过程中能直接利用的氮源，它在麦汁中含量的多少直接关系到酵母的繁殖速率，α-氨基氮含量低，啤酒中双乙酰的含量就会增高。如果 α-氨基氮较高，则说明蛋白质分解速率较大。

氨基氮对抗生素的生物合成也有重要影响，主要体现在 5 个方面：①某些氨基酸及其衍生物的某些片段是构成抗生素的直接前体；②某些氨基酸与抗生素有共同的中间体；③某些氨基酸或由其组成的肽可能是抗生素合成过程的激活剂或抑制剂；④某些氨基酸或由其组成的肽能刺激或抑制产生菌的生长繁殖；⑤抗生素产生菌体内都含有一定量的氨基酸，它与抗生素的合成有密切关系。

NH_4^+ 对抗生素的生物合成作用具有很重要的调节作用。在用生二素链霉菌（Streptomyces ambofaciens）发酵生产螺旋霉素的研究中，发现高浓度的 NH_4^+ 对菌的总蛋白酶、金属蛋白酶和丝氨酸蛋白酶的活力表现出强烈的抑制作用。在用南昌链霉菌（Streptomyces nanchangensis）发酵生产梅岭霉素的实验中，发现当 NH_4^+ 浓度大于 10mmol/L 时，菌丝的生长和产物合成均受到抑制；NH_4^+ 浓度大于 10mmol/L 时，对 6-磷酸葡萄糖脱氢酶、柠檬酸合成酶、琥珀酸脱氢酶及脂肪酸合成酶的活性均表现出一定的促进作用，但会抑制缬氨酸脱氢酶和甲基丙二酰 CoA 羧基转移酶的活性；当 NH_4^+ 浓度小于 10mmol/L 时，有利于梅岭霉素的合成。在考查 NH_4^+ 对阿维菌素（avermectin）生物合成的影响时，发现 NH_4^+ 能显著降低胞外淀粉酶的活性，从而降低糖的代谢速度。NH_4^+ 对林肯链霉菌（S. lincolnensis）的初级代谢和次级代谢也有较大影响。研究发现，S. lincolnensis 的铵同化途径主要经丙氨酸脱氢酶（alanine dehydrogenase，ADH）途径和谷氨酰胺合成酶（glutamine synthetase，GS）/谷氨酸合酶（glutamate synthase）途径，当 S. lincolnensis 在高铵培养条件下，ADH 活力高，GS 活力低；低铵培养条件下，ADH 活力低，GS 活力高。代谢流分析发现，控制合适的 NH_4^+ 补入速率，可使 S. lincolnensis 的三羧酸循环和 HMP 途径的通量保持在较高水平，从而使其维持代谢和次级代谢保持在较高水平；过低浓度 NH_4^+ 导致发酵过程中 S. lincolnensis 的总代谢通量及 EMP 途径、TCA 循环途径和 HMP 途径的通量迅速下降，同时使得 HMP 途径通量的相对分配比例呈下降趋势，S. lincolnensis 的维持代谢和次级代谢处于较低水平。

以上分析发现，测定发酵过程中发酵液的氨基氮和 NH_4^+ 含量是非常重要的。

1. 氨基氮含量的测定

氨基酸是一种两极电解质，但它不能直接用酸、碱滴定来进行定量测定，因为氨基酸的酸碱滴定的等电点 pH 或过高（12～13）或过低（1～2），没有适当的指示剂可被选用。当向氨基酸溶液中加入过量的甲醛时，在水溶液中存在一种平衡：由于甲醛与氨基酸中的—NH_2 作用形成羟甲基衍生物，从而增强了氨基酸的酸性电离，滴定终点移至酚酞的变色域内（pH 为 9.0 左右）。故可用酚酞作指示剂，用标准氢氧化钠溶液滴定。

2. NH_4^+ 含量的测定

采用苯酚-次氯酸盐反应测定铵离子含量。在强碱性介质中，NH_4^+ 与次氯酸、苯酚作用生成水溶性染料靛酚蓝，溶液呈蓝色且很稳定，颜色深浅度（用比色法测定 OD 值）与 NH_4^+ 浓度成正比。

【实验器材与试剂】

1. 氨基氮含量测定所需的实验器材与试剂

（1）设备与仪器：电子天平、碱式滴定管、1000mL 聚乙烯塑料瓶、1000mL 试剂瓶。

（2）材料：氢氧化钠、浓硫酸、乙醇、甲醛、酚酞。

（3）试剂：0.02mol/L NaOH 溶液（有效期为 2 个月）：称取氢氧化钠 500g，分次加入盛有 450～500mL 蒸馏水的 1000mL 容器中，边加边搅拌，待其溶解成饱和溶液后，冷却至室温，将溶液及过量的氢氧化钠沉于瓶底，上清液即氢氧化钠饱和溶液。

取澄清的氢氧化钠饱和溶液 11.2mL，加新煮沸过的冷蒸馏水，定容至 1000mL，摇匀，按《中国药典》标定。

0.15mol/L H_2SO_4（有效期为 3 个月）：量取 7.5mL 2mol/L 的 H_2SO_4 溶液，缓缓注入适量蒸馏水中，然后用蒸馏水稀释，定容至 100mL，摇匀。

0.1%中性红溶液：称取中性红 0.1g，向其中加无水乙醇，定容至 100mL。

18%中性甲醛溶液：将 36%～40% 的甲醛溶液与蒸馏水等量混合，临用时加酚酞指示剂，用 0.02mol/L NaOH 滴定至微红色。

2. NH_4^+ 含量测定所需的实验器材与试剂

(1) 设备与仪器：电子天平、高速离心机、恒温水浴槽、冰箱、紫外分光光度计、1000mL 容量瓶、1000mL 棕色试剂瓶、10mL 试管。

(2) 材料：发酵液、柠檬酸、柠檬酸钠、氯化铵、苯酚、亚硝基铁氰化钠、氢氧化钠、次氯酸钠（含 5%活性氯）、蒸馏水。

(3) 试剂：pH 为 4.0，0.1mol/L 的柠檬酸-柠檬酸钠缓冲液：先用蒸馏水配制 0.1mol/L 的柠檬酸溶液和 0.2mol/L 柠檬酸钠溶液，再将 13.1mL 的柠檬酸溶液与 6.9mL 的柠檬酸钠溶液混合即得所需缓冲液。

试剂 A：称取苯酚 60g 和亚硝基铁氰化钠 0.25g 定容至 1L，用棕色瓶在冰箱冷藏室保存，有效期为 1 个月。

试剂 B：称取氢氧化钠 52.5g，加 30mL 含 5%活性氯的次氯酸钠溶液，定容至 1L，密封保存，有效期为 1 个月。

1mol/L 的 NH_4^+ 标准溶液：准确称取 5.35g 氯化铵，将其溶于柠檬酸-柠檬酸钠缓冲溶液，定容至 1L。

【实验步骤】

1. 氨基氮含量的测定

(1) 发酵液预处理：量取 10mL 发酵液，在高速离心机中以 3000r/min 的转速将此发酵液离心 10min，得上清液。如果上清液颜色较深，应加活性炭脱色后再滴定，同时，也应根据发酵液中氨基氮的含量高低进行不同倍数的稀释。

(2) 量取上清液 1mL，置于 50mL 三角瓶中，向其中加入蒸馏水 5mL、0.1%中性红指示剂 2～3 滴、0.15mol/L 的 H_2SO_4 溶液 1～2 滴，混合液呈红色。用 0.02mol/L 的 NaOH 溶液滴定，直至混合液呈橙黄色，然后向其中加入 18%中性甲醛溶液 5mL，静置 5min 后，加入 1%酚酞指示剂 1～2 滴，再用 0.02mol/L 的 NaOH 溶液滴定，直至混合液呈微红（滴定终点）。记录滴定所用氢氧化钠的体积（mL）。

2. NH_4^+ 含量的测定

(1) 发酵液预处理：量取 10mL 发酵液，在高速离心机中以 3000r/min 的转速将此发酵液离心 10min，得上清液，再将此上清液稀释 10～30 倍（要求 NH_4^+ 含量在标准曲线线性范围内）。

(2) 取稀释液 1mL，置于有塞子的比色管中，加 1mL 柠檬酸-柠檬酸钠缓冲溶液，摇匀，在 37℃ 水浴中平衡 10min；加入试剂 A 3mL 混匀，再加入试剂 B 3mL，摇匀，37℃ 保温 20min，在 625nm 处测吸光度值（A）。

(3) 标准曲线绘制：用柠檬酸-柠檬酸钠缓冲液将 1mol/L 的 NH_4^+ 溶液配制成 0.3mol/L、0.6mol/L、0.9mol/L、1.2mol/L、1.5mol/L 和 1.8mol/L 的 NH_4^+ 标准溶液。吸取各浓度

溶液 1mol/L，分别置于有塞子的比色管中，加 1mL 柠檬酸-柠檬酸钠缓冲溶液，摇匀，在 37℃水浴中平衡 10min；加入试剂 A 3mL 混匀，再加入试剂 B 3mL，摇匀，37℃保温 20min，在 625nm 波长处测各比色管中溶液的吸光度值（A）。

以 NH_4^+ 浓度为横坐标、吸光度值为纵坐标作图，并进行线性拟合，得标准曲线和标准曲线方程。

【实验结果与分析】

(1) 氨基氮的测定。氢氧化钠标准溶液的浓度按下式计算：

$$C = \frac{m}{v \times 204.2}$$

式中，C 为氢氧化钠溶液的浓度（mol/L）；m 为邻苯二甲酸氢钾的质量（mg）；204.2 为与 1.000mol/L NaOH 标准溶液相当的以毫克表示的邻苯二甲酸氢钾的质量。

上清液氨基氮的含量按下式计算：

$$NH_2\text{-}N = \frac{C_{NaOH} \times V_{NaOH} \times 14}{V_{sample}}(mg/100mL)$$

式中，$NH_2\text{-}N$ 为氨基氮含量（mg/100mL）；C_{NaOH} 为 NaOH 浓度（mol/L）；V_{NaOH} 为滴定所用 NaOH 的体积（mL）。

(2) NH_4^+ 含量的测定。将测定的吸光度值代入标准曲线方程，得稀释液中 NH_4^+ 的浓度（C_1），再乘以稀释倍数，即得发酵液的 NH_4^+ 含量。

【注意事项】

(1) 滴定时要密切注意指示剂颜色变化，滴定过多或过少都会使结果偏离正常值。

(2) NH_4^+ 含量的测定过程中，标准曲线的绘制要严格按照曲线绘制的标准进行。

【思考题】

1. 配制氢氧化钠标准溶液时，为何要用新煮沸过的冷蒸馏水？标定氢氧化钠溶液所用的邻苯二甲酸氢钾在称量前应做何预处理？

2. 测定发酵液中氨基氮和铵离子含量的原理是什么？测定发酵液中的氨基氮和铵离子的含量有何意义？

3. 在配中性甲醛溶液时，为何要用 0.02mol/L NaOH 滴定至微红色？

4. 如果你正在进行某种微生物的发酵，请根据你的测定结果总结该发酵过程氨基氮和铵离子含量的变化规律，并对此规律进行解释。

实验 2.10　溶磷含量的测定

【实验目的】

(1) 学习并掌握发酵液溶磷含量测定的意义；

(2) 熟练掌握溶磷含量测定的标准操作规程，确保发酵液中溶磷含量检测的准确。

【实验原理】

酸性条件下，磷酸根与钼酸铵反应生成磷钼酸铵，经米吐尔作用后，高价钼被还原成低价钼呈蓝色，可根据朗伯-比尔定律于 650nm 处测其吸光值。

反应式

$$2H_3PO_4 + 24(NH_4)_2MoO_4 + 21H_2SO_4 \longrightarrow 2(NH_4)_3PO_4 \cdot 12MoO_3 + 21(NH_4)_2SO_4 + 24H_2O$$

$$(NH_4)_3PO_4 \cdot 12MoO_3 \longrightarrow (MoO_2 \cdot 4MoO_3)_2 \cdot H_3PO_4$$

【实验器材与试剂】

1. 实验器材

电子分析天平，722 型分光光度计，恒温水浴锅，25mL、50mL 容量瓶，1mL、5mL、10mL 刻度吸管，量筒，试管等。

2. 试剂的配制与标化

磷试剂 I 的配制：在 500mL 烧杯中加入 57.5mL 蒸馏水，然后向烧杯中慢慢加入 85.7mL 浓硫酸，边加边搅拌，放冷；称取 5.72g 钼酸铵置于 100mL 烧杯中，加入 57mL 蒸馏水使其溶解，将该溶液慢慢加入上述硫酸溶液中，搅拌均匀。冷却后，转移至 200mL 棕色试剂瓶中，放入冰箱储备待用。

磷试剂 II（米吐尔试剂）的配制：称取 1.70g 米吐尔置于 100mL 烧杯中，再加入 1.0g 亚硫酸氢钠，用 50mL 蒸馏水溶解；称取 44.0g 亚硫酸氢钠置于 250mL 烧杯中，加入 150mL 蒸馏水充分搅拌使其溶解。再将上述米吐尔-亚硫酸氢钠溶液转移至烧杯中，充分混合均匀。将混合液转移至 200mL 棕色试剂瓶中，放入冰箱储备待用。

10％三氯乙酸溶液的配制：称取 100g 三氯乙酸置于 1000mL 烧杯中，加入 1000mL 蒸馏水使其溶解，搅拌均匀后，转移至 1000mL 棕色试剂瓶中待用。

【实验步骤】

(1) 绘制磷标准曲线：准确称取分析纯磷酸二氢钾 0.4394g（±0.0005g）于 1000mL 容量瓶中，加入 0.10mol/L H_2SO_4 20.0mL 溶解，加水至刻度，摇匀，再吸取 5.00mL 于 50mL 容量瓶中，定容，摇匀，即得 10.00μg/mL 的磷标准液。

分别吸取上述标准溶液 0.50mL、1.00mL、1.50mL、2.00mL、2.50mL、3.00mL 于 25mL 容量瓶中，各加水至 12mL，分别加入磷试剂 I、II 各 1.0mL，沸水浴加热 30min，冷却后，加水至刻度。用纯化水作空白对照，使用 722 型分光光度计于 650nm 处比色。以吸光度值（A）对浓度（C，μg/mL）绘制标准曲线或线性回归得出曲线方程。

(2) 样品磷含量检测：取发酵液过滤，精密吸取清液 5mL 于 50mL 容量瓶中，加入 10％三氯乙酸 10.0mL，平摇，静置 5min 后，定容、摇匀、过滤。吸取 5.00mL 滤液于 25mL 容量瓶中，加磷试剂 I、II 各 1.0mL，水 7.0mL，沸水浴 30min 后，冷却至室温，用蒸馏水定容摇匀后，使用 722 型分光光度计于 650nm 处比色，由所得吸光值 A 查表或代入线性方程计算出样品中溶磷含量。

【实验结果与分析】

根据磷标准曲线及稀释倍数计算磷含量（μg/mL）。

【注意事项】

(1) 磷试剂 I、II 应保存于棕色瓶中，使用期为两周，如果变蓝色应不再使用。

（2）钼蓝产生与温度、时间、酸度有密切关系，因此，要严格控制显色条件。

（3）试剂Ⅰ、Ⅱ稳定情况下，可以纯化水为空白对照，否则，应以试剂为空白对照。

【思考题】

1. 上清液中加入三氯乙酸的作用是什么？

2. 测定溶磷含量的原理是什么？

3. 如果你正在进行某种微生物的发酵，请根据你的测定结果说明磷对该发酵过程的影响，并阐述其影响原理。

实验 2.11　生物效价的测定

【实验目的】

（1）掌握抗生素生物效价测定的原理和方法；

（2）掌握管碟法及浊度法测定抗生素生物效价相关的操作方法。

【实验原理】

抗生素的效价常采用微生物学方法测定，它是利用抗生素对特定的微生物具有抗菌活性的原理测定抗生素效价的方法，如管碟法。管碟法是目前抗生素效价测定的国际通用方法，我国药典也采用此法。管碟法是根据抗生素在琼脂平板培养基中的扩散渗透作用，比较标准品和供试品两者对实验菌产生的抑菌圈大小来测定供试品的效价。管碟法的基本原理是在含有高度敏感性实验菌的琼脂平板上放置小钢管（内径 6.0mm±0.1mm、外径 8.0mm±0.1mm、高 10mm±0.1mm），管内放入标准品和供试品的溶液，经 16～18h 恒温培养，当抗生素在菌层培养基中扩散时，会形成抗生素浓度由高到低的自然梯度，即扩散中心浓度高而边缘浓度低。因此，当抗生素浓度达到或高于 MIC（最低抑制浓度）时，实验菌就被抑制而不能繁殖，从而呈现透明的无菌生长区域，常呈圆形，称为抑菌圈。根据扩散定律的推导，抗生素总量的对数值与抑菌圈直径的平方呈线性关系，比较抗生素标准品与检品的抑菌圈大小，可计算出抗生素的效价。

常用的管碟法有：一剂量法、二剂量法、三剂量法。后二法已经列入药典。二剂量法系将抗生素标准品和供试品各稀释成一定浓度比例（2∶1 或 4∶1）的两种溶液，在同一平板上比较其抗药活性，再根据抗生素浓度对数和抑菌圈直径成直线关系的原理来计算供试品高、低剂量和标准品高、低剂量溶液。先测量出 4 点的抑菌圈直径，按下列公式计算出供试品的效价。

求出 W 和 V

$$W = (SH + UH) - (SL + UL)$$
$$V = (UH + UL) - (SH + SL)$$

式中，UH 为供试品高剂量之抑菌圈直径；UL 为供试品低剂量之抑菌圈直径；SH 为标准品高剂量之抑菌圈直径；SL 为标准品低剂量之抑菌圈直径。

求出 θ

$$\theta = D - \text{antilog}(IV/W)$$

式中，θ 为供试品和标准品的效价比；D 为标准品高剂量与供试品高剂量之比，一般为 1；

I 为高剂量之比的对数，即 log2 或 log4。

求出 Pr

$$Pr = Ar \times \theta$$

式中，Pr 为供试品实际单位数；Ar 为供试品标示量或估计单位。

浊度法是用抗生素在液体培养基中对实验菌生长的抑制作用，通过测定培养后细菌浊度值的大小，比较标准品与供试品对实验菌生长抑制的程度，以测定供试品效价的一种方法。

【实验器材与试剂】

1. 实验器材

管碟法：无菌室、培养皿（直径 9cm）、陶瓦盖、钢管、钢管放置器、恒温培养室、胖肚吸管、密刻度玻璃吸管、灭菌刻度吸管、玻璃容器、称量管、毛细滴管、天平、直尺或游标卡尺、超净工作台等。

浊度法：紫外分光光度计、抗生素光度测量仪、微生物比浊法测定仪、分析天平等。

2. 实验材料及试剂

1）管碟法所需的实验材料及试剂

（1）菌悬液的制备。

枯草芽孢杆菌（*Bacillus subtilis*）悬液：取枯草芽孢杆菌 ［CMCC（B）63 501］的营养琼脂斜面培养物，接种于盛有营养琼脂培养基的培养瓶中，在 35～37℃培养 7 天，用革兰氏染色法涂片镜检，应有芽孢 85％以上。用灭菌水将芽孢洗下，在 65℃加热 30min，备用。

短小芽孢杆菌（*Bacillus pumilus*）悬液：取短小芽孢杆菌 ［CMCC（B）63 202］的营养琼脂斜面培养物，照上述方法制备。

金黄色葡萄球菌（*Staphylococcus aureus*）悬液：取金黄色葡萄球菌 ［CMCC（B）26 003］的营养琼脂斜面培养物，接种于营养琼脂斜面上，在 35～37℃培养 20～22h，临用时，用灭菌水或 0.9％灭菌氯化钠溶液将菌苔洗下，备用。

藤黄微球菌（*Micrococcus luteus*）悬液：取藤黄微球菌 ［CMCC（B）28 001］的营养琼脂斜面培养物，接种于盛有营养琼脂培养基的培养瓶中，在 26～27℃培养 24h，或采用适当方法制备的菌斜面，用培养基Ⅲ或 0.9％灭菌氯化钠溶液将菌苔洗下，备用。

大肠杆菌（*Escherichia coli*）悬液：取大肠杆菌 ［CMCC（B）44 103］的营养琼脂斜面培养物，接种于琼脂斜面上，在 35～37℃培养 20～22h。临用时，用灭菌水将菌苔洗下，备用。

酿酒酵母（*Saccharomyces cerevisiae*）悬液：取酿酒酵母 ［ATCC 9763］的Ⅴ号培养基琼脂斜面培养物，接种于Ⅳ培养基琼脂斜面上。在 32～35℃培养 24h，用灭菌水将菌苔洗下置含有灭菌玻璃珠的试管中，振摇均匀，备用。

肺炎克雷伯菌（*Klebosiella pneumoniae*）悬液：取肺炎克雷伯菌 ［CMCC（B）46 117］的营养琼脂斜面培养物，接种于营养琼脂斜面上，在 35～37℃培养 20～22h。临用时，用灭菌水将菌苔洗下，备用。

支气管炎博德特菌（*Bordetella bronchiseptica*）悬液：取支气管炎博德特菌 ［CMCC（B）58 403］的营养琼脂斜面培养物，接种于营养琼脂斜面上，在 32～35℃培养 24h。临用时，用灭菌水将菌苔洗下，备用。

（2）标准品溶液的制备。精密称（或量）取适量供试品，用各品种项下规定的溶剂溶解后，再按估计效价或标示量（表 2-7）的规定稀释至与标准品相当的浓度。

表 2-7 抗生素生物检定实验设计表

抗生素类别	实验菌	培养基		灭菌缓冲液 pH	抗生素单位 /(U/mL)	培养条件	
		编号	pH			温度/℃	时间/h
链霉素	枯草芽孢杆菌 [CMCC (B) 63 501]	Ⅰ	7.8~8.0	7.8	0.6~1.6	35~37	14~16
卡那霉素	枯草芽孢杆菌 [CMCC (B) 63 501]	Ⅰ	7.8~8.0	7.8	0.9~4.5	35~37	14~16
阿米卡星	枯草芽孢杆菌 [CMCC (B) 63 501]	Ⅰ	7.8~8.0	7.8	0.9~4.5	35~37	14~16
巴龙霉素	枯草芽孢杆菌 [CMCC (B) 63 501]	Ⅰ	7.8~8.0	7.8	0.9~4.5	35~37	14~16
核糖霉素	枯草芽孢杆菌 [CMCC (B) 63 501]	Ⅰ	7.8~8.0	7.8	2.0~12.0	35~37	14~16
卷曲霉素	枯草芽孢杆菌 [CMCC (B) 63 501]	Ⅰ	7.8~8.0	7.8	10.0~40.0	35~37	14~16
磺苄霉素	枯草芽孢杆菌 [CMCC (B) 63 501]	Ⅰ	6.5~6.6	6.0	5.0~10.0	35~37	14~16
去甲万古霉素	枯草芽孢杆菌 [CMCC (B) 63 501]	Ⅶ	6.0	6.0	9.0~43.7	35~37	14~16
庆大霉素	短小芽孢杆菌 [CMCC (B) 63 202]	Ⅰ	7.8~8.0	7.8	2.0~12.0	35~37	14~16
红霉素	短小芽孢杆菌 [CMCC (B) 63 202]	Ⅰ	7.8~8.0	7.8	5.0~20.0	35~37	14~16
新霉素	金黄色葡萄球菌 [CMCC (B) 26 003]	Ⅱ	7.8~8.0	7.8③	4.0~25.0	35~37	14~16
四环素	藤黄微球菌 [CMCC (B) 28 001]	Ⅱ	6.5~6.6	6.0	10.0~40.0	35~37	14~16
土霉素	藤黄微球菌 [CMCC (B) 28 001]	Ⅱ	6.5~6.6	6.0	10.0~40.0	35~37	16~18
金霉素	藤黄微球菌 [CMCC (B) 28 001]	Ⅱ	6.5~6.6	6.0	4.0~25.0	35~37	16~18
氯霉素	藤黄微球菌 [CMCC (B) 28 001]	Ⅱ	6.5~6.6	6.0	30.0~80.03	35~37	16~18
杆菌肽	藤黄微球菌 [CMCC (B) 28 001]	Ⅱ	6.5~6.6	6.0	2.0~12.0	35~37	16~18
黏菌素	大肠杆菌 [CMCC (B) 44 103]	Ⅵ	7.2~7.4	6.0	614~2344	35~37	16~18
两性霉素 B①	酿酒酵母 (ATCC 9763)	Ⅳ	6.0~6.2	10.5	0.5~2.0	35~37	24~36
奈替米星	短小芽孢杆菌 [CMCC (B) 63 202]	Ⅰ	7.8~8.0	7.8	5~20	35~37	14~16
西索米星	短小芽孢杆菌 [CMCC (B) 63 202]	Ⅰ	7.8~8.0	7.8	5~20	35~37	14~16
阿奇霉素	短小芽孢杆菌 [CMCC (B) 63 202]	Ⅰ	7.8~8.0	7.8	0.5~20	35~37	16~18
磷霉素	藤黄微球菌 [CMCC (B) 28 001]	Ⅰ	7.8~8.0	7.8	5~20	35~37	18~24
乙酰螺旋霉素②	枯草芽孢杆菌 [CMCC (B) 63 501]	Ⅱ	8.0~8.2	7.8	5~403	35~37	14~16
妥布霉素	枯草芽孢杆菌 [CMCC (B) 63 501]	Ⅰ	7.8~8.0	7.8	1~4	35~37	14~16
罗红霉素	枯草芽孢杆菌 [CMCC (B) 63 501]	Ⅱ	7.8~8.0	7.8	5~10	35~37	16~18
克拉霉素	短小芽孢杆菌 [CMCC (B) 63 202]	Ⅰ	7.8~8.0	7.8	2.0~8.0	35~37	16~18
大观霉素	肺炎克雷伯菌 [CMCC (B) 46 117]	Ⅱ	7.8~8.0	7.8	50~200	35~37	16~18
吉他霉素	枯草芽孢杆菌 [CMCC (B) 63 501]	Ⅱ④	8.0~8.2	7.8	20~40	35~37	14~16
麦白霉素	枯草芽孢杆菌 [CMCC (B) 63 501]	营养琼脂培养基	8.0~8.2	7.8	5~40	35~37	16~18
小诺霉素	枯草芽孢杆菌 [CMCC (B) 63 501]	Ⅰ	7.8~8.0	7.8	0.5~2.0	35~37	14~16
多黏菌素 B	大肠杆菌 [CMCC (B) 44 103]	营养琼脂培养基	6.5~6.6	6.0	1000~4000	35~37	16~18

续表

抗生素类别	实验菌	培养基		灭菌缓冲液 pH	抗生素单位 /(U/mL)	培养条件	
		编号	pH			温度/℃	时间/h
交沙霉素	枯草芽孢杆菌 [CMCC (B) 63 501]	Ⅱ④	7.8~8.0	7.8	7.5~30	35~37	14~16
丙酸交沙霉素	枯草芽孢杆菌 [CMCC (B) 63 501]	Ⅱ④	7.8~8.0	7.8	20~80	35~37	14~16
替考拉宁	枯草芽孢杆菌 [CMCC (B) 63 501]	Ⅱ④	6.5~6.6	6.0	20~40	35~37	14~16
万古霉素	枯草芽孢杆菌 [CMCC (B) 63 501]	Ⅷ	6.0	6.0	2.5~12.5	35~37	14~16

①两性霉素 B 双碟的制备，用菌层 15mL 代替两层。

②乙酰螺旋霉素，抗Ⅱ检定培养基制备时，调节 pH 使灭菌后为 8.0~8.2。

③含 3%氯化钠。

④加 0.3%的葡萄糖。

表 2-8　抗生素标准品品种与理论值

标准品品种	标准品分子式或品名	理论计算值/ (U/mg)	标准品品种	标准品分子式或品名	理论计算值/ (U/mg)
链霉素	$(C_{21}H_{39}N_7O_{12})_2 \cdot 3H_2SO_4$	798.3	红霉素	$C_{37}H_{67}NO_{13}$	1000
卡那霉素	$C_{18}H_{36}N_4O_{11} \cdot H_2SO_4$	831.6	氯霉素	$C_{11}H_{12}Cl_2N_2O_5$	1000
阿米卡星	$C_{22}H_{43}N_5O_{13} \cdot nH_2SO_4$ ($n=$ 1.8 或 2)		杆菌肽	杆菌肽锌	
			黏菌素	硫酸黏菌素	
核糖霉素	$C_{17}N_{34}N_4O_{10} \cdot nH_2SO_4$ ($n<2$)		去甲万古霉素	$C_{65}H_{73}Cl_2N_9O_{24} \cdot HCl$	975.2
新霉素	硫酸新霉素		卷曲霉素	硫酸卷曲霉素	
庆大霉素	硫酸庆大霉素		两性霉素 B	$C_{47}H_{73}NO_{17}$	1000
磺苄西林	$C_{16}H_{16}N_2Na_2O_7S$	904.0	巴龙霉素	$C_{23}H_{45}N_5O_{14} \cdot nH_2SO_4$	
四环素	$C_{22}H_{24}N_2O_8 \cdot HCl$	1000	奈替米星	$(C_{21}H_{41}N_5O_7)_2 \cdot 5H_2SO_4$	660.1
土霉素	$C_{22}H_{24}N_2O_9 \cdot 2H_2O$	927	阿奇霉素	$C_{38}H_{72}N_2O_{12}$	1000
西索米星	$(C_{19}H_{37}N_5O_7)_2 \cdot 5H_2SO_4$	646.3	妥布霉素	$C_{18}H_{37}N_5O_9$	1000
磷霉素	$C_3H_5CaO_4P \cdot H_2O$	711.5	罗红霉素	$C_{41}H_{76}N_2O_{15}$	1000
乙酰螺旋霉素	乙酰螺旋霉素		吉他霉素	吉他霉素	
克拉霉素	$C_{38}H_{69}NO_{13}$	1000	麦白霉素	麦白霉素	
大观霉素	$C_{14}H_{24}N_2O_7 \cdot 2HCl \cdot 5H_2O$	670.9	交沙霉素	$C_{42}H_{69}NO_{15}$	1000
小诺霉素	$C_{20}H_{41}N_5O_7 \cdot 5/2H_2SO$	654.3	丙酸交沙霉素	$C_{46}H_{73}NO_{16}$	937
多黏菌素 B	硫酸多黏菌素 B		替考拉宁	$C_{72\sim89}H_{68\sim99}Cl_2N_{8\sim9}O_{28\sim33}$	1000
金霉素	$C_{22}H_{23}ClN_2O_8 \cdot HCl$	1000			

2）浊度法所需的实验材料及试剂

（1）菌悬液的制备。

金黄色葡萄球菌（*Staphylococcus aureus*）悬液：取金黄色葡萄球菌 [CMCC (B) 26 003] 的营养琼脂斜面培养物，接种于营养琼脂斜面上，在 35~37℃培养 20~22h，临用时，用灭菌水或 0.9%灭菌氯化钠溶液将菌苔洗下，备用。

大肠杆菌（*Escherichia coli*）悬液：取大肠杆菌 [CMCC (B) 44 103] 的营养琼脂斜面培养物，接种于琼脂斜面上，在 35~37℃培养 20~22h。临用时，用灭菌水将菌苔洗下，备用。

白色念珠菌（*Candida albicans*）悬液：取白色念珠菌 [CMCC (F) 98 001] 的改良马丁琼脂斜面的新鲜培养物，接种于 100mL 培养基Ⅸ中，置 35~37℃培养 8h，再用培养基Ⅸ

稀释至适宜浓度，备用。

（2）标准品溶液的制备。标准品使用和保存，应照标准品说明书的规定，临用时照表 2-9 的规定进行稀释。

标准品的品种、分子式及理论计算值见表 2-8。

表 2-9　抗生素微生物检定浊度法实验设计表

抗生素类别	实验菌	培养基		灭菌缓冲液	抗生素浓度	培养条件
		编号	pH	pH	范围单位/mL	温度/℃
庆大霉素	金黄色葡萄球菌 [CMCC (B) 26 003]	Ⅲ	7.0～7.2	7.8	0.15～1.0	35～37
链霉素	金黄色葡萄球菌 [CMCC (B) 26 003]	Ⅲ	7.0～7.2	7.8	2.4～10.8	35～37
阿米卡星	金黄色葡萄球菌 [CMCC (B) 26 003]	Ⅲ	7.0～7.2	7.8	0.8～2.0	35～37
红霉素	金黄色葡萄球菌 [CMCC (B) 26 003]	Ⅲ	7.0～7.2	7.8	0.1～0.85	35～37
新霉素	金黄色葡萄球菌 [CMCC (B) 26 003]	Ⅲ	7.0～7.2	7.8	0.92～1.50	35～37
四环素	金黄色葡萄球菌 [CMCC (B) 26 003]	Ⅲ	7.0～7.2	6.0	0.05～0.33	35～37
氯霉素	金黄色葡萄球菌 [CMCC (B) 26 003]	Ⅲ	7.0～7.2	7.0	5.5～13.3	35～37
奈替米星	金黄色葡萄球菌 [CMCC (B) 26 003]	Ⅲ	7.0～7.2	7.8	0.1～2.5	35～37
西索米星	金黄色葡萄球菌 [CMCC (B) 26 003]	Ⅲ	7.0～7.2	7.8	0.1～0.25	35～37
阿奇霉素	金黄色葡萄球菌 [CMCC (B) 26 003]	Ⅲ	7.0～7.2	7.8	1.0～5.0	35～37
磷霉素钠	大肠杆菌 [CMCC (B) 44 103]	Ⅲ	7.0～7.2	7.0	12～42	35～37
磷霉素钙	大肠杆菌 [CMCC (B) 44 103]	Ⅲ	7.0～7.2	7.0	12～31.0	35～37
磷霉素氨丁三醇	大肠杆菌 [CMCC (B) 44 103]	Ⅲ	7.0～7.2	7.0	12～31.0	35～37
乙酰螺旋霉素	金黄色葡萄球菌 [CMCC (B) 26 003]	Ⅲ	7.0～7.2	7.8	5.0～16.0	35～37
妥布霉素	金黄色葡萄球菌 [CMCC (B) 26 003]	Ⅲ	7.0～7.2	7.8	0.3～1.1	35～37
大观霉素	大肠杆菌 [CMCC (B) 44 103]	Ⅲ	7.0～7.2	7.0	30～72	35～37
吉他霉素	金黄色葡萄球菌 [CMCC (B) 26 003]	Ⅲ	7.0～7.2	7.8	0.8～2.4	35～37
麦白霉素	金黄色葡萄球菌 [CMCC (B) 26 003]	Ⅲ	7.0～7.2	7.8	1.2～3.2	35～37
小诺霉素	金黄色葡萄球菌 [CMCC (B) 26 003]	Ⅲ	7.0～7.2	7.8	0.5～1.2	35～37
杆菌肽	金黄色葡萄球菌 [CMCC (B) 26 003]	Ⅲ	7.0～7.2	6.0	0.06～0.30	35～37
交沙霉素	金黄色葡萄球菌 [CMCC (B) 26 003]	Ⅲ	7.0～7.2	5.6	1.0～4.0	35～37
丙酸交沙霉素	金黄色葡萄球菌 [CMCC (B) 26 003]	Ⅲ	7.0～7.2	7.8	0.8～4.8	35～37

（3）供试品溶液的制备。精密称（或量）取适量供试品，照各品种项下规定进行供试品溶液的配制。

（4）含实验菌液体培养基的制备。临用前，取规定的实验菌悬液适量（35～37℃培养 3～4h 后测定的吸光度为 0.3～0.7，且剂距为 2 的相邻剂量间的吸光度差值不小于 0.1），加入各规定的液体培养基中，混合，使其在实验条件下能得到满意的剂量-反应关系和适宜的测定浊度。

已接种实验菌的液体培养基应立即使用。

　　(5) 培养基及其制备方法。

　　培养基 I：蛋白胨 5g，牛肉浸出粉 3g，磷酸氢二钾 3g，琼脂 15～20g，水 1000mL。除琼脂外，混合上述成分，调节 pH 比最终的 pH 高 0.2～0.4，加入琼脂，加热溶化后滤过，调节 pH 使灭菌后为 7.8～8.0 或 6.5～6.6，在 115℃灭菌 30min。

　　培养基 II：蛋白胨 6g，葡萄糖 1g，牛肉浸出粉 1.5g，酵母浸出粉 6g，琼脂 15～20g，水 1000mL。除琼脂和葡萄糖外，混合上述成分，调节 pH 比最终的 pH 高 0.2～0.4，加入琼脂，加热溶化后滤过，加入葡萄糖后，摇匀，调节 pH 使灭菌后为 7.8～8.0 或 6.5～6.6，在 115℃灭菌 30min。

　　培养基 III：蛋白胨 5g，葡萄糖 1g，牛肉浸出粉 1.5g，氯化钠 3.5g，酵母浸出粉 3g，磷酸二氢钾 1.32g，磷酸氢二钾 3.68g，水 1000mL。除葡萄糖外，混合上述成分，加热溶化后滤过，加葡萄糖溶解后，摇匀，调节 pH 灭菌后为 7.05～7.2，在 115℃灭菌 30min。

　　培养基 IV：蛋白胨 10g，葡萄糖 10g，枸橼酸钠 10g，氯化钠 10g，琼脂 20～30g，水 1000mL。除琼脂和葡萄糖外，混合上述成分，调节 pH 试比最终的 pH 高 0.2～0.4，加入琼脂，在 105℃加热 15min，于 70℃以上保温静置 1h 后过滤，加入葡萄糖后，摇匀，调节 pH 使灭菌后为 6.0～6.2，在 115℃灭菌 30min。

　　培养基 V：蛋白胨 10g，麦芽糖 40g，琼脂 20～30g，水 1000mL。除琼脂和麦芽糖外，混合上述成分，调节 pH 比最终的 pH 高 0.2～0.4，加入琼脂，加热溶化后滤过，加入麦芽糖后，摇匀，调节 pH 使灭菌后为 6.0～6.2，在 115℃灭菌 30min。

　　培养基 VI：蛋白胨 8g，牛肉浸出粉 3g，酵母浸出粉 5g，氯化钠 45g，磷酸二氢钾 1g，磷酸氢二钾 3.3g，葡萄糖 2.5g，琼脂 15～20g，水 1000mL。除琼脂和葡萄糖外，混合上述成分，调节 pH 比最终的 pH 高 0.2～0.4，加入琼脂，加热溶化后滤过，加入葡萄糖后，摇匀，调节 pH 使灭菌后为 7.2～7.4，在 115℃灭菌 30min。

　　培养基 VII：蛋白胨 5g，牛肉浸出粉 3g，枸橼酸钠 10g，磷酸氢二钾 7g，磷酸二氢钾 3g，琼脂 15～20g，水 1000mL。除琼脂外，混合上述成分，调节 pH 比最终的 pH 高 0.2～0.4，加入琼脂，加热溶化后滤过，调节 pH 使灭菌后为 6.5～6.6，在 115℃灭菌 30min。

　　培养基 VIII：酵母浸出粉 1g，硫酸铵 1g，琼脂 15～20g，磷酸盐缓冲液（pH 6.0）1000mL。除琼脂和葡萄糖外，混合上述成分，加热溶化后滤过，调节 pH 使灭菌后为 6.5～6.6，在 115℃灭菌 30min。

　　培养基 IX：蛋白胨 1g，酵母膏 2.0g，牛肉浸出粉 1.0g，氯化钠 5.0g，葡萄糖 10.0g，水 1000mL。除葡萄糖外，混合上述成分，加热溶化后滤过，加葡萄糖溶解后，摇匀，调节 pH 使灭菌后为 6.5，在 115℃灭菌 30min。

　　营养肉汤培养：蛋白胨 10g，氯化钠 5g，肉浸液 1000mL。取蛋白胨和氯化钠加入肉浸液内，微温溶解后，调节 pH 为弱碱性，煮沸，滤清，调节 pH 使灭菌后为 7.2±0.2，在 115℃灭菌 30min。

　　营养琼脂培养基：蛋白胨 10g，琼脂 15～20g，氯化钠 5g，肉浸液 1000mL。除琼脂外，混合上述成分，调节 pH 比最终的 pH 高 0.2～0.4，加入琼脂，加热溶化后滤过，调节 pH 使灭菌后为 7.0～7.2，在 115℃灭菌 30min，趁热斜放使凝固成斜面。

　　改良马丁培养基：蛋白胨 5.0g，硫酸镁 0.5g，磷酸氢二钾 1.0g，葡萄糖 20.0g，酵母浸出粉 2.0g，琼脂 15～20g，水 1000mL。除葡萄糖外，混合上述成分，微温溶解，调节 pH 为 6.8，煮沸，加入葡萄糖溶解后，摇匀，滤清，调节 pH 使灭菌后为 6.4±0.2，在

115℃灭菌 30min，趁热斜放使凝固成斜面。

多黏菌素 B 培养基：蛋白胨 6g，酵母浸膏 3.0g，肉浸膏胰消化酪素 4.0g，葡萄糖 1.0g，琼脂 15～20g，水 1000mL。除琼脂外，混合上述成分，调节 pH 比最终的 pH 高 0.2～0.4，加入琼脂，加热溶化后滤过，调节 pH 使灭菌后为 6.5～6.7，在 115℃灭菌 30min。

培养基可以采用相同成分的干燥培养基代替，临用时，照使用说明配制和灭菌，备用。

（6）灭菌磷酸缓冲液的制备。

磷酸盐缓冲液（pH 5.6）：取磷酸二氢钾 9.07g，加水至 1000mL，用 1mol/L 氢氧化钠调节 pH 至 5.6 滤过，在 115℃灭菌 30min。

磷酸盐缓冲液（pH 6.0）：取磷酸氢二钾 2g 与磷酸二氢钾 8g，加水至 1000mL，滤过，在 115℃灭菌 30min。

磷酸盐缓冲液（pH 7.0）：取磷酸氢二钾 9.39g 与磷酸二氢钾 3.5g，加水至 1000mL，滤过，在 115℃灭菌 30min。

磷酸盐缓冲液（pH 7.8）：取磷酸氢二钾 5.59g 与磷酸二氢钾 0.41g，加水至 1000mL，滤过，在 115℃灭菌 30min。

磷酸盐缓冲液（pH 10.5）：取磷酸氢二钾 35g 加 10mol/L 氢氧化钠溶液 2mL，加水至 1000mL，滤过，在 115℃灭菌 30min。

【实验步骤】

1. 管碟法的实验步骤

（1）称量：称量前，将抗生素标准品和供试品从冰箱中取出，使其与室温平衡，供试品应放于干燥器内至少 30min 方可称取。供试品与标准品应用同一天平。吸湿性较强的抗生素在称量前 1～2h 更换天平内干燥剂。标准品称量不可少于 20mg，取样后立即将称量瓶或适宜的容器及被称物盖好，以免吸水。称样量的计算公式如下：

$$W = V \times (C/P)$$

式中，W 为需称取标准品或供试品的质量（mg）；V 为溶解标准品或供试品制成浓溶液时所用容量瓶的体积量（mL）；C 为标准品或供试品高剂量的浓度（U/mL，μg/mL）；P 为标准品的纯度或供试品的估计效价（U/mg，μg/mg）。

（2）稀释：从冰箱中取出的标准品溶液，必须先在室温放置，使其温度达到室温后，方可量取。标准品或供试品溶液的稀释应采用容量瓶，每步稀释，取样量不得少于 2mL，稀释步骤一般不超过 3 步。每次吸取溶液用胖肚吸管或密刻度玻璃吸管，量取溶液前要用被量液流洗吸管 2～3 次，吸取样品溶液后，用滤纸将外壁多余液体擦去，从起始刻度开始放溶液。稀释标准品与供试品的缓冲液应用同一批或同瓶（预计不够时，应事先与另一瓶混匀后再用），以免因 pH 或浓度不同影响预期结果。稀释时，每次加液至容量瓶近刻度前，稍放置片刻，待瓶壁的液体完全流下，再准确补加至刻度。标准品与供试品高低浓度之比为 2：1 或 4：1，但所选用的浓度必须在剂量反应直线范围内。

（3）双碟的制备：取直径约 90mm，高 16～17mm 的平底双碟，分别注入加热熔化的培养基 20mL，使其在碟底均匀摊布，置水平台面上使其凝固，作为底层。另取培养基适量加热熔化，冷却至 48～50℃（芽孢可至 60℃），加入规定的菌悬液适量（以能得清晰的抑菌圈为度。二剂量法标准品溶液的高浓度所致的抑菌圈直径在 18～22mm，三剂量法标准品溶液的中心浓度所致的抑菌圈直径在 15～18mm），摇匀，在每一双碟中分别加入 5mL，使其在底层均匀摊布，作为菌层。置于水平台上冷却后，在每一双碟中以等距离均匀安置不锈钢小管［内径为 $(6.0\pm0.1)mm$，高为 $(10.0\pm0.1)mm$，外径为 $(8.0\pm0.1)mm$］4 个（二剂量法）或 6 个（三剂量法），用陶瓦盖覆盖备用。

检定法

二剂量法：取照上述方法制备的双碟不得少于 4 个，在每一双碟中对角的两个不锈钢小管内分别滴装高浓度及低浓度的标准品溶液，其余两个小管中分别滴装相应的高低两种浓度的供试品溶液；高、低浓度的剂距为 2∶1 或 4∶1。在规定条件下培养后，测量各个抑菌圈直径（或面积），参照 2010 年《中华人民共和国药典》附录ⅪⅤ生物检定统计法中的（2.2）法进行可靠性检测及效价计算。

三剂量法：取照上述方法制备的双碟不得少于 6 个，在每一双碟中间隔的 3 个不锈钢小管内分别滴装高浓度（S_3）、中浓度（S_2）及低浓度（S_1）的标准品溶液，其余 3 个小管中分别滴装相应的高、中、低 3 种浓度的供试品溶液；高、低浓度的剂距为 1∶0.8。在规定条件下培养后，测量各个抑菌圈直径（或面积），参照 2010 年《中华人民共和国药典》附录ⅪⅤ生物检定统计法中的（3.3）法进行可靠性检测及效价计算。

2. 比浊法的实验步骤

标准曲线法：除另有规定外，取适宜大小、厚度均匀的已灭菌试管，在各品种项下规定的剂量-反应线性范围内，以线性浓度范围的中间值作为中间浓度，标准品溶液选择 5 个剂量，剂量间的比例应适宜（通常为 1∶1.25 或更小）；供试品根据估计效价或标示量溶液选择中间剂量，每一剂量不少于 3 个试管。在各试管内精密加入含实验菌的液体培养基 9.0mL，再分别精密加入各浓度的标准品或供试品溶液各 1.0mL，立即混匀，按随机区组分配将各管在规定条件下培养至适宜测量的浊度值（通常约为 4h），在线测定或取出立即加入甲醛溶液（1→3）0.5mL 以终止微生物生长，在 530nm 或 580nm 波长处测定各管的吸光度。同时另取两支试管各加入药品稀释剂 1.0mL，再分别加入含实验菌的液体培养基 9.0mL，其中一支试管与上述各试管同法操作作为细菌生长情况的阳性对照；另一支试管立即加入甲醛溶液 0.5mL，混匀，作为吸光度测定的空白液。按照标准曲线法进行可靠性检验和效价计算。

【实验结果与分析】

标准曲线法的计算及可靠性检验。

1. 标准曲线的计算

将标准品的各浓度 lg 值相对应的吸光度列成表 2-10。

表 2-10　抗生素标准品浓度 lg 值与吸光度表

组数	抗生素浓度 lg 值	吸光度
1	χ_1	y_1
2	χ_2	y_2
3	χ_3	y_3
4	χ_4	y_4
⋮	⋮	⋮
n	χ_n	y_n
平均值	$\overline{X}$	$\overline{y}$

　　按公式（2-11-1）和（2-11-2）分别计算标准曲线的直线回归系数（即斜率）b 和截距 a，从而得到相应标准曲线的直线回归方程（2-11-3）

回归系数
$$b = \frac{\sum (x_i - \overline{X})^2 (y_i - \overline{Y})}{\sum (x_i - \overline{x})^2} = \frac{\sum x_i y_i - x \sum y_i}{\sum x_i^2 - x \sum x_i} \qquad (2\text{-}11\text{-}1)$$

截距
$$a = \overline{Y} + bx \qquad (2\text{-}11\text{-}2)$$

直线回归方程
$$Y = bX + a \qquad (2\text{-}11\text{-}3)$$

2. 回归系数的显著性测验

判断回归得到的方程是否成立，即 X、Y 是否存在着回归关系，可采用 t 检验。

假设 $H_0 : b = 0$，在假设 H_0 成立的条件下，按公式（2-11-4）～（2-11-6）计算 t 值

估计标准差
$$S_{Y.X} = \sqrt{\frac{\sum (y_i - Y)^2}{n-2}} \qquad (2\text{-}11\text{-}4)$$

回归系数标准误
$$S_b = \frac{S_{Y.X}}{\sqrt{\sum (x_i - \overline{X})^2}} \qquad (2\text{-}11\text{-}5)$$

$$t = \frac{b - 0}{S_b} \qquad (2\text{-}11\text{-}6)$$

式中，y_i 为标准品的实际吸光度；Y 为估计吸光度〔由标准曲线的直线回归方程（2-11-3）计算得到〕；x_i 为抗生素标准品实际浓度 lg 值；$\overline{X}$ 为抗生素标准品实际浓度 lg 值的均值。

　　对于相应自由度（$2n-4$）给定的显著性水平 α（通常 $\alpha = 0.05$），查表得 $t_{\alpha/2(n-2)}$，若 $|t| > t_{\alpha/2(n-2)}$，则接受 H_0；认为回归效果不显著，即 X、Y 不具有线性回归关系。

3. 测定结果的计算及可信限率估计

　　(1) 抗生素浓度 lg 值的计算：当回归系数具有显著意义时，测得供试品吸光度的均值后，根据标准曲线的直线回归方程（2-11-3），按方程（2-11-7）计算抗生素的 lg 值。

抗生素的浓度 lg 值
$$X_0 = \frac{Y_0 - a}{b} \qquad (2\text{-}11\text{-}7)$$

　　(2) 抗生素浓度（或数学转换值）可信限率的计算：按公式（2-11-4）和（2-11-8）计算得到的抗生素浓度 lg 值在 95% 置信水平（$\alpha = 0.05$）的可信限率。

X_0 的可信限率
$$\text{FL} = X_0 \pm t_{\alpha/2(n-2)} \text{g} \frac{S_{Y.X}}{|b|} \text{g} \sqrt{\frac{1}{m} + \frac{1}{n} + \frac{(X_0 - \overline{X})^2}{\sum X_i^2 - \overline{X} \sum X_i}} \qquad (2\text{-}11\text{-}8)$$

式中，n 为标准品的浓度数乘以平行测定数；m 为供试品的平行测定数；X_0 为根据线性方程计算得到的抗生素的浓度 lg 值；Y_0 为抗生素供试品吸光度的均值。

　　(3) 可信限率的计算：按公式（2-11-9）计算得到抗生素浓度（或数学转换值）的可信限率。

$$\text{可信限率 FL\%} = \frac{X_0 \text{高限} - X_0 \text{低限}}{2X_0} \times 100\% \qquad (2\text{-}11\text{-}9)$$

式中，X_0 应以浓度为单位。

　　其可信限率除另有规定外，应不大于 5%。

（4）供试品含量的计算：将计算得到的抗生素浓度（将 lg 转换为浓度）再乘以供试品的稀释度，即得供试品中抗生素的量。

二剂量法或三剂量法：除另有规定外，取其大小一致的已灭菌的试管，在各品种项下规定的剂量-反应线性范围内，选择适宜的高、（中）、低浓度，分别精密加入各浓度的标准品和供试品溶液各 1.0mL，二剂量的剂距为 2∶1 或 4∶1，三剂量的剂距为 1∶0.8，同标准曲线法操作，每一浓度组不少于 4 个试管，按随机区组分配将各试管在规定条件下培养。参照 2010 年《中华人民共和国药典》附录ⅪⅤ生物检定统计法中的（2.2）法和（3.3）法进行可靠性检测及效价计算。

【注意事项】

（1）所有的玻璃仪器和其他器具均需要专用洗液或在其他清洗液中浸泡过夜、冲洗、沥干、干热灭菌或湿热蒸汽灭菌，备用。

（2）为保证双碟放置区的平整，可在双碟底部预先标记样品的高低浓度区域，在加注培养基底层时，有顺序地按照一致方向排列。接下来加注培养基菌层时，仍然按照原来的位置与方向排列。这样，即使桌面不够水平，还是能够保证培养基菌层是在水平的培养基底层铺开，达到消除误差的目的。

（3）在滴加抗生素到小钢管时，毛细管内抗生素溶液往往会有气泡或者毛细管开口端有液体残留，继续滴加溶液造成气泡膨胀破裂，使溶液溅落在琼脂培养基表面造成破圈。因此一旦毛细管中出现气泡或者残留，就重新吸取抗生素溶液进行滴加，毛细管口应避免太细，滴加时离开小钢管口距离不要太高。滴加中若有溅出，可用滤纸吸去，不致造成破圈。为了防止空气的介入将抗生素与培养层分隔开，应小心地用滴管吸出，弃去，换滴管重新滴加。

（4）为了避免操作者在称量抗生素样品时，将抗生素黏附在工作服上，从而导致在配制培养基时将其抖落在内，造成破圈或无抑菌圈，所以配制抗生素溶液应单独使用一套工作服。

（5）滴加了抗生素溶液后的双碟切勿振动，要轻拿轻放。在搬运到培养箱的过程中可以预先在培养基中垫上报纸铺平，再把双碟连同垫于桌上的玻璃板小心运至培养箱，缓慢推入箱内。

（6）培养时间为 16h，时间太长会使菌株对抗生素的敏感度下降，太短则会造成抑菌圈模糊。

（7）培养中，一定使培养温度一致，如果温度不均匀（过于接近热源），会造成同一双碟上细菌生长速率不等，使抑菌圈变小或不圆。

（8）用游标卡尺测量抑菌圈直径，可以在双碟底部垫一张黑纸，在灯光下测量。不宜取出小钢管再测量，因为小钢管中残余的抗生素溶液会流出扩散，使抑菌圈变得模糊。不能把双碟反转过来测量抑菌圈直径，因为底面玻璃折射会影响抑菌圈测量的准确度。

【思考题】

1. 为什么要用两步稀释，而不直接从 1000U/mL 稀释到 10.10U/mL？
2. 进行生物效价测定时实验室被抗生素粉尘污染会导致什么后果？
3. 比较浊度法与管碟法测定抗生素效价的优缺点。

实验 2.12　　在线溶氧电极测发酵体系临界溶氧浓度

【实验目的】

(1) 了解溶氧电极的工作原理；

(2) 掌握在动态发酵过程中确定发酵体系临界溶氧的方法。

【实验原理】

溶氧（dissolved oxygen，DO）浓度的检测方法主要有 3 种：导管法（tubing method）、质谱电极法和电化学检测器。其共性是使用膜将测定点与发酵液分离，使用前均需进行校准；检测中出现的问题也具有某些共性。

(1) 导管法：是将一种惰性气体通过渗透性的硅胶蛇管充入反应器。氧从发酵液跨过管壁扩散进入管内的惰性气流，扩散的驱动力是发酵液与惰性气体之间的氧浓度差。惰性混合气中的 O_2 浓度在蛇管出口处用氧气分析仪测定。这种方法的响应速率较慢，通常需要几分钟，因为管壁对其扩散产生一定的阻力，气体从蛇管到检测仪器的输送出现滞后或产生死时间。当系统校准时，气体中氧浓度远低于液体中与之相平衡的氧浓度，使得惰性气体的流动对校准产生很大影响。

(2) 质谱电极法：质谱仪电极的膜可将发酵罐内容物与质谱仪高真空区隔开。除了溶氧的检测外，质谱仪电极和导管法通常可检测任何一种可跨膜扩散的组分。

(3) 电化学检测器：是最常用的溶氧检测仪器，可用蒸汽灭菌。两种市售的电极是电流电极和集谱电极，二者均用膜将电化学电池与发酵液隔开，膜仅对 O_2 有渗透性，而其他可能干扰检测的化学成分不能通过。发酵工业中普遍采用的是集谱电极，如 METTTLER TOLEDO 公司生产的在线检测溶氧电极就是采用集谱原理，其特殊结构的溶氧膜能耐高温消毒，并具有抗化学腐蚀的能力，多种类型的电极及变送器组合不仅能测量发酵污水中的溶氧，也适用于啤酒厂、电厂中的低氧测量。图 2-12 为 PC-802 型溶氧传感器。

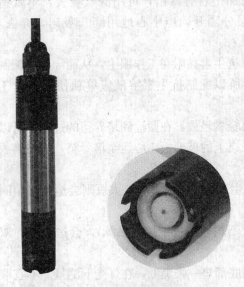

图 2-12　PC-802 型溶氧传感器电极外形

O_2 通过渗透膜从发酵液扩散到检测器的电化学电池，O_2 在阴极被还原时会产生可检测的电流和电压，这与 O_2 到达阴极的速率成比例。阴极检测到的实际是 O_2 到达阴极的速率，这取决于它到达膜外表面的速率、跨膜传递的速率及它从内膜表面传递到阴极的速率。如果忽略传感器内所有动态效应，O_2 到达阴极的速率与氧气跨膜扩散速率成正比，而且与氧气从发酵液扩散到膜表面的速率相等，膜表面的扩散速率可以有效地降为零，则扩散速率仅与液体中的溶氧浓度成正比，从而使电极测得的电信号与液体中的溶氧浓度成正比。

在动态发酵过程中，微生物反应体系每时每刻都在进行非常复杂的生理生化反应，对好氧微生物而言，存在某一最低氧浓度，在该浓度以上，菌体呼吸强度（Q）不受影响；当低于该浓度时，菌体呼吸强度逐渐变小，这一最低氧浓度称为临界氧浓度。

【实验器材与试剂】

（1）实验器材：PC-802 型溶氧传感器。

（2）实验试剂：发酵液。

【实验步骤】

（1）将电极置于垂直位置，拧下电极保护套。

（2）拧下电极膜头部件。

（3）用蒸馏水冲洗电极内芯并用棉纸擦干，电极使用一段时间后，如发现电极内芯银环发黑，可用 1000 目以上的细砂纸擦亮。

（4）将电解液倒入新的膜头部件中（约 2/3 体积），小心地将膜头部件旋入电极内芯，旋进时采用"进二退一"的方法逐步使薄膜贴紧黄金电极表面。拧电极膜头部件时请注意：应该慢慢地旋紧，避免膜头部件内多余的电解液无法及时排出而使金电极表面的膜鼓起甚至把膜撑破；也可能影响传感器响应时间及零氧值。

（5）每次换膜或换电解液后，电极需重新极化和校准。

（6）电极极化：电极连接到仪器上后，连续通电 2h 以上，即极化，电极极化后才能进行标定。

（7）溶氧电极的接线。具体接线见表 2-11。

表 2-11　溶氧电极接线表

序 号	颜 色		连接点
1	红色线	温度	接仪表温度补偿 TEMP
2	黄色线	温度	接仪表温度补偿 TEMP
3	细黑线	电极阳极	接仪表负极 DO−
4	白色内芯线	电极阴极	接仪表正极 DO+
5	粗黑线	外屏蔽	接仪表接地 GND

【实验结果与分析】

将探头与发酵液接触，直接在仪表盘上读值即可。

【注意事项】

仪器测量值的正确与否，和测量电极有极大的关系，因此，在整个测量系统中，测量电极的维护是个重点。

（1）如发现整个测量系统响应时间长、膜破裂、无氧介质中电流增大等，就需要进行更换膜、更换电解液的维护工作。更换膜、电解液的维护工作每 6 个月进行一次。每次换膜或换电解液后，电极需重新极化和校准。

（2）金阴极的处理：氧电极使用一段时间后，金阴极表面如出现少量褐色，需取下膜架，蒸馏水清洗擦干后用 005 号以上金相砂纸轻轻摩擦黄金表面，进行抛光处理。抛光后，用蒸馏水冲洗干净安装膜架。

（3）电极膜表面清洗：抗污染特氟隆膜如被沾污，可用纱布沾少量稀洗涤剂轻轻擦洗，或安装喷水流清洗装置，自动定时对溶氧测量电极膜表面进行清洗。

【思考题】

1. DO 测定在发酵工业中有何意义？
2. 影响 DO 的主要外在和内在因素有哪些？

实验 2.13　发酵废液 COD 的测定

【实验目的】

（1）了解 COD 测定的实践意义；
（2）掌握发酵废液 COD 测定的方法。

【实验原理】

在一定的条件下，采用一定的强氧化剂处理发酵废液时，所消耗的氧化剂量，它是表示发酵废液中还原性物质多少的一个指标。废液中的还原性物质有各种有机物、亚硝酸盐、硫化物、亚铁盐等，但主要是有机物。因此，化学需氧量（COD）又往往作为衡量废液中有机物质含量多少的指标，化学需氧量越大，说明有机物含量越高。化学需氧量（COD）的测定，随着测定废液中还原性物质及测定方法的不同，其测定值也有不同。目前应用最普遍的是酸性高锰酸钾氧化法与重铬酸钾氧化法。高锰酸钾（$KMnO_4$）法，氧化率较低，但比较简便，在测定水样中有机物含量的相对比较值及清洁地表水和地下水水样时，可以采用此法。重铬酸钾（$K_2Cr_2O_7$）法，氧化率高，再现性好，适用于测定废液中有机物的总量。有机物对工业水系统的危害很大。含有大量有机物的水在通过除盐系统时会污染离子交换树脂，特别容易污染阴离子交换树脂，使树脂交换能力降低。有机物在经过预处理时（混凝、澄清和过滤），约可减少 50%，但在除盐系统中无法除去，故常通过补给水带入锅炉，使炉水 pH 降低。有时有机物还可能带入蒸汽系统和凝结水中，使 pH 降低，造成系统腐蚀。在循环水系统中有机物含量高会促进微生物繁殖。因此，不管对除盐、炉水或循环水系统，COD 都是越低越好，但并没有统一的限制指标。在循环冷却水系统中 COD（$KMnO_4$ 法）＞5mg/L 时，水质已开始变差。

本实验利用重铬酸钾标准法测定发酵废液的 COD，其原理是在废液中加入一定量的重铬酸钾和催化剂硫酸银，在强酸性介质中加热回流一定时间，部分重铬酸钾将水样中的氧化物质还原，用硫酸亚铁铵滴定剩余的重铬酸钾，根据消耗重铬酸钾的量计算 COD 的值。

【实验器材与试剂】

1. 实验器材

250mL 全玻璃回流装置、加热装置（电炉板）、25mL 或 50mL 酸式滴定管、锥形瓶、移液管，容量瓶等。

2. 实验试剂和溶液

0.2500mol/L 重铬酸钾标准溶液：称取预先在 105～110℃烘干 2h 并冷却的基准或优级纯重铬酸钾 12.2580g 溶于水中移入 1000mL 容量瓶，稀释至标线，摇匀。

试亚铁灵指示剂：称取 1.4585g 邻菲罗啉与 0.695g 硫酸亚铁溶于水，稀释至 400mL，摇匀，储存于棕色瓶中。

0.1mol/L 硫酸亚铁铵标准溶液。

硫酸-硫酸银溶液：于 2500mL 浓硫酸中，加入 25g 硫酸银放置 1～2 天，不时摇动，使之溶解（如无 2500mL 容器，可在 500mL 浓硫酸中加入 5g 硫酸银）。

化学纯硫酸汞。

【实验步骤】

（1）取 20mL 混合均匀的发酵废液（或适量废液稀释至 20mL）于 250mL 磨口的回流锥形瓶中，准确加入 10mL 0.2500mol/L 重铬酸钾标准液及数粒玻璃珠或沸石，慢慢加入 30mL 硫酸-硫酸银溶液，轻轻摇动锥形瓶使溶液混匀，加热回流 2h（自开始沸腾时起计算）。

（2）冷却后，用适量水冲洗冷凝管壁，取下锥形瓶，再用水稀释至 140mL 左右。溶液总体积不得少于 140mL，否则因酸度太大滴定终点不明显。

（3）溶液再度冷却后，加 3 滴试亚铁灵指示剂，用硫酸亚铁铵标准液滴定，溶液的颜色由黄色经蓝色至褐色即终点，记录硫酸亚铁铵标准溶液的用量。

（4）测定废液样的同时，以 20mL 蒸馏水按同样操作步骤作为空白对照。记录空白滴定时硫酸亚铁铵标准溶液的用量。

【实验结果与分析】

结果按下式计算：

$$COD_{Cr}(O_2, mg/L) = [8 \times 1000(V_0 - V_1)gN]/V$$

式中，COD_{Cr} 为废液中的化学需氧量（mg/L）；V_0 为空白滴定硫酸亚铁铵标准溶液的用量（mL）；V_1 为废液水样滴定硫酸亚铁铵标准溶液的用量（mL）；N 为硫酸亚铁铵标准溶液的当量浓度；V 为废液样的体积（mL）。

【注意事项】

（1）使用 0.4g 硫酸汞可络合 40mg 氯离子。如取用 20mL 废液，即可络合 2000mg/L 氯离子。若氯离子的浓度更高，补加硫酸汞，使硫酸汞∶氯离子＝10∶1（质量比）。如出现少量氯化汞沉淀，并不影响测定。

（2）废液取样体积可变动于 10.0～50.0mL，但试剂用量及浓度需按表 2-12 进行相应调整。这样也可得到满意的结果。

表 2-12　废液样取用量和实际用量表

废液样体积/mL	0.2500mol/L 重铬酸钾溶液/mL	硫酸-硫酸银溶液/mL	硫酸汞/g	硫酸亚铁铵标准溶液当量浓度/（mol/L）	滴定前需体积/mL
10.0	5.0	15	0.2	0.050	70
20.0	10.0	30	0.4	0.100	140

续表

废液样体积/ mL	0.2500mol/L重铬酸钾溶液/mL	硫酸-硫酸银溶液/mL	硫酸汞/g	硫酸亚铁铵标准溶液当量浓度/（mol/L）	滴定前需体积/ mL
30.0	15.0	45	0.6	0.150	210
40.0	20.0	60	0.8	0.200	280
50.0	25.0	75	1.0	0.250	350

（3）水样加热回流后，溶液中重铬酸钾剩余量应以加入量的 $1/5 \sim 4/5$ 为宜。

（4）用邻苯二甲酸氢钾标准溶液检查试剂的质量和操作技术时，由于每克邻苯二甲酸氢钾的理论 COD_{Cr} 为 1.176g，所以溶解 0.4251g 邻苯二甲酸氢钾（$HOOCC_6H_4COOK$）于重蒸馏水中，转入 1000mL 容量瓶，用重蒸馏水稀释至标线，使之成为 500mg/L 的 COD_{Cr} 标准溶液。用时新配。

（5）COD_{Cr} 的测定结果应保留 3 位有效数字。

（6）每次实验时，应对硫酸亚铁铵标准滴定溶液进行标定，室温较高时尤其注意其浓度的变化（也可在滴定后的空白中再加入 10.0mL 重铬酸钾标准溶液，用硫酸亚铁铵滴定至终点）。

【思考题】

1. 废液中化学需氧量的测定有何意义？测定化学需氧量有哪些方法？
2. 水样中 Cl^- 含量高时，为什么对测定有干扰？如有干扰应采用什么方法消除？

参 考 文 献

陈洪章. 2004. 生物过程工程与设备. 北京：化学工业出版社.

陈坚，堵国成，李寅，等. 2004. 发酵工程实验技术. 北京：化学工业出版社.

陈小鹏，王琳琳，祝远姣等. 2003. 氢气在松脂和松香中的体积传质系数. 燃料化学学报，31（6）：815.

储炬，李友荣. 2002. 现代工业发酵调控学. 北京：化学工业出版社.

管斌. 2010. 发酵实验技术与方案. 北京：化学工业出版社.

国家药典委员会. 2010. 中华人民共和国药典（二部）. 北京：化学工业出版社.

何剑氧. 1991. 食品胶体化学实验指导. 天津轻工业学院物理教研室实验教材.

黄秀梨，辛明秀，夏立秋，等. 2008. 微生物学实验指导. 北京：高等教育出版社.

贾士儒. 2010. 生物工程专业实验. 2 版. 北京：中国轻工业出版社.

李建武，余瑞元，袁明秀，等. 1994. 生物化学实验原理和方法. 北京：北京大学出版社.

李啸. 2009. 生物工程专业综合大实验指导. 北京：化学工业出版社.

栾雨时，包永明. 2005. 生物工程实验技术手册. 北京：化学工业出版社.

乔晓艳，贾莲凤. 2003. 生物量参数实时在线检测技术的应用研究. 山西大学学报（自然科学版），26（1）：88-90.

秦麟源. 1989. 废水生物处理. 上海：同济大学出版社：158-167.

史仲平，潘丰. 2010. 发酵工程解析、控制与检测技术. 北京：化学工业出版社.

史仲平，潘丰. 2010. 发酵过程解析、控制与检测技术. 2 版. 北京：化学工业出版社.

孙玉梅，全燮，杨凤林，等. 2005. 气态有机物组成对生物过滤及菌体密度的影响. 大连：大连轻工业学院生物与食品工程学院博士论文.

王平，庄英萍，储炬，等. 2002. 铵离子对梅岭霉素生物合成的调控效应. 微生物学报，45（3）：405-409.

吴根福，杨志坚，林小清，等．2006．发酵工程实验指导．北京：高等教育出版社．

姚汝华，周世水．2005．微生物工程工艺原理．上海：华南理工大学出版社．

诸葛健，王正祥．1997．工业微生物实验技术手册．北京：中国轻工业出版社．

Andrlei T，Zang W，Papaspyrou M，et al. 2004. Online respiration activity measurement（OTR，CTR，RQ）in shake flasks. Biochemical Engineering，（17）：187-194.

Pinto L S，Vieira L M，Pons M N，et al. 2004. Morpholory and viability analysis of *Streptomyces clavuligerus* in industrial cultivation systems. Bioprocess and Biosystems Engineering，26（3）：177-184.

第3章 发酵工程技术

发酵工程是利用生物大量生产目的产物的一门综合性应用学科，是生物工程的重要组成部分。在生物技术高速发展的今天，生物产业已成为21世纪发达国家优先发展的支柱产业。2007年4月8日，国家发展和改革委员会颁布了《生物产业发展"十一五"规划》，这是我国首次将生物产业作为国民经济的战略性产业而进行的总体部署，必将对我国发酵工程技术的发展起到积极的推动作用。

20世纪20年代的乙醇、甘油和丙酮等发酵工程，属于厌氧发酵。从那时起，发酵工程又经历了几次重大的转折，并不断发展和完善。40年代初，随着青霉素的发现，抗生素发酵工业逐渐兴起。由于青霉素产生菌是需氧型的，微生物学家就在厌氧发酵技术的基础上，成功地引进了通气搅拌和一整套无菌技术，建立了深层通气发酵技术。它大大促进了发酵工业的发展，使有机酸、维生素、激素等都可以用发酵法大规模生产。1957年日本用微生物生产谷氨酸成功，如今20种氨基酸都可以用发酵法生产。氨基酸发酵工业的发展，是建立在代谢控制发酵新技术的基础上的。科学家在深入研究微生物代谢途径的基础上，通过对微生物进行人工诱变，先得到适合于生产某种产品的突变类型，再在人工控制的条件下培养，就大量产生人们所需要的物质。目前，代谢控制发酵技术已经用于核苷酸、有机酸和部分抗生素等的生产中。70年代以后，基因工程、细胞工程等生物技术的开发，使发酵工程进入了定向育种的新阶段，新产品层出不穷。80年代以来，随着学科之间的不断交叉和渗透，微生物学家开始用数学、动力学、化工工程原理、计算机技术对发酵过程进行综合研究，使得对发酵过程的控制更为合理。在一些国家，已经能够自动记录和自动控制发酵过程的全部参数，明显提高了生产效率。

发酵工程从工程学的角度把实现发酵工艺的发酵工业过程分为菌种、发酵和提炼（包括废水处理）等三个阶段，这三个阶段都有各自的工程学问题，一般分别把它们称为发酵工程的上游、中游和下游工程。其中上游工程包括优良种株的选育、最适发酵条件（pH、温度、溶氧和营养组成）的确定、营养物的准备等。中游工程主要指在最适发酵条件下，发酵罐中大量培养细胞和生产代谢产物的工艺技术。下游工程指从发酵液中分离和纯化产品的技术：包括固液分离技术（离心分离、过滤分离、沉淀分离等工艺）、细胞破壁技术（超声、高压剪切、渗透压、表面活性剂和溶壁酶等）、蛋白质纯化技术（沉淀法、色谱分离法和超滤法等），最后还有产品的包装处理技术（真空干燥和冰冻干燥等）。

本章实验内容主要包括去离子水、淀粉水解糖等原料制备技术和红霉素、谷氨酸、乙醇发酵等典型产品制备技术。主要目的是通过本章的学习使学生了解并掌握发酵工程中菌种的选育、产品的发酵制备和分离纯化等主要实验技术，为以后在发酵工程领域的研究打下坚实的基本实验技能基础。

3.1　原料制备技术

从发酵产品的生产过程来看，水和被发酵原料是发酵过程的两大部分。水的主要用途是发酵工艺过程用水、成品和半成品冷却用水、锅炉用水和各种洗涤用水。由于水直接参加到生产过程中，它的组成对工艺就会产生实质性的影响。所以不符合要求的天然水要经过必要的处理才能应用。处理的方法包括砂滤、胶体杂质的凝聚、氯处理和水软化处理。发酵所用的原材料通常以淀粉、糖蜜或其他农副产品为主。由于部分产生菌不能用淀粉作为碳源直接利用，所以，当以淀粉作为原料时，必须先将淀粉水解成葡萄糖才能供发酵使用。糖蜜是制糖工业的副产品，是一种黏稠、黑褐色、呈半流动的物体。糖蜜中干物质的浓度为 $80\sim90°Be$，含糖分 50％以上；糖蜜是微生物良好的培养基，所以一般染有很多杂菌，其中有不少是产酸细菌。糖蜜中含有大量焦糖、氨基糖等黑色素组成的胶体物质，它们的存在是发酵时产生大量泡沫的主要原因；糖蜜中还含有灰分、重金属离子和胶体等物质；另外，糖蜜中的氮和磷的含量也随品种、产地、年份和制糖方式的不同而异。因此糖蜜在作为发酵原料时要通过做预处理来水解糖蜜中的部分双糖，调整 pH 和糖浓度至适宜于发酵的条件，除去发酵有害的物质，杀死影响发酵的微生物，添加必要的营养盐，以备进入发酵工序作为培养基用。

实验 3.1　去离子水的制备

【实验目的】

(1) 了解硬水、软水和去离子水的概念；
(2) 学习、掌握离子交换法制备去离子水的基本原理和操作技术；
(3) 掌握离子交换树脂的转型、再生及使用方法，进一步熟悉微型离子交换柱的操作；
(4) 熟悉去离子水的水质检验方法，学习使用电导率仪。

【实验原理】

通常将溶有微量或不含 Ca^{2+}、Mg^{2+} 等离子的水叫软水，而将溶有较多 Ca^{2+}、Mg^{2+} 等离子的水叫硬水。自来水中常溶有钙、镁、钠的碳酸盐、碳酸氢盐、硫酸盐和氯化物及某些气体和有机物等杂质，属于硬水。为了除去水中杂质，常采用蒸馏法和离子交换法。本实验用离子交换树脂制取去离子水。

离子交换树脂是指含有一定交换基团的具有网络结构的聚合物。交换基团是连接在单体上的具有活性离子的基团，如 H^+ 和 OH^- 等。这些交换基团对水中的阳离子（如 Ca^{2+}、Mg^{2+}、Na^+ 等）和阴离子（如 SO_4^{2-}、Cl^-、HCO_3^- 等）有一定的选择性，当自来水流经阳离子交换树脂柱时，水中 Na^+、Mg^{2+}、Ca^{2+} 等阳离子被树脂交换吸附，发生如下反应：

$$2RH + \begin{cases} 2Na^+ \\ Ca^{2+} \\ Mg^{2+} \end{cases} \Longleftrightarrow 2R \begin{cases} 2Na \\ Ca \\ Mg \end{cases} + 2H^+$$

由交换柱底部流出的水，Ca^{2+}、Mg^{2+} 含量显著减少，已是软水。阴离子交换树脂是一类含有季胺基（$\equiv N-Cl$）等碱性基团的高分子固态珠状物，以 R—Cl 表示。它以 NaOH

转型为 R—OH 后，能与阴离子发生如下交换反应：

$$2ROH + \begin{cases} 2Cl^- \\ SO_4^{2-} \\ CO_3^{2-} \end{cases} \rightleftharpoons 2R \begin{cases} 2Cl \\ SO_4 \\ CO_3 \end{cases} + 2OH^-$$

$$H^+ + OH^- \rightleftharpoons H_2O$$

经过阴、阳离子交换柱以后的水，杂质阴、阳离子均已除去，故称为去离子水。为进一步提高水质，可在阴离子交换柱后再串接一个阴、阳离子交换树脂混合柱，其作用相当于多级交换。

【实验器材与试剂】

1. 实验器材

电导率仪、20mL 烧杯 3 个、组装微型离子交换树脂柱的器材 3 套、150mL 锥形瓶 4 只、多用滴管若干支。

2. 实验材料与试剂

732 型强酸性阳离子交换树脂和 717 型强碱性阴离子交换树脂各 1.5g。

1mol/L NaOH、1mol/L HCl、0.2mol/L 氨水、0.1mol/L AgNO$_3$、0.1mol/L BaCl$_2$。

NH$_3$-NH$_4$Cl 缓冲溶液（5.4g NH$_4$Cl 溶于少量蒸馏水中加 35mL 浓氨水，再以蒸馏水稀释到 100mL，此溶液 pH10）。

铬黑 T、钙指示剂、pH 试纸。

【实验方法与步骤】

1. 阴离子交换树脂柱的准备

取强碱性阴离子交换树脂 1.5g 置于 20mL 烧杯中，以 4mL 1mol/L NaOH 溶液浸泡过夜使其转型变为 R—OH 树脂。吸出上层清液后，以少量去离子水多次洗涤树脂至中性，阴离子树脂柱高 8cm。

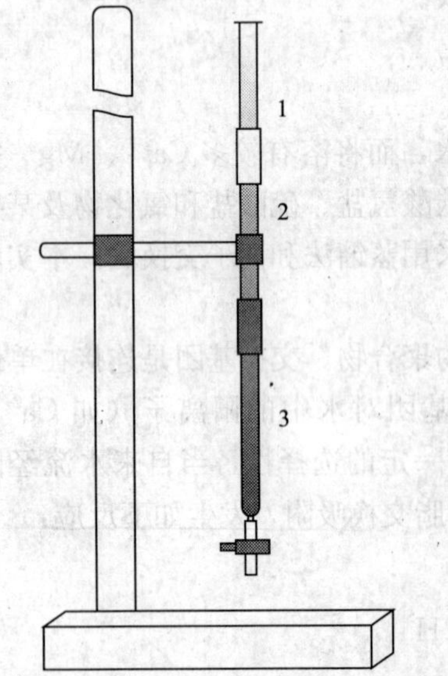

图 3-1　离子交换法制去离子水装置
1. 阳离子交换柱；2. 阴离子交换柱；
3. 阴阳离子交换树脂混合柱

2. 阳离子交换树脂柱的准备

用微型阳离子交换树脂柱，经再生处理并用去离子水洗到中性后备用。

3. 阴、阳离子交换树脂混合柱的准备

取已转型的阴、阳离子交换树脂等量混合（相当于阴、阳离子交换树脂干品各 0.5g）装柱，洗至中性。

4. 水的净化

将上述 3 个微型离子交换柱按串联组合，就组成了离子交换法制备去离子水的装置（图 3-1）。柱间连接要紧密，不得有气泡。用多用滴管滴加自来水（用作原料水样），控制离子交换柱流速为 6~8 滴/min，当流出液近 10mL 时，换锥形瓶承接净化后的水样约 10mL 为 1# 样品，再换另一个锥形瓶再承接 10mL 水样为 2# 样品，继续收集 3# 样品。

5. 水的电导率的测定

电导率是指距离 1cm、横截面积 $1cm^2$ 的两个电极间所测得电阻的倒数，它反映水的纯净度，水的电导率用电导率仪直接测定。

测定步骤：按电导率仪使用说明，选择测量电极和测量条件，并调校好电导率仪，将测量电极用待测水样洗涤 3 次后，插入盛有待测水样的烧杯中，选择适当量程，读取仪表上读数，即可测得待测水样的电导率（$\mu S/cm$）。

纯水是弱电解质，含有可溶性杂质后常使电导能力增大。测定水样的电导率，可以确定水的纯度。各种水样电导率的大致范围列于表 3-1。

表 3-1　各种水样的电导率

水样	自来水	蒸馏水	去离子水	最纯水（理论值）
电导率/（$\mu S/cm$）	$5.0\times10^{-3}\sim5.3\times10^{-4}$	$2.8\times10^{-6}\sim6.3\times10^{-8}$	$4.0\times10^{-6}\sim8.0\times10^{-7}$	5.0×10^{-8}

用电导率仪分别测定 1#～3# 净化水样（置于 5mL 井穴板中，用铂光亮电极）和自来水（4# 水样，用铂黑电极）的电导率。

6. 杂质离子的检验

Mg^{2+} 用铬黑 T 指示剂检出。铬黑 T 是一种二羟基偶氮类染料，学名是 1-(1-羟基-2-萘偶氮)-6 硝基-2-萘酚-4-磺酸钠，它在 pH 8～11 的溶液中，本身显蓝色，若遇 Mg^{2+}，则呈葡萄酒红色。铬黑 T 于固态时稳定，在水溶液中会发生聚合不再与金属离子结合而显色，因而通常采用固体铬黑 T 与干燥的 NaCl（或无水 Na_2SO_4）按 1：100 质量比均匀混合研磨后使用。

Ca^{2+} 用钙指示剂（2-羟基-4-磺基-1-萘偶氮)-3-萘甲酸检出，钙指示剂本身呈蓝色，在 pH＞12 的溶液中与 Ca^{2+} 结合而显红色。在此 pH 溶液中，Mg^{2+} 已生成 Mg（OH）$_2$ 沉淀，不干扰测定。钙指示剂的配制方法同铬黑 T 指示剂。

（1）Mg^{2+} 的检验。取待测水样 5 滴置于 0.7mL 井穴板的井穴中加入 10 滴 pH10 的 NH_3-NH_4Cl 缓冲溶液，再加少量铬黑 T，搅拌观察溶液颜色；如转红色，表示有 Mg^{2+}。

（2）Ca^{2+} 的检验。类似检验 Mg^{2+} 操作，但以 0.2mol/L 氨水调节溶液 pH＞12，并用少量钙指示剂取代铬黑 T，溶液颜色转红色，表示有 Ca^{2+}。

（3）Cl^- 的检验。取 5mL 成品水加入 0.5mL 0.1mol/L 的 $AgNO_3$ 溶液，摇匀，10min 后无白色沉淀产生即合格。

7. 阴阳离子交换树脂混合柱的效果检查

拆除混合交换柱后，承接阴离子交换柱流出液 10mL，作为 5# 水样，测定其电导率，同时分别检验阴阳离子交换柱流出液的 pH（用 pH 试纸或 pH 计测成品水的 pH 应为 6～7）。

【实验结果与分析】

（1）列表示出各个水样的电导率测定值。

（2）讨论上述结果，1#、2#、3# 水样电导率略有不同，而 5# 水样电导率明显增大，说明什么？

（3）列表示出各离子交换柱底部流出液的 pH。

【注意事项】

（1）本实验使用的玻璃和塑料仪器都应用去离子水洗净。

（2）新树脂中含有一些水溶性杂质，使用前应用蒸馏水反复漂洗，直至上层液澄清为止。如果树脂使用前是干的，需用水浸泡，使其充分吸水膨胀后再进行处理。

（3）各柱树脂层高度为 12～15cm，连接前分别用去离子水洗涤至流出水的 pH 与洗涤用的去离子水的 pH 相同。

（4）在装柱、洗涤、交换过程中注意保持液面始终高于树脂层，以免树脂层产生气泡，影响交换效果。若树脂层中产生气泡，可用玻璃棒搅动树脂层，使气泡逸出。

（5）注意控制好交换流速 40～50mL/min。

（6）对未知电极常数的电极，用氯化钾标准溶液确定，电极常数 $=K/S$，式中，K 为氯化钾标准溶液电导率（0.0100mol/KCl 标准溶液电导率为 $1411.83\mu S/cm$，25℃）；S 为实测氯化钾标准溶液的电导率。

（7）测定电导率时，电极在插入被测水样中之前，应该用被测水样冲洗；插入水样后，水样的液面应高于电极上的铂片。

（8）净化水样要尽快测定电导率，否则 CO_2 等气体溶入会造成电导率升高。每次测定前，都应用待测水样冲洗电导电极，并用干燥、清洁的滤纸碎片仔细吸干。电导率仪经校正后即可进行测量。在取出电导电极前，先将校正、测量开关拨到"校正"位置，测量时必须把铂片全部浸入水样。

（9）注意控制好 Ca^{2+}、Mg^{2+} 等离子检测时的介质条件和试剂用量，以免得到错误的实验现象及结果。

（10）实验结束后，阴、阳树脂分开回收，切勿弄混。

【思考题】

1. 自来水中主要有哪些无机杂质离子？离子交换法是怎样除去这些离子的？
2. 本实验中影响去离子水质量的主要因素有哪些？应如何控制？
3. 从阴、阳离子交换柱流出的水样的质量有什么差别？为什么？
4. 用 $AgNO_3$ 溶液检验氯离子的原理是什么？

实验 3.2　淀粉水解糖的制备

【实验目的】

学习淀粉水解糖的酸法、酶法制备原理，掌握淀粉水解糖的制备方法和粗淀粉含量及还原糖的测定方法。

【实验原理】

发酵生产中，大都以淀粉质材料为原料，但部分产生菌不能直接利用淀粉，也基本上不能利用糊精作为碳源。因此，当以淀粉作为原料时，必须先将淀粉水解成葡萄糖才能供发酵使用。在工业生产上将淀粉水解为葡萄糖的过程称为淀粉的"糖化"，所制得的糖液称为淀粉水解糖。可用来制备淀粉水解糖的原料很多，主要有山芋、玉米、小麦等含淀粉原料。将淀粉水解为葡萄糖的方法有 3 种，即酸解法、酸酶结合法及双酶法。

（1）酸解法又称酸糖化法，它是以酸（无机酸或有机酸）为催化剂，在高温、高压下将淀粉水解为葡萄糖。

（2）酸酶结合法是集中酸解法及酶解法制糖优点的生产工艺。根据原料淀粉的性质可采用酸酶法和酶酸法。酸酶法是将淀粉酸水解成糊精或低聚糖，然后用糖化酶将其水解为葡萄糖的工艺。酶酸法是将淀粉先用淀粉酶酶液化到一定程度，然后用酸水解成葡萄糖的工艺。

（3）双酶法是用 α-淀粉酶和糖化酶两种酶制剂将淀粉水解为葡萄糖。首先利用 α-淀粉酶将淀粉液化，转化为糊精及低聚糖，使淀粉可溶性增加；接着利用糖化酶将糊精及低聚糖进一步水解，转变为葡萄糖。

酸解法的优点是设备利用率高、投资省，生产调控比较方便；缺点是水解糖的质量较差，因为高温反应会使糖液的色泽加深，不可发酵的杂质含量高，这样对发酵和提取都会产生很多不利影响。双酶法具有反应条件温和，葡萄糖纯度和出糖率都大大提高，而且糖液颜色浅的优点；缺点是由于反应时间较长、设备利用率低、投资较大，在环境温度较高时，酶解过程易被污染。

总之，采用不同的水解制糖工艺，各有其优点和存在的问题。但从水解糖液的质量及降低糖耗、提高原料利用率方面考虑，则是以双酶法最好，其次是酸酶结合法，酸解法最差；但从淀粉水解整个过程所需时间来看，则是酸解法最短，双酶法最长。

由于现代化发酵控制水平的提高，对原材料的要求变得越来越高，再加上对环境保护的重视，双酶法水解已成为发酵行业的主流工艺。

淀粉糖化的理论收率：因为在糖化过程中，水参与反应，故糖化的理论收率为 111.1%。

$$(C_6H_{10}O_5)n + H_2O \longrightarrow nC_6H_{12}O_6$$
$$\quad\quad 162 \quad\quad\quad 18 \quad\quad\quad\quad 180$$

实际收率的计算公式

$$收率 = \frac{糖液量(L) \times 糖液葡萄糖含量(\%)}{投入淀粉量 \times 原料中纯淀粉含量} \times 100\%$$

淀粉转化率：淀粉-葡萄糖转化率是指 100 份淀粉中被转化为葡萄糖的淀粉份数。

DE 值：用 DE 值表示淀粉水解的程度或糖化程度。糖化液中还原性糖以葡萄糖计，占干物质的百分比称为 DE 值。DE 值计算公式如下：

$$DE 值 = \frac{还原糖含量(\%)}{干物质含量(\%)} \times 100\%$$

式中，还原糖用斐林氏法或碘量法测定，浓度表示：葡萄糖 g/100mL 糖液；干物质用阿贝折射仪测定，浓度表示：干物质 g/100g 糖液。

【实验器材与试剂】

（1）实验仪器：三角瓶、量筒、白瓷板、试管、恒温水浴槽、真空泵、砂芯漏斗抽滤瓶及布氏漏斗、阿贝折射仪、水浴锅、电炉、高压锅。

（2）实验材料与试剂：玉米淀粉、α-淀粉酶（2000U/g）、糖化酶（50 000U/g）、碘液（11g 碘加 22g KI，用蒸馏水定容至 500mL）、1mol/L 盐酸、1mol/L 氢氧化钠、氯化钙、无水乙醇。

【实验方法与步骤】

1. 双酶法

工艺流程：

原料→粉碎→调浆→液化→灭酶→调整 pH→糖化→灭酶→中和→过滤→糖化液

（1）液化：按照 30％的比例用粉碎后的玉米淀粉调浆 300mL 于 500mL 三角瓶中，用纯碱调节 pH 到 6.2～6.4，再加入适量的氯化钙，使钙离子浓度达到 0.01mol/L，并加入一定量的淀粉酶（控制在 10～12U/g 淀粉），搅拌均匀后加热至 85～90℃，保温 10min 左右，用碘液检验，达到所需的液化程度后升温到 100℃，灭酶 5～10min。

（2）碘液检验方法：在洁净的白瓷板上滴入 1～2 滴碘液，再滴加 1～2 滴待检的液化液，若反应液呈橙黄色或棕红色即液化完全。

（3）糖化：将上述液化液冷却至 60℃，用盐酸调节 pH 至 4.0～4.5，按 100U/g 淀粉的量加入糖化酶，并于 55～60℃保温糖化至糖化完全。糖化结束后升温至 100℃，灭酶 5min。

（4）糖化终点的判断：在 150mm×15mm 试管中加入 10～15mL 无水乙醇，加糖化液 1～2 滴，摇匀后若无白色沉淀形成表明已达到糖化终点。

（5）过滤：将糖化液趁热用布氏漏斗进行抽滤，所得滤液即水解糖液。

（6）测定水解液中还原糖的含量（DNS 法）。

（7）水解糖液的质量标准：

　　色泽：浅黄色、杏黄色、透明液；

　　糊精反应：无；

　　DE 值：90％以上；

　　还原糖含量：18％左右；

　　透光率：60％以上；

　　pH：4.6～4.8。

2. 酸解法

工艺流程：

淀粉、水、盐酸→调浆→进料→水解→冷却→中和→脱色→过滤→糖化液

（1）调浆：称取所需淀粉加水调浆，使淀粉乳的浓度控制在 18％～22％。

（2）调 pH：盐酸的用量为干淀粉的 0.5％～0.8％，淀粉乳 pH 为 1.0～1.5。

（3）糖化：将调配好的淀粉乳放入三角瓶中，放入高压锅中加热，在 2.8～3.0kg/cm³，维持 15～30min，直至糖化完全（水解终点采用无水乙醇检查至无白色反应为止）。

（4）过滤：将糖化完全的糖液取出后，用 G4 型号的砂芯漏斗减压抽滤，滤饼经处理后用于计算淀粉失重（溶解在水中的部分）百分率，即已经酸解的淀粉。滤液为粗糖化液。

（5）滤液冷却、中和：将滤液温度降至 70～80℃，用纯碱或碱液中和至 pH 为 4.0～4.5，使蛋白质等胶体完全沉淀。

（6）脱色和过滤：滤液在中和的同时添加 0.1％～0.2％的粉末活性炭进行脱色，然后在 60～80℃的条件下进行过滤即得糖化液。

（7）计算淀粉失重（溶解在水中的部分）百分率：将滤饼用去离子水抽滤洗涤直到 pH 为 7。残余的固体物质用乙醇和丙酮抽滤淋洗 2～3 次，收集固体并在空气中晾干至恒定称量，计算失重（溶解在水中的部分）百分率，即得到酸解淀粉。

【实验结果与分析】

（1）计算淀粉糖液化和糖化的淀粉的转化率及收率，用碘量法或采用斐林热滴定法测定水解液中还原糖浓度，并计算该法水解淀粉产生葡萄糖的收率。

（2）计算淀粉糖水解过程中的 DE 值。

【注意事项】

（1）液化程度应控制适当，太低或太高均不利。原因是液化程度低，则黏度大，难操作；同时，由于液化程度低，底物分子少，水解机会少，影响糖化速度；液化程度低还易发生老化。但液化超过一定程度，则不利于糖化酶与糊精生成络合结构，影响催化效率，造成糖化液的最终 DE 值低。故应在碘试本色的前提下，液化 DE 值越低，则糖化液的最高 DE 值越高。一般液化 DE 值应控制在 12％～18％。

（2）为加快糖化速度，可以提高酶用量，缩短糖化时间。但酶用量太高，反而使复合反应严重，最终导致葡萄糖收率降低。在实际生产中，应充分利用糖化罐的容量，尽量延长糖化时间，减少糖化酶用量。

【思考题】

1. 试述液化时添加 $CaCl_2$ 的作用。
2. 糖化酶用量及糖化时间对糖化效果有什么影响？
3. 液化和糖化时温度及 pH 对实验效果有什么影响？
4. 讨论淀粉糖制备条件与收率之间的关系。
5. 比较酸解淀粉与酶解淀粉的优缺点。

实验 3.3　糖蜜原料处理技术

【实验目的】

（1）通过本实验学习和掌握糖蜜原料处理的基本原理和操作方法；
（2）了解糖蜜处理过程中各步操作的目的。

【实验原理】

糖蜜中总固形物含量大多为 75％～90％，其中含蔗糖 30％～50％、还原糖 1％～15％、非发酵性糖 1％～4％、有机非糖物质 8％～17％、灰分（以硫酸灰分计）10％～17％。糖蜜处理的目的是水解糖蜜中的部分双糖，调整 pH 和糖浓度至适宜发酵的条件，除去发酵有害的物质，杀死影响发酵的微生物，以备进入发酵工序做培养基用。原料糖蜜的处理工序包括稀释、酸化、灭菌、澄清和添加营养盐等过程。

【实验器材与试剂】

（1）实验原料：糖蜜。
（2）实验器材：糖度计、蒸汽灭菌锅、离心机、电炉、烧杯、量筒、三角瓶、玻璃棒、pH 试纸等。
（3）实验试剂：浓硫酸、石灰乳、所需营养盐。

【实验方法与步骤】

糖蜜处理的过程因发酵生产的要求和设备条件不同而有所区别，下面的步骤与方法是根据酵母发酵培养基的要求来设计的。

1. 稀释

糖蜜一般锤度为 $80 \sim 90°Be$，含糖分 50% 以上，发酵前必须用水稀释，在工艺上称为稀释。取原料糖蜜 1L，用自来水稀释至 $30°Be$ 左右（手持糖度计测量），一般情况下需加自来水 2L 左右。糖蜜在处理前要先加生水稀释，加水量为 1：2 左右，否则黏度太高不利于后续处理。糖蜜稀释用水量可根据物料平衡方程式来计算：

$$PC = VdC1$$

式中，P 为糖蜜量（kg）；C 为糖蜜浓度（$°Be$）；V 为稀释后糖液的体积（L）；d 为稀糖液的密度（kg/L）；$C1$ 为稀糖液的浓度（$°Be$）。

配制 V 升所需的糖蜜量为

$$P = VdC1/C$$

稀释时所需添加水的量为 W，则

$$W = Vd - P$$

因为

$$Vd = PC/C1$$
$$W = PC/C1 - P$$

所以

$$W = P(C - C1)/C1$$

2. 酸化

将稀释后的糖蜜用浓硫酸调节 pH 至 4.5 左右。硫酸的用量视糖蜜的品种和产地不同而有所区别，一般 98% 浓硫酸用量为原糖蜜质量的 0.5%（质量分数）左右。调酸的目的在于：得到具有所需 pH 的稀糖液；防止发酵时杂菌的繁殖；加酸使部分双糖转化为单糖；同时加酸也有利于除去部分灰分和胶体物质。由于酸中带有正电荷的氢离子和带有负电荷的糖蜜胶体物质相互作用，胶体凝聚成絮状物，使之沉淀分离；加入硫酸与随后加入的石灰乳作用生成硫酸钙沉淀，在沉淀过程中吸附胶体色素等同时沉淀。加酸后释放出挥发酸，可在加热和通风时驱逐掉。

3. 加热煮沸

将经过酸化处理的糖蜜放在电炉上加热至沸，保持微沸状态 $40 \sim 60\text{min}$。加热煮沸的作用为：促使胶体蛋白凝固，便于沉淀；杀死营养细胞；驱逐 NO、SO_2、H_2S、甲酸等有害气体物质。

4. 加碱中和

糖蜜煮沸后加石灰乳调 pH 至 $5.0 \sim 5.5$，并适当补加自来水使其浓度为 $30 \sim 35°Be$，便于杂质沉淀排除。

5. 澄清

将中和后的糖蜜液静止澄清 24h 以上，或用离心机（大于 5000r/min）离心 15min，取上清液备用。因为糖蜜中含有很多的胶体物质、灰分和其他悬浮物质，它的存在对酵母的生长与乙醇发酵均有害，故应当尽可能除去。

6. 灭菌

取澄清处理的上清液分装于三角瓶，$121℃$，灭菌 15min。

7. 添加营养盐

酵母生长繁殖时需要一定的氮源、磷源、生长素、镁盐等。新鲜甘蔗汁或甜菜汁原含有足够酵母所需要的含氮化合物、磷酸盐类及生长素，但由于经过了制糖和糖蜜的处理等工序而大部分消失。糖蜜因制糖方法的不同，所含的成分也不一样，稀糖液中常常缺乏酵母营养物质，不但直接影响酵母的生长，而且影响乙醇的产量。因此必须对糖蜜进行分析，检查其是否缺乏营养成分，了解缺乏的程度，然后适当添加必需的营养成分。

1) 甘蔗糖蜜所需添加的营养成分和生长素

甘蔗糖蜜对酵母来说需要添加氮源、磷源、镁盐和生长素。

(1) 氮源：氮的需要量可根据酵母细胞数及糖蜜中氮的含量来计算。例如，每 1mL 成熟酒母醪含有 1.5 亿酵母细胞，即每 1kg 中含有 1500 亿酵母，每亿酵母重 0.07g，则 1kg 酒母醪中酵母细胞的质量为 $1500 \times 0.07 = 105g$。已知鲜酵母含氮量为 2.1%，则 1kg 酒母醪含氮量为 $105 \times 0.021 = 2.205g$，而制备 1kg 酒母醪用糖蜜 150g。甘蔗糖蜜含氮约 0.5%，其中能被酵母利用的氨基态氮及其他氮素仅为 20%～25%，即 150g 糖蜜中含有能被利用的氮 0.15～0.19g，甘蔗糖蜜中的氮不能满足酵母生长繁殖的需要，故甘蔗糖蜜需添加氮源。我国甘蔗糖蜜乙醇工厂普遍采用硫酸铵 $(NH_4)_2SO_4$ 作为氮源，因为铵易被酵母消化，用量为每吨糖蜜添加含氮量为 21% 的硫酸铵 1～1.2kg，即 0.1%～0.12%，四川内江一带多采用 1kg 糖蜜添加 1g 硫酸铵。有些工厂添加尿素，尿素含氮量为 46%，因而可适当减少用量，通常为硫酸铵用量的一半。

(2) 磷源：我国甘蔗糖蜜乙醇工厂所添加的磷酸盐，多数采用钠、钾、铵、钙盐等，因溶液为酸性，适于酵母的生长繁殖和乙醇发酵，所以普遍采用过磷酸钙，用量为糖蜜的 0.25%～0.3%。

(3) 镁盐：镁盐的存在不仅能促进酵母的生长、繁殖，扩大酵母生长素的效能，同时也能促进乙醇发酵，因激酶的催化反应前提条件是离不开 Mg^{2+}，同时酵母的生长素需有镁盐共同存在才能发挥效能。所以，乙醇发酵生产中添加镁盐对提高发酵率具有现实意义。我国糖蜜乙醇工厂通常添加硫酸镁，用量为糖蜜的 0.04%～0.05%。

(4) 生长素：酵母必要的生长素有维生素 B_1、维生素 B_2、烟酸、肌醇、生物素及泛酸等，各种糖蜜中的生长素由于制糖过程中的高温蒸发或糖蜜处理时加热而被破坏，宜适当添加酵母生长素，一般是添加适量的玉米浆、米糠或副麸曲自溶物等作为酵母生长素的补充。但是，从生产实践中选育分离驯养的酵母菌种，对生长素的要求并不突出，因此大规模生产时采用添加生长素的较少。然而对于低纯度糖蜜和劣质糖蜜的酒精发酵，对生长素的要求值得引起注意。

2) 甜菜糖蜜所需要添加的营养盐

在甜菜糖蜜中往往氮源足够，只缺乏磷酸盐，根据 1kg 酒母醪含氮量为 0.21g，而制备 1kg 酒母醪用糖蜜 150g，甜菜糖蜜含氮 1.5～3g。已知在通风时甜菜糖蜜中 50% 的氮可为酵母利用，即 150g 糖蜜中含可被利用的氮 0.75～1.5g，为需要量的 6 倍，故一般甜菜糖蜜在通风情况下是不缺氮的。但在不通气培养酒母，以及有时糖蜜含氮量低时，可加入硫酸铵或酵母自溶液来补充氮源，一般硫酸铵（含氮 21%）用量为糖蜜的 0.36%～0.40%。目前一般甜菜糖蜜乙醇工厂都用过磷酸钙来作磷源，其用量为甜菜糖蜜量的 1%，浸出液浓度为 5%～6%；还有直接用磷酸来作磷源，工业磷酸含量为 70%（密度 1.5g/mL），用量为 0.03%（对甜菜糖蜜算）；另外，还可用磷酸氢二铵作为磷源，它除了含磷外，还含有 20% 的氮，因此可以适当减少硫酸铵的用量。

8. 所得糖蜜处理液质量指标

外观：清澈透亮、棕色或棕红色，无沉淀和明显悬浮物。

总浓度：30～35°Be，含可发酵性糖 250g/L 左右。

pH：5.0～5.5。

【实验结果与分析】

（1）经过预处理的糖蜜与原糖蜜有什么区别？

（2）测定处理后糖蜜的 pH、干物质的浓度和可发酵性糖的含量。

（3）观察实验处理过的糖蜜是否符合糖蜜处理液的质量指标，如有问题请分析原因。

【注意事项】

（1）酸化时一定要根据糖蜜原料的品种和产地来确定浓硫酸用量。

（2）加碱中和时，要注意调 pH 和调糖蜜浓度同时进行。

【思考题】

1. 什么是糖蜜？

2. 糖蜜为什么要经过预处理环节才能用于发酵生产？

3. 糖蜜中含有哪些妨碍微生物生长与代谢的杂质？在糖蜜处理过程中可通过哪些方法除去？

4. 糖蜜酸化的目的是什么？

5. 糖蜜发酵为什么要添加营养盐？

3.2　典型产品制备技术

典型发酵产品包括传统发酵产品和现代发酵产品。传统发酵产品包括酒、酱油、醋、豆腐乳；现代发酵产品包括抗生素、酶制剂、氨基酸、维生素等。

传统发酵产品中的酒又有压榨酒和蒸馏酒之分，压榨酒酒精含量比较低，包括黄酒、啤酒、葡萄酒；蒸馏酒酒精含量比较高，主要指白酒。黄酒是我国的民族特产和传统饮品，也是世界上最古老的饮料酒之一。它是以谷物为主要原料，利用酒药、麦曲或米曲所含的多种微生物的共同作用酿制而成的发酵原酒，主要分布在浙江、江苏、福建，以稻米为原料。葡萄酒是由葡萄发酵而成的一种饮料酒，是一种国际性饮料，是世界产量第二的饮料酒，因其酒精含量低，营养价值高，所以是饮料酒中主要的发展品种。葡萄酒是我国汉代（公元前138 年）张骞出使西域带回葡萄，并引进酿酒艺人，开始有了葡萄酒，经东汉至唐朝时有了较大发展，葡萄酒的饮用也日趋广泛。13 世纪，元朝期间，葡萄酒已是一个重要商品。1892 年，华侨实业家张弼士在山东烟台开办张裕酿酒公司，并从国外引进葡萄品种，这是我国第一个近代的新型葡萄酒厂。啤酒是用大麦酿制的饮料酒，是酒类中酒精含量最低的，而且营养丰富。啤酒历史悠久，起源于大约 9000 前的中东和古埃及地区，后跨越地中海传入欧洲，19 世纪末，随着欧洲列强向东方侵略，传入亚洲。饮料酒生产如啤酒和葡萄酒等酿造酒，一般都是采用液态发酵，而我国白酒采用固态酒醅发酵和固态蒸馏传统操作，是世界上独特的酿酒工艺。

现代发酵产品中的抗生素是青霉素、链霉素、红霉素等一类化学物质的总称。它是生物，包括微生物、植物和动物在其生命活动过程中所产生的，并能在低微浓度下有选择性地抑制或杀灭其他微生物或肿瘤细胞的有机物质。抗生素的生产目前主要用微生物发酵法进行生物合成，很少数抗生素如氯霉素、磷霉素等亦可用化学合成法生产，还可将生物合成法制得的抗生素用化学或生化方法进行分子结构改造而制成各种衍生物，称半合成抗生素，抗生素在农牧业中有广泛的应用。人类利用微生物生产酶具有悠久的历史，最有代表性的就是制曲酿酒。19 世纪末酶蛋白学的建立，开创了酶工业生产的历史。1949 年日本开始用深层培养法生产细菌 α-淀粉酶，随着酶工业提纯技术的进步和应用领域的开发，果胶酶、葡萄糖氧化酶等也相继进入了工业化生产阶段。目前世界上可用发酵法生产的氨基酸已有 20 多种（包括酶法生产的氨基酸），发酵法已成为氨基酸生产的主要方法。氨基酸在食品工业、饲料工业、医药工业、化学工业和农业上有广泛的用途。目前生产的 20 多种氨基酸中，产量最大的是谷氨酸，约占总产量的 75%；其次为赖氨酸，约为总产量 10%；其他占 15%左右。从消费构成来看，食品行业的用量约占 66%，饲料占 30%，其他 4%。

　　本节内容主要从菌种选育、发酵工艺过程、产品分离和检测等方面介绍红霉素、谷氨酸、葡萄酒、酒精发酵等典型产品的制备技术。

实验 3.4　红霉素发酵

【实验目的】

　　（1）通过实验掌握放线菌（红霉素链霉菌）的斜面活化与摇瓶培养技术；

　　（2）通过实验，熟悉和掌握萃取操作技术，加深对分配系数概念理解和红霉素化学效价测定方法的了解。

【实验原理】

　　红霉素（erythromycin）是最早使用于临床的大环内酯类抗生素，为白色或类白色的结晶或粉末；无臭，味苦；微有引湿性。在甲醇、乙醇或丙酮中易溶，在水中极微溶解。红霉素是由红色糖多孢菌的培养液中提取获得的一种弱碱性抗生素，该菌也称为红霉素链霉菌。红霉素分子是由红霉内酯 B、脱氧氨基己糖和红霉糖三部分组成。红霉素链霉菌在淀粉、玉米浆等固体培养基中生长时，基内菌丝能充分分泌产生红色或棕色色素，培养过程避光，因为光会抑制孢子形成。斜面长成白色孢子，色泽新鲜、均匀、无黑点。斜面菌种通过液体种子培养基，然后进行液体发酵积累代谢产物——红霉素。

　　红霉素分子结构中有一个二甲基氨基官能团，是一弱碱。纯的红霉素碱在水中溶解度较小，当 pH>10.0 时红霉素基本以游离碱的形式存在，能溶于乙酸乙酯中；当 pH<6.0 时，红霉素以盐的形式存在，其在水中的溶解度随 pH 降低而迅速增大。由于红霉素在有机溶剂和水溶液中溶解度不同，所以，将乙酸丁酯加到含有红霉素的水溶液后，通过混合、分离操作使红霉素从水相转到有机相，从而达到分离和浓缩红霉素的目的。发酵液是一个复杂的多相系统，其中除含有约 0.8%的红霉素外，还含有大量的菌体及杂蛋白，它们均以胶粒的形式存在，这些胶粒能保持均匀分散状态的原因主要是带有相同电荷和具有扩散的双电层结构，阻止了粒子的聚集。ζ 电位越大，电排斥作用就越强，胶粒的分散程度也越大。发酵液中的细胞、菌体或蛋白质等胶体粒子的表面，一般都带有电荷，主要是吸附溶液中的离子或自身基团的电离。此外，由于胶粒表面的水化作用，形成了包围于粒子周围的水化层，也能阻碍胶粒间的直接聚集。但是，水化膜主要是伴随胶粒带电而引起的，一旦 ζ 电位降低或消

除，水化层也会随之减弱或消失。在中性盐作用下，双电层排斥电位的降低，使胶体体系不稳定的现象称为凝聚。在某些高分子絮凝剂的存在下，基于架桥作用，胶粒形成粗大的絮凝团的过程，是一种以物理的集合为主的过程称为絮凝。

红霉素效价测定是硫酸水解法，即红霉素经硫酸水解后呈黄色，于483nm处有极大吸收值，可用以定量测定发酵液中红霉素的效价，可用乙酸丁酯在pH 9.5时抽提，再用0.1mol/L HCl抽取，所得的盐酸抽提液加8mol/L H_2SO_4 水解比色，与生物效价相比，误差在0.3%。

【实验器材与试剂】

1. 菌种

为实验室保存的红霉素链霉菌冻干管。

2. 培养基

（1）斜面培养基组成（%）：淀粉1.0、硫酸铵0.3、氯化钠0.3、玉米浆1.0、碳酸钙0.25、琼脂2.0、pH 7.0~7.2。

（2）摇瓶种子培养基（%）：

a. 淀粉4.0、糊精2.0、蛋白胨0.5、葡萄糖1.0、黄豆饼粉1.5、氯化钠0.4、硫酸铵0.25、$MgSO_4 \cdot 7H_2O$ 0.05、KH_2PO_4 0.02、$CaCO_3$ 0.6，pH 7.0。

b. 淀粉3.0、黄豆饼粉2.0、玉米浆0.4、花生饼粉0.5、葡萄糖2.5、硫酸铵0.5、碳酸钙1.0。

（3）摇瓶发酵培养基（%）：

a. 淀粉4.0、葡萄糖5.0、黄豆饼粉4.5、硫酸铵0.1、KH_2PO_4 0.05、$CaCO_3$ 0.6、pH 7.0。

b. 淀粉2.0、黄豆饼粉3.5、玉米浆0.4、葡萄糖4.0、硫酸铵0.15、$CaCO_3$ 1.0、KH_2PO_4 0.05。

（4）发酵罐培养基（%）：淀粉3.5、黄豆饼粉4.0、葡萄糖2.5、$(NH_4)_2SO_4$ 0.2、玉米浆0.2、氯化钠0.05、$CaCO_3$ 0.8，调pH为7.8。

3. 实验器材

培养皿、刻度吸管、涂布棒、玻璃棒、试管、试管架、烧杯、三角瓶、量筒、硅胶塞、报纸、纱布、线绳、洗耳球、高压锅、超净工作台、恒温培养箱、恒温摇床、发酵罐、恒温水浴锅、分光光度计、pH计、温度计、分析天平、分液漏斗、陶瓦圆盖。

4. 实验试剂

红霉素碱、乙酸丁酯、乙醇、无水 Na_2SO_3、pH 10的碳酸盐缓冲溶液、0.1mol/L HCl溶液、8mol/L H_2SO_4、0.35% K_2CO_3 溶液。

【实验方法与步骤】

实验流程如下：

菌种平板分离→斜面种子制备→液体种子制备→摇瓶发酵→发酵罐发酵→溶酶萃取提取红霉素→硫酸法测定红霉素效价

1. 菌种平板分离

（1）准备工作：将实验所需培养皿10套一组用报纸包好，1mL刻度吸管、金属涂布棒用报纸包好，在烘箱内 160～170℃，2h 进行干热灭菌（温度升到 160℃开始计时）。

将制无菌水的试管各加入 9mL 蒸馏水，塞上硅胶塞，用报纸包好。按斜面培养基配方配制实验所需的斜面培养基，一部分装于三角瓶中，用 8 层纱布加两层报纸包好；另一部分分装于试管中，装量为试管的 1/4，塞上硅胶塞用报纸包好。将无菌水试管、培养基试管和三角瓶进行 121℃，30min 湿热灭菌，灭菌后试管摆斜面凝固好待用。

（2）倒平板：将灭好菌的培养基冷却到用手握瓶颈不烫手（或冷凉到 50℃左右，防止平板上凝结过多的水珠）时，开始倒平板，倒入量约 15mL，加盖后轻轻摇动培养皿，使培养基均匀分布在培养皿底部，待凝后即平板。

（3）梯度稀释：在超净工作台中将冻干管的封口处在酒精灯上灼烧，用无菌水滴到灼烧处，使其受凉破裂，加 2mL 无菌水使受冻孢子迅速分散于无菌水中。

（4）涂布分离：将事先准备好的无菌水试管按 10^{-1}、10^{-2}、$\cdots$、10^{-7} 标上序号，吸取 1mL 孢子悬液，以 10 倍稀释法稀释至 10^{-7}，然后取后 3 个稀释度的稀释液各 0.1mL，分别接于事先倒好培养基的平板上，每个稀释度做 3 个平板，用无菌涂布棒将每个平板涂布均匀。

（5）培养：将涂布好的平板标上所接种的菌种浓度梯度序号，用报纸包好，放到 37℃ 生化培养箱中，湿度 50%左右避光培养 7～10 天。

2. 斜面菌种的培养

对于平板上长出的分泌典型红色链霉菌素的单菌落进行描述记录，并同时制片镜检。然后选择不同型单菌落在超净工作台上，分别接于斜面培养基中，用报纸包好，置 37℃，湿度 50%左右生化培养箱中避光培养 7～10 天备用。

3. 摇瓶种子培养

（1）培养基制作：按照摇瓶种子培养基配方配制所需培养基（液体种子的接种量为发酵液的 10%），配制好后，按每只 250mL 三角瓶 30mL 进行分装，分装好后在 8 层纱布上面附两层报纸用线绳扎口，放于高压锅中 121℃灭菌 30min。

（2）接种：将灭菌好的液体培养基晾凉至 40℃左右。选择色泽鲜艳、孢子丰满、灰白色、没有黑点、背面产生红色及红棕色色素的斜面菌种，在超净工作台上将斜面菌种接一环于摇瓶种子培养基中，去掉报纸，用 8 层纱布包好。

（3）摇瓶培养：将接好菌种的液体种子三角瓶放于恒温摇床，转速 140r/min，28℃培养 48～52h。

4. 摇瓶发酵培养

（1）培养基制作：按照发酵培养基配方配制所需培养基，后面步骤同摇瓶种子培养基制作方法。

（2）接种：将发酵培养基冷却后，在超净工作台上将液体种子按 10%的接种量接入发酵瓶中，同时将灭过菌的 1.0%正丙醇接入发酵液，去掉报纸，用 8 层纱布包好。发酵过程中加入丙醇作为前体物质可以明显提高红霉素的产量，显然丙醇直接参与红霉内酯环的合成。但丙醇还是能抑制菌丝生长，其抑制程度与其浓度相对应。

（3）培养：将接种好的发酵瓶放入恒温摇床上 28℃培养 166～180h，摇瓶转速 140r/min。

5. 发酵罐发酵

（1）液体种子培养：从斜面种子上挑取 $1cm^2$ 左右的菌落，接种到已灭菌的装有 70mL

液体种子培养基的 500mL 三角瓶中，摇床转速为 220r/min，在温度 34℃和相对湿度为
40%～45%的条件下培养 48h。

（2）发酵罐发酵：15L 发酵罐装入发酵培养基（灭菌后培养基体积约为 7L），通入蒸汽
进行培养基实消，灭菌完后，温度降到 35℃左右，将种子液按 10%的接种量接入发酵罐，
每分钟通入单位体积发酵液的空气体积为 1.2L，搅拌转速为 200～600r/min，培养温度为
34℃，罐压为 0.05MPa，发酵过程中 pH 控制为 6.8～7.1，DO 控制在 30%以上。采用间
歇式补料。培养周期为 185h。

（3）补料方法。

硫酸铵溶液（8%）：根据氨基氮（NH_2-N）的水平补加，当 NH_2-N 低于 0.4g/L 时开
始补加。

正丙醇溶液（2%）：24h 后，可视红霉素的生产情况采用低速流加（参考速率为
0.15mL/h）。

葡萄糖溶液（45%）：待发酵液中碳源基本耗尽，还原糖（RS）含量降至 0.01g/L 时开
始补加葡萄糖溶液，但应将发酵液中 RS 控制在 0.5g/L 以下。

豆油：由于红霉素链霉菌能以豆油为碳源，可在 pH 回升至 7.1 时补加豆油。

6. 发酵液预处理

（1）取发酵液 50mL 一份，用定性滤纸测定发酵液的滤速（每 5min 所得滤液量，mL）
并记录。

（2）按每份发酵液 50mL 取 5 份，按下列方法进行预处理：①加氢氧化钠调 pH 8.5～9.0，
加碱式氧化铝固体 1.5g，搅拌几分钟后观察凝聚情况；②用盐酸调 pH 2.5～3.0，加碱式氧化
铝固体 0.8g，搅拌几分钟后观察凝聚情况；③调 pH 2.5～3.0，加 $ZnSO_4$ 固体 1.5g，再加黄
血盐 1.6g，搅拌几分钟后观察凝聚情况；④调发酵液 pH 9，加碱式氧化铝固体 0.8g，搅拌几
分钟后，加高分子絮凝剂 2mL；⑤加 $ZnSO_4$ 固体 1.5g，搅拌几分钟后调 pH 8～8.5，加高分
子絮凝剂 2mL。

（3）将上述预处理好的发酵液进行以下测定：①絮体沉降速率测定：沉降 10min，测定
发酵液固液相界面下移的距离，计算得絮体沉降速率；②絮凝发酵液过滤速率测定：取相同
体积的絮凝后发酵液用滤纸过滤，测定每 5min 通过漏斗的滤液量，计算得絮凝发酵液过滤
速率；③滤液透光度测定：采用吸光光度法测定滤液的透光度，吸收波长取 610nm，以水
作为空白对照。

（4）记录实验结果：不同凝聚剂、絮凝剂对发酵液絮体沉降速率、絮体过滤速率、滤液
透光度的影响。

7. 溶媒萃取法提取红霉素

发酵液经过预处理后，进行过滤。吸取一定量发酵液滤液用 0.35% K_2CO_3 溶液根据
标准曲线确定好的倍数进行稀释，取稀释液 20mL 于分液漏斗中，加入乙酸丁酯 20mL，
振荡 0.5min，静置分层，排出下层液（水相）后，加无水 Na_2SO_3 1g 左右于乙酸丁酯中，
振荡 0.5min，以液体透明为准。吸取此脱水液 10mL 于另一个干燥分液漏斗中准确加入
0.1mol/L HCl 10mL 振荡 0.5min，静置分层，将下层 HCl 溶液放入试管中，此溶液即为
红霉素提取液。

8. 红霉素效价的测定

1）管碟法测定效价

该法系抗生素在琼脂培养基内的扩散作用，比较标准品与供试品两者对接种的实验菌产生抑菌圈的大小，以测定供试品效价的一种方法。

（1）培养基的制备：蛋白胨 5g，牛肉浸出粉 3g，磷酸氢二钾 3g，琼脂 15～20g，水 1000mL。除琼脂外，混合上述成分，调节 pH，使其比最终 pH 高 0.2～0.4，加入琼脂，加热熔化后过滤，调节 pH，使其灭菌后为 7.0～8.0，在 115℃灭菌 30min。

（2）短小芽孢杆菌菌悬液制备：取短小芽孢杆菌 [CMCC（B）63 501] 的营养琼脂斜面培养物，接种于盛有营养琼脂培养基（pH 7.8～8.0）的培养瓶中，在 35～37℃培养 7 天，用革兰氏染色法涂片镜检，应有芽孢 85％以上。用无菌水将芽孢洗下，在 65℃加热 30min 备用。

（3）红霉素标准品溶液的制备：红霉素分子式为 $C_{37}H_{67}NO_{13}$，标准品的理论计算值为 953U/mg。标准品的使用和保存，应按照标准品说明书的规定进行。红霉素标准品的稀释浓度范围为 5.0～20.0U/mL。按照稀释浓度范围，用 pH 7.8 的灭菌缓冲液制作红霉素标准品的浓度梯度。

（4）供试品溶液的制备：精密量取适量红霉素发酵液，按估计效价稀释至与标准品相当的浓度。

（5）双碟的制备：取直径约 90mm、高 16～17mm 的平板双碟，分别注入加热熔化的短小芽孢杆菌 [CMCC（B）63 501] 的营养琼脂 20mL，使其在碟的底部均匀摊布，置水平台上使其凝固，作为底层。另取培养基适量加热熔化后，冷却至 50～60℃，加入规定的实验菌悬液适量（能得到清晰的抑菌圈为度。二剂量法标准溶液的高浓度所致的抑菌圈直径在 18～22mm，三剂量法标准溶液的中心浓度所致的抑菌圈直径在 15～18mm），摇匀，在每一双碟中分别加入 5mL，使其在底层均匀摊布，作为菌层。置于水平台上冷却后，在每一双碟中以等距离均匀安置不锈钢小管 [内径为（6±0.1)mm，高为（10.0±0.1)mm，外径为（8.0±0.1)mm] 4 个（二剂量法）或 6 个（三剂量法），用陶瓦圆盖覆盖备用。

（6）检定法。①二剂量法：取照上述方法制备的双碟不得少于 4 个，在每一双碟中对角的 2 个不锈钢小管内分别滴装高浓度及低浓度的标准溶液，其余 2 个小管内分别滴装相应的高低两种浓度的供试品溶液；高低浓度的剂距为 2∶1 或 4∶1。在温度 35～37℃下培养 14～16h 后，测量各抑菌圈直径（或面积），按照生物检定统计法进行可靠性测验及效价计算；②三剂量法：取照上述方法制备的双碟不得少于 6 个，在每一双碟中间隔的 3 个不锈钢小管内分别滴装高浓度（S_3）、中浓度（S_2）及低浓度（S_1）的标准溶液，其余 3 个小管中分别滴装相应的高、中、低 3 种浓度的供试品溶液；高、低浓度的剂距为 1∶0.8。在温度 35～37℃下培养 14～16h 后，测量各抑菌圈直径（或面积），按照生物检定统计法进行可靠性测验及效价计算。

2）硫酸法测定效价

（1）红霉素标准品称取。称取标准品，用缓冲液稀释至 100mL。

标准品要折算至每 1000U/mL 来称，折算方法：100×100÷标准品效价倍数＝应称取之量。

标准品重×效价÷1000＝总 mL 数（每 mL 含 1000 个单位），然后再吸出 10mL 稀释到 100mL。

（2）标准曲线测定：精密称取适量红霉素标准品加少量乙醇溶解后，稀释成 100U/mL 的红霉素标准液，取 6 支试管，分别标号，按表 3-2 制作系列标准管。

表 3-2　标准曲线测定表

管号	1	2	3	4	5	6
标准溶液量/mL	0	1	2	3	4	5
加水量/mL	5	4	3	2	1	0
标准管的浓度/(U/mL)						

将标准系列管做好后，在每管各加入 8mol/L H_2SO_4 5mL，并振摇均匀于 50℃水浴中保温 30min，取出冷却，于 483nm 处进行比色，以蒸馏水为空白对照，以光密度为纵坐标，红霉素浓度为横坐标，绘出曲线，所得曲线应为直线。

（3）样品测定：将溶媒萃取法得到的红霉素提取液取 5mL 放入试管中加入 8mol/L H_2SO_4 5mL 摇匀放入 50℃水浴中，保温 30min 取出冷却，在 483nm 处进行比色，以蒸馏水为空白对照，以得到的光密度读数查标准曲线。

查出数×稀释倍数＝效价

【实验结果与分析】

（1）观察分离平板上生长的菌落，看菌落分布是否均匀，分离操作是否规范。

（2）写出平板分离出的菌落特征。看分离出来的菌落色泽、孢子颜色、背面产生的色素是否符合红色链霉菌菌种的特征。如不理想请分析原因。

（3）闻一下平板斜面培养的菌种，是否有红霉素特有的气味散发出来。并分析原因。

（4）从斜面和平板所镜检的菌体是否可观察到孢子，从种子培养基中所镜检的菌体是否可观察到比较密集的菌丝，并分析原因。

（5）测定发酵液中总糖（TS）和还原糖（RS）含量（费林氏定糖法）。

（6）计算发酵液中红霉素的效价。

【注意事项】

（1）制作固体培养基时应注意将琼脂完全溶解后，才能分装试管。

（2）在液体培养时一定要去掉灭菌时包在三角瓶口的报纸，只用纱布来包扎。

（3）发酵罐培养时，前期一定要注意保证发酵罐及相关装置的正常运行，并注意接种前后所取样品的分析，以及 pH、温度和气泡等的变化。

（4）红霉素溶媒萃取时，乙酸丁酯一定要处理后使用，处理方法以 5% K_2CO_3 10mL 加入乙酸丁酯 90mL 振摇分去水层，水层务必分净。

（5）萃取过程中用分液漏斗振摇后一定要静止分层到两层交界清晰。

（6）在测发酵液中红霉素效价时，发酵液的稀释倍数必须根据曲线范围来确定（使光密度＜0.3）。

（7）测红霉素效价时水浴温度一定要保持在（50±1）℃，否则影响结果，使偏高或偏低。

【思考题】

1. 为什么红色链霉菌经固体培养基培养后，培养基背面呈现红色？

2. 为什么在液体培养时要去掉包在瓶口的报纸，只用纱布包扎？

3. 详细叙述红霉素发酵的实验步骤（实验室操作过程）。

4. 溶媒萃取法提取红霉素的原理是什么？

5. 硫酸法测定红霉素效价的原理是什么？

6. 硫酸法测定效价应注意哪几个方面？

实验 3.5　谷氨酸发酵

【实验目的】

(1) 了解谷氨酸的发酵机制，掌握有氧发酵的一般工艺；

(2) 掌握斜面菌种制作、液体种子制作、摇瓶发酵和发酵罐发酵的方法；

(3) 熟练掌握发酵罐的使用方法；

(4) 了解膜过滤除去发酵液中菌体的方法，体会其除菌工艺和常规工艺的区别；

(5) 了解等电点法从发酵液中回收谷氨酸的方法。

【实验原理】

　　谷氨酸是最早的成功利用发酵法生产的氨基酸，谷氨酸发酵是典型的代谢调控发酵。谷氨酸棒状杆菌是代谢异常化的菌种，对环境因子（如氧气、温度、pH、磷酸盐、生物素等）敏感，在适合的条件下经摇瓶培养，可以快速生长而得到大量菌种；而改变特定的环境条件，可使其将糖大量转化为谷氨酸。谷氨酸发酵包括氨基酸的生物合成和产物的积累两个过程。由葡萄糖在谷氨酸产生菌的作用下生物合成谷氨酸，包括糖酵解途径（EMP）、磷酸己糖途径（HMP）、三羧酸循环（TCA）、乙醛酸循环、伍德-沃克曼反应（CO_2 的固定反应）等，谷氨酸产生菌糖代谢的一个重要特征是 α-酮戊二酸氧化能力微弱，尤其在生物素缺乏的条件下，三羧酸循环到达 α-酮戊二酸时代谢即受阻，在铵离子存在下，α-酮戊二酸由谷氨酸脱氢酶催化，经还原氨基化反应生成谷氨酸。由于产生菌为生物素缺陷型的工程菌株，细胞膜合成不完整，谷氨酸可轻易排出菌体外。发酵完成后，可用膜材料去除发酵液中的菌体，因为膜材料是具有一定孔径的高分子材料，由于合成方法的不同而具有不同大小的孔径。选择合适的膜材料，能有效地进行物料的固-液分离。膜过滤收集的原液可利用谷氨酸的两性解离与等电点性质，通过加盐酸将发酵液调至谷氨酸的等电点 pH 3.22，使谷氨酸呈过饱和状态结晶析出，回收谷氨酸。

【实验器材与试剂】

1. 原料

淀粉水解糖液（葡萄糖含量约 30%）、甘蔗糖蜜、玉米浆、谷氨酸产生菌 BL-115。

2. 培养基

斜面培养基配方（%）：葡萄糖 0.1、蛋白胨 1.0、牛肉膏 1.0、氯化钠 0.5、琼脂 2.0，pH 7.0。

液体种子培养基配方（%）：葡萄糖 2.5、尿素 0.5、硫酸镁 0.04、磷酸氢二钾 0.1、玉米浆 2.5～3.5、硫酸亚铁、硫酸锰各 2×10^{-6}，pH 7.0。

发酵培养基配方（％）：葡萄糖 11、糖蜜 0.3、玉米浆 0.1～0.15、K_2HPO_4 0.1、$MgSO_4$ 0.06、KOH 0.04、$MnSO_4$ 和 $FeSO_4$ 各 2×10^{-6}、玉米浆粉 0.125、消泡剂 0.01，pH 7.0。

3. 实验器材

试管、烧杯、三角瓶、移液管、量筒、一次性注射器、电子天平、超净工作台、高压灭菌锅、恒温培养箱、恒温摇床、显微镜、分光光度计、小型发酵罐及发酵设备、华勃氏呼吸器、检压管、反应瓶等。

4. 实验试剂

布氏检压液：称取牛胆酸钠 5g、氯化钠 25g、伊文氏（Evan）蓝 0.1g，用少量水溶解后定容至 500mL，用精密密度计测定密度，用水或氯化钠溶液调整密度至 1.033。

pH 4.8～5.0 的 2mol/L 的乙酸-乙酸钠缓冲液：称取化学纯乙酸钠 27.2g，加蒸馏水溶解，加乙酸调 pH 至 4.8～5.0，用蒸馏水定容至 100mL。

pH 4.8～5.0 的 0.5mol/L 乙酸-乙酸钠缓冲液：称取乙酸钠 68.04g，用蒸馏水溶解并定容至 1000mL，用冰醋酸调 pH 4.8～5.0。

2％大肠杆菌酶液：称取大肠杆菌酶粉 2g，溶解于 100mL 0.5mol/L 乙酸-乙酸钠缓冲液（pH 4.8～5.0）中。

【实验方法与步骤】

工艺流程：

斜面种子的制备→液体种子制备→摇瓶发酵→发酵罐发酵

1. 斜面种子的制备

（1）斜面培养基制备：将试管清洗干净，晾干，按照斜面培养基配方配制所需斜面培养基，加热，等培养基成分完全溶解后，分装于试管中，装量为试管的 1/5～1/4，塞好棉塞，并 7 支一组扎好，放入高压灭菌锅，121℃，30min 进行灭菌。灭菌完成后将试管取出摆斜面冷却。

（2）接种：将冷却后的斜面在 37℃培养箱中培养 24h，检查无菌后，将保存的谷氨酸产生菌 BL-115 原种，在超净工作台中用划线法接种到新制的斜面培养基上。

（3）培养：将接种好的斜面试管放入恒温培养箱中 37℃培养 24h，制成斜面菌种。

2. 三角瓶液体种子培养

（1）培养基配制：按液体种子培养基配方配制所需培养基，按 20％装液量分装后，于 121℃灭菌 30min 冷却备用。

（2）接种培养：将斜面菌种接入已灭菌冷却的种子培养基中（250mL 三角瓶内接入 1～2 环）于（32±1）℃、250r/min 条件下培养 12h。

一级种子质量要求：种龄 12h，pH 6.4±0.1，光密度：净增 OD 值 0.5 以上，无菌检查阴性，噬菌体检查阴性。

3. 三角瓶摇瓶发酵

（1）发酵培养基配制：按照发酵培养基配方配制发酵培养基（消泡剂不用加），并按 20％装液量分装于 250mL 三角瓶中，用 NaOH 溶液调 pH 7.20，于 121℃灭菌 20min 冷却备用。

（2）发酵：按 8％～10％的接种量在发酵培养基中接入合格的三角瓶液体种子，于

（35±1）℃、250r/min 条件下发酵 35h，发酵过程中，4h 后开始用无菌注射器补入尿素，尿素流加按 pH 进行控制，即 8h 前 pH 7.0～7.6；8h 后 pH 7.2～7.3；20～24h pH 7.0～7.1；24～35h，pH 6.5～6.6。尿素流加总量为 4%。从第 10h 开始每隔 4h 补糖一次，每次补入 1% 的水解糖液，在发酵 26h 前补入 4% 的水解糖液。

（3）镜检及谷氨酸测定：在 8h 及 24h 时分别各取样一次进行镜检，经单染后观察菌体形态，发酵结束后，用华勃氏呼吸器测定发酵液中谷氨酸含量。

4. 发酵罐发酵生产谷氨酸

1）一级菌种的制备

一级种子的培养目的在于制备大量高活性菌体。用 1000mL 三角瓶装 200mL 培养基，8 层纱布，两层报纸封口，0.1MPa 灭菌 30min，冷却后接入 1/3 斜面菌苔，置于冲程 7.2cm、频率为 97 次/min 的往复摇床上培养 12h，培养温度为 30～32℃。如果是旋转式摇床转速为 170～190r/min。

一级种子质量标准：种龄 12h，ΔA（560nm 吸光度净增值）>0.5，RG（残糖）0.5% 以下，pH 6.4±0.1。

2）二级菌种的制备

二级种子的培养目的在于培养和发酵罐体积及培养条件相称的高活性菌体，制作方法同一级种子，培养基冷却后，将一级种子以 10% 的接种量接入培养基，培养条件同一级种子，培养时间为 7～8h（二级种子的培养基的量按照发酵培养基的 10% 来定）。

二级种子的质量标准为：种龄 7～8h，ΔA_{560}≥0.6，pH 7.2，无菌检查阴性，噬菌体检查阴性。

3）发酵罐发酵

（1）发酵罐空消：谷氨酸发酵是有氧发酵，发酵罐由蒸汽管道、空气管道、加料出料管道等组成，在实验之前先对发酵罐进行空消。空消时间为 30min，压力为 0.11～0.12MPa。注意空消时允许蒸汽直接进入发酵罐，但同时必须注意要将夹套接通大气，防止高温产生的高压将夹套挤破。

（2）培养基配制：按工艺要求配制发酵培养基，70L 发酵罐定容至 49L，50L 发酵罐定容至 35L，实际配料时定容到预定体积的 75% 左右（即 70L 发酵罐定容至 37L），另 25% 体积为蒸汽冷凝水和种子液预留。

尿素配成质量分数为 40% 的溶液，装在 1000mL 的三角瓶中，每瓶装 800mL。分消备用。

配制 50% 的葡萄糖溶液 10L 装入试剂瓶中，用橡胶塞封口。橡胶塞上安装有出料管和通气管，通气管上连接微孔过滤器，8 层纱布封口后，0.1MPa 灭菌备用。

（3）实消：打开罐盖上的加料口，将培养基加入发酵罐，拧紧加料口螺母（注意不要拧得太紧，以免损坏密封圈）。通蒸汽进行实消，为了减少冷凝水的产生，实消开始时，先打开进夹套的蒸汽阀和夹套下的排水阀，并开启搅拌。当温度到 90℃ 时，关闭夹套进气阀，开启发酵罐内的蒸汽阀，并继续升温到灭菌温度 115℃，保温时间 5min。到时间后，用冷却水进行冷却。发酵液冷却到 40℃ 左右时，通过蠕动泵加第一次尿素，添加量为 0.6%～1.0%（添加量按菌种的脲酶活性大小和菌体同化能力的大小而定）。

（4）接种：将实验制备的二级种子接入发酵罐。接种时，先缓慢将罐压降低到 0.01MPa，关小进气阀，在接种口上绕上酒精棉点燃，用钳子打开罐顶接种口，并将接种阀放在装有 75％乙醇的烧杯中，防止污染。将菌种液以 10％的添加量，在火焰封口的情况下倒入发酵罐，盖上接种阀，旋紧。

（5）发酵过程的控制。

a. 发酵过程中糖的控制。在发酵残糖降低到 5.5％时，用蠕动泵加入 1kg 的糖浆，待残糖再降到 5.5％左右时，加入 1kg 的糖浆，如此往复。当菌种活力降低时，即耗糖减慢、pH 不易下降时，停止流加，直至发酵结束，这种方法称为间歇流加。另一种是在残糖降低到 5.5％时，开启流加蠕动泵，调整流加速度缓慢将糖浆泵入发酵罐（1000mL/h），使糖的流加和同化基本同步，直至发酵结束，这种方法称为连续流加。

b. 温度控制。谷氨酸发酵前期（0～12h）为长菌期，应在菌体生长的最适条件下进行，如果温度过高，菌种容易衰老，在发酵上表现为吸光度增长低，pH 高，耗糖慢，发酵周期长，谷氨酸产量低。在发酵中期和后期，菌体生长已基本停止，进入产酸期，为了形成大量谷氨酸，需要适当提高温度，以促进谷氨酸产生。根据菌体特点，一般可采用二级或三级温度管理方式，即前期长菌阶段温度控制在 30～32℃，发酵中期和后期温度控制在 34～36℃。

c. pH 控制。发酵过程中产物的积累导致 pH 下降，而氮源的流加（氨水、尿素）导致 pH 升高，发酵中，当 pH 降到 7.0～7.1 时，关小液氨阀，控制 pH 稳定在 7.1～7.2，直至发酵结束。

长菌期（0～12h）控制 pH 为 6.8～7.0（由尿素流加量、风量和搅拌转速来调节）。

产酸期（12h 后）将 pH 控制在 7.2 左右。

4）放罐

当残糖在 1％以下且耗糖缓慢（<0.15％/h）或残糖<0.5％时，即达到放罐标准，应及时放罐。

5）发酵过程分析

发酵过程中，按以下频次测定、记录以下指标：pH、风量、还原糖、A_{560}、温度 1 次/h、谷氨酸 1 次/4h，发酵 12h 起开始测定。

6）发酵过程中谷氨酸含量测定

发酵液中谷氨酸含量的测定，普遍使用华勃氏呼吸器，利用专一性较高的大肠杆菌 L-谷氨酸脱氢酶，在一定温度（37℃）、一定 pH（4.8～5.0）和固定容积的条件下，使 L-谷氨酸脱羧生成二氧化碳。通过测定反应系统中气体压力的升高，可计算出反应生成的二氧化碳的体积，然后换算成式样中谷氨酸的含量。实验步骤如下。

（1）检压管及反应瓶的准备：将标定完反应瓶常数的检压管及反应瓶磨砂口上的高真空油脂用毛边纸擦拭干净，再用棉花蘸少量二甲苯擦一次，用自来水清洗干净后再用稀洗液浸泡约 3h，用自来水洗净，蒸馏水淋洗 2 次，去水后低温烘干。

在检压管下端安上一干净的短橡皮管，橡皮管末端用玻璃珠塞住。小心将检压管固定在金属板上，在橡皮管内注入检压液。

打开三项活塞，旋动螺旋压板，检压液应能上升到刻度处，液柱必须连续，不能有气泡，两边高度应一致。

（2）发酵液的稀释：本法要求式样含谷氨酸 0.05％～0.15％，否则生成二氧化碳太多，压力升高太大以至超过检压管刻度而无法读数。一般发酵终了发酵液含谷氨酸 6％～8％，故应稀释 50 倍，即吸取发酵液 2mL，放入 100mL 容量瓶中，用蒸馏水稀释至刻度，摇匀即可。

（3）加液：分别吸取稀释过的发酵液 1mL、pH 5.0 乙酸-乙酸钠缓冲液 0.2mL 和蒸馏水 1.0mL，置于反应瓶主室，另吸取 0.3mL 2% 大肠杆菌谷氨酸脱羧酶液置于反应瓶侧内室，使总体积为 2.5mL。主侧二室瓶口均以活塞脂涂抹，旋紧瓶塞，将反应瓶用小弹簧紧固在检压管上，将检压计装在仪器的恒温水浴振荡器上。

（4）预热：将仪器的电源接通，调节水浴温度为 37℃，打开三通活塞，旋动螺旋压板，调节液面高度在 250mm 以上，开启振荡，使其在 37℃ 水浴中平衡约 10min。

（5）初读：关闭三通活塞，调节右侧管液面在 150mm 处，再振荡约 5min，左侧管液面达到平衡后，记下读数 H_1(mm)。若 H_1 变化较大，则需要重新平衡。

（6）反应：记下 H_1 后，用左手指按紧左侧管口，立即取出检压计迅速将酶液倒入主室内（不要倒入中央小杯里），稍加摇动后放回水浴中，放开左手指，继续振荡让其反应，20min 后调节右侧液面于 150mm 处，振荡 3min 开始读数，继续振荡 3min 后再读数，直至左侧液柱不再上升为止。记下反应完的左侧管读数 H_2 mm。

（7）空白实验：由于测压结果与环境温度、压力有关，故测定时需同时做一个空白对照。空白对照瓶不将酶液倒入主室反应即可，或者在反应瓶内置入 2.5mL 蒸馏水代替，同样进行初读和终读，其差值即空白数 H。空白读数之差可为正值或负值。

（8）计算：

$$谷氨酸含量(g/100mL) = (H_2 - H_1 - H) \times K \times N \times 100 \div 1000$$

式中，K 为常数；N 为稀释倍数；H_2、H_1、H 为检压管反应后、反应前和空白管的读数。

5. 谷氨酸的等电回收及精制

等电点方法是谷氨酸提取方法中最简单的一种，其具有设备简单、操作方便、投资少等优点。等电点法提取谷氨酸可以在去除谷氨酸棒杆菌菌体的情况下进行，也可在不经除菌的条件下进行；发酵液可以经浓缩处理，也可不经浓缩处理；可以在常温下操作，也可以在低温下操作。在常温下等电点母液含谷氨酸 1.5%～2.0%，一次提取收率较低，仅 60%～70%；采用一次冷冻低温等电点提取工艺，一般收率可达 78%～82%，母液谷氨酸含量为 1.2% 左右。以下是低温等电点提取谷氨酸操作要点。

（1）将除过菌的发酵液先测定一下体积、pH、谷氨酸含量和温度，开始搅拌。若放罐的发酵液温度高，应先将发酵液冷却到 25～30℃，消除泡沫后再开始调 pH。用盐酸调到 pH 5.0，开始流量可以大一点，但要均匀，防止局部偏酸。

（2）当 pH 达到 4.5 时，应放慢加酸速度，在此期间应注意观察晶核形成情况，若观察到有晶核形成，应停止加酸，搅拌育晶 2～4h。若发酵不正常，产酸低于 4%，虽调 pH 到 4.0，仍无晶核出现，遇到这种情况可适当将 pH 降至 3.5～3.8。

（3）搅拌育晶 2h 后，继续缓慢加酸，耗时 4～6h，调 pH 3.0～3.2，停止加酸复查 pH，搅拌 2h 后开大冷却水降温，使温度尽可能降低。

（4）到等电点 pH 后，继续搅拌 16h 以上，停止搅拌静置沉淀 4h，关闭冷却水，吸去上层菌液至近谷氨酸层面时，用真空将谷氨酸表层的菌体和细谷氨酸抽到另一容器里回收。取出底部谷氨酸，离心甩干。

【实验结果与分析】

（1）记录谷氨酸 36h 发酵过程中各项指标的变化，并将数据填入表 3-3 中。

表 3-3　谷氨酸发酵过程指标记录表

时间	1	2	3	4	5	6	7	8	9	10	11	12	13	14	15	16	17	18
残糖																		
A_{560}																		
尿素																		
流加																		
pH																		
加糖																		

时间	19	20	21	22	23	24	25	26	27	28	29	30	31	32	33	34	35	36
残糖																		
A_{560}																		
尿素																		
流加																		
pH																		
加糖																		

（2）通过谷氨酸的发酵生产过程，绘制发酵过程中谷氨酸产量-pH 曲线、谷氨酸产量-时间曲线、谷氨酸产量-菌体量曲线。

【注意事项】

（1）菌种的污染势必导致发酵的失败，轻者产酸量下降，严重的不积累产物，因此，在菌种制备的整个过程中，都要牢固树立无菌概念。

（2）斜面培养完成后，要仔细观察菌苔生长情况，菌苔的颜色和边缘等特征是否正常，有无感染的征象。对质量有怀疑的应坚决不用。

（3）生产中使用的斜面菌种不宜多次移接，一般只移接 3 次（3 代），以免由菌种的自然变异而引起菌种退化。因此，有必要经常进行菌种的分离纯化，不断提供新的斜面菌株供生产使用。

（4）发酵罐灭菌时，蒸汽温度高，注意不要被烫伤。

（5）实消时冷凝水的数量与蒸汽压力、环境温度密切相关，因此，配料时的实际定容需要做预备实验确定。

（6）等电回收的工艺基础在于它的低溶解性，由于低温能显著降低谷氨酸在等电点的溶解度，所以，现代工业中普遍采用冷冻等电点法。

（7）观测到晶体后，要停止搅拌 2h 育晶，否则产物无法沉淀。

【思考题】

1. 为什么一级种子的 pH 在 6.4±0.1 的范围，而二级种子的 pH 在 7.2 左右？

2. 为什么以尿素为氮源的发酵控制中，增加风量和提高溶氧会造成发酵液 pH 的上升？

3. 哪些因素可影响谷氨酸的等电沉淀？

4. 如何控制晶体的生长？

实验 3.6　D-核糖发酵

【实验目的】

(1) 通过 D-核糖生产菌原生质体诱变育种实验，掌握原生质体的制备技术及质量监控，并掌握 D-核糖生产菌原生质体诱变的原理；

(2) 通过 D-核糖发酵实验，了解 D-核糖发酵的基本原理，掌握 D-核糖发酵的基本方法；

(3) 通过测定发酵液中 D-核糖含量实验，了解 D-核糖含量测定的基本原理，掌握 D-核糖含量测定的基本方法；

(4) 通过用离子交换法提取 D-核糖实验，了解离子交换法提取 D-核糖的基本原理；

(5) 掌握离子交换法提取 D-核糖的基本方法，了解离子交换分离方法的广泛用途。

【实验原理】

D-核糖是生物体内遗传物质核酸的重要组成成分，是生命代谢最基本的能量来源，在核苷类物质、蛋白质及脂肪代谢中处于枢纽位置，具有重要的生理功能及广阔的应用前景。

发酵工业中应用的高产菌种，几乎还都是通过诱变育种来大大提高生产性能的菌株，本实验是采用化学诱变剂乙基磺酸乙酯，认为其可以引起碱基的错误配对，从而引起多种类型突变，如转换、颠换、缺失和移码突变，还能诱发染色体畸变。其原因是菌株通过酶解作用，使其细胞壁脱除，细胞在高渗溶液中释放出只含细胞膜的球状体，称为原生质体。原生质体诱变是用不同的诱变剂处理原生质体，以诱发各种遗传突变，然后采用简便、快速和高效的筛选方法，从中筛选出所需要的变异株。采用这种方法的微生物突变频率比自发突变大幅度提高，但所诱发的遗传性状的改变是随机的，因而需要进行大量筛选。故原生质体诱变育种至今仍是菌种改良的主要方法之一。

通过化学诱变方法筛选的芽孢杆菌属的转酮醇酶变异株具有生产 D-核糖的能力。核糖是由葡萄糖经磷酸戊糖途径里的氧化性途径所产生，高产菌株中还进一步以 D-葡糖酸为中间产物，走与葡萄糖脱氢酶和葡糖酸激酶有关的支路，生成核糖，从而使核糖有可能大量积累。核糖生成途径如下。

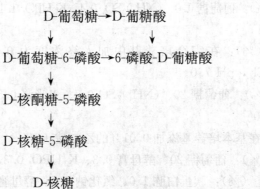

D-葡萄糖→D-葡糖酸

D-葡萄糖-6-磷酸→6-磷酸-D-葡糖酸

D-核酮糖-5-磷酸

D-核糖-5-磷酸

D-核糖

在浓盐酸的作用下，戊糖脱水形成糠醛，糠醛能与地衣酚（苔黑酚或称 3，5-二羟基甲苯）反应，生成蓝绿色物质，其颜色深浅程度与戊糖含量的关系服从吸收定律。1907 年，比尔发现，加少量氯化铁可增加反应的灵敏度，己糖也能发生反应，但只能产生灰绿色甚至棕色沉淀。此反应常用于鉴定戊糖和核糖核酸。反应方程式如图 3-2 所示。

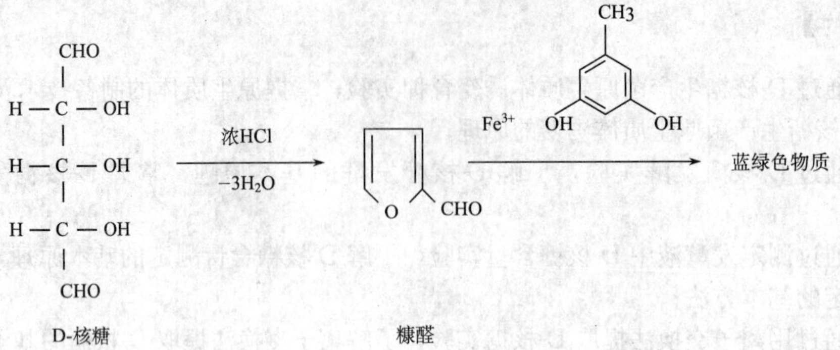

图 3-2　D-核糖鉴定反应原理

　　由于 D-核糖是通过葡萄糖在乙二酸营养缺陷型突变株菌种存在下发酵而得，其发酵液中不可避免地含有多种阴阳离子、色素，除核糖外的其他五碳糖、六碳糖、磷酸酯及蛋白质等大分子杂质。为得到纯的结晶 D-核糖，对发酵液进行分离提纯十分必要。将发酵液分别采用阴、阳离子交换柱除去 Ca^{2+}、Mg^{2+}、Fe^{3+}、SO_4^{2-}、Cl^-、$C_2O_4^{2-}$、PO_4^{3-} 等离子，聚丙烯平板膜、聚砜中空纤维膜除去蛋白质等大分子与机械杂质，吸附树脂脱色处理，得到预处理后的 D-核糖液。将其流过强酸型阳离子交换树脂，D-核糖优先吸附在树脂上，再用水将其解吸，进而得到结晶 D-核糖。

【实验器材与试剂】

1. 菌种

产 D-核糖的枯草芽孢杆菌；枯草芽孢杆菌（*Bacillus subtilis*）转酮醇酶变异株。

2. 培养基

1）D-核糖生产菌原生质体诱变育种所用培养基

完全培养基（%）：葡萄糖 1.0、牛肉膏 1.4、蛋白胨 0.7、酵母膏 0.4、琼脂 2.0、氯化钠 0.5，pH 7.0。

基本培养基（%）：葡萄糖 1.0、$(NH_4)_2SO_4$ 0.4、K_2HPO_4 1.4、KH_2PO_4 0.6、$MgSO_4 \cdot 7H_2O$ 0.02、琼脂 2.0，pH 6.5。

再生培养基（%）：在完全培养基中加入终浓度为 0.5mol/L 的蔗糖和终浓度为 0.02mol/L 的 $MgCl_2$，pH 7.0。

发酵培养基（%）：葡萄糖 20、$(NH_4)_2SO_4$ 0.7、玉米浆 0.5、酵母粉 0.4、$MgSO_4$ 0.05、$CaCO_3$ 2.0，pH 7.0。

补充培养基：在基本培养基添加 0.01% 的乙二酸。

种子培养基（%）：葡萄糖 20、酵母膏 0.3、K_2HPO_4 0.3、KH_2PO_4 0.1，pH 7.0。

LB 固体培养基（%）：胰蛋白胨 1.0、氯化钠 0.5、酵母膏 1.0，pH 7.0。

2）D-核糖发酵所用培养基

基本培养基（%）：葡萄糖 1.0、$(NH_4)_2SO_4$ 0.4、K_2HPO_4 1.4、KH_2PO_4 0.6、$Mg_2SO_4 \cdot 7H_2O$

0.2、生物素 0.0004、腺嘌呤 0.0068、琼脂 2.0，pH 6.7。

补充培养基：在基本培养基中添加 0.01% 的乙二酸。

完全培养基（%）：葡萄糖 1.0、牛肉膏 1.4、蛋白胨 0.7、酵母膏 0.4、琼脂 2.0，pH 7.0。

种子培养基（%）：葡萄糖 2.0、酵母膏 0.36、K_2HPO_4 0.3、KH_2PO_4 0.1，pH 7.0。

发酵培养基（%）：葡萄糖 20.0、玉米浆 2.7、$(NH_4)_2SO_4$ 0.7、$CaCO_3$ 2.6、$MnSO_4 \cdot 4H_2O$ 0.005，pH7.0。

3. 实验器材

试管、三角瓶、培养皿、移液管、电子天平、高压灭菌锅、超净工作台、生化培养箱、恒温摇床、显微镜、定氮仪、糖量计、黏度计、紫外分光光度计、pH 测定仪、电热鼓风干燥箱、离心机、电热恒温水浴箱。

发酵液中的离子采用岛津 LC-6A 高效液相色谱仪；蛋白质采用 756MC 型紫外可见分光光度计（280nm、牛血清白蛋白校正）；脱色率采用铂-钴目视比色法；D-核糖及其他糖类化合物采用岛津 LC-6A 高效液相色谱仪（2410R I 检测器；Sugarpark I 色谱柱）进行测定。

4. 实验试剂

高渗溶液：在 0.5mol/L 的蔗糖溶液中加入 0.02mol/L 的顺丁烯二酸调 pH 为 6.5，再加入 0.02mol/L 氯化镁。

溶菌酶溶液：用高渗溶液配制浓度为 2mg/mL 的酶液，微孔滤膜过滤除菌。

1×A 缓冲溶液：K_2HPO_4 105g、KH_2PO_4 45g、$(NH_4)_2SO_4$ 10g、二水合柠檬酸钠 5g，加蒸馏水到 1000mL，pH 7.0，再稀释 10 倍即成 1×A 缓冲溶液。

化学诱变剂［乙基磺酸乙酯（ethyl ethone sulphonate）］：0.03mL（原液放在冰柜里）。

0.1% $FeCl_3$ 的浓盐酸（36%～38% 体积分数）溶液。

1% 地衣酚乙醇（99%）溶液。

D-核糖标准液：称取 D-核糖标准品 0.01g 用蒸馏水定容至 300mL，配成浓度为 100μg/3mL 的标准液。

732 强酸型阳离子交换树脂。

201×7 阴离子交换树脂。

001×7 阳离子交换树脂。

NK-II 树脂。

聚丙烯平板膜。

聚砜中空纤维（截断分子质量 9000Da）。

【实验方法与步骤】

1. D-核糖生产菌原生质体诱变育种

（1）准备阶段：将活化后的出发菌株接入液体完全培养基中，35℃振荡培养，定时取样测定菌体生长量，绘制生长曲线，确定菌株达到对数生长期所需的时间，用对数生长期的菌体进行原生质体的制备及诱变。

（2）种子培养：将一环菌落接种于装有 25mL 种子培养基的 250mL 三角瓶中，于旋转式摇床 170r/min，35℃培养 24h。

（3）发酵培养：将摇瓶种子以 10% 接种量接入装有 25mL 发酵培养基的 250mL 三角瓶中，于旋转式摇床 170r/min，37℃培养 72h。

(4) 原生质体的制备：取 10mL 初发菌株的培养液，离心。用高渗溶液洗涤收集菌体 3次，将菌体悬浮于 10mL 的高渗溶液中。取 1mL 悬浮液适当稀释后涂布于完全培养基上培养，测定其细胞浓度。取不同体积的菌悬液分别加入对应量的溶菌酶液（菌悬液与酶液的体积和为 10mL），混合后于 36℃ 水浴保温处理，镜检观察原生质体的形成情况，当 90% 以上的细胞变为原生质体时，终止酶的作用，离心收集原生质体，再用高渗溶液洗涤原生质体 2次，将其悬浮于 5mL 的高渗溶液中。

(5) 原生质体的再生：取 1mL 原生质体溶液，用无菌水稀释后涂布于完全培养基上培养，根据形成的菌落数计算原生质体的形成率。另取 1mL 原生质体溶液，用高渗液稀释后涂布于再生培养基上，根据形成的菌落数计算原生质体的再生率。

(6) 乙基磺酸乙酯对原生质体的诱变：取原生质体悬液接种到 10mL 试管中，37℃ 培养过夜，次日早上取 0.1mL 接种到 5mL 试管中，37℃ 培养 5h，离心（3000r/min，10min）后去上清液，加入 5mL 1×A 缓冲溶液，再次离心后加入 3mL 1×A 缓冲溶液。取 0.5mL放到 4.5mL 生理盐水中，并稀释至 10^{-5}，分别取 0.1mL 于 3 个培养皿中，立即倒入熔化的LB 固体培养基，作为对照在活菌计数时用。

准确吸取 2mL 洗涤过的菌液到试管中，在 37℃ 水浴中保温 5min 后，用微量取样器（0.1mL）准确吸取 0.05mL 乙基磺酸乙酯注入菌液中，摇匀，37℃ 保温 30min、45min、60min、75min、90min 后，分别用移液管取 0.1mL 于 3 支盛有 2.4mL 1×A 缓冲溶液的离心管中（冰箱预冷），立即离心，3000r/min，10min。倒去上清液，加入 2.5mL 1×A 缓冲溶液，得到处理后的菌液。

(7) 存活率的测定：分别取 0.5mL 处理过的菌液于 4.5mL 生理盐水试管中，稀释到 10^{-5}、10^{-4}，再分别吸取 0.1mL 于 6 个空培养皿中（各 3 个），立即倒入熔化好的 LB 固体培养基，作为乙基磺酸乙酯诱变处理后的存活率计数用，将对照和处理 LB 平板 37℃ 培养24h，再计数。

(8) 目的菌株的筛选：经乙基磺酸乙酯诱变后的菌株 *B. sems* 适当稀释后，涂布于完全培养基，37℃ 培养 48h，长出的菌落经多次基本培养基和补充培养基对照培养，36℃ 培养48h，得到的菌株在补充培养基上生长而在基本培养基上不生长的纯培养菌，测定得到的突变株无细胞抽提液的转酮醇酶活性，确定是否为转酮醇酶活性缺陷变异株。

2. D-核糖发酵

(1) 菌种的涂布分离：①在超净工作台中将冻干管的封口处在酒精灯上灼烧，用无菌水滴到灼烧处，使其受凉破裂，加 2mL 无菌水使受冻孢子迅速分散于无菌水中；②菌种的分离：吸取 1mL 孢子悬液，以 10 倍稀释法稀释至 10^{-7}，然后取后两个稀释度的稀释液0.1mL，分别接于事先倒好的完全培养基固体平板上，用无菌涂布器依次涂布 2~3 个皿，36℃ 培养 24h。

(2) 斜面菌种培养：对平板上长出的单菌落进行描述记录，并同时制片镜检。然后选择不同型单菌落接入完全培养基斜面上，36℃ 培养 24h。

(3) 摇瓶种子培养：将一环菌苔接种于装有 30mL 种子培养基的 250mL 三角瓶中，在旋转式摇床（转速 250r/min）上 36℃ 培养 24h。

(4) 摇瓶发酵：将摇瓶种子以 10% 的接种量接入装有 30mL 发酵培养基的 250mL 三角瓶中，在旋转式摇床上 36℃ 培养 72h。

(5) 10L 发酵罐发酵：将摇瓶种子以 10% 的接种量接入 7L 的发酵培养基中，控制罐温

36℃，罐压 0.07MPa，通气量 1∶1，以搅拌速度 400r/min 进行发酵，发酵过程中，定时取样测定 pH，菌体生长、还原糖和 D-核糖的量。

（6）产物纸层析鉴定：将发酵液和 D-核糖标准溶液分别点样于新华 1 号滤纸上，展层显色后，样品的 Rf 值与标准品一致，且发酵液中无其他糖类存在。

（7）发酵液指标测定。

pH：用国产精密 pH 试纸测定。

菌体生长：用 0.2mol/L 的 HCl 稀释培养液 30 倍，以新鲜蒸馏水作空白对照，用分光光度计测定培养液在 650nm 处的吸光度，比色杯的光程为 1cm。

还原糖：采用费林氏法测定。

3. 发酵液中 D-核糖含量测定

（1）D-核糖标准曲线绘制：取 10 支试管，标上序号，按表 3-4 配制标准系列管。

表 3-4　D-核糖标准曲线测定表

试管号	0	1	2	3	4	5	6	7	8	9
标准液吸取量/mL	0	0.3	0.6	0.9	1.2	1.5	1.8	2.1	2.4	2.7
加入蒸馏水的量/mL	3	2.7	2.4	2.1	1.8	1.5	1.2	0.9	0.6	0.3
系列标准管浓度/(μg/3mL)	0	10	20	30	40	50	60	70	80	90

然后每管依次加入 0.1% $FeCl_3$ 浓盐酸溶液 3mL，1% 地衣酚乙醇溶液 0.3mL，沸水浴中显色 40min 后，用自来水冷却 10min，随后取出于室温 60min 内，用可见分光光度计 670nm 测吸光值 A。根据 D-核糖标准液绘制标准曲线。

（2）发酵液预处理：发酵液经 4000r/min 离心 10min，沉淀菌体和碳酸钙等固形物，将上清液用蒸馏水稀释，将稀释液的 D-核糖含量控制在可测线性范围内（10～90μg/3mL）。

（3）D-核糖含量测定：取发酵液稀释液 3mL（对照管为蒸馏水 3mL）依次加入 0.1% 氯化铁浓盐酸溶液 3mL、1% 地衣酚乙醇溶液 0.3mL，摇匀，沸水浴中显色 40min，用自来水冷却 10min 后于室温下 60min 内测 A_{670} 值。

（4）结果计算：根据当次 D-核糖测定标准曲线的回归方程和发酵液稀释倍数，即可求得发酵液中 D-核糖含量。

4. 离子交换法提取 D-核糖

（1）发酵液预处理：采用 201×7 阴离子交换树脂和 001×7 阳离子交换树脂柱，除去葡萄糖发酵液中含有的 Ca^{2+}、Mg^{2+}、Na^+、Fe^{3+}、SO_4^{2-}、Cl^-、$C_2O_4^{2-}$、PO_4^{3-} 等离子。

（2）膜分离除蛋白：将发酵液以 5mL/min 的流速先流过聚丙烯平板膜，再流过聚砜中空纤维膜（截留相对分子质量 9000），便达到脱除蛋白质的目的。发酵液流出液分别在 280nm（芳香型蛋白）、201nm（线型蛋白）处检测，按下式计算蛋白质脱除率：

$$蛋白质脱除率 = \frac{超滤前蛋白质含量 - 超滤后蛋白质含量}{超滤前蛋白质含量} \times 100\%$$

（3）脱色：采用 NK-Ⅱ 树脂对葡萄糖发酵液进行脱色处理。在 25℃ 的温度下，以 1.0BV/h 的流速进行吸附，D-核糖发酵液的脱色率为 91%，脱色剂的吸附容量为 5.7BV。脱色后发酵液原色值由 16 000 号降至数百号，由酱红色变为淡黄色。

（4）吸附分离：将预处理后的发酵液在 25℃ 下，以 0.5BV/h 流速流过高径比为 33 的带夹套玻璃制 732 强酸型阳离子交换树脂吸附柱，树脂装填量 15mL（湿体积）。流过 2BV 后，吸附达到饱和。

（5）解吸：将树脂柱上层剩余发酵液移走，用 80℃热水以 0.5BV/h 流速进行解吸，流过 3.3BV 后，D-核糖解吸完全。整个吸附-解吸过程的流出液均由 BSZ-100 型自动部分收集器收集，并用 HPLC 监控。

（6）D-核糖相对百分含量的计算：

$$D\text{-核糖相对百分含量} = \frac{D\text{-核糖峰面积}}{\text{糖类总峰面积}} \times 100\%$$

（7）D-核糖结晶：为得到结晶 D-核糖，吸附剂装填量扩大至 300mL，改用高径比为 36 的吸附柱进行 D-核糖吸附-解吸实验。解吸液浓缩后，加入 4 倍量乙醇，得结晶 D-核糖。

【实验结果与分析】

（1）描述原生质体的形态。

（2）计算原生质体再生率。

（3）计算诱变存活率。

（4）纸层析分析。

（5）发酵过程中 pH、菌体生长、还原糖等参数适时记录。

（6）绘制 D-核糖标准曲线，根据所测数据计算发酵液中 D-核糖的含量。

（7）测定不同批次发酵液含量，见表 3-5。

表 3-5　不同批次 D-核糖量测定表

批　次	1	2	3	4
A_{670}				
D-核糖含量/(mg/mL)				

（8）发酵液中阴阳离子含量（表 3-6）。

表 3-6　发酵液中阴阳离子含量表

	SO_4^{2-}	Cl^-	$C_2O_4^{2-}$	PO_4^{3-}
除离子前阴离子含量/(μg/mL)				
除离子后阴离子含量/(μg/mL)				
	Ca^{2+}	Mg^{2+}	Na^+	Fe^{3+}
除离子前阳离子含量/(μg/mL)				
除离子后阳离子含量/(μg/mL)				

（9）葡萄糖发酵液中蛋白质含量（表 3-7）。

表 3-7　发酵液中蛋白质含量表

	芳香型蛋白	线型蛋白
过滤前含量/(mg/mL)		
过滤后含量/(mg/mL)		
脱除率/%		

【注意事项】

(1) 防止原生质体破裂。

(2) 化学诱变剂具毒性，不能赤手接触。

(3) 严格发酵罐的适时监控，发酵罐运行过程要专人看管。

(4) 严格无菌操作。

(5) 地衣酚乙醇溶液需现用现配。

(6) 试剂加入顺序以先加入 0.1% FeCl$_3$ 浓盐酸溶液，再加入 1% 地衣酚乙醇溶液的显色效果好，颜色梯度明显。

(7) 熟悉高效液相色谱仪的使用。

(8) 各个柱子的添装要均匀，不可有气泡。

(9) 吸附洗脱要控制流速。

(10) 解吸要分布收集。

【思考题】

1. 为什么烷化剂可导致菌种突变？

2. 影响原生质体诱变育种的因素有哪些？如何控制？

3. 叙述高压灭菌锅的正确使用方法。在使用高压蒸汽灭菌锅灭菌时，为什么排除锅内的冷空气极为重要？

4. 对于平板上长出的单菌落进行描述记录，并描述镜检的细菌形态。

5. 描述斜面菌种的菌体生长情况、颜色及形态，说明有无染菌现象，是否可以用于液体发酵实验。

6. 为什么芽孢杆菌属细菌转酮醇酶突变株生成积累 D-核糖量高？

7. 分析哪些因素与 D-核糖发酵关系密切？

8. 发酵液中 D-核糖含量测定的基本原理是什么？

9. 详细叙述 D-核糖发酵的实验步骤（实验室操作过程）。

10. 根据实验操作过程分析影响 D-核糖含量测定的因素。

11. 影响 D-核糖分离纯化的因素有哪些？

12. 检索更新的 D-核糖分离纯化的方法。

实验 3.7　发酵生产 L-乳酸

【实验目的】

(1) 学习 L-乳酸发酵生产原理；

(2) 学习 L-乳酸产生菌的扩大培养和 5L 发酵罐工艺操作；

(3) 掌握 L-乳酸、残糖和菌体浓度的测定方法。

【实验原理】

乳酸（lactic acid）是一种天然存在的有机酸，其学名为 2-羟基丙酸（2-hydroxy propaneic acid），分子结构式为 $CH_3CHOHCOOH$，相对分子质量为 90.08。由于分子内含有一个不对称碳原子，所以具有旋光异构现象，可区分为 L(＋)-乳酸和 D(－)-乳酸，当两者以等比混合时，即成为内消旋的 DL-乳酸。

由于乳酸分子中含有一个羟基和一个羧基，故它可以参与多种反应，如氧化反应、还原反应、酯化反应和缩合反应等。由于 L-乳酸对人体无毒副作用，且易吸收，可直接参与体内代谢或再被转化为糖原或丙酮酸，或进入三羧酸循环被分解为水和二氧化碳；同时，由于它有着乳制品的口味和良好的抗微生物作用，已被广泛用于调配酸奶、冰淇淋、奶酪等食品中，成为备受青睐的乳制品酸味剂；在医药工业中，乳酸可以制成乳酸钠，静脉注射后直接进入血液循环，乳酸在体内经肝脏氧化为二氧化碳和水，二者在碳酸酐酶催化下生成碳酸，再解离成碳酸氢根离子，故乳酸钠的代谢产物为碳酸氢钠，可用于纠正代谢性酸中毒。高钾血症伴酸中毒时，乳酸钠可以纠正酸中毒并使钾离子从血液及细胞外进入细胞内；由于 L(＋)-乳酸充分脱水可缩聚成聚 L-乳酸，聚乳酸的热稳定性好（加工温度为 170～230℃），适用于吹塑、热塑等多种加工方法，故在化学领域中，聚乳酸可被制成各种塑料包装，但它能被自然界中的微生物完全降解，最终生成二氧化碳和水，不污染环境，聚乳酸有望在不远的将来代替聚氯乙烯（polyvinylchloride，PVC）、聚丙烯（polypropylene，PP）等各种不可降解的塑料。能够发酵生产乳酸的菌种主要有德氏乳杆菌（*Lactobacillus delbrueckii*）和米根霉（*Rhizopus oryzae*）。

根霉属中的米根霉是生产 L(＋)-乳酸的理想菌种，米根霉发酵属好氧型发酵，其途径与细菌异型发酵不同，是通过糖酵解途径，发酵产生乳酸的同时产生乙醇、富马酸等，理论转化率为 75％。米根霉菌发酵速度快，但生长营养要求简单，可以使用无机氮源，发酵液含杂质较少，且米根霉菌丝体较大，易于分离；米根霉发酵时，很少发现消旋酶的逆反作用，易制得高纯度的 L-乳酸。乳酸脱氢酶是米根霉发酵过程中将丙酮酸转化成 L-乳酸的关键酶。传统的乳酸提取方法有钙盐酸解法、溶剂萃取法、离子交换法、膜技术法、吸附发酵法等。我国目前大多数厂家的乳酸提取工艺都是乳酸钙结晶-酸解工艺。

葡萄糖经 EMP 途径降解为丙酮酸，丙酮酸在乳酸脱氢酶的催化下还原为乳酸。1mol 葡萄糖可以生成 2mol 乳酸，理论转化率为 100％。但由于发酵过程中微生物有其他生理活动存在，实际转化率不可能达到 100％。一般认为转化率在 80％以上，即认为同型乳酸发酵。工业上较好的转化率可达 96％。

【实验器材与试剂】

1. 菌种

米根霉（*Rhizopus oryzae*）As3.819、嗜热乳杆菌。

2. 培养基

米根霉斜面培养基（PDA 培养基，培养真菌用）：马铃薯去皮，称量 200g，切成小块，加水 1L，煮沸 30min，用纱布过滤除去马铃薯块，将滤液补足 1L，添加葡萄糖 20g，$MgSO_4 \cdot 7H_2O$ 3g、KH_2PO_4 3g，用稀盐酸调 pH 至 6.0，然后加入 20g 琼脂，待琼脂完全溶解后将培养基分装至试管中，于 121℃灭菌 30min。

米根霉孢子培养基：麸皮与蒸馏水的比为 3：2，自然 pH。

米根霉发酵培养基（g/L）：红薯粉 120、$(NH_4)_2SO_4$ 3、K_2HPO_4 0.25、$ZnSO_4$ 0.04、$MgSO_4$ 0.15、$CaCO_3$ 60、（定容后将 pH 调到 6.0，再加入 $CaCO_3$）。

嗜热乳杆菌种子培养基（g/L）：葡萄糖 40、酵母膏 10、玉米浆 10、麸皮 20、K_2HPO_4 1、$(NH_4)_2SO_4$ 5、碳酸钙 50，pH6.0～6.5。

嗜热乳杆菌发酵培养基（g/L）：葡萄糖 140～150、玉米浆 15、麸皮 30、小肽（市售的一种大豆蛋白水解物）0.5，pH 6.0～6.5。

3. 实验试剂

消泡剂。

钙羧酸指示剂：将 0.2g 钙羧酸与 100g 氯化钠充分混合，研磨后通过 40～50 目筛子。

钙离子标准溶液：取一份碳酸钙在 150℃ 干燥 2h，取出放在干燥器中冷却至室温。称取 1.001g 碳酸钙于 500mL 三角瓶中，用水湿润，逐滴加入 4mol/L 的盐酸至碳酸钙溶解。加入 200mL 水，煮沸数分钟驱赶二氧化碳，冷却至室温，加入数滴甲基红指示剂溶液（0.1g 甲基红溶于 100mL 60% 乙醇中），逐滴加入 3mol/L 的氨水，直至变为橙色，定容至 1000mL。

2mol/L 的氢氧化钠溶液：8g 氢氧化钠溶于 100mL 蒸馏水中。

EDTA 溶液（0.01mol/L）。

称取 3.725g EDTA，置于 400mL 烧杯中，加 200mL 水加热溶解，冷却至室温，将溶液移至 1000mL 容量瓶中，用水稀释至刻度。用钙离子标准溶液标定 EDTA 溶液。EDTA 溶液的浓度 C（mol/L）用下式计算：

$$C = \frac{C_1 V_1}{V}$$

式中，C 为 EDTA 溶液浓度（mol/L）；V 为标定中消耗的 EDTA 溶液体积（mL）；C_1 为钙离子标准溶液的浓度（mmol/L）；V_1 为钙离子标准溶液的体积（mL）。

4. 实验器材

接种环生化培养箱、恒温摇床、台式高速离心机、高压灭菌锅、超净工作台、5L 发酵罐、紫外可见分光光度计、电热鼓风干燥箱、电子天平、生物传感分析仪、WXG-4 型圆盘旋光光度仪、蒸汽发生器、振荡器以及试管、量筒、烧杯、离心管、移液管等。

【实验方法与步骤】

1. 米根霉发酵生产 L-乳酸的实验方法与步骤

1）一级种子制备（斜面菌种活化）

将保存的米根霉斜面菌种，接种于斜面培养基上，于 28～30℃ 培养 3～5 天，待长成大量孢子后即成一级种子。

2）孢子悬浮液的制备

将 10mL 无菌水加入斜面菌种试管中，用接种环将孢子从培养基上刮起，使之溶于无菌水中，形成孢子悬液，然后将孢子悬液倒入无菌试管中，置于振荡器上振荡 2min，制成均匀的孢子悬液。

3）二级种曲的制备（三角瓶种子）

将 10mL 孢子悬液加入装有 20g 孢子培养基的三角瓶中，然后用 8 层纱布扎好瓶口，振摇培养基，使孢子与培养基充分混匀，直立放入培养箱中，28～30℃ 培养一天后扣瓶，使瓶底培养基离开瓶底与瓶底形成斜面，继续培养 2～3 天，孢子长满培养基即成种曲。

4）发酵培养

将无菌水倒入种曲中制成一定浓度的孢子悬浮液，以 1‰～2‰ 的接种量接入装有 200mL 发酵培养基的 500mL 三角瓶中，放入恒温摇床，在 30～32℃、190r/min 条件下培养 72h。

5）L-乳酸钙的提取和鉴定

（1）L-乳酸钙的提取：发酵液→加热至 90～100℃→加石灰乳（调节 pH 9.5～10）→离心得上清液→加石灰乳，$CaCO_3$（调节 pH 约为 12）→过滤得上清液→加 1‰ 活性炭，并调节 pH 约为 5，70℃ 恒温搅拌 30min→离心得上清液→真空浓缩（0.1MPa，50℃）至原液的 1/4→真空干燥 2h→得白色乳酸钙→浓硫酸酸解的粗乳酸。

（2）L-乳酸钙的鉴定。

纸层析：分别取适量米根霉发酵液提纯样品和 L-乳酸标准品，用蒸馏水将它们分别配成溶液，分别点样于新华 1 号滤纸上，在展开剂中层析后，经显色剂显色后，观察样品 Rf 与 L-乳酸是否一致。

比旋光度与纯度分析：将从发酵液中提取的乳酸钙配成 2.5％ 的水溶液，用 WXG-4 型圆盘旋光光度仪测定比旋光度。发酵样品中 L-乳酸钙的含量可用下式计算：

$$L-乳酸含量 = \frac{实际比旋光度}{理论比旋光度} \times 100\%$$

EDTA 滴定法：在 pH 为 12～13 的条件下，用 EDTA 溶液络合滴定钙离子。以钙羧酸作指示剂与钙形成络合物。滴定时，游离钙离子首先和 EDTA 反应，与指示剂络合的钙离子随后和 EDTA 反应，到达终点时溶液的颜色由红色变为亮蓝色。取发酵液 1mL 或 2mL 滴到盛有 100mL 蒸馏水的三角瓶中，然后加入 2mL 氢氧化钠溶液（2mol/L）与 0.2g 钙指示剂，用 EDTA 溶液滴定，溶液由红色变为亮蓝色为终点。

2. 嗜热乳杆菌发酵生产 L-乳酸的实验方法与步骤

1）玉米淀粉糖化液的制备

把 500g 玉米粉加入 2000mL 水中，每 100g 玉米加入 1mL α-淀粉酶，先加入 75％，搅拌均匀，在 85～90℃ 保温 1h，加热煮沸，待温度再降至 90℃ 时，加入另外 25％ 的 α-淀粉酶，降温到 50～60℃，加 5mL 糖化酶保温 6～8h，用 6 层纱布过滤去皮渣和蛋白质得到玉米水解糖液。

2）种子培养

取新鲜斜面菌种一环，接入种子培养基中，于转速 150r/min 摇床中 50℃ 培养 16～18h。

3）5L 发酵罐

将发酵培养基 2.7L 从进样口倒入 5L 发酵罐中，盖上盖子。检查发酵罐安装完好后，盖上灭菌罩，105℃ 灭菌 15min。冷却到所需温度，校正 pH 电极、溶氧电极。在接种圈的火焰保护下，将种子液 300mL 倒入发酵罐中，控制发酵温度 50℃，pH 6.0，溶氧 0～20h 通风 60L/h，发酵罐搅拌转速 100r/min，20～72h 停止通风和搅拌。以 NaOH 为中和剂。每隔 4h 取样，测菌体浓度、葡萄糖和 L-乳酸浓度。

4）指标测定

（1）葡萄糖的测定：采用生物传感分析仪（葡萄糖-酶膜法）测定。

（2）L-乳酸测定：采用生物传感分析仪（L-乳酸-酶膜法）测定。

注：每次使用前都要进行标定，首先采用蒸馏水清洗微量进样器 2～3 次，再用标准品

润洗 2~3 次，在进样指示灯（绿色）闪烁的状态下，注射 $25\mu L$ 标准品，待进样指示灯重新闪烁，再注射 $25\mu L$ 标准品，重复这样的步骤，直到进样指示灯不再闪烁（绿色亮），一般 2~3 次即可，这时可以进样。

（3）菌体浓度测定：发酵液经高速离心后，用 0.1mol/L 盐酸溶液洗涤沉淀除去残余 $CaCO_3$，离心两次后，弃去上清液，将菌体悬浮于 10mL 蒸馏水中，用分光光度计测定 OD_{580} 值。

【实验结果与分析】

1. 米根霉发酵液中 L-乳酸浓度的测定

取稀释一定倍数的发酵液 20mL 于锥形瓶中，然后加入 20mL 去离子水、2mL NaOH 溶液，再加入少量钙指示剂（约为绿豆粒大小），用 EDTA 滴定，溶液由红色变为亮蓝色即终点。发酵液中乳酸量用以下公式计算：

$$L\text{-乳酸浓度}(g/L) = \frac{C_1 V_2}{V_1} \times 2 \times 90.08 \times 1.185 \times n$$

式中，C_1 为 EDTA 溶液浓度（mol/L）；V_1 为消耗的 EDTA 溶液体积（mL）；V_2 为所取的稀释后发酵液的体积（mL）；2 为 EDTA 和乳酸的摩尔比；90.08 为乳酸的相对分子质量；1.185 为校正系数；n 为发酵液的稀释倍数。

2. 嗜热乳杆菌发酵和结果分析

嗜热乳杆菌发酵培养时，按照一定时间间隔取样测定并记录在表 3-8 中。

表 3-8　实验数据处理与记录

时间/h	0	4	8	12	16	20	24	28	32	36	40	44	48	52	56	60	64	68	72
葡萄糖浓度/(g/L)																			
菌体浓度 OD_{580}																			
L-乳酸浓度/(g/L)																			

按照上表所测得的数据，以时间为横坐标、表中数据为纵坐标绘图，分析各量的变化规律。

【注意事项】

（1）液体种子培养时一定要用新鲜的斜面菌种。

（2）嗜热乳杆菌培养基中的葡萄糖可用玉米淀粉糖化液代替。

【思考题】

1. 简述 L-乳酸在食品、医药和化学工业上的用途。

2. 以红薯为原料发酵生产 L-乳酸的原理是什么？

3. 为何对 L-乳酸钙进行提取和鉴定？

4. L-乳酸产生菌——乳酸杆菌的菌学特征有哪些？

5. L-乳酸产生菌——乳酸杆菌菌种扩大培养的技术要点是什么？

6. 简述 5L 发酵罐乳酸杆菌发酵 L-乳酸的操作要点。

实验 3.8　酒 精 发 酵

【实验目的】

(1) 实验主要学习淀粉质原料酒精发酵生产的基本原理和工艺操作；
(2) 熟悉和掌握酒精发酵成熟醪的检测分析方法。

【实验原理】

酒精发酵是经典的微生物发酵技术，酒精工业在我国发酵工业中一直占有重要的地位。酒精是一种无色透明、易挥发、易燃烧的液体，有酒的气味和刺激的辛辣滋味，微甘。学名是乙醇，分子式 C_2H_5OH，因为它的化学分子式中含有羟基，所以称其为乙醇，相对密度 0.7893（水＝1）；凝固点 $-117.3℃$，沸点 $78.2℃$。一定浓度的酒精溶液，可以作防冻剂和冷媒。酒精可以代替汽油作燃料，是一种可再生能源。酒精发酵主要是利用酵母或细菌的新陈代谢将单糖转变为酒精。因此，当以淀粉为原料时，必须先将淀粉水解成葡萄糖，才能供发酵使用。一般将淀粉水解为葡萄糖的过程称为淀粉的糖化，所制得的糖液称为淀粉水解糖。发酵生产中，淀粉水解糖液的质量，与生产菌的生长速度及产物的积累直接相关。淀粉质原料酒精发酵的生化反应如下：

$$(C_6H_{10}O_5)_n + nH_2O \xrightarrow{\text{糖化酶}} nC_6H_{14}O_6$$

$$C_6H_{12}O_6 \xrightarrow{\text{酵母}} 2C_2H_5OH + 2CO_2$$

测定发酵液中的酒精含量常用的有改良康维法和蒸馏法。

用改良康维法测发酵醪中的酒精含量时，是在康维皿内圈加入重铬酸钾溶液，外圈内加入发酵液。外圈边为厚壁，当涂以甘油涂料时可与皿盖密接。挥发的酒精即与重铬酸钾反应生成绿色的硫酸铬，方程式如下：

$$2K_2Cr_2O_7 + 3C_2H_5OH + 8H_2SO_4 \longrightarrow 3CH_3COOH + 3K_2SO_4 + 2Cr_2(SO_4) + 11H_2O$$

色泽的深浅在一定范围内与酒精浓度成正比，因此通过测定醪液的 OD 值即可在标准曲线上查出酒精的实际浓度，即醪液中酒精的含量。

蒸馏是从发酵醪液中回收酒精时常用的方法，其原理是利用酒精沸点低于水沸点的原理，用高于酒精沸点的温度，将酒精发酵醪液进行加热蒸发，蒸发出高浓度酒精蒸汽经冷却回收，获得酒精溶液。

【实验器材与试剂】

1. 实验材料

玉米粉、高温 α-淀粉酶、糖化酶、活性干酵母；酸性蛋白酶、青霉素。

2. 实验试剂

碘液、斐林试剂、0.1% 的标准葡萄糖溶液、2% 的盐酸溶液、20% 浓盐酸溶液、20% 氢氧化钠溶液。

4% $K_2Cr_2O_7$ 溶液：称取 4g $K_2Cr_2O_7$ 溶于 10mol/L 的 H_2SO_4 中。

饱和 K_2CO_3 溶液：向 100mL 蒸馏水中加入 K_2CO_3，直至其不溶解为止。

甘油封料：甘油与饱和 K_2CO_3 溶液以 9∶1 （V/V） 混合后备用。

3. 实验仪器

三角瓶、量筒、烧杯、发酵瓶、100mL 容量瓶、电子天平、水浴锅、手持糖度计、电热鼓风干燥箱、电炉、白瓷板、pH 试纸、蒸馏装置、酒精密度计、温度计、康维皿、分光光度计。

【实验方法与步骤】

1. 淀粉的液化

配制 30％的淀粉乳（体积根据发酵用三角瓶的大小配制），调节 pH 至 6.5，加入氯化钙（对固形物 0.2％），加入液化酶（12～20U/g 淀粉），在剧烈搅拌下，先加热至 72℃，保温 15min，再加热至 90℃并维持 30min，以达到所需的液化程度（DE 值：15％～18％），碘反应呈棕红色。液化结束后，再升温至 100℃，保持 5～8min，以凝聚蛋白质，改进过滤。

2. 淀粉的糖化

液化结束后，迅速将料液用盐酸将 pH 调至 4.2～4.5，将上述液化醪冷却至 60℃，加入 150μg/L 的糖化酶，60℃糖化 30min 以上。当用无水乙醇检验无糊精存在时，将料液 pH 调至 4.8～5.0，同时，将料液加热至 80℃，保温 20min，然后将料液温度降至 60～70℃，开始过滤，即得糖化醪。

3. 酒精发酵

糖化结束后，将糖化醪冷却至 30℃左右。要求糖度 16～17°Be，还原糖 4％～6％，pH 2～3。加入 0.1％～0.2％的活化后活性干酵母（酵母活化：取 20～25 倍自来水，加温至 35～40℃，加入 2％的白糖，搅匀，复水活化 40～50min 即可使用）。30℃发酵 68～72h，发酵结束。

4. 分析与检测

1）CO_2 失重

发酵前后三角瓶及其醪液的总质量之差。

2）改良康维法测发酵液中酒精含量

（1）制作标准曲线：①配制 4％～10％的 7 种浓度的酒精溶液；②取 8 个康维皿分别在内圈中加入 2mL 4％的 $K_2Cr_2O_7$ 溶液；③在外圈的一端加入 0.4mL 饱和 K_2CO_3 溶液；④在外圈皿边上涂抹甘油封料，盖上皿盖使之密接，然后将皿盖推向一边，露出没有饱和 K_2CO_3 溶液的一边；⑤在 7 个皿的外圈分别加入 0.2mL 各浓度的酒精溶液，1 个皿内加入 0.2mL 的蒸馏水作为对照，立即盖好皿盖，轻轻转动，使酒精溶液与饱和 K_2CO_3 溶液充分混合；⑥将康维皿置于 37℃恒温箱中保温至少 5h；⑦取出康维皿，打开皿盖，用长滴管吸出内圈的 $K_2Cr_2O_7$ 溶液置于 10mL 的刻度试管内，用蒸馏水洗涤内圈数次，洗出液一并加到试管中，直到满刻度为止；⑧比色：在 560nm 波长下，以对照液调"0"点，测定酒精溶液的 OD 值；⑨绘制标准曲线：以 OD 值为纵坐标，酒精浓度为横坐标，绘制标准曲线。

（2）发酵液中酒精含量的测定：操作步骤同标准曲线的制作，将标准溶液用 0.2mL 的发酵液代替。将测出的 OD 值和标准曲线进行对照，计算出发酵液中的酒精含量。

3）蒸馏法测发酵液中酒精含量

（1）安装酒精蒸馏装置。

（2）准确量取 100mL 发酵液于 500mL 蒸馏瓶中，同时加入等量的蒸馏水，连接好冷凝器，勿使其漏气，用电炉加热，流出液收集于 100mL 容量瓶中，待馏出液达到刻度时，立即倒入 100mL 量筒中，将酒精计和温度计同时插入量筒，测定酒精度与温度。

（3）根据测得的酒精度与温度，查表换算成 20℃时的酒精度。

4）挥发酸的测定

取 50mL 蒸馏液，加酚酞指示剂 2 滴，用 0.1mol/L 的标准 NaOH 溶液滴定至红色，保持 30s 不褪色。

$$挥发酸 = \frac{C}{0.1} \times \frac{V}{50} \times \frac{V_0}{100} = \frac{V_0}{500} \times CV$$

式中，C 为标准 NaOH 溶液的浓度（mol/L）；V 为滴定所用 NaOH 溶液的体积（mL）；V_0 为发酵液总体积，一般 $V_0 = 200mL$。

5）残酸测定

吸取蒸馏完的酒糟滤液 10mL 于 250mL 三角瓶中，加蒸馏水 40mL、1%酚酞指示剂 2 滴，用 0.1mol/L 的标准 NaOH 溶液滴定至红色，保持 30s 不褪色。

$$残酸 = \frac{C}{0.1} \times \frac{V}{10} = CV$$

6）总酸

$$总酸 = 挥发酸 + 残酸$$

7）蒸馏残液（酒糟液）还原糖

采用斐林法测定。

【实验结果与分析】

（1）写出酒精制作的工艺流程。

（2）测量发酵前与发酵结束后的糖度，计算理论生成的酒精量。

（3）在改良康维法测定发酵液中酒精含量的实验中，记录各浓度酒精溶液的 OD 值，填入表 3-9，并绘制标准曲线。

表 3-9　标准曲线的测定

浓度/%	4	5	6	7	8	9	10
OD 值							

（4）记录发酵液的 OD 值，从标准曲线查出酒精浓度。

（5）比较理论生成酒精量与实际生成酒精量，根据比较结果看酒精发酵是否正常，并分析原因。

（6）计算 95%（体积分数）乙醇原料出酒率，计算公式如下：

$$原料出酒率 = \frac{D \times 0.811\,44}{95} \times \frac{100}{A} \times 100$$

式中，D 为试样在 20℃时的酒精度（%体积分数）；0.811 44 为 95%（体积分数）酒精（20℃）的相对密度；A 为原料质量（g）。

（7）实验数据处理：

表 3-10　实验数据处理表

CO_2/g	发酵醪体积/mL	挥发酸/(g/100mL)	总酸/(g/100mL)	残还原糖/(g/100mL)	残总糖/(g/100mL)	酒精度(V/V)/%	原料出酒率/%

根据表 3-10 得出的实验数据，通过与淀粉质原料酒精发酵的理论出酒率比较，对实验结果的优劣作出判断，并考察 CO_2 释放量与酒精产量的关系。

【注意事项】

（1）在改良康维法测定发酵液中酒精含量的实验中，4%～10%酒精溶液的浓度为体积百分数。

（2）一定要使康维皿外圈的酒精溶液与饱和 K_2CO_3 溶液充分混合。

（3）康维皿盖不能漏气。

（4）在用蒸馏法测定酒精含量时，用于蒸馏的发酵液一定要准确量取 100mL，并且收集的流出液不能超过 100mL，否则都会影响实验结果。

【思考题】

1. 生物合成酒精的途径与关键点是哪些？为什么？
2. 酒精蒸馏的实验原理是什么？
3. 改良康维法测定发酵液中酒精含量的原理是什么？
4. 阐述酒精发酵过程中主要控制参数对酒精发酵结果的影响。

实验 3.9　啤 酒 酿 造

【实验目的】

（1）通过麦芽汁的制备，了解麦芽中所含的主要物质及酶系，以及麦芽汁生产中酶的作用条件、物质的变化；

（2）掌握麦芽汁生产工艺方法；

（3）熟悉啤酒发酵的工艺流程，了解啤酒干酵母的使用方法与发酵工艺技术控制；

（4）掌握啤酒发酵流程中产品监控指标及酒精度、双乙酰、苦味质含量的测定方法。

【实验原理】

麦芽中的高分子物质在酶类的作用下，分解为可发酵性糖及可溶性浸出物并且溶解于水。选择糖化工艺的原则是确定适合各种酶作用的最佳条件。

糖化麦芽汁中含有一定量的高分子多肽和水溶性蛋白。若存留在啤酒中，当其受到外界条件的影响从啤酒中分离出来时，会造成啤酒的非生物性混浊。在麦芽汁煮沸时经过强烈的加热和分子间碰撞，这些多肽和水溶性蛋白会絮凝形成蛋白质颗粒而沉淀下来，即热凝固物，消除造成啤酒非生物性混浊的隐患。

啤酒中的苦味来自于酒花。当麦芽汁煮沸 1～1.5h 后，可使酒花中的苦味最大限度的释出，且酒花中的多酚物质与麦芽汁中的蛋白质形成多酚-蛋白质沉淀，促使麦芽汁澄清。

酿酒酵母对麦芽汁中某些组分进行一系列的代谢过程，产生酒精等各种风味物质，形成具有啤酒独特风味的饮料酒。

啤酒是以大麦芽和啤酒花作为主要原料生产的一种低酒精度发酵酒。它具有特殊的麦芽香味、酒花香味和适口的酒花苦味，含有一定量的二氧化碳。啤酒倒入杯子中应形成持久不消、洁白细腻的泡沫，这些构成了啤酒独特的风格。目前啤酒的生产遍及世界各国，啤酒以其低酒精含量、丰富的营养成分而成为世界上产量最大的饮料酒。

【实验器材与试剂】

1. 实验材料

麦芽、酒花、市售啤酒活性干酵母、成品啤酒（市售）。

2. 实验仪器

三角瓶、量筒、温度计、纱布、糖化容器（烧杯）、恒温水浴锅、电炉、糖度计、白瓷板、pH 计、酒精蒸馏装置、酒精密度计、品酒杯、带有加热套管的双乙酰蒸馏器、蒸汽发生器、容量瓶（25mL）、紫外分光光度计。

3. 实验试剂

0.5%碘液、4mol/L 盐酸溶液、6mol/L 盐酸溶液、有机硅消泡剂（或甘油聚醚）。

邻苯二胺溶液：10g/L，称取邻苯二胺 0.1g 用盐酸溶液溶解并定容至 10mL 摇匀，放于暗处。注意，此溶液即用即配。

异辛烷：异辛烷加氢氧化钠，蒸馏，馏出液在 275nm 波长下，用 1cm 的石英比色皿，以水为空白对照，测定光密度，其值应小于 0.01。

【实验方法与步骤】

1. 糖化麦芽汁的制备

麦芽粉碎→按 1:4 比例加水→55℃保持 40min 进行蛋白质休止，升温→63℃至糖化完成，升温→78℃保持 10min→过滤→澄清的麦芽汁→调整麦芽汁的浓度至 12°P。

将糖化麦芽汁预先加入足量的蒸发水进行煮沸，总煮沸时间为 90min。酒花添加量为 0.1%。

麦芽汁煮沸后加入酒花总量的 10%，40min 后加入酒花总量的 50%，麦芽汁煮沸结束前 10min 加入酒花总量的 40%，煮沸结束为成型麦芽汁。测定麦芽汁 pH 约为 5.4。

糖化麦芽汁制备的工艺要求：麦芽粉碎时皮壳要整，内容物要碎。63℃糖化时，每5min 取清液用碘液检测一次，至碘液反应无色即确定糖化完成。

计算公式：

（1）麦芽汁浓度调整：

$$A \times V_1 = B \times V_2$$

式中，A 为调整前麦芽汁浓度；V_1 为调整前麦芽汁体积；B 为调整后麦芽汁浓度；V_2 为调整后麦芽汁体积。

（2）麦芽汁煮沸时蒸发强度 Φ，要求达到 8%～12%，即

$$\Phi = \frac{V_1 - V_2}{V_1 T} \times 100\%$$

式中，Φ 为蒸发强度（%/h）；V_1 为煮沸前混合麦芽汁体积（m³）；V_2 为煮沸后热麦芽汁体积（m³）；T 为煮沸时间（h）。

2. 酒精发酵

（1）啤酒干酵母的活化：取啤酒活性干酵母用量 20～25 倍的自来水，烧开晾凉至 25℃左右，制成 2%的糖水。加入发酵醪 0.1%～0.2%的活性干酵母放入糖水，27℃保温 30min 以上。

（2）称取 500g 白糖加水配成 1L 糖水，加热煮沸后待用。

（3）用煮沸待用的白砂糖水调整麦芽汁的浓度为 12°P，使麦芽汁的温度与室温相同，测麦芽汁的 pH，记录。

（4）将活化好的酵母倒入发酵液，再搅拌均匀，盖好发酵瓶盖，即进入发酵阶段。

（5）当发酵液的浓度下降到 4.5°Bx 时，主发酵阶段完成，转入后发酵阶段。

（6）将前发酵结束的酒液装入干净的瓶子中，每瓶再加入浓度为 30% 的糖水 5mL，装液量为瓶子体积的 85%～90%。在室温下放置 2 天后转入 1℃ 的冷藏柜中，后醇 1 周以上，即可成为成品啤酒。

3. 产品检测

1）发酵流程产品检测

自啤酒发酵开始起，每 24h 取样测外观浓度、pH，至外观浓度 4.5°Be，前发酵结束。检测方法：用 100mL 量筒取样 100mL，用糖度计测外观浓度并记录；用 pH 计测发酵液 pH 并记录。

2）成品啤酒酒精度测定及原麦汁浓度计算

（1）酒精含量的测定。

a. 蒸馏：用量筒量取 100mL 除气啤酒，50mL 蒸馏水放入 500mL 烧瓶中，装上蒸馏装置，冷凝器下端用 100mL 量筒接收蒸馏液。当蒸馏液接近 100mL 时，停止蒸馏，加水定容至 100mL，摇匀，备用。

b. 将密度瓶洗净、干燥、称量，反复操作，直至恒重。将煮沸冷却至 15℃ 的蒸馏水注满恒重的密度瓶中，插上带温度计的瓶塞（瓶中无气泡），立即浸于（20±0.1）℃ 的高精度恒温水浴中，待内容物温度达 20℃，并保持 5min 不变后取出。用滤纸吸去溢出支管的水，立即盖好小帽，擦干后，称量。

将水倒去，用试样馏出液反复冲洗密度瓶 3 次，然后装满，同上述步骤操作。

试样馏出液的相对密度计算（计算结果应表示至一位小数）：

$$相对密度 = (m_2 - m)/(m_1 - m)$$

式中，m 为密度瓶的质量（g）；m_1 为密度瓶及水的质量（g）；m_2 为密度瓶及供试品的质量（g）。

根据相对密度查"酒精水溶液的相对密度与酒精度对照表"，得到试样馏出液酒精含量的体积分数，即啤酒试样的酒精度。

c. 真正浓度的测定：将蒸馏除去酒精的残液（在已知质量的蒸馏烧瓶中）冷却至 20℃，准确补加水使残液至 100g，混匀。

用密度瓶或密度计测定残液的相对密度。查"糖液的相对密度和 Plato 度或浸出物的百分含量表"，求得 100g 试样中浸出物的克数（g/100g），即啤酒的真正浓度。

（2）原麦汁浓度为

$$X = \frac{A \times 2.0665 + E}{100 + A \times 1.0665} \times 100$$

式中，X 为啤酒试样的原麦汁浓度，单位为柏拉图度或质量分数（°P 或%）；A 为啤酒式样的酒精度质量分数（%）；E 为啤酒式样的真正浓度（质量分数）（%）。

计算结果应表示至一位小数。

3）双乙酰含量测定

双乙酰（丁二酮）是赋予啤酒风味的重要物质，但含量过大，会使啤酒带有馊饭味。后醇酒中双乙酰含量的高低已成为衡量啤酒成熟度的重要指标之一。我国的国家标准规定，优级啤酒双乙酰含量应小于或等于 0.10mg/L；一级啤酒应小于或等于 0.15mg/L；二级啤酒应小于或等 0.2mg/L。用蒸汽将双乙酰蒸馏出来，加邻苯二胺，形成 2，3-二甲基喹喔啉，其盐酸盐在 335nm 下有一最大吸收峰，可进行定量测定。

(1) 蒸馏：将双乙酰蒸发器安装好，加热蒸汽发生瓶至沸，通气预热后，置 25mL 容量瓶于冷凝器出口接收馏出液，加 1～2 滴消泡剂于 100mL 量筒中，再注入未经除气已降温至 5℃的啤酒样 10mL，迅速转移至蒸馏器内，并用少量的水冲洗带塞漏斗，盖塞。然后用水密封进行蒸馏，直至流出液接近 25mL（蒸馏需在 3min 内完成）时取下容量瓶，达到室温后用重蒸水定容，摇匀。

(2) 分别吸出馏出液 10.0mL 于两只干燥的比色管中，并于第一只中加入 0.5mL 邻苯二胺溶液 0.5mL，第二支不加作空白对照，充分摇匀后，同时于暗处放置 20～30min，然后于第一支管中加入 2mL 盐酸溶液，第二支管中加入 2.5mL 盐酸溶液，混匀后用 20mm 的石英比色皿于波长 335nm 下，以空白作参比，测定其吸光度（比色需在 20min 内完成）。

(3) 结果计算：

$$双乙酰含量(mg/L) = A_{335} \times 1.2$$

式中，X 为啤酒试样中双乙酰的含量（mg/L）；A_{335} 为试样在 335nm 下，用 20mm 石英比色皿的吸光度；1.2 为用 20mm 石英比色皿时，吸光度与双乙酰的换算系数。

计算结果应表示至两位小数。

(4) 清洗：在全部样品测定完毕后，先用稀碱液清洗双乙酰蒸馏器，再用热水冲洗至中性。

4）苦味质含量测定

麦汁、啤酒的苦味物质主要来自于酒花中的 α-酸、β-酸及其氧化降解、重排产物。在麦汁煮沸过程中最大的变化是 α-酸受热发生异构化，生成异 α-酸，异 α-酸更容易溶于水，是麦汁和啤酒苦味的主要来源。异 α-酸是啤酒花的重要指标。

(1) 取 10℃未脱气啤酒（浑浊样品先离心澄清）10.0mL，放入 35mL 离心管中。

(2) 加入 0.5mL HCl 和 20mL 异辛烷，放进 2～3 粒玻璃珠，盖上盖子，在 20℃回旋振荡器（130r/min）中振荡 15min（应成乳状）。

(3) 3000r/min 离心 10min，将离心分离后的异辛烷层对照纯品异辛烷，在波长为 275nm 处进行吸光度测定，结果计算

$$X = 50 \times A_{275}$$

式中，X 为啤酒试样中苦味质含量（BU）；A_{275} 为异 α-酸在 275nm 波长下，用 10mm 石英比色皿测得的吸光度；50 为用 10mm 石英比色皿时，吸光度与异 α-酸含量的换算系数。

计算结果应表示至两位小数。

4. 啤酒的品评

1）品评的方法

选优法：在许多酒样中，通过品评比较优劣。从多数人的评语中得出结论。该法作为一般的选择方法，不作为质量控制的方法。

风味描述法：要求对啤酒进行解剖分析，说明不同酒样在风味上存在的特点和优点。

用术语表述正常出现的风味，如酒花香味、麦芽香味、酯香味、焦香味、苦味、酸味、氧化味、后苦味、双乙酰味等。

2）品评项目及要求

外观：啤酒成品必须清亮，透明有光泽，瓶内不得有异物、杂质。不得有明显的片状或

絮状凝聚物。启盖注入杯中以后应有大量的气泡升起，在杯口形成洁白细腻的泡沫，泡沫必须持久挂杯。

持泡性检测方法：啤酒于 20℃ 水浴中恒温，于 20℃ 倒杯，满杯后记录泡沫消失时间。泡沫持续 3min 以上为合格，4.5min 以上为优秀。

口感：质量好的啤酒应有明显的酒花清香味，一定的麦芽香味，口味纯正、爽口或醇厚。无后苦味，无异杂味，有充足的 CO_2。淡色啤酒：具有酒花的香气，苦味；浓色啤酒：具有麦芽香味及醇厚感。

要求：先观察外观，再闻味。饮用时不宜连续饮用，避免失去判断力。

【实验结果与分析】

(1) 记录自啤酒发酵开始起，每 24h 取样测外观浓度、pH，至外观浓度 4.5°Be，前发酵结束。

(2) 通过蒸馏-密度法测定酒精含量。

(3) 计算啤酒中双乙酰的含量。

(4) 计算啤酒中苦味物质的含量。

(5) 对成品啤酒进行感官评定并将结果填入表 3-11。

表 3-11 品评结果表

指标名称	泡沫	外观	气味与滋味	综合评价

(6) 通过啤酒发酵流程的外观浓度、pH 检测记录结果和酒精含量测定及成品的感官评定，分析发酵过程是否异常，并说明原因。

【注意事项】

(1) 依据糖化工艺的确定原则，蛋白酶的最适作用温度为 50~55℃，时间 10~120min；糖化酶的最适作用温度为 60~65℃，时间 30~120min。因此，糖化流程中在 55℃ 保持足够的时间，以利于形成较多的氨基酸。在 63℃ 时，要进行检测至碘液反应无色，确保糖化彻底完成，方可升温。

(2) 在制麦工艺中，麦芽汁的煮沸过程要保证一定蒸发强度和适当的煮沸时间，使麦芽汁中的高分子多肽、可溶性蛋白充分絮凝，这样才能使啤酒具有良好的非生物稳定性，使酒花中的 α-酸异构化为异 α-酸，赋予啤酒柔和的苦味。

(3) 在测酒精度时注意一定按照测定方法进行，不能多加发酵液，也不能多接蒸馏液，否则都会影响测定结果。

(4) 测双乙酰时，显色反应在暗处进行，如在光亮处易导致结果偏高。

(5) 蒸馏时加入式样要迅速，勿使双乙酰损失。蒸馏要求在 3min 内完成。

(6) 严格控制蒸汽量，勿使泡沫过高，双乙酰被蒸汽带走而导致蒸馏失败。

【思考题】

1. 糖化麦芽汁制备的基本原理是什么？
2. 啤酒酿造过程中为什么对麦芽汁进行煮沸处理？
3. 煮沸强度对麦芽汁质量有什么影响？
4. 为什么碘液反应无色糖化即可结束？
5. 叙述啤酒酿造实验的工艺流程。
6. 为什么异辛烷在使用时要蒸馏？

实验 3.10　葡萄酒酿造

【实验目的】

(1) 学习葡萄酒酿制的原理，掌握干白和干红葡萄酒酿制工艺；
(2) 知道影响葡萄酒发酵的因素，掌握发酵条件的控制。

【实验原理】

　　葡萄酒是用新鲜的葡萄汁酿制成的低度酒精饮料。它的主要成分有单宁、酒精、糖分、有机酸等。葡萄酒的品种繁多，按酒色分为白葡萄酒、桃红葡萄酒、红葡萄酒；按酒中糖分含量分为干葡萄酒、半干葡萄酒、半甜葡萄酒、甜葡萄酒；按饮用方式分为餐前、佐餐和餐后葡萄酒；按酿造方法分为天然葡萄酒、加强葡萄酒、添香葡萄酒；按酒中 CO_2 含量分为静酒和起泡酒。葡萄酒的酿造是利用葡萄皮自带的酵母或人工接种的葡萄酒酵母菌，将新鲜葡萄汁中的葡萄糖、果糖发酵，生成酒精、二氧化碳，同时生成高级醇、脂肪酸、挥发酸、酯类等副产物。并将葡萄原料中的色素、单宁、有机酸、果香物质、无机盐等所有与葡萄酒质量有关的成分，都带入发酵的原酒中，再经陈酿澄清，使酒质达到清澈透明、色泽美观、滋味醇和、芳香宜人。

【实验器材与试剂】

1. 实验材料
新鲜葡萄：购买葡萄要选择那些新鲜的，成熟、饱满、没有病害的。

酿制干白葡萄酒采用白肉葡萄或红皮绿肉葡萄，如玫瑰香、贵人香、龙眼、霞多丽、白羽、白玉霓等品种。

葡萄酒活性干酵母菌；活性乳酸菌、果胶酶、SO_2 或 $SO_2 \geqslant 6\%$ 的亚硫酸（或偏重亚硫酸钾）、白砂糖、酒石酸（柠檬酸）、滤纸、过滤棉、酒精、硅藻土、皂土、白布袋、白色细绒布袋、锥形漏斗。

2. 实验仪器（器皿）
发酵瓶、1000～2000mL 大烧杯、1mL 和 2mL 吸管、250mL 和 500mL 三角瓶、碱式滴定管、水循环式真空抽滤装置、手持式糖度仪、酒精蒸馏装置、精密度计。

3. 实验试剂
0.1mol/L NaOH 标准溶液、费林试剂、4g/L 浓度的碘液（精确浓度为 3.97g/L）、2%可溶性淀粉溶液、1.0g/L 标准葡萄糖溶液、1mol/L 氢氧化钠溶液、1/3 浓度的硫酸．1 体积浓硫酸加 3 体积蒸馏水。

【实验方法与步骤】

1. 干白葡萄酒酿制的实验流程

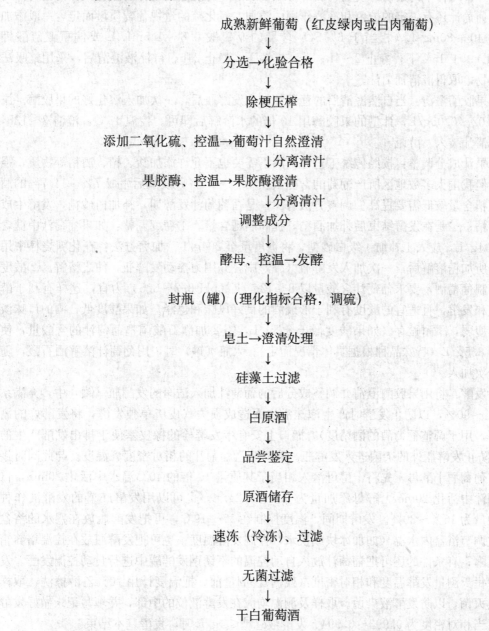

成熟新鲜葡萄（红皮绿肉或白肉葡萄）

↓

分选→化验合格

↓

除梗压榨

↓

添加二氧化硫、控温→葡萄汁自然澄清

↓分离清汁

果胶酶、控温→果胶酶澄清

↓分离清汁

调整成分

↓

酵母、控温→发酵

↓

封瓶（罐）（理化指标合格，调硫）

↓

皂土→澄清处理

↓

硅藻土过滤

↓

白原酒

↓

品尝鉴定

↓

原酒储存

↓

速冻（冷冻）、过滤

↓

无菌过滤

↓

干白葡萄酒

（1）器皿准备：破碎葡萄之前，先将用具洗刷干净，所用器具应选择上釉陶缸、玻璃瓶、瓷盆、不锈钢桶、橡木桶等，不得用铁、钢制作的用具，因葡萄汁（酒）与铁、钢接触，会使铁、钢离子溶进葡萄汁（酒）中，而使酒变质败坏。

（2）原料与分选：采用新鲜成熟白肉葡萄或红皮绿肉葡萄，外观：无病果、霉烂果、杂果，成熟的绿色葡萄果皮由绿色变为黄色或浅黄色，果实透明发亮，果穗整齐，味酸甜。将采收的葡萄剔除霉烂果、杂（青）果及其他杂质，取样测定酸度、糖度。

（3）破碎与压榨：将分选和测定好酸度、糖度的葡萄放在瓷盆内，除去果梗，把葡萄粒装入消毒干净的白色布袋中，用手挤压布袋榨取果汁，汁与皮渣分别放入不同的容器内。

（4）葡萄汁自然澄清：葡萄经破碎榨汁后，应立即添加二氧化硫，其作用为抑制和杀死随葡萄破碎带入汁中的杂菌，使葡萄酒酵母正常发酵；可防止葡萄汁的氧化，保持葡萄汁的新鲜；对葡萄汁还有一定的护色和澄清作用。添加二氧化硫的量视葡萄质量而定，一般添加二氧化硫 $40 \sim 80 \mathrm{mg/L}$（相当于 $6\% \mathrm{SO_2}$ 含量的亚硫酸 $0.8 \sim 1.5 \mathrm{mL/L}$ 或偏重亚硫酸钾 $2.50 \mathrm{mg/L}$）。于 $15 ℃$ 下，静止 $2 \sim 4 \mathrm{h}$；若在室温下，静止 $24 \mathrm{h}$。待汁液澄清后，采用虹吸法分离沉淀物，取得澄清葡萄汁。

（5）果胶酶澄清：当自然澄清后的葡萄汁加入发酵瓶后，一次加入溶化好的果胶酶。添加量为 $0.02 \sim 0.05 \mathrm{g/L}$，计量的果胶酶用 10 倍的水溶解后即可。控温 $15 ℃$，澄清 $8 \sim 12 \mathrm{h}$，分离后的清汁装入发酵瓶。

（6）果汁成分调整：按照传统工艺，干酒不需要也不允许添加酸、糖、酒精等物质，强调原汁。但我国大多数地区所产葡萄的含糖量在 $12\% \sim 17\%$，发酵后生成 $7\% \sim 11.7\%$ 的酒精，因酒精含量较低需要提高。调整方法有：一是在葡萄汁发酵期，补加白砂糖，发酵生成所需的酒精；二是在发酵结束后补加酒精，提高酒精含量。①糖度调整：如果葡萄汁中糖含量小于 $204 \mathrm{g/L}$，应人工补加一级白砂糖，将糖度调至 $204 \mathrm{g/L}$。加糖方法：在化糖烧杯中用葡萄汁将所加糖溶解后，一次加入发酵瓶（罐）中，并用力摇动发酵瓶，使之溶解。②酸度调整：酿制葡萄酒，要求葡萄汁含酸量以 $8 \sim 12 \mathrm{g/L}$（pH 3.2～3.5）为宜，这样有利于酵母的繁殖和发酵，且适宜的酸度有利于形成酒的良好风味和色泽。如果酸度低，酒的口味淡薄，酒体瘦弱，不耐贮存。如果酸度低于 $8.5 \mathrm{g/L}$，需要加酒石酸调整葡萄汁的含酸量，使总酸达到 $8.5 \mathrm{g/L}$（特殊品种根据具体情况而定）。入瓶（罐）时，用葡萄汁溶解酒石酸，随葡萄汁分次加入。

（7）发酵：将用果胶酶澄清并调整成分后的葡萄汁加入洁净的发酵瓶（罐）中，充满系数为 $80\% \sim 90\%$，以防止发酵时产生泡沫溢出而造成损失（皮渣单独发酵，将发酵好的酒进行蒸馏，用于调整葡萄酒的酒精度）。瓶口上安有带发酵栓的橡皮塞便于排出发酵产生的 $\mathrm{CO_2}$，又防止发酵瓶外的杂菌进入发酵瓶。取样测量葡萄汁的相对密度、温度。与此同时接入活性白葡萄酒干酵母，先将干酵母溶入相当于其质量 10 倍的 $40 ℃$ 温水中活化 $20 \mathrm{min}$，再加入葡萄汁中活化 $20 \mathrm{min}$。酵母添加量为 $0.1 \sim 0.2 \mathrm{g/L}$。也可以用发酵旺盛的发酵液作种子，接种量为 $15\% \sim 30\%$。发酵期间，温度控制在 $17 \sim 19 ℃$，可把发酵瓶放在盛水的浴盆内，通过调节浴盆内水温（如加冰块或换水）控制发酵温度；也可把发酵瓶放在控温培养箱内进行发酵；有条件的还可把葡萄汁放入自动控温的不锈钢发酵罐中进行自动控温发酵。发酵过程中每天测量发酵温度和相对密度（残糖）。测量前，把温度计用 70% 乙醇擦洗，取样管经干热灭菌，以防发酵液染菌。取样及测温均应在发酵液位的中部，并填写记录做好发酵曲线图。当相对密度为 $0.993 \sim 0.994$、发酵液总糖 $\leqslant 4 \mathrm{g/L}$ 时，发酵基本结束。

（8）封瓶（罐）：主发酵基本结束后，加液体二氧化硫封瓶（罐），二氧化硫按 $40 \sim 50 \mathrm{mg/L}$ 一次加入，以防杂菌污染引起挥发酸升高，添加后，封闭发酵栓，进行静置后发酵 $7 \sim 10$ 天分离酒脚。具体操作为：把乳胶管浸入酒液中，用虹吸法吸取澄清酒液，移入另一个干净、经消毒、无异味的大试剂瓶中，注意切勿搅动酒脚。

（9）下胶、澄清、过滤：为了提高酒的质量，使酒较长时间贮存，酒液能保持澄清透明，生产上常采用下胶处理。下胶材料有：鸡蛋清、蛋白片（粉）、明胶、单宁或皂土等。

目前一般采用皂土，经小型下胶实验，确定皂土的最佳添加量。按酒体计算出皂土的用量，将皂土溶于 10～15 倍的冷水中，在溶胀过程中不断搅拌，完全溶解后，停止搅拌静置过夜。第二天使用前再搅拌 15min 即可使用，将皂土浆徐徐地加入酒中，边加边摇晃酒液，使之充分混合后，静置 7～10 天，待酒澄清后即可用虹吸法分离沉淀物，并采用滤纸加过滤棉或白色细绒布袋（内放过滤棉）或有条件的用硅藻土过滤机过滤浑酒。经下胶、澄清、过滤获得的清酒为干白原酒。

（10）干白原酒化验、品尝鉴定：过滤或硅藻土过滤后的干白原酒需要做热稳定实验。取 200mL 酒样，升温至 55℃，恒温 3 天，无混浊或絮状沉淀为合格，并检测全项理化指标。酿成的干白原酒呈淡黄色，澄清透明，具有新鲜的果香，滋味润口，酒分协调。其理化指标为：酒精度 11％～12％（体积分数），还原糖≤4.0g/L，总酸 6.5～7.5g/L，游离 $SO_2$30～40mg/L，总 SO_2≤150mg/L，挥发酸≤0.8g/L，热稳定实验合格。

（11）原酒贮存管理：澄清后的白葡萄酒原酒经品尝、鉴定后，分为一级、二级、三级，以勾兑不同等级的葡萄酒，分别贮存管理，便于勾酒使用。①满罐贮存：贮存期间注意满瓶（罐）保存，贮酒液面应保持在瓶（罐）颈的 1/3～1/2 处，漂硫盆（可在瓶颈口液面上放漂装有二氧化硫的瓶盖或牛津杯），并随季节的变化而添加或取出酒液，确保满瓶（罐）贮存；②对于非满瓶（罐）贮存的葡萄原酒，应漂硫盆并使用惰性气体（CO_2 或 N_2）对上部空间体积进行隔氧；③控制游离二氧化硫含量：定期（1 次/月）测量二氧化硫含量，使酒中游离二氧化硫的含量保持在 30～40mg/L。贮存期间，避免不必要的倒瓶（罐），必须倒瓶（罐）时先将空瓶（罐）充满氮气，以防止原酒氧化。

（12）速冻、过滤与无菌过滤：为了防止产品在销售过程中出现酒石沉淀或杂菌污染，在灌装成品之前，应进行速冻（冷冻）处理并过滤除去酒石，还需要采用超滤膜进行无菌过滤。

2. 干红葡萄酒酿制的实验流程

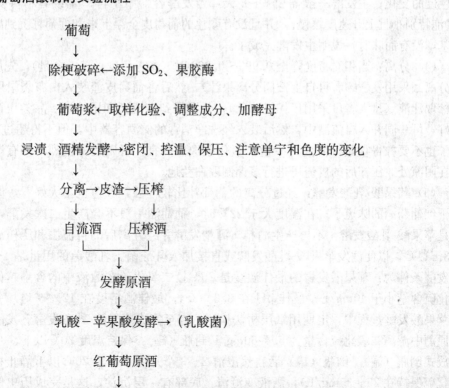

葡萄
↓
除梗破碎←添加 SO_2、果胶酶
↓
葡萄浆←取样化验、调整成分、加酵母
↓
浸渍、酒精发酵→密闭、控温、保压、注意单宁和色度的变化
↓
分离→皮渣→压榨
↓　　　↓
自流酒　压榨酒
└──┬──┘
↓
发酵原酒
↓
乳酸－苹果酸发酵→（乳酸菌）
↓
红葡萄原酒
↓

品尝鉴定

↓

原酒储存

↓

速冻（冷冻）、过滤

↓

无菌过滤

↓

成品

（1）器皿准备：将主发酵瓶（以深色不透光的为好）充分洗干净，控干。

（2）原料处理：酿制干红葡萄酒采用红葡萄，葡萄皮的颜色越深越好，如蛇龙珠、赤霞珠等品种。将手洗干净，将葡萄捏破，用纱布挤压出汁，然后将葡萄皮、汁、籽一起放到主发酵容器中（一是葡萄酒需要皮的颜色；二是利用皮、籽里含的单宁增加涩味）。按比例加入二氧化硫。

（3）浸渍、酒精发酵：①接种酵母：用 10 倍的水和果浆混合液按 1：1 比例溶解酵母，搅拌均匀后保持温度在 38～40℃活化 20min，再加入 10 倍的果浆，搅拌均匀，活化 20min 后加入发酵葡萄汁中，加入时一定要使酵母液均匀分布在皮盖表面。静止酒罐 12～24h，然后搅拌 2～3 次，酵母添加量为 0.1g/L。也可以用发酵正常的葡萄汁作接种种子，接种量为 15%～30%。②注意发酵瓶（罐）的密闭、保压；每 3h 摇晃发酵容器一次，使葡萄皮浸入发酵液，同时也可促进酵母的增值；温度控制：普通红葡萄原酒为 25～28℃，高档红葡萄原酒为 28～30℃。每天测量发酵温度和相对密度（残糖），绘制发酵曲线，并特别注意单宁和色度的变化。主发酵一般需要 6～8 天，当发酵容器中不再产生或者不再明显产生气泡（气泡特别小且上升速度缓慢），并且没有颜色的葡萄皮全浮上来和葡萄籽沉到底部，品尝酒液基本没有甜味时，说明主发酵完成了。

（4）分离：当相对密度降至 0.995～0.998 时（参考色度，单宁含量），先用虹吸法将果汁分离（采用发酵罐者可自上截门分离果汁），然后将葡萄皮渣装入白布袋中用手或木棒挤压榨取汁液（量大者可采用压榨机取汁），分别得到自流酒和压榨酒。品尝压榨酒，若口感较好，可一同并入自流酒，然后装入经洗净消毒的储酒容器中，但不得超过容量的 95%，盖子也不要拧得很紧（需允许少量二氧化碳逸出为宜，否则发酵剧烈，仍有爆瓶的可能），放在阴凉处。压榨后的皮渣可进行蒸馏制取白兰地。

（5）苹果酸-乳酸发酵：经过分离的葡萄汁比较浑浊，颜色也不大好看，但喝起来已经是干红葡萄酒的味道了。在温度大于 22℃时，葡萄酒一般不会产生二次发酵，二次发酵主要是苹果酸-乳酸发酵，不再产生酒精。酒精发酵并经分离后的自流酒和压榨酒温度保持在（23±1）℃，以便诱发苹果酸-乳酸发酵或直接加入乳酸菌。乳酸菌的用量是 1～2g/t。苹果酸发酵条件为：苹果酸发酵的最佳温度是 25℃；二氧化硫在酒液中的含量越低越好，总二氧化硫含量小于 40mg/L；最佳 pH 在 3.3～3.4；最佳酒精度在 12%～14%（体积分数）。在苹果酸发酵过程中，定期用纸层析法检测，直至完成苹果酸-乳酸发酵。发酵结束后，调整原酒中游离二氧化硫含量为 50～60mg/L 封瓶（罐），保持温度 20℃以下，3～5 天后进行开放式倒瓶（罐）。倒瓶（罐）后自然澄清 2～3 个月后（要求 20℃以下静止存放，游离二氧化硫保持在 25～35mg/L），酒液变澄清，底部有一层沉淀，这是完成历史使命后的酵母及杂质，工业上用这层东西做成酵母膏。这时的酒叫葡萄原酒。

(6) 红葡萄原酒品尝鉴定：经发酵后的干红葡萄酒原酒应具有酒香和果香、酒体丰满、醇厚、单宁感强等特点。其理化指标为：酒精度 11％～12％（体积分数），还原糖≤4.0g/L，总酸 6.0～6.5g/L，游离 SO_2 25～35mg/L，总 SO_2≤200mg/L，挥发酸＜0.8g/L，热稳定性实验合格。

3. 实验指标的测定方法

(1) 糖度测定：费林试剂滴定法，或手持式糖度仪测葡萄汁的糖度（°Be），再通过查表得出糖含量。

(2) 酸度测定：用 0.1mol/L NaOH 标准溶液滴定。当酒体颜色浅时，使用酚酞指示剂；当酒体颜色较深时，选用紫色石蕊指示剂。

(3) 酒精含量测定：发酵液经蒸馏后，用酒精密度计测得。

(4) 游离硫、总硫测定。①总二氧化硫的测定：取葡萄酒 25mL，加入 250mL 碘量瓶中，加入 10mL 水稀释，再加 1mol/L 氢氧化钠 10mL，加塞，摇匀，反应 10min，添加 1/3 浓度的硫酸 3～5mL，2～3 滴 2％淀粉指示剂，立即用 4g/L（此浓度的碘液 1mL 相当于二氧化硫 1mg）的碘液滴定；②游离二氧化硫的测定：在反应瓶中加入 25mL 酒样，加入 20mL 水稀释，添加 1/3 的硫酸 3mL，2～3 滴 2％淀粉指示剂，立即用 4g/L 的碘液滴定。

(5) 苹果酸、乳酸的纸层析检测。①点样：在距层析滤纸（20cm×30cm）底端 2.5cm 处划一道横线，用毛细管将酒样点在滤纸的横线上，以苹果酸和乳酸标准溶液（2g/L）作为对照，每个样品之间距离 2.5cm。②层析液：在分液漏斗中装 100mL 水、100mL 正丁醇、10.7mL 浓甲酸和浓度为 10g/L 的溴甲酚绿溶液，在通风橱中摇匀混合，几分钟后将下相弃之不用，将上相 70mL 放入层析缸中，盖好盖。③层析：将点好样的滤纸做成圆桶状，置于含有展层溶剂系统的层析缸中，于 20～25℃上行扩展 20～25cm 后取出，展开时间为 6h 左右。每次层析后，将溶剂中水相除去可重复使用。④显色：取出显色层析纸后，放在通风良好的地方风干，直至甲酸完全挥发，剩下为蓝绿色背景上带黄色的酸的斑点。Rf（斑点运动距离与溶剂前沿之比）大约为：酒石酸 0.28，柠檬酸 0.45，苹果酸 0.51，乳酸和琥珀酸 0.78，富马酸 0.91；显色剂前沿的 Rf 为 0.8～0.9。

(6) 液相色谱法测定苹果酸、乳酸（有条件可选做）：可选用 SCR～101H 色谱柱，流动相为用高氧酸调 pH 为 2.5 的二次蒸馏水，筐速选择 0.6mL/min，柱温选择 55℃，检测波长为 210nm，进样量为 10μL。

4. 葡萄酒的品评

喝葡萄酒是一个"品"的过程，口中放入少量的酒，吸入一丝空气以便于颤动口中的酒来分辨香味。红酒丰厚而特殊的个性是通过均衡酸度、酒精度、合成香味和葡萄鞣酸来体现的，光线、温度、季节的变化都会影响它的风情，甚至存放的橡木桶也会对红酒的味道产生影响。酒中的酸度太低会感觉口味平淡，呆板；太高则不易被接受。过度的鞣酸含量反映出苦涩的感觉，而恰当的酸度除了能出色表现其果香外，还能保护香味持久——但是不要忘记酒的这种均衡结构会由于时间的进展而被破坏。最后，转动玻璃杯中的酒，观察留在杯壁上的酒滴，应该很"缠绵"地挂在杯子上，慢慢地回落到杯底，就像一滴缓缓落下的泪，行家也习惯称之为"泪"或"腿"，酒的糖度和酒精度越高，这种酒滴越明显。葡萄酒的品评分以下几个步骤。

(1) 看酒（SIGHT）：红葡萄酒的颜色丰富多彩，具有多变性和多样性。不同的红葡萄品种酿成的红葡萄酒，颜色有所差异。通常用没有花纹的玻璃杯，因为它是无味的，所以不会影响到酒的天然果香和香气。此外，因为玻璃杯是无色的，可让我们正确判断酒的颜色。透过酒杯，可以看到大师级解百纳的色泽是深宝石红色，特选级及优选级则相对较浅。

（2）摇酒（SWIRL）：杯子应该有高脚，这样可以使您缓缓将杯中的酒摇醒，以展露它的特性。记住避免用手去持拿杯身，那样会因为手的温度而影响到酒温。

（3）闻酒（SMELL）：在没有摇动酒的情形下闻酒，所感知的气味是酒的"第一气味"；将酒杯旋转晃动后再闻酒（旋转晃动时酒与空气接触后释放出挥发性的香气和香味），此时所感知的气味是酒的"第二气味"，它比较真实地反映出葡萄酒的内在质量。

（4）品酒（SIP）：最后是最令人满足的部分，即入口品尝。轻吸一口红酒，使它均匀地在口腔内分布，先不要吞下去，让它在口中打滚，使它充分接触口腔内细胞，以便品尝和评判它的细微差别口味。人们能在这一步品尝到大师级葡萄酒的入口柔和，口感圆润、丰满，芳香持久，具有结构感及很强的典型性。

【实验结果与分析】

（1）整理干白葡萄酒发酵实验过程，以每天测量发酵温度和相对密度（残糖）的结果，作出发酵曲线图，并讨论发酵是否正常？分析不正常的可能原因是哪些？

（2）整理干红葡萄酒发酵实验过程，以每天测量发酵温度和相对密度（残糖）的结果，作出发酵曲线图，并讨论发酵是否正常？分析不正常的可能原因是哪些？

（3）品尝与分析检测酿制的干红、干白葡萄酒的品质并主要理化指标填入表 3-12。

表 3-12　干红、干白葡萄酒主要理化指标

指标	酒精度/%（体积分数）	还原糖量/（g/L）	总酸量/（g/L）	游离 SO_2 量/（mg/L）	总 SO_2 量/（mg/L）	挥发酸量/（g/L）	热稳定实验
干白原酒							
干红原酒							

【注意事项】

（1）干红葡萄酒的酿造工艺与干白葡萄酒的酿造工艺相似。主要的不同是：葡萄破碎后不压榨，将皮肉与汁混合发酵（即带皮发酵）以浸提皮中的色素；酿造过程中需要增加苹果酸-乳酸发酵，以降低葡萄酸的酸度。

（2）葡萄酒二次发酵中会有少量洁白、细腻的泡沫上升，后发酵期间如果没有彻底断氧，就有可能发酵过度而形成乙醛（乙醛是酒"上头"的重要因素）。如果滋生乙酸菌，则有可能变成葡萄醋。

【思考题】

1. 葡萄酒酿造过程中添加二氧化硫的作用是什么？
2. 葡萄酒酿造的关键操作技术有哪些？
3. 如何防治葡萄酒的微生物腐败和产品的不稳定性？

4. 理解葡萄酒的发酵过程。

实验 3.11 红曲霉固态发酵产红曲红色素

【实验目的】

(1) 通过红曲的制作了解固态发酵的基本流程；
(2) 熟悉红曲霉菌种的分离纯化方法；
(3) 了解红曲霉菌种扩大培养的方法；
(4) 了解红曲霉液体菌种的制备方法；
(5) 了解浅盘固态发酵的大致过程；
(6) 掌握从红曲霉培养物中提取红曲红色素的方法。

【实验原理】

红曲霉在自然界广泛存在，具有霉菌的典型特征，菌丝多分枝，具横隔，细胞多核，菌丝体可出现菌丝融合现象。红曲霉在麦芽汁培养基上生长良好，菌落大，培养初期白色，老熟后变为红色；在马铃薯培养基上呈现局限性生长，红曲霉产生的是水溶性红色素，能使培养物着色。

红色素是红曲霉产生的次级代谢产物，长期以来被用作食品着色剂及香料。与其他天然色素相比，其最大特点是酸碱稳定性好，在 pH 3~12 色调变化不大；但中性或微碱性会使其稳定性稍有下降，加压已变成褐色。红曲色素在乙醇和乙酸中溶解性较好，在 82％乙醇溶液或 78％的乙酸溶液中溶解度最高。纯品红曲色素的水溶性较差，在水溶液中对光和氧气都不稳定。红曲霉产生的色素主要有 6 种：2 种黄色素、2 种紫色素和 2 种红色素，其中红色素不太稳定，易氧化成红曲黄素。所以在制备红曲霉时，如果培养不当，有时反而会产生色泽衰退的现象。

红曲霉生产虽然是纯种发酵，但采用的是固态自然发酵形式，并不是严格意义上的无菌操作，为了尽可能不被污染，必须接入大量的种子。种子的扩大应逐级放大，从斜面菌种到三角瓶米粒曲种，再到浅盘固体培养曲种。

红曲色素能溶于 80％乙醇中，可通过萃取从米粒中将红曲色素提取出来，红曲色素在 505nm 处有最大的吸收峰，可用分光光度计来测定。

【实验器材与试剂】

(1) 样品：市售红曲米或红曲酒酒药、籼米。
(2) 培养基：种子斜面培养基：15°Be 的麦芽汁加 2％的琼脂，pH 自然。

豆芽汁培养基：豆芽 200g 加水 1000mL，煮沸 10min 后过滤，滤液加 2％葡萄糖即成，固体培养基添加 2％琼脂。

(3) 器材与试剂：试管、烧杯、刻度吸管、量筒、培养皿、三角瓶、分液漏斗、电饭锅、浅盘、纱布、涂布棒、接种环、移液管、白瓷盘、高压灭菌锅、鼓风干燥箱、超净工作台、培养箱、恒温摇床、旋转蒸发仪、分光光度计、乙酸乙酯、丙酮、无水 Na_2SO_4、盐酸、氢氧化钠、乙酸、乙醇。

【实验方法与步骤】

1. 红曲霉的分离纯化

（1）培养基配制：按要求配制所需的斜面培养基，一部分分装于试管，另一部分装入三角瓶，进行高压蒸汽灭菌，灭菌后将试管摆斜面；三角瓶培养基在超净工作台中倒入已灭菌的培养皿中，倒入量为每皿 20mL，冷却凝固待用。

（2）红曲霉菌悬液的制备：称取红曲米 5g，放入 45mL 无菌水中，振荡摇匀后置于 60℃ 水浴中保温 30min 以杀死不耐热的酵母及细菌，取上层孢子悬液即所需的 10^{-1} 的红曲霉稀释菌悬液。取 10^{-1} 的稀释液振荡后静止 2min，用无菌移液管吸取 1mL 上层细胞悬液加至装有 9mL 无菌水的试管中，制成 10^{-2} 稀释液。同法依次稀释至 10^{-3}、10^{-4}、10^{-5} 梯度稀释液。在稀释过程中，因从高浓度到低浓操作，所以在每个浓度吸取稀释液后，刻度吸管放回原始管，然后更换新的无菌刻度吸管，依此类推，每稀释一次要更换一支刻度吸管。

（3）稀释涂布分离平板：以无菌操作的方法分别吸取 10^{-5}、10^{-4}、10^{-3} 的稀释液 0.1mL，加至制备好的平板上，用无菌涂布棒涂布均匀。

（4）培养：将培养皿倒置于恒温培养箱中，30℃ 培养 5 天，挑取能产红色素的霉菌单菌落，用显微镜检查细胞形态是否一致，确认后，以无菌操作的方式移接到斜面培养基中，30℃ 培养 5 天，待斜面菌体呈紫红色时即可。

2. 红曲霉菌种扩大培养

红曲霉是好氧型微生物，种子的制备可以用三角瓶固体培养，也可以采用液体摇瓶培养的方法来获得。

1）三角瓶米粒种曲的制作

（1）浸米：称取优质籼米 700～800g，用 1000mL 水加 5mL 乙酸拌匀浸泡，浸米时间夏季 5～10h、冬季 10～20h，使米含水量为 30% 左右。

（2）灭菌：将浸过的米用清水冲洗至无米浆水流出，沥干，然后称取 80～100g 装于 500mL 三角瓶中，8 层纱布封口，于 0.1MPa 灭菌 30min。

（3）接种：在灭过菌的超净工作台中用接种环从斜面中挑取红曲霉菌丝体连同孢子 5 环，接入三角瓶内，并充分搅匀。

（4）培养：将三角瓶中的米粒摇平，于 30℃ 恒温箱中培养，24h 后将米粒摇匀，并摊平继续培养，这样每天摇 2～3 次，经 6～9 天培养，米粒呈紫红色，即完成种曲制作。

2）红曲霉液体菌种的制备

（1）豆芽汁培养基的制备：按照豆芽汁培养基的配制方法配制所需的培养基，将培养基分装于 500mL 三角瓶中，每瓶装 100mL，以 8 层纱布封口，加 2 层报纸或牛皮纸扎口，0.08MPa 灭菌 30min。

（2）接种：灭菌后的培养基，冷却至室温，在超净工作台上将每瓶豆芽汁接入 1/2 支斜面红曲霉菌种。

（3）培养：接种后放入恒温摇床，30℃，180r/min 培养 3～5 天，至培养液呈深红色即可。

3. 红曲霉浅盘固体培养

（1）浸米：称取 5kg 籼米，25℃ 以上浸米 5h。籼米吸水在 25% 左右。

（2）蒸饭：将浸过的米用清水淋去米浆水，沥干至无滴水，在电饭锅上蒸饭，待圆汽后继续蒸 30min，出饭率约为 135％ （100kg 米出 135kg 饭），饭粒呈玉色，粒粒疏松，不结块。蒸饭要不夹生，要熟而不烂。

（3）器具灭菌：将医用白瓷盘洗净，进行干热灭菌，将长度为白瓷盘的 1.5 倍、宽度为白瓷盘的 2.5～3 倍的 4 层纱布经高压蒸汽灭菌处理。

（4）接种：将灭过菌的纱布垫在白瓷盘中，倒入蒸熟的米饭，迅速打碎团块，摊平，使曲料的厚度为 2～3cm，盖上纱布后冷却到 30～32℃。将红曲霉液体菌种按 2％～6％ （固体种曲 1％）的接种量接入曲料，充分翻拌后，置于 30℃ 恒温培养箱中培养 5～6 天，颜色由深红色转为紫红色即可。

4. 红曲红色素色价的测定

（1）样品研碎：称取红曲米样品 0.5g 放入研钵中，加入 80％ 的乙醇 1mL，将米粒研碎。将研碎的米粒连同乙醇倒入具塞试管中，用 80％ 的乙醇 6mL 分两次洗涤研钵，将洗涤液合并入试管中。

（2）萃取：将试管放入 60℃ 水浴保温萃取 30min，每隔 5min 摇动一次。

（3）过滤：取出萃取液冷却，用普通滤纸滤入 10mL 量筒中，用 80％ 的乙醇洗涤残渣 2 次，合并滤液，并用 80％ 乙醇定容至 10mL。

（4）测 OD 值：以 80％ 乙醇作对照，在 505nm 波长下，用 1cm 比色皿测定样品的吸光度 A_{505}。

（5）计算：

$$红曲红色素色价（以 1g 样品计） ＝A_{505}×10×2$$

【实验结果与分析】

（1）从培养皿中挑取能产红色素的霉菌单菌落，用显微镜检查细胞形态是否一致，并对其显微形态进行描述。

（2）培养的斜面菌体是否呈紫红色？并观察是否染菌，如染菌分析原因。

（3）固体种曲制作的成品是否符合要求？并对其外观形态进行描述。

（4）计算成品红曲红色素的色价，并根据结果对其制作工艺进行分析。

【注意事项】

（1）注意无菌操作，防止杂菌污染。

（2）由于霉菌菌落较大，为了便于培养单菌落，分离时稀释度以大一点为好。

（3）红曲酒酒药中除红曲霉外，还可能有毛霉、根霉等菌株，它们的菌落是蔓延型的，因此培养时应逐日观察，挑取所需菌株。

（4）霉菌的营养菌丝长在培养基内，接种时挑取气生菌丝和孢子即可，没必要将培养基挑起。

（5）制作种曲时保温培养最好在恒温恒湿箱中进行，如无此条件，可在恒温箱中放一小盆水以增加湿度，应随时观察曲料的干湿度，必要时每天加入无菌水约 2mL，以补充蒸发掉的水分。

（6）因液体菌种含水量大，接种时接种量不能太高，否则湿度太大容易导致细菌污染。

【思考题】

1. 红曲霉菌悬液制备时为什么要在 60℃ 水浴中保温 30min？

2. 是否能从市售红腐乳中分离红曲霉? 为什么?

3. 培养三角瓶种曲时为什么要将三角瓶每天摇动 2 或 3 次?

4. 浸米时为什么要加少量乙酸?

5. 浅盘固体培养时应注意哪些问题?

实验 3. 12　酸乳制作

【实验目的】

(1) 了解乳酸菌的生长特性和乳酸发酵的基本原理;

(2) 学习酸乳的制作方法;

(3) 锻炼同学们的创新能力、实践动手能力和分析问题的能力。

【实验原理】

　　酸乳是由嗜热链球菌及德氏乳杆菌保加利亚亚种共同发酵生产的。两者具有良好的相互促进生长的关系。两者共同作用使发酵乳中的乳糖产生乳酸,当乳的 pH 达到酪蛋白的等电点时,酪蛋白胶粒便凝集形成特有的网络结构。酸乳的品种很多,根据发酵工艺的不同,可分为凝固型酸乳和搅拌型酸乳两大类。凝固型酸乳是在接种发酵菌株后,立即进行包装,并在包装容器内发酵、成熟。搅拌型酸乳是先在发酵罐中接种、发酵,发酵结束后再进行无菌灌装并后熟。

【实验器材与试剂】

1. 实验材料

鲜牛奶、奶粉、蔗糖、菌种（或市售酸乳）。

2. 培养基

(1) BCG 牛乳培养基。

A 溶液:脱脂乳粉 100g 溶于 500mL 水中,加 1.6% 溴甲酚绿（BCG）乙醇溶液 1mL,80℃消毒 20min。

B 溶液:酵母膏 10g、琼脂 20g、水 500mL,pH 6.8,121℃灭菌 20min。

将 A、B 溶液 60℃保温后以无菌操作等量混合,倒平板。

(2) 乳酸菌分离培养基:牛肉膏 5g、酵母膏 5g、蛋白胨 10g、葡萄糖 10g、乳糖 5g、氯化钠 5g、琼脂 20g、水 1000mL,pH 6.8,121℃灭菌 20min 后倒平板。

3. 实验器材

试管、烧杯、玻璃棒、牛奶瓶、恒温水浴锅、恒温培养箱、冰箱、不锈钢锅、均质机、高压蒸汽灭菌锅、超净工作台、天平。

【实验方法与步骤】

1. 乳酸菌的分离纯化与鉴别

(1) 分离:取市售新鲜酸乳,用无菌生理盐水逐级稀释,取其中的 10^{-4}、10^{-5} 稀释液各 0.1mL,均匀涂布在 BCG 牛乳培养基平板上,置于 40℃温箱中培养 48h,如出现圆形扁平的黄色菌落，并且周围培养基变为黄色者初步认定为乳酸菌。

（2）鉴别：选取乳酸菌典型菌落转至脱脂乳试管中，40℃培养 8h，若牛乳出现凝固，无气泡，呈酸性，涂片镜检细胞呈杆状或链球状，革兰氏染色阳性，则可连续传代。选择能使牛乳管在 3～6h 内凝固的菌株，保藏待用。

2. 酸乳制作过程

（1）牛奶瓶消毒：将牛奶瓶在不锈钢锅里用沸水煮 15min。

（2）牛乳的净化：利用特别设计的离心机，除去牛乳中的白细胞和其他肉眼可见的异物。

（3）脂肪含量标准化：全脂酸奶，控制其脂肪含量在 3% 左右。鲜奶中脂肪含量比较高，为了避免酸奶中有脂肪析出，需要对鲜奶的脂肪含量进行调整使其达到所要求的标准。可以在脂肪含量高的牛乳中加入一定体积的脱脂乳；或通过分离机，从牛乳中分离出稀奶油，然后在得到的脱脂乳中再掺入一定量稀奶油，使调制乳的脂肪含量达到要求。

（4）配料：①奶粉的添加。经脂肪含量标准化处理的调制乳（或按 1∶7 的比例加水把奶粉配制成复原牛奶），为了使其非脂干物质含量达到要求，一般往调制乳中添加脱脂奶粉，经如此处理的酸奶有一定的硬度，脱脂奶粉的添加量一般为 1%～3%。②蔗糖的添加。为了缓和酸奶的酸味，改善酸奶的口味，一般在调制乳中加入 4%～8% 的蔗糖，如果蔗糖量加入过多，会因调制乳渗透压的增加而阻碍乳酸菌生长，一般是先将原料乳加热到 60℃ 左右，然后加入蔗糖，待糖溶解后过滤除杂，经过滤的奶液再进行均质处理。

（5）均质：用于制作酸奶的原料乳一般都要进行均质处理，经过均质处理，乳脂肪被充分分散，酸奶不会发生脂肪上浮现象，酸奶的硬度和黏度都有所提高，而且酸奶口感细腻，更易被消化吸收。将加热和均质两种方法适当结合起来，处理的效果会更好，一般是先将原料乳加热至 60℃ 左右，然后在均质机中，于 15～20MPa 压力下对乳进行均质处理。

（6）灭菌：均质后的原料乳灭菌方法大致有两种：将乳加热至 95℃ 保温 5min，或置于80℃ 恒温水浴锅中灭菌 15min；也可用超高温瞬时灭菌法（在 135℃ 下保温 2～3s）。灭菌目的有以下几点：①杀灭原料乳中的微生物，特别是致病菌；②形成乳酸菌生长促进物质，破坏乳中存在的阻碍乳酸菌生长的物质；③除去原料乳中的氧及由于乳清蛋白的变性而增加的 —SH，从而使氧化还原电位下降，助长乳酸菌的生长。④使乳清蛋白变性膨润，从而改善酸奶的硬度和黏度，并阻止水分从变性酪蛋白凝聚成的网状结构中分离出来。⑤灭菌后，使乳中原本存在的酶失活，使发酵过程成为单一乳酸菌的作用过程，易于控制生产。

经灭菌处理后的原科乳迅速冷却到 43～45℃ 待接种。

（7）接种：向 43～45℃ 灭过菌的原料乳中加入发酵剂，接种量为 3%，通常是嗜热链球菌和保加利亚乳杆菌的混合菌，两种菌的比例为 1∶1 或 2∶1。球菌的接种量稍多些，可弥补由杆菌生长产酸而阻碍球菌生长所造成的球菌数量不足的缺点。经实验证明，当接种量超过 3% 时，发酵所需时间并不因种量加大而缩短，而酸奶的风味由于发酵前期酸度上升太快反而变差。所以，任意加大接种量是无益的；反之，若接种量过小，发酵所需时间延长，酸奶的酸味会显得不够。

（8）发酵：①若要生产凝固型酸乳，接种后应立即分装到已灭菌的酸乳瓶（或一次性塑料杯）中，以保鲜膜封口，然后放入 40℃ 恒温箱中培养至凝块出现（3～4h）；②若要生产搅拌型酸乳，可直接在发酵罐中接种，接种后继续搅拌 3min，使发酵菌种与含乳基料混合均匀，然后放入培养箱中进行发酵，每隔一段时间测定发酵液的 pH，当 pH 达 4.5～4.7 时停止发酵，进行冷却，冷却后加入果酱或果粒（配方可按个人口味来定），用搅拌器进行破乳搅拌，一般搅拌速度很慢，力度要尽量小，时间不超过 1.5min，搅拌同时用冰水冷却。

（9）后熟：将发酵好的凝固型酸乳转入 4℃冰箱中后熟（24h 以上），使酸度适中（pH 4～4.5），凝块均匀细腻，无乳清析出，色泽均匀，无气泡，有较好的口感和特有的风味。将调配好的搅拌型酸乳进行灌装，在冷藏柜中冷却至 4℃完成酸乳的后熟，24h 后即可饮用。

经冷却处理的酸奶贮藏在 2～5℃，最好是 −1～0℃的冷藏室保存，低温保存有以下优点：①保存期间，酸奶的酸度上升极少；②牛乳凝固时会产生收缩力，导致乳清析出，在低温时这种收缩力比较弱，所以乳清不易从酸奶中分离出来；③低温下酸奶逐渐形成白玉般的组织状态，结构非常细腻；④低温保存过程中，香味物质逐渐形成，使酸奶具有较浓香味。

【实验结果与分析】

（1）酸乳发酵过程中进行酸味检测与风味评价，结果记录在表 3-13 中。

表 3-13　酸味检测与风味评价表

发酵时间	pH	滴定酸度	质地	风味	备注
分别记录 0～5.5h 中每隔 0.5h 的右侧参数					

（2）成品酸乳的感官评定记录（表 3-14）。

表 3-14　成品酸乳的感官评定

项　目	凝固型酸乳	搅拌型酸乳
色泽		
滋味		
气味		
组织状态		
口感		
稳定性		
持水性		

（3）品尝酸乳是否有异味，若出现异味，请分析原因。

【注意事项】

（1）在乳酸菌分离操作时一定要严格按照无菌操作。

（2）牛乳的消毒应掌握适宜的温度和时间，防止长时间或采用过高温度消毒而破坏酸乳风味。

【思考题】

1. 为什么 BCG 牛乳琼脂平板中乳酸菌会形成黄色菌落？

2. 为什么酸乳发酵过程中会引起凝乳？

3. 为什么采用乳酸菌混合发酵的酸乳比单菌发酵的酸乳口感和风味更佳？

4. 为什么要对基料进行均质？

5. 为什么牛乳消毒要用巴氏消毒或高温瞬时消毒？

实验 3.13　秸秆厌氧发酵制备沼气

【实验目的】

(1) 掌握利用秸秆厌氧发酵制备沼气的原理和方法；

(2) 掌握发酵液成分分析方法和产气量的测量方法。

【实验原理】

秸秆发酵产沼气是以水稻、玉米、花生等农作物秸秆作为原料，经过粉碎并添加发酵菌剂做堆沤等预处理后，在有机物厌氧的条件下被微生物分解，转化成甲烷和二氧化碳等，并合成自身细胞物质的过程。秸秆的厌氧消化反应是一个生物化学转化过程，一般可分三个阶段：第一阶段是水解阶段，将秸秆中不可溶复合有机物转化成可溶化合物；第二阶段是产酸阶段，可溶化合物再转化成短链酸与乙醇；第三阶段是产甲烷阶段，上述产物再经各种厌氧菌转化最终产生沼气。

【实验器材与试剂】

(1) 实验材料。接种物：采用含水率 82%～85% 的牛粪或正常产气的沼气池的沼渣或沼液；养猪场、鱼塘等冒泡的黑色污泥。如果采用的接种物是正常产气的沼气池的沼渣或沼液，可不做处理直接利用；如果是养猪场、鱼塘等冒泡的黑色污泥，应在除去其中的杂物后进行驯化及菌种的富集方可利用。

秸秆、秸秆堆沤菌剂（绿秸灵，北京合百意公司）、农用级碳酸氢铵。

(2) 实验仪器：粉碎机、三角瓶、移液管、发酵装置、恒温培养箱。

【实验方法与步骤】

1. 秸秆粉碎

一般选择玉米秆、麦秆、水稻秆等，应选用未腐黑的本色秸秆。将秸秆粉碎至粉末状。

2. 原料准备

将粉碎后的秸秆称两组，每组 400g，分别放入 2000mL 三角瓶中，各加入 1200mL 水（选择水的顺序是池塘水、河水、自来水，pH 6.5～7.5）搅拌均匀后密闭 24h 备用。

3. 计算原料的碳氮比，加入碳酸氢铵调节原料的碳氮比为 25：1

如同好氧微生物，厌氧微生物对原料的碳氮质量比也有一定的要求，表 3-15 中列出了一些常用沼气发酵原料的碳氮比，可以发现其差异较大。比值大的为贫氮原料，如作物的秸秆、叶、茎等；比值小的为富氮原料，如人畜粪便。厌氧发酵原料的适宜碳氮比为 20：1～30：1，碳氮比达到 35：1 时，产气量明显下降。

表 3-15　常用厌氧发酵原料的碳氮比

原　料	碳素占原料质量的比率/%	氮素占原料质量的比率/%	碳氮比（C：N）
干麦秸	46	0.53	87：1
干稻草	42	0.63	67：1
玉米秆	40	0.75	53：1

原　料	碳素占原料质量的比率/%	氮素占原料质量的比率/%	碳氮比（C∶N）
落叶	41	1.00	41∶1
大豆茎	41	1.30	32∶1
野草	14	0.54	26∶1
花生茎	11	0.59	19∶1
鲜羊粪	16	0.55	29∶1
鲜牛粪	7.3	0.29	25∶1
鲜马粪	10	0.42	24∶1
鲜猪粪	7.8	0.60	13∶1

为使发酵过程有一个较高的产气量，可将贫氮原料与富氮原料适当配合成具有适宜碳氮比的混合原料。混合原料碳氮比的计算如下：

$$K = \frac{C_1 X_1 + C_2 X_2 + C_3 X_3 + \cdots + C_i X_i}{N_1 X_1 + N_2 X_2 + N_3 X_3 + \cdots + N_i X_i} = \frac{\sum CX}{\sum NX}$$

式中，K 为混合原料的碳氮比；C、N 分别为原料中碳、氮含量（%）；X 为原料的质量（kg）。

根据表 3-15 中数据和上式可以粗略计算混合原料的碳氮比，或按要求的碳氮比计算搭配原料的数量。

4. 堆沤

每组加入堆沤菌剂 40g 混合均匀，用塑料薄膜封口，并在薄膜上扎小孔以便通气，封好口后放入 35℃恒温箱中进行堆沤。每隔两天将物料搅动一次，并测定物料的温度和 pH。当物料出现大量白色菌丝、秸秆变成黑褐色时堆沤结束。

5. 发酵

（1）将堆沤好的物料加水调 TS（总固体含量）至 8%，并调 pH 至 6.5～7.6。原料配制成料浆，可根据料浆中所要求的总固体百分含量计算加水量。料浆中总固体百分含量计算公式为

$$M_{TS} = \frac{\sum XM}{\sum X} \times 100\%$$

式中，M_{TS} 为沼气发酵料浆中总固体百分含量；X 为各种原料（包括水）的质量；M 为各种原料的总固体百分含量。

（2）将调好的发酵液装入发酵瓶中，按照物料体积的 30% 加入沼渣或沼液，或是经过富集的厌氧活性泥。密封好后按照实验装置图（图 3-3）搭建好发酵装置，发酵原料在发酵瓶内进行厌氧发酵，消化过程产生的沼气通过导气管输入装有饱和食盐水的密闭集气装置中，以排水法收集得之，每日定时通过测定集水瓶中食盐水体积得到日产气量。在取样口用 25mL 移液管取得料液样品经离心后进行参数测定，在取气口用气体采样袋收集气体样品，用于气体成分的分析。将发酵装置置于 35℃恒

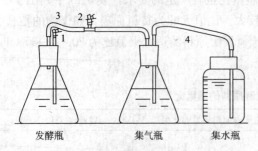

图 3-3　厌氧发酵装置示意图

1. 取样口；2. 取气口；3. 导气管；4. 导水管

温培养箱中，进行发酵。记录每天产气情况，分析总结。

20 天发酵完成后，取出发酵液，用清水反复冲洗，直至得到干净的剩余秸秆，烘干，称重，计算秸秆的干失重得到其降解率。

【实验结果与分析】

(1) 秸秆产气规律：将 20 天内，将每天所产气体体积绘制成图表，得日产气量图；将日产气量数据换算成容积产气率，绘成图表，得容积产气率图。

(2) 计算秸秆降解率，即

$$秸秆降解率 = (A - B)/A$$

式中，A 为入瓶前秸秆干重；B 为发酵完毕，洗净后秸秆干重。

(3) 计算秸秆产气率，即

$$秸秆产气率 = 每组产气量 /(A - B)$$

【注意事项】

(1) 秸秆的粉碎度应越细越好，有利于提高纤维素的降解性。

(2) 堆沤过程中要每隔两天将物料搅动一次，以利于菌丝的生长。

【思考题】

1. 沼气有哪些物理性质？
2. 秸秆成分及降解过程中各成分测定方法有哪些？
3. 利用秸秆产沼气存在哪些问题？
4. 秸秆原料在发酵之前为什么要进行堆沤过程，其作用是什么？
5. 产沼气应具备哪些具体条件？

参 考 文 献

常景玲. 2006. D-核糖产生菌的原生质体诱变及其发酵培养. 生物技术通讯，2：195-197.

褚志义. 1999. 生物合成药物学. 北京：化学工业出版社.

国家药典委员会. 2010. 中华人民共和国药典（二部）. 北京：化学工业出版社.

贾士儒. 2010. 生物工程专业实验. 北京：中国轻工业出版社.

李啸. 2009. 生物工程专业综合大实验指导. 北京：化学工业出版社.

刘荣厚. 2008. 蔬菜废弃物厌氧发酵制取沼气的实验研究. 农业工程学报，(4)：209-213.

刘晓晴. 2009. 生物技术综合实验. 北京：科学出版社.

天津轻工业学院，大连轻工业学院，无锡轻工大学，等. 2011. 工业发酵分析. 北京：中国轻工业出版社.

吴根福. 2006. 发酵工程实验指导. 北京：高等教育出版社.

杨大毅. 2011. 葡萄酒的品评. 酿酒，38 (03)：81-82.

张克昌. 2005. 酒精与蒸馏酒工艺学. 北京：中国轻工业出版社.

张志宏. 2009. D-核糖发酵条件的优化与中试. 安徽农业科学，37：10398-10400.

第4章 酶工程技术

酶工程（enzyme engineering）是酶的生产与应用的技术过程，是生物工程的主要内容之一，是随着酶学研究迅速发展，特别是酶的应用推广，使酶学和工程学相互渗透结合发展而成的一门新的技术学科，是酶学、微生物学的基本原理与化学工程有机结合而产生的交叉科学技术。其应用范围已遍及工业、医药、农业、化学分析、环境保护、能源开发和生命科学理论研究等各个方面。酶工程一般由 4 个部分组成：① 酶的生产；② 酶的分离纯化；③ 酶的固定化；④ 酶反应器。

一般认为，酶工程的发展应从第二次世界大战后算起。从 20 世纪 50 年代开始，由微生物发酵液中分离出一些酶，制成酶制剂，1949 年，采用微生物液体深层培养方法进行细菌 α-淀粉酶的发酵生产，揭开了现代酶制剂工业的序幕。60 年代后，固定化酶、固定化细胞崛起，使酶制剂的应用技术焕然一新。70 年代后期以来，由于微生物学、遗传工程、细胞工程及计算机信息等新兴高科技的发展，为酶工程进一步向纵深发展带来勃勃生机，从酶的制备方法、酶的应用范围到后处理工艺都受到巨大冲击。尽管目前已发现和鉴定的酶有 8000 多种，但大规模生产和应用的商品酶只有数十种。天然酶在工业上受到限制的原因主要有：① 大多数酶在生产和应用过程中的条件往往与其天然生理环境差别较大而极不稳定；② 酶的分离纯化工艺复杂；③ 酶制剂成本较高。因此根据研究和解决上述问题手段的不同把酶工程分为化学酶工程和生物酶工程。前者亦称为初级酶工程，它主要由酶学与化学工程技术相互结合而形成，主要包括自然酶制剂的开发与应用、酶的化学修饰、酶的固定化、人工合成酶的研制和模拟酶；后者是在化学酶工程基础上发展起来的，是以酶学和 DNA 重组技术为主的现代分子生物学技术相结合的产物，也可称为高级酶工程，主要包括酶基因的克隆和表达（克隆酶）、酶的遗传修饰（突变酶）、酶的遗传设计（罗贵民，2000）。

从酶工程的进展和动态分析中可以预料，传统酶工程中的固定化酶、人工合成酶、模拟酶、抗体酶（abzyne）、杂交酶、非水系统酶等的开发与应用、基因工程和蛋白质工程技术、分子压印技术、酶定向固定化技术、酶化学技术，以及极端环境微生物和不可培养微生物的新酶种等现代酶工程技术研究领域的新进展及应用将是酶工程今后的研究热点。

本章实验内容主要包括淀粉酶的发酵制备、溶菌酶的分离纯化、糖化酶的固定化和酶催化法制备生物柴油等，主要目的是使学生了解并掌握酶工程技术中酶的制备、分离纯化和应用等主要实验技术，为酶工程技术的进一步应用打下坚实的基本实验技能基础。

实验 4.1　淀粉酶发酵制备

【实验目的】

(1) 学习并掌握液体摇瓶发酵法制备 α-淀粉酶的工艺；

(2) 了解并掌握硫酸铵盐析法制备酶制剂；

(3) 掌握 α-淀粉酶酶活测定原理及方法。

【实验原理】

淀粉酶是水解淀粉和糖原酶类的统称，广泛存在于动植物和微生物中。它最早实现了工业生产并且是迄今为止用途最广、产量最大的一个酶制剂品种。特别是 20 世纪 60 年代以来，由于酶法生产葡萄糖，以及用葡萄糖生产异构糖浆的大规模工业化，淀粉酶的需要量越来越大，几乎占整个酶制剂总产量的 50% 以上。

淀粉是由葡萄糖通过 α-1,4-糖苷键构成的直链淀粉和 α-1,6-位有分支的支链淀粉组成的。直链淀粉含 100～6000 个葡萄糖单位；支链淀粉平均含 6000 个以上的葡萄糖单位，最高可达 300 万。1970 年 Gunja-Smith 提出的支链淀粉的树枝状结构模式如图 4-1 所示，它是由 A、B、C 三种链所组成。A 链是外链，通过 α-1,6-糖苷键同 B 链相接，B 链又经 α-1,6-糖苷键同 C 链相连接，C 链是主链，它的一端为非还原性末端，A 链、B 链均无还原性末端，因此支链淀粉的还原力甚小。

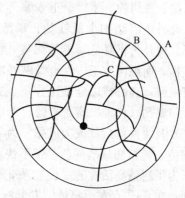

图 4-1　支链淀粉结构示意图
A、B、C 分别为 A、B、C 链；●为还原末端

按照水解淀粉方式的不同，主要的淀粉酶（amylase）可分为四大类。①α-淀粉酶，又称 α-1,4-葡萄糖-4-葡萄糖水解酶（EC 3.2.1.1），以糖原或淀粉为底物，从分子内部切开 α-1,4-糖苷键而使底物水解。其特征是引起底物溶液黏度的急剧下降和碘反应的消失，最终产物在分解直链淀粉时以葡萄糖为主，此外，还有少量麦芽三糖及麦芽糖。另外在分解支链淀粉时，除麦芽糖、葡萄糖、麦芽三糖外，还生成分支部分具有 α-1,6-糖苷键的 α-极限糊精（又称 α-糊精）。一般分解限度是 35%～50%（以葡萄糖为准），但在细菌的淀粉酶中，亦有呈现高达 70% 的分解限度（最终游离出葡萄糖）。②β-淀粉酶，即 α-1,4-葡聚糖麦芽水解酶（EC 3.2.1.2），是一种外切酶，从底物非还原性末端顺次水解每相隔 1 个 α-1,4-糖苷键，切下的是麦芽糖单位时发生沃尔登转位反应，使产物由 α-型转变为 β-型麦芽糖。该酶不能水解淀粉分支处的 α-1,6-糖苷键，淀粉的分解会在 α-1,6-糖苷键前的 2 或 3 个葡萄糖残基处停止，所以分解直链淀粉的产物主要是麦芽糖，分解支链淀粉的产物主要是麦芽糖和大分子的 β-极限糊精。③葡萄糖淀粉酶，又名淀粉葡萄糖苷酶（EC3.2.1.3）或 γ-淀粉酶，因发酵工业中大量用作淀粉糖化剂，习惯上简称糖化酶。其功能在于从淀粉、糊精或糖原等碳水化合物的非还原性末端释放 β-D-葡萄糖。糖化酶底物专一性较低，它除了能从非还原性末端断裂 α-1,4-糖苷键外，也能水解 α-1,6-糖苷键和 α-1,3-糖苷键。④解支酶或异淀粉酶，即糖原-6-葡聚糖水解酶（EC3.2.1.68），只水解糖原或支链淀粉分支点 α-1,6-糖苷键，切下整个侧支。根据水解产物的不同，α-淀粉酶又分为液化型 α-淀粉酶和糖化型 α-淀粉酶，前者产物中葡萄糖含量较少，而后者葡萄糖含量较多。另外，后三种淀粉酶也称糖化型淀粉酶。

此外，还有一些与工业有关的淀粉酶：环式糊精生成酶（这种酶使 6 或 7 个葡萄糖构成环式糊精）、G_4、G_6 生成酶（这类酶从淀粉非还原性末端切下 4 或 6 个葡萄糖分子构成的寡糖），还有 α 葡萄糖苷酶，可将游离葡萄糖转移至其他葡萄糖基的 α-1,6 位上，生成种种含 α-1,6-糖苷键的寡糖，如潘糖和异麦芽糖等，所以又称葡萄糖苷转移酶（α-glucosyl transferase）。

有实用价值的 α-淀粉酶生产菌主要有芽孢杆菌和霉菌等。芽孢杆菌所产 α-淀粉酶由于活性高，发酵周期短，酶的耐热性高，尤其是枯草芽孢杆菌为大多数工厂所采用。地衣芽孢杆菌的酶耐热性比枯草芽孢杆菌高，但产量较低。霉菌的 α-淀粉酶大多采用固体曲法生产，细菌 α-淀粉酶则以液体深层发酵为主。固体培养法以麸皮为主要原料，酌量添加米糠或豆饼的碱水浸出液，以补充氮原。在相对湿度 90% 以上，芽孢杆菌用 37℃，曲霉用 32～35℃ 培养 36～48h 后，立即在 40℃ 烘干或风干，即成工业生产用的粗酶。液体培养常以鼓皮、玉米粉、豆饼粉、米糠、玉米浆等为原料，并适当补充硫酸铵、氯化铵和磷酸铵等无机氮源，此外还需添加少量镁盐、磷酸盐、钙盐等。固形物浓度一般为 5%～6%，最高可达 15%。此外为了降低培养液黏度，淀粉原料可用 α-淀粉酶液化，以霉菌生产菌时，宜采用微酸性，而细菌宜于中性至微碱性培养，通气搅拌培养时间为 24～48h。当酶活达到高峰时结束发酵，离心或以硅藻土作助滤剂滤去菌体及不溶物。在 Ca^{2+} 存在下低温真空浓缩后，加入防腐剂（松油、麝香草酚、苯甲酸钠等）、稳定剂（5%～15% 食盐和钙盐、锌盐或山梨醇等）及缓冲剂后就成为成品。为了提高耐热性，也可在成品中添加少量硼酸盐。这种液体的细菌 α-淀粉酶呈暗褐色，带不快之臭味，在室温下可放置数月而不失活。

为了制备高活性的 α-淀粉酶，并使贮运方便，可用硫酸铵盐析或溶剂沉淀制成粉状酶制剂。在 Ca^{2+} 存在下将浓缩发酵液调节 pH 到 6 左右，加入 40% 左右硫酸铵静止沉淀，倾去大部上清液后，加入硅藻土为助滤剂，收集沉淀于 40℃ 下风干，为了加速干燥、降低酶活损失，酶泥中可拌入大量硫酸钠，磨粉后加入淀粉、乳糖、$CaCl_2$ 等作稳定填充剂后即成品。麸曲可以用水抽提后进行盐析。为了减少色素的溶出，麸曲必须先行风干。有些菌株产生一定比例的蛋白酶，这不但妨碍使用效果，还会引起酶在贮藏过程中失活。培养基中添加柠檬酸盐可抑制某些菌株产生蛋白酶。枯草芽孢杆菌发酵液中的蛋白酶也可借加热（50～65℃）处理而消除。此外细菌 α-淀粉酶可利用底物淀粉吸附，而同蛋白酶分开。为了提高淀粉的吸附效果，淀粉可经膨胀处理。淀粉吸附法的主要步骤如下：调节酶液的 pH 到 6.0，加 18%（m/V）硫酸铵搅匀，并以玉米淀粉与硅藻土 5∶1 的混合物分散在 18% 硫酸铵溶液中，倒于漏斗上形成底层，再将上述酶液通过滤层，α-淀粉酶被淀粉吸附，蛋白酶则留于液内。吸附 α-淀粉酶的淀粉层用 15% 硫酸铵溶液洗涤后，用含 0.001mol/L $CaCl_2$ 的 0.04mol/L 磷酸缓冲液洗脱，经 DuoliteA-2 树脂脱色，再用 40% 硫酸铵盐析，这样可以制备纯度极高的产品。

影响 α-淀粉酶生产的因素（以液体发酵为例）有以下几种。①碳源的诱导及阻遏：微生物生产的 α-淀粉酶可以说是半组成酶，因为大多数工业生产的淀粉酶菌种，如淀粉液化芽孢杆菌、枯草芽孢杆菌、地衣芽孢杆菌及米曲霉等，即使培养基中不含淀粉或者不含具有 α-1，4-糖苷键的多糖或低聚糖，仍然可以生成 α-淀粉酶，但是它们的产量可受到淀粉或其他 α-1，4-麦芽糖的诱导而增加。葡萄糖等易利用碳源，在浓度高时妨碍 α-淀粉酶的生成，这是一种分解代谢物阻遏。②其他因素，如氮源、碳氮比、无机盐、温度、pH 及通风量、搅拌强度、接种量、种龄等。

由于测定原理和底物性质的不同，淀粉酶活力的测定方法已超过 200 种。这些方法可归纳为两类：天然淀粉底物方法和（分子组成）确定底物方法。以天然淀粉为底物的测定方法，如淀粉分解法、糖化法和色素淀粉法等。由于天然淀粉分子结构的不确定，故不同植物来源的淀粉和不同批号的淀粉，其分子结构和化学性质不尽相同，所以难以达到方法学标准化，测定误差大。目前除碘淀粉法外，这类方法已被淘汰。使用（分子组成）确定的淀粉酶底物和辅助酶与指示酶组成的淀粉酶测定系统，可以改进酶反应的化学计量关系，能更好地控制和保持酶水解条件的一致性。这些底物有小分子寡聚糖（含 3～7 个葡萄糖单位）和对硝基苯酚糖苷等，试剂稳定，水解产物确定，化学计量关系明确。目前市售试剂盒有多种。α-淀粉酶活性根据液化能力（测定黏度的下降）和糊精化能力（测定碘反应的消失）测定，后者使用更为普遍。采用后者时，当酶液浓度控制在能够于 10～60min 使碘反应消失的范围内时，时间同酶活力成反比，标准色（糊精液加同浓度碘液的呈色度）密封在试管中 2～3 天内可保持稳定。碘反应的呈色度与温度有关，0℃时呈橙色，30℃时为微黄色，因此比色应在同一温度下进行。为了避免肉眼观察终点的误差，更正确的方法是测定碘反应蓝值（700nm 时的 OD 值）的下降，以 40℃、30min 内使直链淀粉的蓝值下降 10% 所需的酶量为一个单位。目前，关于淀粉酶活的测定有 200 多种方法，基本上根据底物是否为天然底物分为两大类，我国细菌 α-淀粉酶使用的两种测定方法，均由 Wohlgemuth 和 Hagihara 改良法演变而成。α-淀粉酶比较耐热但不耐酸，pH 3.6 以下可使其钝化。β-淀粉酶与 α-淀粉酶相反，它不耐热但耐酸，70℃ 保温 15min 可使其钝化。通常提取液中 α-淀粉酶和 β-淀粉酶同时存在。可以先测定 (α+β) 淀粉酶总活力，然后在 70℃加热 15min，钝化 β-淀粉酶，测出 α-淀粉酶活力，用总活力减去 α-淀粉酶活力，就可求出 β-淀粉酶活力。另外，β-淀粉酶活力大小可用其作用于淀粉生成的还原糖与 3，5-二硝基水杨酸的显色反应来测定。还原糖作用于黄色的 3，5-二硝基水杨酸生成棕红色的 3-氨基-5-硝基水杨酸，生成物颜色的深浅与还原糖的量成正比。以每克样品在一定时间内生成的还原糖（麦芽糖）量表示酶活大小。

【实验器材与试剂】

1. 实验器材

(1) 烧杯、三角瓶、玻璃棒、接种环（针）、试管、容量瓶、离心管、不同刻度的移液管（移液枪）、透析袋、真空抽滤装置、真空浓缩装置。

(2) 电炉（加热板）、高压灭菌锅、恒温水浴锅、摇床、离心机、电子天平。

2. 实验材料与试剂

(1) 菌种：解淀粉芽孢杆菌 (*Bacillus amyloliquefaciens*)。

(2) 培养基。

斜面活化培养基：牛肉膏 1%、蛋白胨 1%、氯化钠 0.5%、琼脂 1.5%～2%、pH 7.0～7.2；

种子液体培养基：可溶性淀粉 1%、牛肉膏 1%、蛋白胨 1%、氯化钠 0.5%、pH 7.0～7.2；

发酵培养基：玉米粉（乳糖、葡萄糖、麦芽糖）5%、豆饼粉 5%、磷酸氢二钠 0.8%、硫酸铵 0.4%、无水氯化钙 0.2%、$MgSO_4 \cdot 7H_2O$ 0.02%，pH 7.0～7.2。

(3) 酶活测定：①称取碘 11g、碘化钾 22g，加水溶解，稀释至 500mL；②标准稀碘液：取碘原液 15mL，加碘化钾 8g，定容至 500mL；③比色稀碘液：取碘原液 2mL，加碘化钾 20g，定容至 500mL；④2% 可溶性淀粉：称取干燥可溶性淀粉 2g，先以少许蒸馏水混合均匀，再徐徐倾入煮沸的蒸馏水中，继续煮沸 2min，待冷却后定容至 100mL（此液当天配制使用）；⑤标准糊精液：称取分析纯糊精 0.3g，用少许蒸馏水混匀后倾入 400mL 水中，冷却后定容至 500mL，加入几滴甲苯试剂防腐，冰箱保存；⑥pH 6.0 磷酸氢二钠-柠檬酸缓冲液：称取 $Na_2HPO_4 \cdot 12H_2O$ 45.23g，柠檬酸 ($C_6H_8O_7 \cdot H_2O$) 8.07g，加蒸馏水定容至

1000mL；⑦标准比色液：称取氯化钴（$CoCl_2 \cdot 6H_2O$）2.5g 和重铬酸钾 0.384g 溶于 100mL 0.01mol/L HCl。

（4）酶制剂制备：硫酸铵、硅藻土。

【实验方法与步骤】

1. 培养基制备与菌种斜面培养

（1）配制：根据培养基配方依次准确称取各种药品，放入适当大小的烧杯中，不要加入琼脂。蛋白胨极易吸潮，故称量时要迅速。用量筒取一定量（约占总量的 1/2）蒸馏水倒入烧杯中，在放有石棉网的电炉（或电热板）上小火加热，并用玻璃棒搅拌，以防液体溢出。待各种药品完全溶解后，停止加热，将称好的琼脂加入，继续加热至完全熔化。并不断搅拌，以免琼脂糊底烧焦，补足水分，用 2.5mol/L HCl 或 NaOH 调 pH 7.0～7.2。

（2）分装：分装时，一手捏松弹簧夹，使培养基流出，另一只手握住几支试管，依次接取培养基。分装时，注意不要使培养基黏附于管口或瓶口，以免浸湿棉塞引起杂菌污染。一般制作斜面培养基时，每只 15mm×150mm 的试管装 3～4mL（1/4～1/3 试管高度）。分装完毕后加棉塞或橡皮塞。

（3）灭菌：121℃灭菌 20min，冷却至 55～60℃时，在厚度为 1cm 左右的支架上摆置成适当斜面，待其自然凝固。

（4）接种：在无菌条件下，用接种环（针）挑取一环保藏菌种，划线接种，37℃培养 48h。

2. 液体培养基制备及接摇瓶

（1）种子扩大培养：种子培养基配制及灭菌参考上述步骤，每只锥形瓶装入的培养基，一般以其容积的 1/10～1/5 为宜，灭菌冷却至室温，用接种环从斜面挑取单菌落，在无菌条件下接入灭菌后的种子液体培养基，37℃培养至对数期（大约 12h）。

（2）发酵培养：发酵培养基配制及灭菌参考上述步骤，采用 6 层纱布封口。如果配方中有淀粉，则先将淀粉用少量冷水调成糊状，并在火上加热搅拌，然后加足水分及其他原料。为考查不同碳源对淀粉酶发酵的影响，发酵培养基碳源分别为玉米粉、乳糖、葡萄糖、麦芽糖，每个碳源样品应做 3～5 个重复。取种子液，按接种量的 5%～10%接入灭菌后的发酵培养基中，于 37℃下培养 48～72h 后放瓶。往复式摇床，摇床频率 160 次/min，振幅 7cm。对于旋转摇床，其转速为 180～220r/min。

3. 酶活测定

（1）粗酶液制备：取放瓶后发酵液适量，10 000r/min 离心 10min，取上清，即待测酶液。

（2）方法一：①吸取 1mL 标准糊精溶液，置于盛有 3mL 标准稀碘液的试管中，作为比较颜色的标准管；②在 25mm×200mm 试管中，加入 2% 可溶性淀粉 20mL，加缓冲液 5mL，在 60℃水浴中保温 4～5min，加入 0.5mL 适当稀释的酶液，立即充分混匀并记时，定时取出 1mL 反应液加入预先盛有比色稀碘液的试管内，当反应由紫色渐变成棕橙色，与标准比色管颜色相同时，即达反应终点，记录时间为液化时间。

（3）方法二：①取试管 1 支，加 20mL 2%淀粉，混匀，在 30℃水浴中保温 3～5min；②将淀粉酶 0.5mL 加到 30℃的淀粉液中，混匀，在 30℃水浴中保温，自加入起计时，经 5min 后取反应液 1mL，加入盛有 5mL 稀碘液的试管中。混匀，目测比色，每隔一定时间重复测定,直至呈色与标准比色颜色相同为止,记录反应进行的时间。

(4)计算:方法一,以 1g 酶粉或 1mL 酶液于 60℃,pH 6.0 的条件下,在 1h 内液化可溶性淀粉的克数表示;方法二,以 30℃、1h 催化 1mL 2%可溶性淀粉成为糊精所需的酶量,定为一个酶活力单位。

4. 酶制剂制备

参考本书"盐析"部分操作,发酵液经热处理,冷却到 40℃,加入硅藻土为助滤剂过滤。滤饼加 2.5 倍水洗涤,洗液同发酵滤液合并,在 45℃真空浓缩数倍后,加(NH$_4$)$_2$SO$_4$ 40%盐析,盐析物加硅藻土后压滤,滤饼于 40℃烘干后磨粉即成品。

【实验结果与分析】

1. 酶活计算

(1)方法一:以 60℃、1h 内催化 2%可溶性淀粉的克数表示酶活性。

$$淀粉酶活力单位 = \frac{60}{t} \times 20 \times 20\% \times n \div 0.5 = 48 \times \frac{n}{t}$$

(2)方法二:以 30℃、1h 催化 1mL 2%可溶性淀粉成为糊精所需的酶量,定为一个酶活力单位。

$$淀粉酶活力 = \frac{60}{t} \times \frac{20}{x} = \frac{1200}{t \times x}$$

2. 发酵结果分析

按上述方法分别计算不同碳源对淀粉酶产量的影响,并分析可能的原因。

【注意事项】

(1)发酵过程的灭菌及接种操作,应严格按照无菌操作规范要求进行,以免污染杂菌,导致发酵失败。

(2)淀粉酶发酵过程中,如有条件,应定时取样分析酶活,在酶活达到最高峰时放瓶,停止发酵。

(3)酶活测定过程中,加入底物及酶液要振荡混匀;计时要准确;为避免影响反应终点观察,酶液要稀释一定倍数,必要时,可做一个预实验。另外,酶反应取样时,前 4min 取一个样,然后每隔 20s 取一次样;为减少取样量对酶反应的影响,可每隔一定时间取一滴反应液滴于预先放有碘液的白瓷板上,检查反应情况。

(4)硫酸铵盐析过程,硫酸铵要充分研磨或粉碎,以加速溶解;加入硫酸铵的速度不宜过快,边加入边搅拌,防止起泡,以免蛋白质变性;为提高酶制剂纯度,应做分段盐析,必要时做一个盐析曲线,确定淀粉酶在哪个硫酸铵浓度沉淀。

(5)解淀粉芽孢杆菌所产 α-淀粉酶为中温酶,70℃以上易失活,操作过程要注意温度对酶活的影响。

【思考题】

1. 组成型酶和诱导型酶分别是什么?对于酶的发酵生产有什么指导意义?

2. 影响淀粉酶发酵的因素有哪些?

3. 淀粉酶酶活测定的原理是什么?对于耐高温 α-淀粉酶酶活测定,怎样排除 β-淀粉酶的影响？

实验 4.2　从鸡蛋清中提取溶菌酶

【实验目的】

（1）熟悉溶菌酶的性质、功能及应用；

（2）掌握离子交换层析、凝胶过滤层析在蛋白质分离纯化中的应用；

（3）了解蛋白质分离纯化的一般操作。

【实验原理】

溶菌酶（lysozyme，EC 3.2.1.17）全称为 1, 4-β-N-溶菌酶，又称 N-乙酰胞壁质聚糖水解酶、胞壁质酶或球蛋白 G，是一种能选择性地水解致病菌细胞壁黏多糖的碱性酶。溶菌酶具有抗菌、消炎等作用，在医学临床及食品工业等领域应用很广。

溶菌酶存在于动植物组织和分泌物中，蛋清和哺乳动物的乳汁是溶菌酶的重要来源。由于鸡蛋清取材方便，实验室及实际生产中一般以蛋清为原料进行溶菌酶的提取制备。鸡蛋清中溶菌酶含量占蛋清蛋白总量的 3.4%～3.5%，占蛋清总量的 0.33%～0.4%。鸡蛋清中溶菌酶分子质量约为 14 700Da，共由 129 个氨基酸残基构成，其中含有较多碱性氨基酸残基，其等电点为 10.8 左右，最适温度为 50℃，最适 pH 为 6～7。溶菌酶是一种稳定蛋白，对温度和酸不敏感，在弱碱性条件下稳定。

溶菌酶常温下在中性盐溶液中具有较高天然活性，在中性条件下溶菌酶带正电荷，因此可采用 D152 弱酸性阳离子交换树脂柱层析法除去杂蛋白，再经 Sephadex G50 层析柱进一步纯化制备溶菌酶。溶菌酶能使溶壁微球菌粉溶解，吸光度降低，其降低的程度与吸光度值成正比，因此溶菌酶活性可采用分光光度法测定。

【实验器材与试剂】

（1）实验器材：循环水式真空泵、蛋白质紫外检测仪、记录仪、分光光度计、透析袋、pH 计、部分收集器、恒流泵、恒温水浴锅、层析柱（2.6cm×50cm，1.6cm×30cm）、布氏漏斗（500mL）、滤纸、乳钵、抽滤瓶（1000mL）、玻璃棒、滴管、脱脂棉、纱布。

（2）材料与试剂：鸡蛋清（鲜鸡蛋）、溶壁微球菌粉、D152 大孔弱酸性阳离子交换树脂、氯化钠、磷酸氢二钠、磷酸二氢钠、磷酸钠、乙醇、Sephadex G50、氢氧化钠、盐酸、聚乙二醇-20 000、超纯水。

【实验方法与步骤】

1. 蛋清的制备

取 4 或 5 个新鲜的鸡蛋，破壳使蛋清流出（鸡蛋清 pH 不得小于 8），用玻璃棒轻轻搅拌 5min，使鸡蛋清的稠度均匀，用两层纱布过滤除去脐带块，体积约为 100mL。

2. 鸡蛋清粗分离

将过滤好的蛋清边缓慢搅拌边加入等体积的超纯水，混合均匀后，在不断搅拌下用 1mol/L HCl 调至 pH7 左右，用脱脂棉过滤，回收滤液。

3. D152 大孔弱酸性阳离子交换树脂层析

(1) D152 树脂处理：将 D152 树脂先用超纯水洗去杂物，滤出，用 1mol/L NaOH 搅拌浸泡 4～8h，真空抽滤干，用超纯水洗至 pH 接近 7.5，真空抽滤干；再用 1mol/L HCl 按上述方法处理树脂，直到全部转变成氢型，真空抽滤干，用超纯水洗至 pH 接近 5.5，保持过夜；如果 pH 不低于 5.0，真空抽滤干，用 2mol/L NaOH 处理树脂使之转变为钠型，使pH 不小于 6.5。真空抽滤干后，加入 0.02mol/L pH 6.5 的磷酸缓冲液平衡树脂。上述的预处理工作，可由实验准备室完成。

(2) 装柱：取直径 1.6cm、长度 30cm 的层析柱，在柱内先注入约 1/3 柱高的磷酸缓冲液，关闭层析柱出口，再注入经处理的上述树脂悬浮液，待树脂沉降后，打开出口放出过量的溶液，再加入一些树脂，至树脂沉积至 15～20cm 的高度即可。于柱子顶部继续加入0.02mol/L pH 6.5 磷酸缓冲液平衡树脂，至流出液 pH 为 6.5 为止，关闭柱子出口，保持液面高出树脂表面 1cm 左右。

(3) 上柱吸附：小心吸去柱内树脂表面以上的溶液，表面留下一些液体从柱的出口流出。等到树脂床面上的液体正好流干时，小心地用滴管将上述蛋清溶液直接加到树脂顶部床面上。先使滴管尖端接触离柱床表面约 1cm 高处的内壁，随加随沿柱内壁转动一周，然后迅速移至中央，使样品尽可能快地覆盖住床层表面，打开下口，使样品均匀地渗入柱内，当样品液下降至与床层表面相平（表面必须覆盖一层薄薄的溶液）时，关闭下口。待其正好流干时再加少量缓冲溶液，这样滴入洗脱液时不会冲动树脂床面。

(4) 洗脱：用柱平衡液洗脱杂蛋白，控制恒流泵流速为 1mL/min，用蛋白质紫外检测仪于 280nm 处测定洗脱液吸光度变化，检验杂蛋白的洗脱情况。当洗脱液吸光度值维持恒定时，改用含 1.0mol/L NaCl 的 pH 6.5，浓度为 0.02mol/L 磷酸缓冲液洗脱，收集洗脱液。

(5) 聚乙二醇浓缩：将上述洗脱液合并装入透析袋，置容器中，外面覆以聚乙二醇，容器加盖，洗脱液中的水分很快被透析膜外的聚乙二醇吸收。当浓缩到 5mL 左右时，用超纯水洗去透析膜外的聚乙二醇，小心取出浓缩液，记录体积，留样待分析。

(6) 透析除盐：超纯水透析除盐 24h。

4. Sephadex G50 凝胶过滤柱层析

(1) 装柱：先将用 20%乙醇保存的 Sephadex G50 抽滤除去乙醇，用 6g/L NaCl 溶液搅拌 Sephadex G50 数分钟，再抽滤，反复多次直至无醇味为止。加入凝胶体积 1/4 的 6g/L NaCl 溶液，充分搅拌，超声除去气泡，用上述装柱方法将 Sephadex G50 装入层析柱(1.6cm×50cm)，柱床高度 45cm。

(2) 上样：与上述上样方法相同。

(3) 洗脱：样品流完后，先分次加入少量 6g/L NaCl 洗脱液洗下柱壁上的样品，连接恒流泵，使流速为 0.5mL/min，采用蛋白质紫外检测仪于 280nm 处测定洗脱液吸光度变化，当吸光度值显著增加时，开始用部分收集器收集洗脱液，至洗脱液吸光度值恒定不变，停止收集。

(4) 聚乙二醇浓缩：合并收集的洗脱液，用聚乙二醇浓缩到 5mL 左右时，用超纯水洗去透析膜外的聚乙二醇，小心取出浓缩液，记录体积，留样待分析

(5) 透析除盐：超纯水透析除盐 24h。收集透析液，量取体积。

5. 溶菌酶活力测定

（1）底物配制：取溶壁微球菌粉 5mg，加 0.1mol/L pH 6.2 的磷酸缓冲液少许，在乳钵中研磨 2min，倾出，稀释到 15～25mL，比色测定 450nm 处吸光度，使其为 0.5～0.7。

（2）活力测定：将待测酶液和已配制好的底物溶液分别置于 25℃恒温水浴预热 10min，吸取底物悬浮液 2.8mL 放入比色杯中，以磷酸缓冲液为参比，在 450nm 波长处测吸光度，此为零时读数。然后加入酶液 0.2mL，迅速摇匀，从加入酶液起计时，每隔 30s 测定 1 次吸光度，共测 4 次。

【实验结果与分析】

酶的活力单位数 $= \Delta A_{450}/t \times 0.001$（活力单位的定义是：在 25℃，pH 6.2，波长为 450nm 时，每分钟引起吸光度下降 0.001 为 1 个活力单位）。

【注意事项】

（1）要选取新鲜的鸡蛋作为原料，最好为 40 天内的新鲜鸡蛋，蛋清 pH 不应低于 8.0。

（2）要防止蛋清被细菌污染变质，不要混入蛋黄和其他杂质，以免影响树脂对蛋白质的吸附。

（3）始终保持柱内液面高于凝胶表面，否则会导致凝胶变干或混入气泡，影响分离效果。

（4）层析时，应考虑层析介质对样品量的承载量。样品量过大，会导致吸附不完全，并直接影响到分离效果。

（5）层析系统采用细内径的管线连接，并尽可能减小死体积，避免洗脱峰展宽。

【思考题】

1. 简述等电点沉淀法、盐析沉淀法及有机溶剂沉淀法分离纯化酶的原理。
2. 在分离纯化溶菌酶过程中，为什么要不断测定溶菌酶的活力？

实验 4.3　　多酚氧化酶提取及固定化

【实验目的】

（1）了解多酚氧化酶的性质、掌握其提取方法；
（2）了解固定化酶的特点，掌握固定化酶的方法；
（3）掌握多酚氧化酶的活性测定方法。

【实验原理】

多酚氧化酶（polyphenol oxidase，PPO）又称儿茶酚氧化酶、酪氨酸酶、苯酚酶、甲酚酶、邻苯二酚氧化还原酶，是自然界中分布极广的一种金属蛋白酶，普遍存在于植物、真菌、昆虫的质体中，甚至在土壤中腐烂的植物残渣上都可以检测到多酚氧化酶的活性。

多酚氧化酶是一种含有 Cu^{2+} 的结构蛋白，可以催化酚类上的羟基，使之转化为醌。在广义上，多酚氧化酶可分为三大类：酪氨酸酶、儿茶酚氧化酶和漆酶。其中儿茶酚氧化酶主要分布在植物中，微生物中的多酚氧化酶主要包括漆酶和酪氨酸酶。

多酚氧化酶是水果发生褐变的主要作用因素，因此该酶具有双重作用。在工业上多酚氧化酶可以催化儿茶素类物质氧化生产茶黄素、茶红素，也可应用于含酚废水的处理。其不利的一面是含有该酶的水果蔬菜，切开后暴露于空气中，在切口处会生成相应的醌，呈黑褐色，严重影响其营养、风味及外观品质。

多酚氧化酶的提取主要以新鲜植物叶片（如茶叶）或者水果（如梨）为原料，采用丙酮粉法或缓冲液匀浆法。缓冲液匀浆法通常要将植物叶子或水果在一定介质中进行充分的细胞破碎，释放出细胞的内含物，经匀浆提取后可得粗酶制剂。

为了提高酶的操作稳定性，常采用固定化酶的方法降低催化剂的使用成本。常用的固定化酶的方法有包埋法、吸附法、交联法和共价结合法等。海藻酸钠在 Ca^{2+}、Ba^{2+} 等金属离子存在的条件下可形成凝胶，如果先将海藻酸钠与多酚氧化酶溶液混合，然后逐滴加入缓慢搅拌的 Ca^{2+} 溶液中即可形成含酶凝胶颗粒，从而制备可重复利用的固定化多酚氧化酶。

【实验器材与试剂】

（1）实验器材：低温离心机、搅拌机、冰箱、振荡摇床、分光光度计、比色皿、烘箱、pH 计、烧杯（200mL）、纱布、注射器、布氏漏斗、抽滤瓶（500mL）、容量瓶（1000mL，100mL）、滤纸、移液管（10mL）、移液枪（100μL）、试管（15mm×150mm）。

（2）材料与试剂：丰水梨、磷酸二氢钠、磷酸氢二钠、邻苯二酚、海藻酸钠、戊二醛、95％乙醇、考马斯亮蓝 G-250、磷酸、牛血清白蛋白、氯化钠、超纯水。

【实验方法与步骤】

1. 多酚氧化酶提取

取无损伤的丰水梨，去皮，称取果肉 100g，切碎，置于 200mL 烧杯内。配制 pH 5.5 的 0.25mol/L 磷酸-柠檬酸缓冲液，4℃预冷。在盛梨的烧杯内加预冷缓冲液 100mL，用搅拌机制成匀浆，在 4℃下浸提 10min，用 4 层纱布粗滤，在 4℃离心 10min。转速 8000r/min，取上清液，即为 PPO 粗提液。

2. 多酚氧化酶固定化

分别配制 3％海藻酸钠溶液 50mL 和 2％CaCl₂ 溶液 100mL。取 50mL 多酚氧化酶液与 50mL 3％海藻酸钠混合，在摇床上振荡 30min。用注射器将上述混合液逐滴注入 100mL 2％ CaCl₂ 溶液中，并加入微量 0.25％戊二醛，充分搅拌，固定化 40min，抽滤，得固定化酶微球，用超纯水冲洗干净，40℃烘干，称重，4℃冰箱保存。

3. 多酚氧化酶提取酶液蛋白质含量测定（考马斯亮蓝法）

（1）溶液配制：称取考马斯亮蓝 100mg 溶于 50mL 95％乙醇，加入 100mL 85％ H_3PO_4，用超纯水稀释至 1000mL，滤纸过滤；配制 0.15mol/L NaCl 溶液；将纯的牛血清白蛋白（BSA）同 0.15mol/L NaCl 配制成 1mg/mL 蛋白质标准溶液。

（2）标准曲线的测定：取 6 只试管，编号，各加入 5mL 考马斯亮蓝测定液，按表 4-1 用移液枪分别取标准牛血清蛋白溶液 0μL、20μL、40μL、60μL、80μL、100μL 加入试管，再分别补加相应体积的 0.15mol/L NaCl 溶液，保证溶液总体积为 6mL，充分摇匀，20min

内以 0 号管为空白对照，在 595nm 测定其吸光度，实验表格如表 4-1 所示。以 A_{595} 为纵坐标，标准蛋白含量为横坐标（6 个点蛋白量分别为 $0\mu g$、$20\mu g$、$40\mu g$、$60\mu g$、$80\mu g$、$100\mu g$），在坐标轴上绘制标准曲线。测出回归线性方程，即 $A_{595}=a\times X$。相关系数 R^2 一般大于 0.9。

表 4-1　考马斯亮蓝法绘制蛋白质标准曲线

试管编号	0	1	2	3	4	5
1mg/mL 标准蛋白/μL	0	20	40	60	80	100
0.15mol/L NaCl /mL	1	0.98	0.96	0.94	0.92	0.9
考马斯亮蓝试剂/mL	5	5	5	5	5	5
A_{595}	—					

（3）样品蛋白含量测定：试管中加入 5mL 考马斯亮蓝测定液，再加入合适体积的多酚氧化酶提取液，再分别补加相应体积的 0.15mol/L NaCl 溶液，保证溶液总体积为 6mL，充分摇匀，20min 内以 0 号管为空白对照，在 595nm 测定其吸光度。根据所测定的 A_{595}，利用标准曲线对应的回归方程求出相当于标准蛋白的量（μg），从而计算出未知样品的提取多酚氧化酶中的蛋白质浓度（mg/mL）。

4. 游离酶活力测定

（1）配制邻苯二酚溶液：精确称取邻苯二酚 0.1g，用超纯水定容到 100mL。

（2）取 A、B 两试管，A 试管加 3.0mL pH 5.5 磷酸盐缓冲液，1mL 上述邻苯二酚溶液，迅速混匀，倒入比色皿作为空白对照。B 试管加入 2.9mL pH 5.5 磷酸盐缓冲液，1mL 邻苯二酚溶液，0.1mL 游离酶溶液，迅速混匀，倒入比色皿，于波长 410nm 处比色测定。

（3）开始记录后每隔 10s 读数一次，重复测试 3 次，计算酶活平均值。

5. 固定化酶表观活力测定

（1）取 A、B 两试管，A 试管加 3.0mL pH 5.5 磷酸盐缓冲液，1mL 上述邻苯二酚溶液，迅速混匀，倒入比色皿作为空白对照。B 试管加入 3mL pH 5.5 磷酸盐缓冲液、1mL 邻苯二酚溶液、0.5g 固定化酶，迅速混匀，反应 2min 后，迅速将上清液倒入比色皿，于波长 410nm 处比色测定。

（2）重复测试 3 次，计算固定化酶表观酶活平均值。

【实验结果与分析】

酶活（U）$=\Delta A/t\times 0.001$（每分钟吸光度值改变 0.001 所需的酶量定义为 1 个酶活力单位，ΔA，吸光度变化值；t，时间）。

【注意事项】

（1）不同的丰水梨酶活差异很大，应选取新鲜、无损伤的丰水梨作为材料。

（2）多酚氧化酶游离酶溶液稳定性较差，提取后酶液应立即进行固定化，避免酶活力丧失。

（3）测酶活时，初始反应进行很快，酶加入邻苯二酚溶液后要迅速混匀，并立刻进行分光光度计比色测定，以减小误差。

（4）制取固定化酶时，注射速度可影响颗粒大小，注意将速度控制均匀可得到较为均匀的固定化酶颗粒。

（5）测蛋白质浓度时，一般被测蛋白质样品的 A_{595} 值为 0.1～0.5。如果提取蛋白样品 A_{595} 值太大，可以减少取样量；如果仍然很大，可以定量稀释后再进行测定。

【思考题】

1. 常用的酶提取方法有哪些？
2. 除了包埋法外，还有哪些固定化酶的方法？

实验 4.4　多酚氧化酶催化制备茶黄素

【实验目的】

（1）了解茶黄素的理化性质、功能及应用；
（2）掌握游离酶和固定化多酚氧化酶催化制备茶黄素的方法；
（3）了解实验室酶催化的一般流程。

【实验原理】

茶黄素是红茶中溶于乙酸乙酯呈橙黄色的物质，是茶叶发酵的产物，由茶多酚类及其衍生物氧化缩合成的一类具有苯骈卓酚酮结构的多组分混合物。茶黄素主要结构有以下 4 种：茶黄素（TF）、茶黄素-3-没食子酸酯（TF-3-G）、茶黄素-3′-没食子酸酯（TF-3′-G）和茶黄素-3,3′-双没食子酸酯（TFDG），见图 4-2。

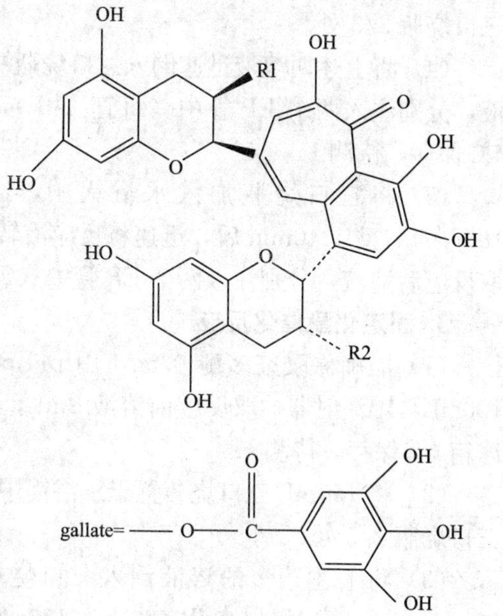

茶黄素的提纯物呈橙黄色针状结晶，熔点 237～240℃，易溶于水、甲醇、乙醇、丙酮、正丁醇和乙酸乙酯，难溶于乙醚，不溶于三氯甲烷和苯。茶黄素溶液呈鲜明的橙黄色，水溶液呈弱酸性，pH 约 5.7，在碱性溶液中有自动氧化的倾向。

茶黄素有极强的生理活性，有降血脂、抗心脑血管疾病、清除自由基、抗氧化、防癌抗癌、抗菌消炎、抗病毒等功能。茶黄素是红茶滋味和汤色的主要品质成分，是红茶的一个重要质量指标。

茶黄素最早从红茶茶汤中直接提取，但红茶茶汤中含量很低（0.2%～2.0%），茶叶中茶黄素的含量仅占茶叶干物质的 0.3%～1.5%，提取得率极低。目前主要以儿茶素体外氧化制备茶黄素，酶促氧化法采用多酚氧化酶催化儿茶素氧化生成茶黄素，可以采用游离酶，也可采用固定化酶。固定化酶稳定性较高，便于使催化剂从反应体系中分离而重复使用，从而降

图 4-2　茶黄素结构式

茶黄素（TF）$R_1 = R_2 = OH$；茶黄素-3-没食子酸酯（TF-3-G）$R_1 = OH$，$R_2 = $ gallate（没食子酰基）；茶黄素-3′-没食子酸酯（TF-3′-G）$R_1 = $ gallate，$R_2 = OH$；茶黄素-3,3′-双没食子酸酯（TFDG）$R_1 = R_2 = $ gallate

低多酚氧化酶使用成本。

【实验器材与试剂】

(1) 实验器材：高效液相色谱仪、分析天平、pH 计、超声波仪器、电动搅拌器、恒温水浴锅、氧气袋、氧气管、滤膜（0.22μm）、注射器（2mL）、移液管（2mL，5mL）、试管（15mm×150mm）、试剂瓶（1000mL）、EP 管（1.5mL）、三口烧瓶（250mL）、小烧杯（50mL）、玻璃棒、量筒（100mL）、容量瓶（100mL，10mL）、洗瓶、标签纸。

(2) 材料与试剂：茶多酚（98%）、茶黄素标准品、乙腈（色谱纯）、冰醋酸（色谱纯）、磷酸二氢钠、磷酸氢二钠、超纯水。

【实验方法与步骤】

1. 多酚氧化酶提取、固定化及活力测定

详细步骤见实验 4.3。

2. 游离酶催化反应

(1) 量取 PPO 酶液 50mL（总酶活大致为 50 000U），其 pH 为 5.5。

(2) 准确称取茶多酚 0.5g，用 pH 5.5 磷酸缓冲液配制成 1mg/mL 的茶多酚溶液 50mL。

(3) 将 250mL 三口烧瓶置于水浴锅中，设定水浴温度为 30℃，并使水浴中水液面没过三口烧瓶 2/3 处。

(4) 将上述两溶液迅速倒入三口烧瓶中，混合均匀并立即用注射器抽取 2mL 反应前溶液，分别注入两个 EP 管中（每管 1mL），100℃水浴锅加热 3min 灭活，贴好标签，冰箱 4℃保存，待测。

(5) 将三口烧瓶加入水浴锅中，通入氧气 30mL/min，开启搅拌，设定转速为 180r/min，反应 40min 后，迅速将反应液转入 100℃水浴加热 3min 灭活。用 2mL 注射器抽取反应后溶液，分别注入两个 EP 管中（每管 1mL），贴好标签，冰箱 4℃保存，待测。

3. 固定化酶催化反应

(1) 准确称取茶多酚 0.5g，用 pH 5.5 磷酸缓冲液配制成 0.5mg/mL 的茶多酚溶液 100mL，用注射器抽取反应前溶液 2mL，分别注入两个 EP 管中（每管 1mL），贴好标签，冰箱 4℃保存，待测。

(2) 将 150mL 三口烧瓶置于水浴锅中，设定水浴温度为 30℃，并使水浴中水液面没过三口烧瓶 2/3 处；

(3) 将上述茶多酚溶液倒入三口烧瓶中，加入 0.4g 固定化多酚氧化酶，通入氧气 30mL/min，开启搅拌，设定转速为 180r/min，反应 40min 后，迅速将反应液转入 100℃水浴加热 3min 灭活。用 2mL 注射器抽取反应后溶液，分别注入两个 EP 管中（每管 1mL），贴好标签，冰箱 4℃保存，待测。

4. 茶黄素分析

(1) 精确称取茶黄素标准品 0.2g，用超纯水定容至 100mL，得到浓度为 2.0mg/mL 的茶黄素标准溶液。用移液管分别移取 1mL、2mL、2.5mL、4mL、5mL 上述 2.0mg/mL 茶黄素溶液于 10mL 容量瓶中，定容，得到浓度依次为 0.2mg/mL、0.4mg/mL、0.5mg/mL、0.8mg/mL、1.0mg/mL 的茶黄素溶液。将上述 5 种浓度的茶黄素溶液分别倒入 EP 管，贴

好标签，冰箱 4℃保存，待测。

（2）按照液相色谱仪说明书连接好 ODS-C18 色谱柱，按照 A 相 水：乙腈：乙酸＝96.5：3：0.5（$V:V:V$），B 相 水：乙腈：乙酸＝69.5：30：0.5（$V:V:V$）的配比分别配制 1000mL 流动相 A 和 B。

（3）设定柱箱温度 35℃，流速 1mL/min，检测器波长 280nm，进样量 20μL，首先用 B 相冲洗色谱柱，至基线平稳。

（4）待工作站就绪后，设置好保存文件名，进样 20μL。流动相线性梯度洗脱：0～45min，B 相 0～100％；45～55min，B 相 100％恒定洗脱；55～60min，B 相 100％～0。

（5）依次对标准茶黄素溶液进行液相色谱分析，以茶黄素峰面积为横坐标、以茶黄素浓度为纵坐标作标准曲线。

（6）对游离酶和固定化酶的反应液进行液相分析，根据茶黄素标准品的保留时间，定性确定产物谱图中茶黄素峰，再根据茶黄素对应的峰面积，代入上述标准曲线，定量得到生成茶黄素的浓度。

【实验结果与分析】

茶黄素标准曲线：

$$Y=AX+B$$

式中，Y 为液相色谱图上茶黄素标品的峰面积；X 为茶黄素标品浓度；A、B 为常数。

【注意事项】

（1）液相色谱样品进样前需要过滤，流动相采用色谱级试剂配制，流动相要进行脱气处理，避免有气泡产生。

（2）液相色谱进样前一定要待基线走平稳后方可进样。

（3）多酚氧化酶游离酶溶液稳定性较差，要现用现提，避免其活力降低。

【思考题】

1. 为什么在反应结束时要立即对多酚氧化酶进行灭活？
2. 液相色谱分析过程中，采用本实验所用的标准曲线法有什么优缺点？
3. 酶催化过程中，固定化酶和游离酶相比有什么优势？

参 考 文 献

陈驹声. 1994. 酶制剂生产技术. 北京：化学工业出版社.

黄德娟，徐晓晖. 2007. 生物化学实验教程. 上海：华东理工大学出版社.

黄皓，毛志方，李强，等. 2007. 茶黄素制备纯化的研究进展. 中国茶叶加工，(4)：22-25.

李蓉，陈国亮. 2002. 高效阳离子交换色谱法分离纯化蛋清中的溶菌酶. 色谱，20(3)：259-261.

李适. 2006. 微生物多酚氧化酶酶源筛选及其在茶黄素合成中的应用. 长沙：湖南农业大学硕士学位论文.

梁燕. 2008. 微生物和水果源的多酚氧化酶固定化合成茶黄素研究. 杭州：浙江大学硕士学位论文.

罗贵民. 2000. 酶工程. 北京：化学工业出版社.

王坤波，刘仲华，赵淑娟，等. 2007. 儿茶素组成和理化条件对茶黄素酶催化合成的影响. 茶叶科学，27(3)：192-200.

吴红梅. 2004. 多酚氧化酶酶源筛选及酶法制取茶色素研究. 合肥：安徽农业大学硕士学位论文.

郁建平，郭刚军，肖云鹏，等. 2003. 海藻酸钠固定化多酚氧化酶及红桔酚的合成研究. 有机化学，23（1）：
　　57-61.

张树政. 1998. 酶制剂工业. 北京：科学出版社.

赵晓艳. 2005. 鸭蛋清中溶菌酶的提取研究. 杭州：浙江大学出版社.

Gangadharan D，Nampoothiri K M，Sivaramakrishnan S，et al. 2009. Biochemical characterization of raw-
　　starch-digesting alpHa amylase purified from *Bacillus amyloliquefaciens* . Can J Microbiol, 158（3）：
　　753-662.

Kubrak O I，Storey J M，Storey K B，et al. 2010. Production and properties of alpHa-amylase from *Bacillus*
　　sp. BKL20 . Can J Microbiol, 56（4）：279-288.

Liu Y，Shen W，Shi G Y，et al. 2010. Role of the calcium-binding residues Asp231，Asp233，and Asp438 in
　　alpHa-amylase of *Bacillus amyloliquefaciens* as revealed by mutational analysis. Curr Microbiol, 60（3）：
　　162-166.

Sharma K，Bari S S，Singh H P. 2009. Biotransformation of tea catechins into theaflavins with immobilized
　　polypHenol oxidase. Journal of Molecular Catalysis B：Enzymatic, 56（4）：253-258.

Yoshimura K，Toibana A，Nakahama K. 1988. Human lysozyme：sequencing of a cDNA，and expression and
　　secretion by *Saccharomyces cerevisiae* . Biochem BiopHys Res Commun, 150（2）：794-801

第5章 细胞工程技术

细胞工程（cell engineering）是应用生命科学理论，借助工程学原理与技术，有目的地利用或改造生物遗传性状，以获得特定的细胞、组织产品或新型物种的一门综合性学科。细胞工程的研究对象不仅包括细胞，而且还包括染色体、细胞核、原生质体、受精卵、胚胎、组织或器官。按照生物类别划分，主要包括植物细胞工程、动物细胞工程和微生物细胞工程。

细胞工程发展大致可以分为探索期、诞生期和快速发展期。探索期要追溯到19世纪。1885年，卢克斯（Roux）发现鸡的神经细胞在生理盐水中可以存活，并使用了"组织培养"一词。1902年，德国植物学家哈伯兰德（Haberlandt）提出了细胞全能性学说并进行了植物单个细胞离体培养的尝试。1958年，斯图尔德（Steward）和赖纳特（Reinert）发现胡萝卜的体细胞可以分化成体细胞胚，这成为植物组织培养领域的一个重大突破，也进一步验证了细胞全能性学说。1962年，凯普斯提克（Capstick）等成功地进行了仓鼠肾细胞的悬浮培养，为动物细胞大规模培养技术的建立奠定了基础。1965年，德偌贝提斯（Derobetis）将其编著的《普通生物学》改为《细胞生物学》标志着细胞生物学的诞生，为细胞工程诞生提供了理论基础。随着植物组织培养、细胞融合等技术的不断完善，以及在细胞核移植、克隆动物、三倍体育种、体外受精等方面的尝试，最终推动了20世纪70年代前后细胞工程这门新兴学科的形成。20世纪70年代开始，随着细胞生物学、发育生物学、生物化学、分子生物学、遗传学等学科的发展和研究的日益深入，细胞工程进入快速发展阶段。例如，在植物方面，1973年，古谷树里（Furuya）等通过培养人参细胞生产人参皂苷，开创了植物活性物质生产的新途径。在动物方面，1977年，英国采用胚胎工程技术成功培育出世界首例试管婴儿。1997年，英国研究者利用成年动物体细胞克隆出绵羊"多莉"，证明了高等动物体细胞的全能性。近年来，组织工程、肝细胞、体细胞克隆、转基因动物等获得了巨大突破，使细胞工程成为现代生物技术的前沿和热点领域之一。

细胞工程主要研究内容包括动植物细胞与组织培养、细胞融合、染色体工程、胚胎工程、细胞遗传工程等方面，主要应用在：①优质植物快速培育与繁殖；②利用动物胚胎工程快速繁殖优良、濒危品种；③利用动植物细胞培养生产活性产物、药品；④新型动植物品种的培育；⑤供医学器官修复或移植的组织工程；⑥转基因动植物的生物反应器工程；⑦珍惜动植物资源的保存与保护；⑧在遗传学、发育学等领域的理论研究；⑨在能源、环境保护等领域的应用等。

本章实验内容主要包括西洋参细胞悬浮培养、植物的组织培养、枯草芽孢杆菌原生质体融合和小鼠骨骼肌细胞的培养，主要目的是使学生了解并掌握细胞工程技术中动物细胞的培养、植物细胞组织的培养和原生质体融合等主要实验技术，为细胞工程技术的进一步应用打下坚实的基本实验技能基础。

实验 5.1　　西洋参细胞悬浮培养

将游离的植物细胞或小的细胞团置于液体培养基中进行培养使其生长的一种技术，称为植物细胞悬浮培养（cell suspension culture）。它是在愈伤组织的液体培养基础上发展起来的一种新的培养技术。从 20 世纪 50 年代起，米尔（Muir）等便对单细胞培养进行了探讨和研究，得到了万寿菊、烟草单细胞和细胞团的悬浮液。1958 年斯图尔德（F. C. Steward）等进行了胡萝卜愈伤组织的悬浮培养，并得到了完整的再生植株。

30 多年来，从试管的悬浮培养发展到大容量的发酵罐培养，从不连续培养发展到半连续和连续培养。20 世纪 80 年代以来，作为生物技术中的一个组成部分，细胞悬浮培养正在发展成为一门新兴的产业体系。悬浮培养技术为研究植物细胞的生理、生化、遗传和分化的机理提供实验材料，也为利用植物细胞进行次生代谢物的工业生产提供技术基础；此外，还在育种、快速繁殖、原生质体培养、体细胞杂交及作为基因转化的受体等方面均得到了广泛的应用。

植物组织培养是植物细胞生长的微生物化。由于其分散性好、细胞形状及细胞团大小大致相同，而且生长迅速、重复性好、易于控制各种有利因素，被广泛用于生理学、细胞学、生物化学、发育生物学及遗传学、分子生物学的研究。它可直接用于原生质体分离培养和次生代谢产物的生产等，因此，细胞悬浮培养已成为植物生物技术中最有用的手段之一。

建立细胞悬浮系的步骤包括：诱导愈伤组织发生；悬浮系起始建立，挑选质地疏松、生长旺盛的愈伤组织转入液体培养基进行振荡培养，最初几代要勤换培养基；悬浮系的继代与选择。

悬浮细胞系建立的过程，通常可分为前期（悬浮培养开始至悬浮培养 2 周）、中期（悬浮培养 15～90 天）和后期（悬浮培养 3～4 个月以后）。不同培养时期的悬浮细胞其形态特征具有很大的差别：前期细胞由不规则而细长的细胞组成，细胞质稀、液泡大、呈透明状；中期细胞由不规则细胞和圆形细胞组成，随着时间的增加椭圆形细胞的比例逐渐增大，且细胞质亦由稀变浓；后期细胞均由圆形或椭圆形细胞组成，细胞质浓厚，具有丰富的颗粒状内含物，细胞团通常由 10～30 个细胞组成。一个良好的悬浮细胞培养体系具有以下 3 个特征：分散性好，细胞团较小，一般由几十个以下的细胞组成；均一性好，细胞形状和细胞团的大小大致相同；生长迅速，悬浮细胞的量一般 2～3 天甚至更短时间内即可增加。

本实验内容主要包括西洋参愈伤组织的培养、单细胞的分离及细胞培养等，主要目的是使学生了解并掌握细胞悬浮培养的主要实验技术，为细胞悬浮培养技术的进一步应用打下坚实的基本实验技能基础。

【实验目的】

(1) 了解细胞悬浮培养的一般步骤；

(2) 通过细胞悬浮培养，掌握无菌培养方法；

(3) 掌握西洋参悬浮细胞培养人参皂苷的技术。

【实验原理】

西洋参（*Panax quinquefolium* L.）又称美国人参（American ginseng），原产于美国和

加拿大，为五加科植物，属于名贵中药，具有滋补强壮、益肺阴、清虚火、安神益智、养血生津等药效，用于对冠心病、高血压、肺虚久咳、咽干口渴等症的治疗，近年来在我国部分地区引种成功。但西洋参生长期较长，易受环境、气候及栽培技术等多种因素的影响，其产量远远不能满足国内市场的需求，并且价格十分昂贵，因此需要从国外大量进口，而应用细胞培养技术进行天然药物的工厂化生产为药用植物资源的开发和利用提供了一条新途径。

植物细胞悬浮培养（plant cell suspension culture）是将游离的单细胞和小细胞团在不断振荡的液体培养基中进行培养。用于悬浮培养的细胞和细胞团既可来自培养的愈伤组织，也可以通过物理或化学方法从植物的组织或器官中获得。本实验所用的悬浮培养细胞来自疏松的愈伤组织，将疏松型的愈伤组织悬浮在液体培养基中并在振荡条件下培养一段时间形成分散的悬浮培养物，并经多次继代培养。

植物细胞悬浮培养系统要求：①细胞培养物分散性好，细胞团较小；②细胞形状和细胞团大小均匀一致；③细胞生长迅速。所采用的液体振荡培养具有以下重要作用：①振荡可以对培养液中的细胞团施加一种缓和的流变力，使它们破碎成小细胞团和单细胞；②振荡有利于细胞在培养基中均匀分布，有利于培养基与细胞间的物质交换；③培养液的流动有利于培养基和容器内的空气通过气液界面进行气体交换，保证细胞呼吸所需的氧气，使细胞能迅速生长，同时也有利于二氧化碳的排除。

【实验器材与试剂】

（1）实验器材：解剖刀、超净工作台、摇床、高压灭菌锅、pH 计、冰箱、三角瓶、量筒、吸管、离心机、不同孔径的网筛、烧杯、玻璃棒、温度计、培养皿、血细胞计数板、镊子。

（2）材料与试剂：西洋参；MS 基本培养基；浓度为 3mg/L、1.0mg/L 的 2，4-D；浓度为 0.3mg/L、0.1mg/L 的 KT；3％的蔗糖；700mg/L CH（水解酪蛋白）；0.5mg/L NAA（α-萘乙酸）；0.5mg/L IBA（吲哚丁酸）；8％的三氧化铬。

【实验方法与步骤】

1. 愈伤组织的培养

（1）取西洋参，清水洗净后用 70％乙醇消毒 5min，0.1％$HgCl_2$ 浸泡 10min，无菌水洗涤 5 次。

（2）在经过表面消毒的根部切下一小块组织，置于添加有浓度为 3mg/L 的 2，4-D、0.3mg/L KT、700mg/L CH、3％的蔗糖、0.7％琼脂的 MS 培养基上（121℃灭菌 20min，灭菌前调 pH 为 6.0），在（24±1）℃、黑暗条件下培养得到愈伤组织。

（3）把愈伤组织从外植体上剥离，转移到成分相同的新鲜培养基上，通过反复继代培养，获得松散的愈伤组织。

2. 西洋参单细胞的分离

（1）选取继代培养后质地松散、生长良好的愈伤组织，转移到添加有浓度为 1.5mg/L 2,4-D、0.15mg/L KT 的 MS 液体培养基的三角瓶中，然后将三角瓶置于水平摇床上以80～100r/min 进行振荡培养，获得悬浮细胞液。

（2）用孔径约 200μm 无菌网筛过滤，以除去大块细胞团，再以 4000r/min 的速度离心，除去比单细胞小的残渣碎片，获得纯净的细胞悬浮液。

（3）用孔径 60～100μm 的无菌网筛过滤器过滤细胞悬浮液，再用孔径 20～30μm 无菌网筛过滤，将滤液进行离心，除去细胞碎片。

（4）回收获得的单细胞，并用液体培养基洗净，即可用于培养。

3. 细胞培养

（1）培养基的配制：在 MS 培养基中加入 3% 的蔗糖、700mg/L CH、1.0mg/L 2,4-D、0.1mg/L KT、0.5mg/L NAA（α-萘乙酸）、0.5mg/L IBA（吲哚丁酸），并调节 pH 至 6.0，进行灭菌处理。

（2）取 30mL 配好的培养基置于 100mL 三角瓶中，将已获取的单细胞置于三角瓶中，将三角瓶放入恒温摇床，调节转速为 120r/min、培养温度为（24±1）℃，进行暗培养。

4. 悬浮培养物的同步化

采用热冲击提高细胞同步化。

（1）把 10mL 培养细胞转入 100mL 新鲜培养基中。

（2）在 27℃ 摇床上（155r/min）培养细胞，直到细胞数目达到稳定水平，再继续振荡 40h。

（3）将培养物置于冷藏室（4℃）中，静置 3 天。

（4）加入 10 倍量的（27℃）新鲜培养基到培养物中，使细胞在 27℃ 下生长 24h。

（5）重复冷处理 3 天。

（6）再在 27℃ 下培养细胞，观察 2 天后细胞数目的增加量〔细胞计数法：取一定体积的细胞悬液，加入 2 倍体积的 8% 的三氧化铬（CrO_3），置 70℃ 水浴处理 15min。冷却后，用移液管重复吹打细胞悬液，以使细胞充分分散，混匀后，取一滴悬液滴入血细胞计数板上计数〕和同步化频率。

5. 西洋参细胞生长曲线的测定

取上述同步过后的细胞进行摇瓶培养，每隔 4h 随机取样，200μm 滤网过滤，每次 5 瓶，重复 2 次，作生长曲线，共培养 32 天，观察结果。

【实验结果与分析】

在传代培养的不同时间，取一定体积的悬浮细胞培养物，离心收集后，称量细胞的鲜重，以鲜重为纵坐标、培养时间为横坐标，绘制鲜重增长曲线。

【注意事项】

（1）上述步骤均无菌操作，培养基、用具、器皿等要经灭菌后方可使用。

（2）如培养液混浊或呈现乳白色，表明已污染。

（3）每次继代培养时，应在倒置显微镜下观察培养物中各类细胞及其他残余物的情况以有意识地留下圆细胞，弃去长细胞。

【思考题】

1. 植物细胞悬浮培养有哪些方法？

2. 设计出另一个用细胞悬浮培养方法培养细胞的实验。

3. 为什么要进行同步化培养？

实验 5.2 植物的组织培养

植物的组织培养是近几十年来根据植物细胞具有全能性这个理论发展起来的一项无性繁殖新技术。广义的植物组织培养又叫离体培养，指从植物体分离出满足需要的组织、器官或细胞、原生质体等，通过无菌操作，在人工控制的条件下进行培养以获得再生的完整植株或生产具有经济价值的其他产品的技术。狭义的植物组织培养是指组培，是用植物各部分组织，如形成层、薄壁组织、叶肉组织、胚乳等进行培养获得再生植株，也指在培养过程中从各器官上产生愈伤组织的培养，愈伤组织经过再分化形成再生植物。

19 世纪 30 年代，德国植物学家施莱登和动物学家施旺创立了细胞学说，根据这一学说，如果给细胞提供和生物体内一样的条件，每个细胞都应该能够独立生活。1902 年，德国植物学家哈伯兰德提出细胞全能性的理论是植物组织培养的理论基础。1958 年，一个振奋人心的消息从美国传向世界各地，美国植物学家斯图尔德等用胡萝卜韧皮部的细胞进行培养，终于得到了完整植株，并且这一植株能够开花结果，证实了哈伯兰德在 50 多年前关于细胞全能性的预言。

植物组织培养的大致过程是：在无菌条件下，将植物器官或组织（如芽、茎尖、根尖或花药）的一部分切下来，用纤维素酶与果胶酶处理用以去掉细胞壁，使之露出原生质体，然后放在适当的人工培养基上进行培养，这些器官或组织就会进行细胞分裂，形成新的组织。不过这种组织没有发生分化，只是一团薄壁细胞，称为愈伤组织。在适合的光照、温度和一定的营养物质与激素等条件下，愈伤组织便开始分化，产生出植物的各种器官和组织，进而发育成一棵完整的植株。植物组织培养的简单过程如下：剪接植物器官或组织→经过脱分化（也叫去分化）形成愈伤组织→经过再分化形成组织或器官→经过培养发育成一颗完整的植株。

本实验的主要内容包括胡萝卜愈伤组织诱导、分化、再分化及培养成完整植株，主要目的是使学生了解并掌握植物组织培养的方法、步骤，以及使学生认识到植物组织培养在植物研究中的重大意义。

【实验目的】

(1) 通过实验加深对植物细胞的全能性及植株再生过程的理解；
(2) 掌握植物组织培养的无菌操作方法；
(3) 掌握胡萝卜愈伤组织的诱导方法；
(4) 掌握离体培养中的转接技术。

【实验原理】

植物组织培养的原理是细胞全能性，即任何具有完整细胞核的植物细胞，都拥有形成一个完整植株所必需的全部遗传信息，一个成熟的植物细胞经历了脱分化之后能再分化而形成完整的植株。多数情况下，植物组织培养是希望得到再生植株。一般植物通过细胞或组织培养达到再生的目的需要经过以下两个步骤。

培养的植物细胞或组织的脱分化，形成愈伤组织；然后由新形成的愈伤组织形成一些分生细胞团，随后由其分化成不同的器官原基。进一步的培养可得到再生植株。

经过分化培养形成的不定芽一般没有根，必须转到生根培养基上进行生根培养。1 个月左右可获得健壮根系。试管苗进入自然环境前必须进行炼苗。一般先将容器打开，于室内自然光照下放 3 天，然后取出小苗，用自来水把根系黏附的培养基冲洗干净，再放入基质中。移栽前要适当遮阴，加强水分管理，保持较高的空气湿度（相对湿度 80％），但基质不宜过湿，以防烂苗。

【实验器材与试剂】

1. 实验器材

高压灭菌器、超净工作台、培养箱、摇床、镊子、解剖刀、单面刀片、三角瓶（100mL）、容量瓶、移液管（1mL）、烧杯、培养皿、打孔器、刮皮刀、手术刀、记号笔、酒精灯、刻度吸管。

2. 材料与试剂

（1）新鲜胡萝卜。

（2）愈伤组织诱导培养基：MS 培养基（含有 10mg/L IAA 、0.1mg/L KT、3％蔗糖、0.7％琼脂），pH 5.7。

（3）分化培养基：MS 基本培养基附加 2.0mg/L IBA（吲哚丁酸）和 0.5mg/L NAA（萘乙酸）。

（4）生根培养基：MS 基本培养基附加 0.1mol/L IBA（吲哚丁酸）和 2.0mol/L PP333（多效唑）。

（5）无菌蒸馏水。

（6）2％次氯酸钠。

（7）95％乙醇。

【实验方法与步骤】

1. 胡萝卜愈伤组织的诱导

（1）取健壮的胡萝卜在流水中彻底洗净，用刮皮刀削去外层组织（1～2mm)后，横切大约 10mm 厚的切片。此后步骤都需在无菌条件下进行。

（2）胡萝卜片经 95％乙醇处理 30s 后，无菌水冲洗一遍，再用 2％的次氯酸钠溶液浸泡 10s，无菌水冲洗 3 或 4 次。

（3）将清洗后的胡萝卜片放于培养皿中，一手用镊子固定胡萝卜片，一手用打孔器按平行于组织片垂直轴方向打孔。每个小孔应打在靠近维管束形成层的区域，务必打穿组织。然后从组织片中抽出打孔器，用玻璃棒轻轻将圆柱体从打孔器中推出，收集在装有无菌水的培养皿中。重复打孔步骤，直至制备足够数量的组织圆柱体。

（4）用镊子取出圆柱体，放入培养皿中，用刀片切除圆柱体两端各 2mm 长的组织。将余下的组织切成 3 个各约 2mm 厚的小圆片，最终得到厚约 2mm、直径 5mm 的外植体，置于无菌水中。

（5）将外植体由水中取出，置于无菌滤纸上，吸取其表面多余的水分，并立即接种于愈伤组织诱导培养基中（在整个切割过程中要注意多次火焰消毒镊子和解剖刀，冷却后再使用）。

（6）将接种好的材料置于温度为 25℃、摇床转速为 110r/min 的条件下暗培养。一周后外植体表面变得粗糙而有光泽，此时说明已开始形成愈伤组织。在培养 3～4 周后，把愈伤组织切成小块，转移到成分相同的新鲜培养基中，进行继代培养。继代培养可反复进行。

2. 分化培养

将胡萝卜愈伤组织在无菌条件下从培养瓶中取出，用无菌水冲洗干净，用手术刀切成小块接种到装有新鲜分化培养基的培养瓶中，置于连续光照或 16h/天光照下，20～22℃条件下培养。

培养 3～4 周后，愈伤组织就可分化发芽，并继续长出小叶片。调查芽分化情况，统计愈伤组织分化率、每个愈伤组织形成的芽数，比较不同光照下形成的愈伤组织对芽分化的影响。需要注意的是，愈伤组织的状态常常受许多因素的影响，如果转入分化培养后 3～4 周仍然没有芽的形成，或愈伤组织状态没有明显变化，应及时调整培养基激素浓度，更换新鲜培养基。

3. 再生苗的生根培养

当培养瓶中幼苗叶片长到 3cm 左右时，将幼苗在无菌条件下取出，放入装有生根培养基的培养瓶中培养，其他条件同分化培养。大约半个月后，幼苗即可生根。

4. 炼苗

当幼苗的根长到一定程度，幼苗形体已显健壮时，将幼苗取出并在清水中洗去附着在根上的培养基（一定要严格洗净，否则会烂根）。将洗净的幼苗排好，用清水喷湿，在 15～20℃、湿度 60%～80% 的条件下炼苗 24h。

5. 移栽

炼苗后，将幼苗浸泡在有生根粉的清水中 1～2h，然后移栽入驯化苗圃中驯化，每天定期给幼苗喷施驯化培养液和清水，20～25 天后即可移到苗圃中。

【实验结果与分析】

本实验通过将外植体接种于人工配制的培养基上，在人工控制的环境条件下进行离体培养，获得各种愈伤组织、根、芽及再生植株。由于加入培养基中的各种激素比例不同，外植体可以沿着不同方向分化：一种是由外植体产生愈伤组织，由愈伤组织再分化出不定根或不定芽；也可以由愈伤组织产生胚状体，再发育成小植株；另一种是不经愈伤组织，可直接诱导出胚状体而发育成植物。不同来源的外植体再生植株的途径不同，胡萝卜诱导产生的愈伤组织在经过 MS 液体培养基培养后，取培养后的愈伤组织可以直接分化出芽；不进行悬浮培养的愈伤组织分化芽比较困难，但是足以分化出根，不长出叶片。

【注意事项】

（1）操作要在无菌条件下完成，实验过程需要用到的实验仪器及培养基都要经过严格的灭菌，防止实验污染导致实验失败。

（2）配制培养基时应将盐水依次溶于 900mL 水中，最后定容，以免发生沉淀。

（3）悬浮培养过程中如果培养液出现乳白色的混浊，打开后可闻到刺鼻的气味，证明培养液已污染，不能进行下一步接种实验。

【思考题】

1. 在植物组织培养过程中应注意哪些事项？

2. 你认为做好植物组织培养实验的关键是什么？
3. 植物激素与器官分化有什么关系？
4. 无菌操作时应注意的事项有哪些？

实验 5.3　枯草芽孢杆菌原生质体融合

原核微生物基因重组主要可通过转化、转导和接合等途径，但有些微生物不适于采用这些途径，从而使育种工作受到一定的限制。1978 年第三届国际工业微生物遗传学讨论会上有人提出微生物细胞原生质体融合这一新的基因重组手段。由于它具有许多特殊优点，该技术已为国内外广泛研究和应用。

原生质体融合技术既可以在种属内进行，也适用于远缘杂交，甚至动植物细胞也能合二为一，因此原生质体融合技术目前较广泛地应用于细胞生物学、遗传学和医学研究等各个领域，并且取得了显著的成绩。原生质体融合后，两个亲株的整套基因组（包括细胞核和细胞质）相互接触，发生多位点的交换，从而产生各种各样的基因组合，即该育种技术基因重组频率高、重组类型多。此外，通过原生质体融合技术，可将其他育种方法获得的优良性状组合到一个菌株中。

诱导原生质体融合的主要方法有物理学、化学和生物学方法。物理学方法主要是电融合法，是指细胞在电场中极化成偶极子，并沿着电力线排列成串，然后用高强度、短时程的电脉冲击穿细胞膜而导致融合。化学方法主要是利用化学融合剂诱导原生质体融合，化学融合剂主要有高级脂肪酸衍生物（如甘油-乙酸酯、油酸、油胺等）、脂质体（如磷脂酰胆碱、磷脂酰丝氨酸等）、钙离子、水溶性高分子化合物〔如聚乙二醇（PEG）〕、水溶性蛋白和多肽（如牛血清蛋白、多聚 L-赖氨酸等）等。其中最常用的是聚乙二醇（PEG）。生物学方法主要是利用病毒诱导原生质体融合，有些种类的病毒能够介导细胞融合，如疱疹病毒、黏液病毒、仙台病毒等，其中最常用的是灭活的仙台病毒（HVJ），其为 RNA 病毒。病毒诱导细胞融合的过程为：首先是细胞表面吸附许多病毒粒子，接着细胞发生凝集，几分钟至几十分钟后，病毒粒子从细胞表面消失，而就在这个部位的细胞膜同与其邻接的细胞的细胞膜融合，胞浆相互交流，最后形成融合细胞。

本实验采用化学融合剂聚乙二醇（PEG）来诱导枯草芽孢杆菌原生质体的融合，它的助融效果与使用浓度、操作条件及 PEG 分子聚合度有关。PEG 是一种高分子化合物，分子式为 $HOH_2C(CH_2OCH_2)_nCH_2OH$。PEG 是靠醚键的联结使其分子末端带有弱电荷，可溶于水。由于 PEG 分子带大量负电荷，可与细胞膜表面的负电荷在钙离子的介导下形成静电键，促使参与融合的细胞形成紧密接触，当 PEG 浓度增加到 50% 时，PEG 可能与邻近细胞膜周围的水分子结合，由此降低细胞表面的极性，使细胞之间接触点处的膜脂类分子发生侧向流动和重排，由于细胞膜接触部位双分子层质膜的相互亲和及彼此的表面张力作用使细胞发生融合。

原生质体融合步骤包括：选择亲本菌株、制备原生质体、原生质体融合、原生质体再生、筛选优良性状的融合子等。

1. 选择亲本菌株

根据融合目的，所选择的亲株应性能稳定并带有遗传标记，以利于融合子的筛选。采用的标记为营养缺陷型、抗药性、温度敏感型、糖发酵和同化性能、呼吸缺失、形态和颜色等，但经常采用前两种标记。要求单一标记的菌株回复突变率小于 10^{-7}。每个亲株都各带有两个隐性性状的营养缺陷标记，可以排除实验结果中获得的原养型融合子是回复突变株的可能。选择标记也无须过多，以减少标记对菌株正常代谢的干扰，也可用无标记或一个标记的菌株作为融合的亲株。

2. 制备原生质体

影响原生质体细胞制备的因素是多方面的，除所用酶的种类外，还有以下几个主要的因素。

（1）菌体的前处理：为了使细胞对酶更敏感，可将菌体做某些处理。例如，在细菌的培养中，于培养液中加入适量的青霉素；酵母培养中加入 2-脱氧葡萄糖，以抑制细胞壁的正常合成；在放线菌的培养中加入 1%～4% 的甘氨酸也可起到抑制细胞壁合成的作用；或者以 EDTA 及巯基乙醇处理对数期的菌体，都会收到好的效果。

（2）菌体培养时间：细胞处于对数生长状态一般对酶的作用最敏感，但是，酶处理在对数的前期好还是后期好，按菌株不同而异。芽孢杆菌以对数期的后期较好，放线菌培养至对数期至平衡期的转点为最佳，而丝状真菌多以孢子发芽形成发芽管的时期为好。

（3）酶浓度：不同的微生物，不仅对酶的种类要求不同，而且对酶浓度的要求也有差别。

（4）酶处理温度：以枯草芽孢杆菌为例，温度在 25～40℃，壁的消化时间随温度上升而缩短。但是在较高温度下，破壁难于控制，且原生质体易损伤而影响原生质体再生率。酵母多采用 30℃ 下破壁，采用以 0.8mol/L KCl 配制成的混合酶处理青霉时以 33℃ 为好。一般来讲，细菌破壁温度偏高，酵母及霉菌偏低。有人提出，当遇到很难形成原生质体的微生物时，用改变温度的方法是很奏效的。

（5）渗透压稳定剂：等渗透压在原生质体制备中，不仅起到保护原生质体细胞免于膨胀破裂的作用，而且还有助于酶和底物的结合。渗透压稳定剂多采用甘露醇、山梨醇、蔗糖等有机物和 KCl、NaCl、NH_3Cl、$(NH_3)_2SO_4$ 等无机盐，菌种不同，最佳稳定剂也不同。产黄青霉以 KCl、NaCl 为好，酵母多采用甘露醇和山梨醇，细菌则以蔗糖为好。采用无机物作为渗透压稳定剂有减低黏度的优点，易于离心收集原生质体。稳定剂的浓度一般均为 0.3～0.8mol/L。

3. 原生质体融合

加入聚乙二醇以促进原生质体融合。聚乙二醇为一种表面活性剂，能强制性地促进原生质体融合。在 Ca^{2+}、Mg^{2+} 存在时，更能促进融合。

4. 原生质体再生

原生质体是已经被脱去坚韧的外层细胞壁，失去了原有细胞形态的球状体，其外仅有一层厚约 10nm 的细胞膜。虽然它们具有生物活性，但它不是一种正常细胞，在普通培养基上也不能正常繁殖，所以它们不能正常地表达融合后的性状，必须使其细胞壁再合成，恢复细胞原来的形状。

5. 检出融合子

利用培养基上的遗传标记，确定是否为融合子。

6. 融合子筛选

产生的融合子可能有杂合双倍体和单倍重组体，前者性能不稳定，要选择性能稳定的单倍重组体，必须进行几代的分离、纯化和选择。

【实验目的】

(1) 了解原生质体融合技术的基本原理和方法；

(2) 学习并掌握枯草芽孢杆菌原生质体的融合技术。

【实验原理】

原生质体融合技术是 20 世纪 70 年代发展起来的一项新技术，该技术不依赖微生物自身的结合能力，通过将杂交的两个亲株的细胞壁用酶降解后，在等渗条件下，释放出原生质体，然后在特定的条件下促使其相互融合，进而使两个亲本的遗传物质发生接触，交换产生重组体，并通过使原生质体再生细胞壁以获得重组子。

本实验以两株不同营养缺陷型枯草芽孢杆菌 T4412 $ade^- his^-$ 和枯草芽孢杆菌 TT2 $ade^- pro^-$ 为出发菌株，用溶菌酶裂解细胞壁而获得原生质体，用高效融合剂聚乙二醇助融，再将融合的原生质体转移到再生培养基平板上，经过营养缺陷型标记的杂种筛选标记体系，淘汰双亲细菌，只允许杂种细胞生长，从而得到新的重组体。该技术可将由其他方法获得的优良性状菌株，经原生质体融合而组合到一个菌株中，打破了细菌种属间的界限，不但种内、种间可以融合，属间甚至亲缘关系疏远的菌种之间也可以进行融合。由于该技术具有许多特殊的优点，目前已在国内外微生物育种工作中被广泛研究和应用。

【实验器材与试剂】

1. 实验器材

培养皿、移液管、三角瓶、离心机、容量瓶、显微镜、721 型分光光度计、细菌滤器、摇床、离心管、超净工作台、接种环、酒精灯、计数板、培养箱、高压灭菌器。

2. 材料与试剂

(1) 枯草芽孢杆菌 T4412 ($ade^- his^-$)，枯草芽孢杆菌 TT2 ($ade^- pro^-$)。

(2) 完全培养基 (complete medium) (CM，液体)：蛋白胨 1g、葡萄糖 1g、酵母粉 0.5g、牛肉膏 0.5g、蒸馏水 100mL、NaCl 0.5g、pH 7.2，0.1MPa 灭菌 20min。

(3) 完全培养基 (CM，固体)：液体培养基中加入 2.0% 琼脂。

(4) 基本培养基 (MM)：葡萄糖 0.5g、$(NH_4)_2SO_4$ 0.2g、$K_2HPO_4 \cdot 3H_2O$ 1.4g、KH_2PO_4 0.3g、$MgSO_4 \cdot 7H_2O$ 0.02g、柠檬酸钠 0.1g、琼脂 2g、蒸馏水 100mL，pH 7.0，0.1MPa 灭菌 20min。

(5) 补充培养基 (supplemental medium，SM)：在基本培养基中加入 $20\mu g/mL$ 的腺嘌呤及质量分数为 2% 的纯化琼脂，0.075MPa 灭菌 20min。

(6) 再生补充基本培养基 (supplemental basal medium for regeneration，SMR)：在补充培养基中加入 0.5mol/L 蔗糖，以质量分数为 1.0% 的纯化琼脂上层平板，以质量分数为 2% 的纯化琼脂作底层平板，0.075MPa 灭菌 20min。

(7) 酪蛋白培养基 (用于测定蛋白酶活性)：$Na_2HPO_4 \cdot 12H_2O$ 0.13g、NaH_2PO_4 0.036g、NaCl 0.01g、$ZnSO_4 \cdot 7H_2O$ 0.002g、$CaCl_2 \cdot 2H_2O$ 0.0002g、酪素 0.4g、酪素水解氨基酸 0.005g、琼脂 1.5g、蒸馏水 100mL，0.1MPa 灭菌 20min。

(8) 缓冲液：0.1mol/L pH 6.0 磷酸缓冲液。

(9) 高渗缓冲液：在 0.1mol/L pH 6.0 磷酸盐缓冲液中加入 0.8mol/L 甘露醇。

（10）原生质体稳定液（sucrose maleate $MgCl_2$，SMM）：0.5mol/L 蔗糖，20mol/L $MgCl_2$、0.02mol/L 顺丁烯二酸，调 pH 6.5。

（11）促融剂：含有聚乙二醇（PEG-4000）、质量分数为 40％的 SMM 溶液。

（12）溶菌酶溶液：取酶活性为 4000U/g 的溶菌酶，用 SMM 溶液配制，终浓度为 2mg/mL，过滤除菌，备用。

（13）青霉素 G 25U/mL。

（14）无菌水。

【实验方法与步骤】

1. 原生质体的制备

（1）培养枯草芽孢杆菌：各取一环枯草芽孢杆菌 T4412 $ade^- his^-$ 和枯草芽孢杆菌 TT2 $ade^- pro^-$ 保藏菌种划线于培养基斜面，培养活化 1 天，共 2 次。

各取斜面活化菌种一环，接种于装有 5mL 液体完全培养基的试管中，120r/min，36℃ 振荡培养 14h，然后以 5％接种量接入装有 20mL 液体完全培养基的 250mL 三角烧瓶中 120r/min，36℃振荡培养 3h，使细胞生长进入对数期。向培养液中加入青霉素 G，使其质量终浓度为 0.3μg/mL，继续振荡培养 2h。

（2）收集细胞：各取菌液 10mL，4000r/min，离心 10min，弃上清液，将菌体悬浮于磷酸缓冲液中，离心，洗涤两次，将菌体悬浮于 10mL SMM 中，用血细胞计数板计数，以每毫升含 $10^8 \sim 10^9$ 个活菌为宜。

（3）酶解前总菌数测定：收集对数生长期的细胞菌液，取 1mL，用 9mL 无菌水稀释至 10^{-1}、10^{-2}、10^{-3}、10^{-4}、10^{-5}、10^{-6}。分别取 10^{-5}、10^{-6} 菌悬液 0.1mL 涂布于完全固体培养基平板上，于 37℃，倒置培养 24h，计菌落数。

（4）菌体去壁：两亲本各取 5mL 菌悬液于已灭菌的离心管中，加入 5mL 溶菌酶溶液，溶菌酶质量浓度为 100μg/mL，混匀后于 37℃水浴保温处理 30min，定时取样，镜检观察原生质体形成情况，当 90％左右的细胞转化为原生质体时，4000r/min 离心 10～15min，弃去上清液，用高渗缓冲液洗涤 2 次，然后将原生质体悬浮于 5mL 高渗缓冲液中，即制得原生质体悬液。

（5）剩余菌数测定：取 0.5mL 上述原生质体悬液，用无菌水稀释，使原生质体裂解死亡，取稀释度为 10^{-2}、10^{-3}、10^{-4} 各 0.1mL 涂布于完全固体培养基上，于 37℃，倒置培养 24h，计菌落数。此为未被酶裂解的剩余细胞（非原生质体化细胞）。计算处理后剩余细胞数，并分别计算两亲本菌株的原生质体形成率。

原生质体形成率（％）＝原生质体数/未经酶处理的细菌数×100％＝
（未经酶处理的总菌数－酶处理和低渗处理后剩余菌数）/
未经酶处理的总菌数×100％

2. 原生质体再生

用双层培养法，先倒 SMR 作底层，取 0.5mL 原生质体悬液用 SMM 做适当的稀释，取稀释度 10^{-3}、10^{-4}、10^{-5} 的溶液各 1mL，加入底层平板培养基的中央，再倒入上层 SMR 混匀，于 37℃，倒置培养 48h。分别计算两亲本菌株的原生质体再生率。

原生质体再生率（％）＝再生菌落数/加入的原生质体数×100％
再生菌落数＝再生平板上生长的菌落数－非原生质体化的细胞数

加入的原生质体数＝未经酶处理的总菌数－酶处理后剩余菌数

3. 原生质体融合

取两个亲本的原生质体悬液各 1mL 混合，放置 5min 后，2500r/min 离心 10～15min，弃去上清液。于沉淀中加入 0.2mL SMM，再加入 1.8mL PEG（质量分数为 40%，溶解在 SMM 溶液中），轻轻摇匀，置于 37℃ 保温处理 2min，2500r/min 离心 10～15min，收集菌体，将沉淀充分悬浮于 2mL SMM 溶液中。

4. 检出融合子

取 0.5mL 融合液，用 SMM 溶液做适当稀释，取 0.1mL 菌液与已灭菌并冷却至 50℃ 的 SMR 软琼脂混匀，迅速倒入底层为 SMR 的平板上，置于 37℃ 培养 48h，检出融合子，转接传代，并进行计数，计算融合子数和融合率。

5. 融合子的筛选

挑选遗传标记稳定的融合子，凡是在 SMR 平板上长出的菌落，初步认为是融合子，可以直接接入酪蛋白培养基平板上，再挑选蛋白酶活性高于亲本菌株的融合子。

由于原生质体融合后会出现两种情况：一种是真正的融合；一种只发生质配，不形成异核体。两者都能在再生培养基平板上形成菌落，但前者稳定，后者不稳定。所以要获得真正的融合子，必须进行几代的分离、纯化和选择。

【实验结果与分析】

融合子数和融合率计算：

$$融合子数＝再生补充基本培养基上菌落数$$
$$融合率（\%）＝融合子数／双亲本再生原生质体平均数×100\%$$

【注意事项】

（1）不同菌种、同一菌种的不同株系及一个菌株培养的不同时期，对酶液的敏感性不同，故要通过预备实验，才能对采用哪个时期的菌体制备原生质体，对所用破壁酶的种类和用量，做出较正确的选择。

（2）原生质体失去了细胞壁的保护，极易受损伤。培养基中的渗透压、温度和 pH，以及操作时的激烈搅拌都会影响原生质体的存活率和融合效果。因此所有培养、洗涤原生质体的培养基和试剂都要含有渗透压稳定剂。实验的操作应尽量温和，避免过高的温度和剧烈的搅拌、振荡等。

（3）融合步骤中双亲原生质体的量（每毫升所含原生质体的量）要基本一致，以提高融合率。

【思考题】

1. 原生质体操作过程中为什么要选用高渗培养基？
2. 在细胞生长进入对数前期时为什么要加入青霉素？
3. 微生物细胞去壁后，为什么要离心、弃上清液、用高渗缓冲液清洗除去酶？
4. 显微镜镜检观察的原生质体数和平板活菌计数的结果是否一致？原因何在？
5. 在进行原生质体融合时，为什么选择的亲本一般是营养缺陷型的？
6. 如何提高原生质体的制备率和再生率？

实验 5.4　小鼠骨骼肌细胞的培养

细胞培养即将动物组织或细胞从机体取出，分散成单个细胞或直接以单细胞生物给予必要的生长条件（如一定温度和 pH），让其在培养瓶中或培养基上继续生长和繁殖的细胞生物学技术。

细胞培养是细胞在体外条件下模拟体内细胞成长所需的生理环境，以实现细胞的继续生长和增殖。细胞培养研究表明，普通细胞在体外培养时其生长和增殖是有限的，一般同批培养的大多数细胞在培养 10 代左右就不再生长而走向死亡；少数细胞能越过这一界限，可以继续传代到 50 代，但到 50 代这中间的大多数细胞又会走向死亡；少数存活下来的细胞具有能够永久生长分裂的能力，也就成为“不死细胞”，即肿瘤细胞。它们具有体内肿瘤细胞的众多性质，如侵染性、无接触抑制性、永久传代能力等特点，因此，相比于普通细胞，肿瘤细胞更易于在体外培养。但肿瘤细胞也不是真的不死，当培养环境不适宜时同样会死亡，只是相对于普通细胞来讲易于培养一些。所以二者培养条件有所不同。

按操作过程划分，细胞培养包括原代培养和传代培养。原代培养是细胞从活体中转入离体状态下培养的起始步骤，通俗地说，就是第一次培养。原代培养是细胞培养的关键环节之一，许多研究都必须借助于这一方法来建立一套材料体系，获得相应的细胞株。原代培养物的优点在于：细胞刚从活体移植到离体条件下，主要的结构、性状尚未发生改变，仍为二倍体细胞，与细胞系特别是永久细胞系相比，更能反映细胞在活体中的状态。在相对稳定的条件下，用原代培养物做药物测试、细胞分化等实验效果更好。因此原代培养是组织与细胞培养工作中必须掌握的基础技术。

原代培养的目的是为了使体内细胞适应体外培养环境，从而提供能够在体外连续生长的细胞系。原代细胞培养物可以通过以下途径获得。

（1）先培养组织小块（即植块培养），成活的组织小块在培养过程中会在周围迁移出新生的细胞。

（2）用机械、化学或酶解的方法解离组织块得到细胞悬液，悬液中的许多细胞在培养液中会附着到基质上并可能进一部生长和繁殖。

原代细胞培养过程：取材→培养材料的制备→接种和培养。

取材：取材是原代培养的第一步，首先要对实验动物、操作台面、操作者双手进行仔细的清洗和消毒。用灭菌的器械切取合适大小的动物器官或组织块，用平衡盐溶液对组织进行洗涤以去除血污，剔除组织附带的脂肪组织、结缔组织和坏死组织。防止污染，并用平衡盐溶液保持组织块的湿润。取材范围通常包括动物胚胎、新生动物组织或器官、成年动物组织或器官等。如将组织块切成 $1mm^3$ 的小块，即可直接用于植块培养。

培养材料的制备：通过机械解离、酶解消化、螯合剂解离等方法，将取材获得的组织块分散成为单细胞悬液，包括过滤除去组织块、离心收集细胞、重新用培养液悬浮细胞、计数、调节细胞密度等步骤。

接种和培养：将制备好的植块或细胞悬液放入培养环境中进行生长，这个步骤称为接种。对于植块，需要将它们用吸管或者镊子小心地排列在培养瓶底部，加入少量的培养基，待植块充分贴壁后（一般在恒温箱中培养过夜），再补加足够的培养基，放入恒温培养箱中继续培养；对于单细胞培养液，只要按照需要的细胞密度加入培养（瓶）皿中，加入足够的培养基，即可放入培养箱中进行培养。注意观察细胞的生长情况，当营养耗尽时需及时更换培养液。当细胞生长出现接触抑制时，即可进行传代培养。

本实验利用无菌操作技术，将新生乳鼠的骨骼肌切割成大小均一的组织块，利用胰蛋白酶解离组织块制成细胞悬液，最后分装到培养瓶中置于培养箱中培养。

【实验目的】

（1）学习活体取样、组织剪切、接种和恒温培养操作技术；

（2）初步了解和掌握细胞原代培养的无菌操作技术和过程；

（3）掌握常用的消化法进行动物细胞原代培养的技术方法及操作过程，为细胞纯化、冷冻保存、生长曲线的测定等实验奠定基础。

【实验原理】

将动物机体的各种组织从机体中取出，经各种酶（常用胰蛋白酶）、螯合剂（常用EDTA）或机械方法处理，分散成单细胞，置合适的培养基中培养，使细胞得以生存、生长和繁殖，这一过程称原代培养。

【实验器材及试剂】

1. 实验器材

倒置显微镜、培养箱、超净工作台、离心机、显微镜、培养瓶、离心管、血细胞计数板、大平皿、直剪、弯头眼科剪、镊子、弯头眼科镊、棉球、培养皿、细口吸管、粗口吸管、无菌纱布、小玻璃漏斗、盖玻片、水浴锅、解剖台。

2. 材料与试剂

（1）新生乳鼠。

（2）DMEM 培养基。

（3）小牛血清。

（4）0.25% 胰蛋白酶液。

（5）Hanks 液。

配方：$CaCl_2$ 0.14g、KCl 0.4g、KH_2PO_4 0.06g、$MgCl_2 \cdot 6H_2O$ 0.10g、$MgSO_4 \cdot 7H_2O$ 0.10g、NaCl 8.0g、$NaHCO_3$ 0.35g、葡萄糖 1.0g、$Na_2HPO_4 \cdot 7H_2O$ 0.09g，加 H_2O 至 1000mL。

（6）双抗（青霉素和链霉素）溶液。

（7）75% 乙醇。

（8）2% 碘酒。

（9）$NaHCO_3$ 溶液。

【实验方法与步骤】

（1）用拉颈椎法迅速处死小鼠，然后把整个动物浸入盛有 75% 乙醇的烧杯中数秒钟消毒，取出后放在大平皿中携入超净台。用碘酒棉球擦拭乳鼠腿部，然后再用酒精棉球擦拭碘酒擦过的部位。

（2）无菌条件下剥皮，分别从肩关节和髋关节处解剖四肢，切除爪后，将四肢移入盛有

Hanks 液（内含抗生素，下同）的烧杯中，用 Hanks 液洗涤四肢表面的血污，然后粗剪几下，再用 Hanks 液漂洗多次。

　　（3）取两个培养皿，各加入约 5mL Hanks 液，将清洗干净的四肢放入其中一个培养皿中，去除脂肪、骨骼和结缔组织，把所得到的骨骼肌转移到第二个培养皿中，用弯头眼科剪将骨骼肌剪成 1mm³ 大小的组织块，操作时应尽量将平皿盖半盖住平皿以防空气中尘埃落下污染组织。再用 Hanks 液洗涤 2 或 3 次，直到液体澄清为止，用粗口吸管移入无菌离心管，静置数分钟，组织块自然沉淀到管底，吸掉上清。

　　（4）向离心管加入 0.25% 的胰蛋白酶溶液，与组织块混匀后加上管口塞子，置于 37℃水浴中进行消化，消化时间为 20～40min，每隔几分钟摇动一下离心管，使组织块散开，以便组织块与胰蛋白酶液充分接触，利于继续消化，直到组织块变得松散，沉降渐变缓慢时，表明消化足够，这时可从水浴中取出离心管，静置 1～2min，吸去胰蛋白酶液，加入含小牛血清的培养基，轻轻摇匀后吸去，洗去残余的胰蛋白酶以抑制其消化作用。

　　（5）在超净工作台内向离心管中加入 Hanks 液，用吸管反复吹打，制成细胞悬液，然后用几层无菌纱布过滤，以除去未完全解离的组织块。取滤过液，800r/min 离心 5～10min收集细胞，弃上清液向离心管中加入含 10% 小牛血清的双抗培养基，用吸管吹打将细胞混匀后，吸取 1mL 细胞液，利用血细胞计数板进行计数，计数后，用含 10% 小牛血清的双抗培养基进行稀释，稀释后的浓度一般以每毫升含细胞 50 万为宜。

　　（6）将稀释好的细胞悬液分装于培养瓶中（一般 5mL/小方瓶，1mL/青霉素瓶），盖紧瓶塞。在培养瓶的上面做好标记，以免培养瓶放反，并在瓶口处注明细胞、组别及日期，然后放于培养架上，并轻轻摇动培养架，避免细胞堆积，以便细胞能均匀分布，最后将培养皿置于 37℃ 条件下进行培养。

【实验结果与分析】

　　在培养过程中，从培养液外观颜色的变化可判断细胞生长好坏和是否受到污染。培养液颜色逐渐变为红色、黄色或土黄色并且澄清透明，表明细胞生长较好；若培养液颜色很快变黄并且混浊，则说明已被微生物污染；若颜色不变或加深，则表明细胞未生长。此外利用显微镜可直观地了解细胞生长情况：刚分离的原代细胞比较小，呈球形，折光性强；原代培养24h 后显微镜下观察，可见细胞贴壁，细胞逐渐延展呈梭形，随着培养时间的延长，细胞增殖、迁移并逐渐规律性地沿一个方向排列；当细胞融合 80% 以上后，开始形成肌管。以后每 24h 显微镜下观察一次，待细胞在壁上生长连成一片时即可进行传代培养。

【注意事项】

　　（1）严格无菌操作。

　　（2）原代培养材料的选择，尽量选取繁殖能力强的组织，如胚胎、幼小的生物体等。

　　（3）用胰蛋白酶将组织块消化分解时，要随时观察，避免过度消化。

　　（4）肌肉组织要尽可能剔除表面的膜和脂肪组织。

　　（5）骨骼肌细胞在培养过程中，形态会发生较大变化；传代培养代数不要太多，骨骼肌细胞传代能力有限，容易死亡。

【思考题】

　　1. 如何提高原代细胞培养的成功率？

2. 为克服微生物污染应采取哪些措施?

参 考 文 献

陈德，徐虹，连玉武. 2005. 现代植物生物学实验. 北京：科学出版社.

陈兰英. 2009. 现代生命科学实验. 郑州：河南人民出版社.

巩振辉，申书兴. 2007. 植物组织培养. 北京：化学工业出版社.

金龙金. 2005. 细胞生物学与遗传学实验指导. 杭州：浙江大学出版社.

拉兹丹 M K. 植物组织培养导论. 2 版. 2006. 北京：化学工业出版社.

李素文. 2001. 细胞生物学实验指导. 北京：高等教育出版社.

李志勇. 2010. 细胞工程. 2 版. 北京：科学出版社.

林连祥，路福平. 2005. 微生物学实验技术. 北京：中国轻工业出版社.

刘江东. 2005. 细胞生物学实验教程. 武汉：武汉大学出版社.

栾雨时，包永明. 2005. 生物工程实验技术手册. 北京：化学工业出版社.

莫德馨，郭玉华，孙静，等. 2010. 胡萝卜组织培养. 黑龙江教育学院学报，26（7）：42-43.

钱存柔，黄仪秀. 2008. 微生物实验教程. 北京：北京大学出版社.

司徒镇强，吴军正. 2004. 细胞培养. 上海：世界图书出版公司.

王逸群，周志华. 2005. 西洋参组织培养及愈伤组织中人参皂苷 Rg1 和 Rb1 含量分析. 漳州师范学院学报
　　（自然科学版），4：62-66.

闫静辉，张小兵，李亚璞，等. 2005. 西洋参悬浮细胞系的建立及其生长特性的研究. 河北省科学院学报，
　　22（4）：23-36.

杨汉民. 1997. 细胞生物学实验. 北京：高等教育出版社.

张美萍，王义，孙春玉，等. 2004. 西洋参愈伤组织悬浮培养物细胞分化与皂苷合成关系的研究. 核农学报，
　　18（2）：152-154.

张小兵，闫静辉，李亚璞，等. 2007. 西洋参悬浮细胞发酵工艺研究. 生物技术通报，5：188-193.

张义顺，黄霞，陈云凤. 2009. 植物生理学实验教程. 北京：高等教育出版社.

张志良，翟伟菁. 2003. 植物生理学实验指导. 2 版. 北京：高等教育出版社.

周德庆. 2006. 微生物学实验教程. 北京：高等教育出版社.

第6章 基因工程技术

基因工程（gene engineering）是在分子生物学基础上发展起来的，最初用来研究基因的调控、表达、性质问题，后来在分子水平上进行基因改造，以定向改造生物遗传性状，从而发展成为一门遗传性质改造工程。狭义来说，基因工程是按照人们的意愿，将一种或多种生物体的基因进行体外拼接重组，然后转入另一种生物体内，使之遗传并表达出新性状，从而创造出新品种的遗传技术。广义来说，基因工程包括上游和下游两大技术。上游技术包括对基因的分离、分析、改造、检测、表达、重组和转移等操作，从这个角度来说，基因工程又称为基因操作（gene manipulation）、遗传工程（genetic engineering）、体外重组DNA技术（recombinant DNA technique）；下游技术涉及含有重组基因的生物细胞或工程菌的大规模培养，以及外源基因表达产物的分离纯化过程。由此可见，基因工程的本质是按照人们的设计，将生物体内控制性状的基因优化重组，从而使其稳定遗传和表达的过程。

基因工程的优点是能使来自不同生物的具有不同遗传信息的DNA片段进行重组，并导入完全不同的生物体内，以达到定向控制、修饰及改变生物体的遗传和变异的目的，通过这种方式可以创造出自然界没有的遗传性状，获得新的生物品种。这种技术打破了常规育种难以突破的物种界限，可以使遗传信息在原核生物之间、动物与植物之间，甚至人与其他生物之间进行基因重组和转移，简化了生物物种的进化过程，大大加快了生物进化速度，是生物技术的又一次革命。

作为一项新兴技术，基因工程有深厚的理论基础。①不同基因有相同的遗传物质。从细菌到高等动物、植物、人类，所有基因都是由具有遗传功能的特定序列的DNA组成，而所有的DNA都有着基本相同的结构，因此在原则上可以重组。②基因可以切割。基因是DNA序列，是遗传的基本功能单位，允许完整地切割下来。③基因可以转移。在自然条件下，人们就发现有的基因可以在染色体上转移，有的可以在不同染色体间进行转移，并且在插入新的DNA位置后仍然具有基因的功能，从而说明重组后基因功能不变。④基因与多肽间有一一对应的关系。贮存遗传信息的基因与行使功能的蛋白质之间有一一对应的关系，从而可以根据蛋白质的性质检测是否出现了基因转移或重组。⑤虽然基因之间序列不同，但是具有通用的密码子，从而保证了基因操作时在不同物种间可以得到功能相同的蛋白质。⑥能够稳定地传递给下一代，保证了经过重组后的基因可以得到稳定遗传的性状。所以，基因的可转移性、基因自身的一致性、可切割性、遗传性、密码子通用性和简并性，以及基因与蛋白质之间的对应性构成了基因工程的理论依据。

根据目的不同，基因工程操作的内容也不同，这里以常见的用于表达生产某一产物为目的的转基因工程技术为例，其基本程序包括5个步骤。

（1）目的基因的获得：目的基因的获得一般有两种方法。一是从复杂的生物基因组中，经过酶切消化或PCR扩增，然后分离出带有目的基因的片段。原核生物基因常用这种方法获得。二是从生物细胞裂解物中分离mRNA，再经反转录合成cDNA。该法适用于含有内含子的真核生物基因组中目的基因的获得。

（2）构建重组分子：在体外，将带有目的基因的外源 DNA 片段连接到能够自我复制，并带有选择标记的载体分子上，形成重组 DNA 分子。

（3）重组分子转导：将重组 DNA 分子转移到适当的受体细胞，并与之一起增殖。

（4）筛选：利用重组 DNA 分子所带的筛选标记，从大量的细胞繁殖群体中，筛选出获得重组 DNA 分子的受体细胞克隆。

（5）鉴定：从上述筛选出来的受体细胞克隆中，提取出已经得到扩增的目的基因，并做序列鉴定。

本章主要以构建原核基因工程菌为目的，研究内容主要包括目的基因的获得、重组载体的构建、感受态细胞制备、细菌转化、重组子筛选及鉴定等；主要目的是使学生了解并掌握基因工程技术中重组 DNA 技术，切、接、转、选、筛等关键步骤的操作和如何构建工程菌等主要实验技术，提高学生的综合实验技能。实验所用的载体和引物仅供参考，也可根据情况自行选择或使用实验室已有的或构建好的载体。

实验 6.1　　PCR 扩增目的基因

【实验目的】

（1）复习 PCR 的原理；

（2）掌握 PCR 及电泳操作技术；

（3）掌握琼脂糖凝胶电泳的原理，学习琼脂糖凝胶电泳的操作；

（4）掌握 DNA 回收纯化的方法。

【实验原理】

1985 年，美国 PE-Cetus 公司人类遗传研究室的 Mullis 等发明了聚合酶链反应。聚合酶链反应（polymerase chain reaction）技术简称 PCR 技术，是一种利用 DNA 变性和复性的原理，在试管中模仿 DNA 的体内复制机制，在体外进行特定的 DNA 片段高效扩增的技术，可检出少至 1 个拷贝的靶序列。其原理是在模板 DNA、引物和 4 种脱氧核糖核苷酸存在的条件下依赖于 DNA 聚合酶的酶促合成反应，在数小时内可扩增至 100 万～200 万份拷贝。

1. PCR 反应的 5 个基本步骤

（1）预变性：PCR 的第一步即模板 DNA 在 94℃ 下预变性 3～10min。这是关键步骤，使模板 DNA 完全解链，减少聚合酶在低温下仍有活性从而延伸非特异性配对的引物与模板复合物所造成的错误。

（2）变性：循环程序中一般变性温度与时间为 94℃、30～60s。在变性温度下，双链 DNA 解链只需几秒钟即可，所耗时间主要是为使反应体系完全达到适当的温度。对于富含 G＋C 的序列，要适当提高变性温度。但变性温度过高或时间过长都会导致酶活性的损失。

（3）退火（复性）：模板 DNA 经加热变性成单链后，温度降至 55℃ 左右，引物与模板 DNA 单链的互补序列配对结合。引物退火的温度和所需时间的长短取决于引物的碱基组成、引物的长度、引物与模板的配对程度及引物的浓度。实际使用的退火温度比扩增引物的解链温度（T_m）值约低 5℃。通常退火温度和时间为 37～55℃、1～2min。

（4）延伸：延伸反应通常为 70～72℃、30～60s，接近于 Taq DNA 聚合酶的最适反应温度 75℃，以 dNTP 为反应原料、靶序列为模板，按碱基配对与半保留复制原理，合成一条新的与模板 DNA 链互补的半保留复制链。延伸反应时间的长短取决于目的序列的长度和浓度。延伸时间过长会导致产物非特异性增加。但对很低浓度的目的序列则可适当增加延伸反应的时间。

（5）最终延伸：一般在扩增反应完成后都需要一步较长时间（5～20min）的延伸反应，以获得尽可能完整的产物，这对以后进行克隆或测序反应尤为重要。

变性—退火—延伸三个步骤为一个循环，如此重复循环即可获得更多的子链，同时子链又可作为下次循环的模板，合成新链。每完成一个循环需 2～4min，2～3h 能将目的基因扩增几百万倍。

2. PCR 反应的影响因素

（1）引物：PCR 反应产物的特异性由一对上下游引物所决定。引物的好坏往往是 PCR 成败的关键。

一般 PCR 反应中的引物终浓度为 0.2～1.0μmol/L 或 10～100pmol/L，以最低引物量产生所需要的结果为好，引物浓度偏高会引起错配和非特异性扩增，且可增加引物之间形成二聚体的概率。

（2）4 种三磷酸脱氧核苷酸（dNTP）：dNTP 应用 NaOH 将 pH 调至 7.0，并用分光光度计测定其准确浓度。一般反应中每种 dNTP 的终浓度为 20～200μmol/L。4 种 dNTP 的浓度应该相等，以减少合成中由某种 dNTP 的不足出现的错误掺入。

（3）Mg^{2+}：Mg^{2+} 浓度对 Taq DNA 聚合酶影响很大，它可影响酶的活性和真实性，影响引物退火和解链温度，影响产物的特异性及引物二聚体的形成等。通常 Mg^{2+} 浓度为 0.5～2mmol/L。对于一种新的 PCR 反应，可以用 0.1～5mmol/L 递增浓度的 Mg^{2+} 进行预备实验，选出最适的 Mg^{2+} 浓度。

（4）模板：PCR 反应必须以 DNA 为模板进行扩增，模板 DNA 可以是单链分子，也可以是双链分子；可以是线状分子，也可以是环状分子（线状分子比环状分子的扩增效果稍好）。就模板 DNA 而言，影响 PCR 的主要因素是模板的数量和纯度。

（5）Taq DNA 聚合酶：所用的 Taq DNA 聚合酶量可根据 DNA、引物及其他因素的变化进行适当的增减。酶量过多会使产物非特异性增加，过少则使产量降低。反应结束后，如果需要利用这些产物进行下一步实验，需要预先灭活 Taq DNA 聚合酶。

（6）反应缓冲液：各种 Taq DNA 聚合酶商品都有自己特定的一些缓冲液。

（7）循环次数：一般而言，25～30 轮循环已经足够。循环次数过多会使 PCR 产物中非特异性产物大量增加。

3. DNA 的琼脂糖凝胶电泳

带电荷的物质在电场中的趋向运动称为电泳。电泳的种类多，应用非常广泛，它已成为分子生物学技术中分离生物大分子的重要手段。琼脂糖凝胶电泳由于其操作简单、快速、灵敏等优点，已成为分离和鉴定核酸的常用方法。

在 pH 为 8.0～8.3 时，核酸分子碱基几乎不解离，磷酸全部解离，核酸分子带负电，在电泳时向正极移动。采用适当浓度的凝胶介质作为电泳支持物，在分子筛的作用下，使分子大小和构象不同的核酸分子泳动率出现较大的差异，从而达到分离核酸片段检测其大小的目的。核酸分子中嵌入荧光染料（如 EB）后，在紫外灯下可观察到核酸片段所在的位置。

4. DNA 片段的回收纯化

从琼脂糖凝胶电泳分离的条带中回收 DNA 是常用的分子生物学技术。回收的 DNA 分子根据目的不同，可用于连接重组、序列分析或探针标记等工作。目前回收 DNA 的方法很多，如低熔点琼脂糖法、凝胶冻融法、透析袋电洗脱法、纤维素膜电泳法及试剂盒法等常规方法和一些改良的回收方法。其中，传统的回收方法为低熔点琼脂糖法，最简单的方法为柱回收试剂盒。

可用有机溶剂抽提的方法从低熔点琼脂糖凝胶中回收 DNA，低熔点琼脂糖是多糖链上引入羟乙基后的琼脂糖，降低了核酸链间的氢键数目，在水溶液中的溶解温度很低，一般是 65℃，羟乙基化替代的程度决定准确的熔化和凝结温度。如果需要分离特定的 DNA 片段，可用低熔点琼脂糖进行分析，然后切割带有目标 DNA 的琼脂糖凝胶块，加入适量缓冲液，于 60℃温育，凝胶熔化，DNA 进入水溶液中，最后通过苯酚：氯仿（1∶1）抽提和预冷无水乙醇沉淀获得纯化的 DNA 片段。由于该方法较为温和，所以特别适用于从脉冲场琼脂糖凝胶中回收高分子质量的 DNA，对于从恒强电场琼脂糖凝胶中回收小分子质量 DNA 也同样有效。

同标准琼脂糖的情况一样，制造商供应的各类低熔点琼脂糖已经通过检测，用溴化乙锭染色后显示很低的背景荧光；没有 DNA 酶和 RNA 酶活性；显示对限制酶和连接酶只有很低的抑制作用。低熔点琼脂糖不仅在低温下熔化，而且在低温下凝结。该特性使它在 30～35℃时仍呈液态，所以利于应用琼脂糖进行包埋细胞微阵列的制备，而不损伤细胞。

【实验器材与试剂】

1. 实验器材

（1）材料：不同来源的模板 DNA。

（2）仪器：微量移液枪及吸头、PCR 小管、DNA 扩增仪（PCR 仪）、琼脂糖凝胶电泳所需设备（电泳槽及电泳仪）、台式高速离心机、移液器、冰、冰盒、恒温水浴锅、Eppendorf 管（EP 管）。

2. 实验试剂

（1）10×PCR 反应缓冲液：500mmol/L KCl、100mmol/L Tris-HCl（pH 8.3）、1.0％ Triton X-100。

（2）25mmol/L $MgCl_2$。

（3）4 种 dNTP 混合物：dATP、dTTP、dCTP 和 dGTP 各 2.5mmol/L。

（4）5U/μL Taq DNA 聚合酶。

（5）5×TBE 缓冲液：54g Tris、27.5g 硼酸、20mL 0.5mol/L EDTA（pH 8.0），用 ddH_2O 定容至 1000mL，灭菌备用，使用时稀释 10 倍。

（6）LMT 洗脱缓冲液：20mmol/L Tris-HCl（pH 8.0）、1mmol/L EDTA（pH 8.0）。

（7）平衡饱和酚。

（8）酚：氯仿。

（9）其他试剂：琼脂糖、低熔点琼脂糖（电泳级）、溴化乙锭（EB）、无菌水、氯仿、无水乙醇、70％乙醇、TE、10×酶切缓冲液、10mol/L 乙酸铵。

【实验方法与步骤】

1. PCR 反应（50μL 体系）

（1）取 0.5mL 无菌 EP 管依次加入表 6-1 中的试剂。

表 6-1　50μL PCR 反应体系的试剂种类和体积

加样顺序	反应物	体积/μL
1	ddH₂O	34.5
2	10×PCR 反应缓冲液	5
3	25mmol/L Mg²⁺	4
4	4 种 dNTP	3
5	上游引物（引物 1）	1
6	下游引物（引物 2）	1
7	模板 DNA（约 1ng）	1
8	*Taq* DNA 聚合酶（约 2.5U）	0.5
总体积		50

（2）混匀后离心 5s。

（3）将反应管放入 PCR 仪中，按照设计设置好 PCR 仪程序，进行 PCR 反应。

（4）PCR 仪反应程序，如表 6-2 所示。

表 6-2　PCR 反应程序

反应顺序	反应程序	设置温度	反应时间/min
1	预变性	94℃	5
2	变性	94℃	1
3	退火	55℃	1
4	延伸	72℃	2
5	返回"2"操作	30 个循环	—
6	最后延伸	72℃	10

2. 电泳

取 10μL PCR 扩增产物，用 1‰琼脂糖凝胶进行电泳分析，检查反应产物及长度。

（1）用胶带将洗净、干燥的制胶板两端封好，水平放置在工作台上。

（2）调整好梳子的高度。

（3）称取 0.24 g 琼脂糖于 30mL 0.5×TBE 中，在微波炉中使琼脂糖颗粒完全溶解，冷却至 45～50℃时倒入制胶板中。

（4）凝胶凝固后，小心拔去梳子，撕下胶带。

（5）将电泳样品与溴酚蓝混合后将样品依次点入加样孔中；pUC18 5μL、ddH₂O 3μL、溴酚蓝 2μL 共 10μL 于 0.5mL 离心管中混合后点样。

（6）将制胶板放入电泳槽中，加入电泳液，打开电泳仪，使核酸样品向正极泳动；当溴酚蓝迁移至凝胶下缘 1～2cm 处停止电泳。

（7）电泳完成后切断电源，取出凝胶，放入 0.5μg/mL 的溴化乙锭（EB）溶液中染色 10～15min，清水漂洗后置于紫外透射仪上观察电泳结果，并照相记录。

3. DNA 的回收纯化——低熔点琼脂糖法

（1）按照琼脂糖凝胶电泳的实验步骤进行核酸电泳。

（2）取一新的 1.5mL 的 EP 管，称重，记录为 W_1。

（3）电泳结束后，小心取出凝胶，在紫外灯照射下，用解剖刀从凝胶上切下含有目的 DNA 的条带，转移至 1.5mL 的 EP 管中。

（4）将装有目的 DNA 条带的 EP 管称重，记录为 W_2，计算出目的 DNA 条带的质量，即 $W_{DNA} = W_1 - W_2$。

（5）加入 5 倍体积的 LMT 洗脱缓冲液，置 65℃温育 5min，熔化凝胶。冷却至 30℃，加入等体积的平衡饱和酚，充分混匀。

（6）室温下，10 000r/min 离心 10min，再用等体积的酚∶氯仿、氯仿各抽提一次。

（7）小心移取上层水相到新的 EP 管中，加入 0.2 倍体积的 10mol/L 乙酸铵和 2 倍体积的预冷无水乙醇，置 -20℃沉淀 15min。

（8）4℃条件下，10 000r/min 离心 10min，小心吸收乙醇，加入 0.5mL 处于室温的 70%乙醇洗涤 DNA，再在 4℃条件下，10 000r/min 离心 15min，收集沉淀。

（9）打开离心管，挥发残留的乙醇。

（10）加入 50μL TE（pH 8.0）溶液充分溶解 DNA，放于 -20℃冰箱中备用。

【实验结果与分析】

利用 PCR 技术可在很短时间内对仅有的几个拷贝的基因放大百万倍，从而得到所要的目的基因，极大地简化了传统的分子克隆技术。PCR 产物经电泳检测，在预计的分子质量处出现单一 DNA 条带，但有时候也会出现没有扩增结果或出现非特异性条带的情况，可能的原因有：基因组复杂度高、退火温度低、延伸时间长、引物或模板量大等，可通过实验进行调整。

【注意事项】

（1）PCR 非常灵敏，操作应尽可能在无菌操作台中进行。

（2）吸头、离心管应高压灭菌，每次吸头用毕应更换，不要互相污染试剂。

（3）溴化乙锭（EB）为致癌剂，操作时应戴手套，尽量减少台面污染。各操作区域要分开。

【思考题】

1. 降低退火温度对反应有什么影响？
2. 延长变性时间对反应有什么影响？
3. 循环次数是否越多越好？为什么？
4. 如果出现非特异性条带，可能有哪些原因？

实验 6.2　重组载体构建

【实验目的】

（1）学习限制性内切核酸酶酶切的原理和方法；

（2）掌握目的基因与载体连接的原理和方法。

【实验原理】

将经过酶切、回收、纯化后的 PCR 产物与质粒载体用 DNA 连接酶连接的过程称为重组质粒载体的构建。连接反应在 DNA 重组技术中是非常关键的一步，纯化切割后的目的基因片段只有与带有自主复制起始点的载体连接，才能转化成功得到真正的克隆。DNA 的连接就是在一定条件下，由 DNA 连接酶催化两个双链 DNA 片段相邻的 5′端磷酸与 3′端羟基之间形成磷酸二酯键的过程。

质粒具有稳定可靠和操作简便的优点。如果要克隆较小的 DNA 片段（<10kb）且结构简单，质粒比其他任何载体都要好。在质粒载体上进行克隆，原理很简单，但在实际工作中，如何区分插入有外源 DNA 的重组质粒和无插入而自身环化的载体分子是较为困难的。通过调整连接反应中外源 DNA 片段和载体 DNA 的浓度比例，可以将载体的自身环化限制在一定程度之下，也可以进一步采取一些特殊的克隆策略，如载体去磷酸化等来最大限度地降低载体的自身环化，还可以利用遗传学手段（如 α-互补现象等）来鉴别重组子和非重组子。

外源 DNA 片段和质粒载体的连接反应策略有以下几种：①带有非互补突出端的片段；②带有相同的黏性末端；③带有平末端。

实际的连接反应通常都是将两个大小不同的片段相连。因为 DNA 片段具有两个端点，所以切割时就出现两种可能：一种是单酶切，另一种是双酶切，这两种酶切方法在基因工程操作中都经常用到。对于单酶切来说，载体与供体的末端都相同，连接可以在任何末端进行，这样就导致了大量的产物自连。为了减少这种情况的发生，可对载体进行 5′端除磷处理，一旦有外源 DNA 片段插入，可以由外源片段提供 5′P 末端与载体连接，这样就减少了载体自环的发生。对于双酶切来说，无论载体与供体，同一片段上都具有不同的末端，这样就避免了载体与供体的自环，能使有效连接产物大大增加。双酶切的另一个特点是能将供体分子定向连接到载体上。本实验介绍单酶切的方法。

连接反应的温度在 70℃时有利于连接酶的活力，但是在这个温度下，黏性末端的氢键结合不稳定，如 Eco R I 酶所产生的末端，仅仅通过 4 个碱基对相结合，这不足以抵抗该温度下的分子热运动。因此在实际操作中，DNA 分子黏性末端的连接反应，其温度是折中采取催化反应与末端黏合的温度，为 12～16℃，连接时间为 12～16h（过夜）；或 7～8℃，2～3 天。

【实验器材与试剂】

1. 实验仪器

恒温摇床、台式高速离心机、恒温水浴锅、琼脂糖凝胶电泳装置、电热恒温培养箱、电泳仪、紫外透射仪、超净工作台、微量移液枪、EP 管。

2. 实验材料

(1) 外源 DNA 片段，自行制备的带限制性末端的 DNA 溶液，浓度已知。

(2) 载体 DNA pUC18/19 (Amp^r, lac Z)，自行提取纯化，浓度已知。

(3) 宿主菌——E. coli DH5α 或 JM 系列等具有 α-互补能力的菌株。

3. 实验试剂

(1) 10×酶切缓冲液。

（2）*Eco* RⅠ。

（3）0.1mol/L EDTA（pH 8.0）。

（4）3mol/L KAc（pH 5.2）。

（5）5×TBE 缓冲液：54g Tris、27.5g 硼酸、20mL 0.5mol/L EDTA（pH8.0）、用 ddH$_2$O 定容至 1000mL，灭菌备用，使用时稀释 10 倍。

（6）6×上样缓冲液：0.25％溴酚蓝、0.25％二甲苯氰 FF、40％（*m/V*）蔗糖水溶液，4℃保存。

（7）10×T4 DNA 连接酶缓冲液：0.5mol/L Tris-HCl（7.6）、100mol/L MgCl$_2$、100mol/L 二硫苏糖醇（DTT）（过滤灭菌）、10mol/L ATP（过滤灭菌）。

（8）T4 DNA 连接酶（T4 DNA ligase）购买成品。

（9）其他试剂：牛血清清蛋白（BSA）、ddH$_2$O、无水乙醇、70％乙醇。

【实验方法与步骤】

1. 酶切反应

（1）取两只新的经灭菌处理的 1.5mL EP 管，编号。

（2）制备 20μL 的酶切体系。在一只 EP 管中按表 6-3 依次加入 ddH$_2$O、10×酶切缓冲液、牛血清白蛋白（BSA）和 2μm 质粒载体，吹吸充分混匀，其中 BSA 对多种限制性内切核酸酶有促进作用，再加入 *Eco* RⅠ1μL，用微量离心机甩一下，使溶液集中在管底。这一步操作是酶切实验成败的关键，要防止错加、漏加，使用限制性内切酶时应尽量减少其离开冰箱的时间，以免活性降低。

表 6-3　不同体积的酶切体系

成 分	10μL 酶切体系	20μL 酶切体系
10×酶切缓冲液	1μL	2μL
BSA	1μL	2μL
质粒载体或 DNA 片段	1.5μL（1.5μg/μL）	2μL（2μg/μL）
Eco RⅠ	1μL	1μL
ddH$_2$O	补足至 10μL	补足至 20μL

（3）37℃保温 2～3h，或者酶切过夜。

（4）10μL 的酶切体系。在另一无菌 EP 管中，按表 6-3 依次加入 ddH$_2$O、10×酶切缓冲液、BSA 和 DNA 片段 1.5μg，吹吸充分混匀，再加入 *Eco* RⅠ0.5μL，用微量离心机短暂离心，使溶液集中在管底，37℃保温 2～3h，或者酶切过夜。

（5）每管加入 0.1mol/L EDTA（pH 8.0）2μL，混匀；或者 65℃条件下加热 15min 灭活，置于冰箱中保存备用。

（6）各取 2μL 酶解液与 2μL 上样缓冲液混合，1.5％琼脂糖凝胶电泳检测。

（7）分别将余下的酶解液加入 1/10 体积的 3mol/L KAc（pH 5.2）溶液，再加 2 倍体积预冷无水乙醇，放于−20℃冰箱，沉淀 DNA 2h。

（8）4℃下，12 000r/min 离心 15min。弃上清，加 70％乙醇洗涤沉淀物。

（9）4℃下，12 000r/min 离心 15min。弃上清，真空干燥后，加 5μL TE 溶液充分溶解。

2. 连接反应（10μL 的连接体系）

不同体积的连接体系见表 6-4。

表 6-4 不同体积的连接体系

成 分	10μL 酶切体系	25μL 酶切体系
10×T4 DNA 连接酶缓冲液	1μL	2.5μL
DNA 片段	0.3μg（0.3～10 倍于载体）	约 0.3pmol
载体 DNA	0.1μg	约 0.03pmol
T4 DNA 连接酶	1μL（约 350U）	1μL（约 350U）
ddH$_2$O	补足至 10μL	补足至 25μL

（1）取新的经灭菌处理的 1.5mL EP 管，编号。

（2）将 0.1μg 质粒 DNA 转移到无菌离心管中，加 3 倍物质的量的外源 DNA 片段，一般将 DNA 的物质的量控制在质粒 DNA 量的 3～10 倍。加 ddH$_2$O 至体积为 8μL，于 45℃保温 5min，以使其重新退火的黏端解链。

（3）将混合物迅速置于冰盒中，直至冷却到 0℃。

（4）加入 1μL 10×T4 DNA 连接酶缓冲液和 1μL T4 DNA 连接酶，吹吸充分混匀。

（5）用微量离心机将液体全部离心至管底，于 16℃保温 8～24h。

同时做两组对照反应：

对照 1——只有质粒载体无外源 DNA；

对照 2——只有外源 DNA 片段没有质粒载体。

【实验结果与分析】

连接是否成功，有学者建议连接后采用电泳检测，除载体和目的基因外，还应出现一条或几条电泳相对滞后的重组 DNA 谱带，表明重组成功。这在载体和目的基因充足的条件下不失为一种直观的检测方法。但如果载体和目的基因片段量比较少，这样做就不经济了。

【注意事项】

（1）酶切时所加的 DNA 溶液体积不能太大，否则 DNA 溶液中其他成分会干扰酶反应。

（2）市场销售的酶一般浓度很大，为节约起见，使用时可事先用酶反应缓冲液（1×）进行稀释。另外，酶通常保存在 50% 的甘油中，实验中，应将反应液中甘油浓度控制在 1/10 之下，否则，酶活性将受影响。

（3）观察 DNA 离不开紫外透射仪，可是紫外光对 DNA 分子有切割作用。从胶上回收 DNA 时，应尽量缩短光照时间并采用长波长紫外灯（300～360nm），以减少紫外光切割 DNA。

（4）DNA 连接酶用量与 DNA 片段的性质有关，连接平端，必须加大酶量，一般使用连接黏端酶量的 10～100 倍。

（5）在连接带有黏端的 DNA 片段时，DNA 浓度一般为 2～10mg/mL，在连接平端时，需加入 DNA 浓度至 100～200mg/mL。

（6）连接反应后，反应液可在 0℃贮存数天，−80℃贮存 2 个月，但是在 −20℃冰冻保存将会降低转化效率。

（7）黏端形成的氢键在低温下更加稳定，所以尽管 T4 DNA 连接酶的最适反应温度为 37℃，在连接黏端时，反应温度以 10～16℃为好，平端则以 15～20℃为好。

（8）在连接反应中，如不对载体分子进行去 5′磷酸化处理，便用过量的外源 DNA 片段（2～5 倍），这将有助于减少载体的自身环化，增加外源 DNA 和载体连接的机会。

【思考题】

在用质粒载体进行外源 DNA 片段克隆时主要应考虑哪些因素？

实验 6.3　感受态细胞的制备

【实验目的】

掌握大肠杆菌感受态细胞的制备方法。

【实验原理】

所谓感受态，即指受体（或宿主）最易接受外源 DNA 片段并能实现其转化的一种生理状态，它是由受体菌的遗传性所决定的，同时受到菌龄、外界环境因子的影响。例如，Ca^{2+} 可促进转化作用。一般情况下，细胞的感受态主要出现在对数生长期，新鲜幼嫩的细胞是制备感受态细胞和进行高效率转化的关键。

目前常用的感受态细胞制备方法有 $CaCl_2$ 法、RbCl（KCl）法、PEG 法等，其中 RbCl（KCl）法制备的感受态细胞转化效率较高；但 $CaCl_2$ 法简便易行，且其转化效率完全可以满足一般实验的要求，制备出的感受态细胞暂时不用时，可加入占总体积 15％的无菌甘油于 −70℃保存（半年），因此 $CaCl_2$ 法使用更广泛。

本实验即采用 $CaCl_2$ 法制备感受态细胞，$CaCl_2$ 法以 Mendel 和 Higa（1970）的发现为基础，其基本原理是：细胞处于 0～4℃的 $CaCl_2$ 低渗溶液中，大肠杆菌细胞膨胀呈球状。转化混合物中的 DNA 形成抗 DNA 酶的羟基-钙磷酸复合物黏附于细胞表面，经 42℃、90s 热激处理，促进细胞吸收 DNA 混合物。将细菌置于非选择性培养基中保温一段时间，促使其在转化过程中获得新的表型，如氨苄青霉素耐药基因（Amp^r）得到表达，然后将此细菌培养物涂在含 Amp 的选择性培养基上，倒置培养过夜，即可获得细菌菌落。

其中，菌龄、$CaCl_2$ 浓度和处理时间、热激的时间、感受态细胞的保藏期等均是重要的影响因素。在制备感受态细胞时，一般先将细胞培养至 OD_{600} 为 0.4～0.6 后再放入冰浴中使其停止生长（或生长缓慢），然后进行细胞处理，利用 cAMP 和 Ca^{2+} 提高受体细胞的感受态水平。

【实验器材与试剂】

1. 实验仪器

超净工作台、恒温振荡培养箱、恒温培养箱、恒温水浴锅、制冰机、低温离心机、分光光度计、涡旋振荡器、高压灭菌锅、微量移液枪、50mL 和 1.5mL 离心管细菌过滤器。

2. 实验材料和试剂

（1）材料：*E. coli* DH5α 菌株或 *E. coli* K12 菌株等。

（2）LB 液体培养基。

配方：细菌用胰蛋白胨（bacto-tryptone）10g、细菌用酵母提取物（baeto-yeast extract）5g、NaCl 10g，加 ddH$_2$O 定容至 1L，摇动容器直至溶质完全溶解，用 1mol/L NaOH 调节 pH 至 7.0，121℃湿热高温灭菌 20min。

LB 液体培养基（1L）：胰蛋白胨 10g、酵母提取物 5g、NaCl 10g，调 pH 至 7.0。

（3）0.1mol/L CaCl$_2$ 溶液：CaCl$_2$（无水，分析纯）1.11g，加 ddH$_2$O 定容至 100mL，搅匀，充分溶解，用 0.45μm 细菌过滤器过滤除菌（或高压灭菌），置 4℃冰箱保存。

（4）二甲基亚砜（DMSO）。

（5）含 15% 甘油的 0.1mol/L CaCl$_2$：CaCl$_2$（无水，分析纯）1.11g、甘油 15mL，加 ddH$_2$O 定容至 100mL，搅匀，充分溶解，用 0.45μm 细菌过滤器过滤除菌（或高压灭菌），置 4℃冰箱保存。

【实验方法与步骤】

1. 感受态细胞制备

（1）从甘油管中挑取大肠杆菌 DH5α 划线在 37℃培养（16～18h）。

（2）平板上挑取 2 或 3 个单菌落于 50mL LB 液体培养基中，37℃、220r/min 培养 2～3h（此时 OD$_{600}$≤0.4～0.5，细胞数＜10^8 个/mL，对光看到薄雾状菌液。此时的细胞一般认为处于对数生长后期）。

（3）将培养物置冰上预冷 15min，间断轻轻摇动。

（4）将冷却的培养液转移到冰上预冷的 10mL 离心管中。

（5）低温离心机中，4℃、3000r/min 离心 5min，弃上清液，收集细胞（倒出多余培养液）。

（6）加入 3mL 预冷的 0.1mol/L CaCl$_2$ 溶液，轻轻旋转充分悬浮细胞，冰置 30min。

（7）低温离心机中，4℃、3000r/min 离心 5min，弃上清液。

（8）加入 0.4mL 冰上预冷的 0.1mol/L CaCl$_2$ 溶液，轻轻旋转使细胞充分悬浮，冰置 5min 后用于转化实验；或添加保护剂，低温或超低温冷冻保存备用（分装为 200μL/1.5mL 离心管）。

2. 感受态细胞保存

（1）加入 4mL 的 LB 液体培养基，小心振荡均匀，再加入二甲基亚砜（DMSO）使其浓度为 7%，或甘油 20%。

（2）冰置 10min，将制备的感受态细胞分装于 1.5mL 的 EP 管中，置于液氮中保存，而后放入 −20℃冰箱保存。

为了减少制备感受态细胞的次数，可以一次多制备一些，进行低温保存（−20℃），在每次使用时拿出一些。在这个过程中要注意的是速冻速融，防止在冻融过程中形成冰晶从而将受体细胞杀死，在从 −20℃冰箱中取出感受态细胞融化时可以直接用手温融化。同时要注意的是，将感受态细胞分成小包装，每次将一个小包装用完，而不是将一个大包装进行多次冻融，这样可以保证感受态细胞的活性；也可加入含 15% 甘油的 0.1mol/L CaCl$_2$，−70℃冻存半年。

【实验结果与分析】

细胞生长密度过高或不足均会影响转化效率，通过检测培养液的 OD$_{600}$ 来控制，大肠杆菌 DH5α 菌株的 OD_{600} 为 0.5 时比较合适。

【注意事项】

（1）在制备感受态细胞时，由于细胞是在冰水共存物中放置，细胞会沉降在底部，在取细胞培养物时，需要将其混匀，否则可能使制备出来的感受态细胞太少。

（2）一般认为在细菌中能够发展成为感受态的细胞是很少的，为 0.1%～1%，而且细菌发展感受态是在短暂时间内发展的，冷冻不仅增加感受态的量，而且可延长感受态的时间。

（3）许多研究实践中，已证明延长 $CaCl_2$ 对受体菌的处理，可提高转化效率几十倍，最好把受体细胞悬浮在 pH 6.0 的 0.1mol/L $CaCl_2$ 中，在冰浴条件下，放置 12～16h，也就是说使受体细胞在冰上过夜。

【思考题】

1. 制备感受态细胞的原理是什么？
2. 影响感受态细胞制备的主要因素是什么？

实验 6.4　细菌转化与筛选

【实验目的】

（1）掌握热激转化方法将外源基因导入大肠杆菌细胞中；
（2）掌握抗性筛选的原理与方法。

【实验原理】

1. 转化

体外连接重组的 DNA 分子导入合适的受体细胞才能进行大量复制、增殖和表达，其首要目的是获得大量的克隆基因。虽然 PCR 技术、体外转录及翻译系统能部分达到大量扩增的目的，但毕竟受到体外操作的许多限制。重组质粒导入宿主细胞最常用的方法之一就是转化。转化在基因克隆中特指大肠杆菌吸收并表达外源质粒 DNA 的过程，它在分子克隆中占据极为重要的地位。大肠杆菌在自然状态下无法发生转化，但可以通过人工诱导使其处于易于接受外源 DNA 分子的状态，即感受态，从而使转化得以高效率的进行。经过 42℃短时间热激处理，促进细胞吸收 DNA 复合物。通过在丰富培养基恢复 1h 后，球状细胞复原，转化子中的抗性基因得到表达，随后将菌液涂布于含抗生素的选择培养基平板上，转化子可分裂、增殖，形成菌落。

转化率的高低对于一般重组克隆实验影响不大，但在构建基因文库时，保持较高的转化率至关重要。影响转化率的因素很多，其中包括以下三种。

1）载体 DNA 及 DNA 重组方面

载体本身的性质决定转化率的高低，不同的载体 DNA 转化同一受体细胞，其转化率明显不同。载体分子的空间构象对转化率也有明显影响，超螺旋结构的载体质粒往往具有较高的转化率，经体外酶切连接操作后的载体 DNA 或 DNA 重组由于空间构象难以恢复，其转化率一般要比具有超螺旋结构的质粒低两个数量级。对于以质粒为载体的重组分子而言，分子质量较小的重组质粒 DNA 分子转化率较高，分子质量较大的转化率较低，对于大于 30kb 的重组质粒则很难进行转化。另外，转化率也与重组 DNA 分子的浓度和纯度有关。在 $10ng/100\mu L$ 以下的 DNA 浓度范围内，转化效率与 DNA 分子数成正相关。

2）受体细胞方面

受体细胞除了具备限制重组的性状外，还应与所转化的载体 DNA 性质相匹配，如 pBR322 转化大肠杆菌 JM83 株，其转化率不高于 10^3 个$/\mu g$ DNA；若转化 ED8767 株，则可获得 10^6 个$/\mu g$ DNA 的转化率。除此之外，受体细胞的预处理或感受态细胞的制备对转化率影响也比较大。对于 Ca^{2+} 诱导的完整细胞转化而言，菌龄、$CaCl_2$ 处理时间、感受态细胞的保存期及热脉冲时间均是很重要的因素，其中感受态细胞通常在 $12\sim24h$ 转化率最高，之后转化率急剧下降。

3）转化操作方面

不同的转化方法导致不同的转化率，这是不言而喻的。其中电穿孔法的转化率与质粒大小密切相关，但明显优于 Ca^{2+} 诱导的转化，接合转化虽然转化率较低，但对于那些不能用其他方法转化的受体细胞来说不失为一种选择，如光合细菌大多数种属的菌株均采用接合转化方法将重组 DNA 分子导入细胞内。对于原生质体转化而言，再生率的高低直接影响转化率。

2. 转化菌落的抗性筛选

重组子的筛选与受体菌和质粒 DNA 的选择相关，原则上要注意：①受体菌必须是限制与修饰系统缺陷的菌株；②需根据质粒基因型和受体菌基因型互补原则而定。目前，重组子的筛选方法最常用的有两种：抗生素筛选法和互补筛选法。

（1）抗生素筛选法，即某菌株为某种抗生素缺陷型，而质粒上带有该抗生素的抗性基因（如氨苄青霉素、卡那霉素等），经过转化后只有转化子才能在含该抗生素的培养基上长出，而只带有自身环化的外源片段的转化子不生长。此为初步的抗性筛选。

（2）互补筛选法，是利用现在使用的许多载体（如 pUC 系列）含有一个大肠杆菌 DNA 的短区段，其中含有伊半乳糖苷酸基因（lacZ）的调控序列和其 N 端 146 个氨基酸编码区。这个编码区中插入一个多克隆位点。受体菌则含编码 β-半乳糖苷酶 C 端部分序列的编码信息。二者分别独立时，均没有表现出 β-半乳糖苷酶的活性，当外源基因插入后，将质粒转化入受体菌中，即可有 β-半乳糖苷酶表达，这种 lacZ 基因上缺失近操纵基因区段的突变体与带有完整的近操纵基因区段的 β-半乳糖苷酶阴性突变体之间实现互补的现象叫 α-互补。由 α-互补产生的 Lac$^+$ 菌株较易识别，它在生色底物 X-gal（5-溴-4-氯-3-吲哚-β-D-半乳糖苷）的存在下被 IPTG（异丙基-β-D-硫代半乳糖苷）诱导形成蓝色菌落。外源基因插入质粒的多克隆原点上后会导致读码框架改变，表达蛋白失活，产生的氨基酸片段失去 α-互补能力，因此在同样条件下含重组质粒的转化子在生色诱导培养基上只能形成白色菌落。这样就可以通过颜色的不同而区分重组子和非重组子，即蓝白筛选。

【实验器材与试剂】

1. 实验仪器

冰箱、生化培养箱、超净工作台、微量移液枪及吸头、细菌过滤器、玻璃棒、恒温摇床、恒温水浴锅、电热恒温培养箱。

2. 实验材料

宿主菌、感受态细胞、外源 DNA 片段与质粒载体（Amp^r, $lacZ$）连接液。

3. 实验试剂

（1）LB 培养基：胰蛋白胨 10g、酵母提取物 5g、NaCl 10g，加 ddH_2O 定容至 1L，用 1mol/L NaOH 调节 pH 至 7.0，121℃湿热高温灭菌 20min。

（2）100mg/mL Amp 母液：Amp 100mg，ddH_2O 1mL，用 0.45μm 细菌过滤器过滤除菌后，−20℃冰箱保存。

（3）含 Amp 的 LB 固体培养基：将配制好的 LB 固体培养基高压灭菌后冷却至 60℃左右，加入 Amp 母液，使终浓度为 50μg/mL，摇匀后铺板。

（4）20mg/mL X-gal（5-溴-4-氯-3-吲哚-β-D-半乳糖苷）贮存液的配制：将 X-gal 溶于二甲基甲酰胺中，配成浓度为 20mg/mL 的溶液，装于玻璃或聚丙烯管中，并用锡箔或黑纸包裹以防因受光照而被破坏，−20℃避光保存。X-gal 溶液无须过滤除菌。

（5）200g/L IPTG（异丙基-β-D-硫代半乳糖苷）（相对分子质量为 238.3）的配制：将 2g IPTG 溶于 8mL 的水中，调节体积为 10mL，用 0.22μm 的滤膜过滤除菌，分装成 1mL 小份后−20℃避光保存。

（6）含有 X-gal 和 IPTG 的筛选培养基：在事先制备好的含 50μg/mL Amp 的 LB 平板上加 40mL X-gal 贮存液和 4μL IPTG 贮液，用无菌玻璃棒将溶液涂匀。于 37℃下放置 3～4h，使培养基表面的液体被完全吸收。

【实验方法与步骤】

1. 转化反应

（1）从−70℃冰箱中取 200μL 感受态细胞悬液，室温下解冻，解冻后置于冰上。

（2）加入 5μL 连接液（DNA 含量不超过 50ng，体积不超过 10μL），轻轻摇匀，冰上放置 30min。

（3）42℃水浴中热激 90s，热激后迅速置于冰上冷却 3～5min。

（4）向 EP 管中加入 1mL LB 液体培养基（不含 Amp），充分混匀。

（5）放于 37℃缓慢振荡培养 45～60min，使细菌恢复正常生长状态，并表达质粒编码的抗生素抗性（Amp^r）基因。

（6）将温育后的菌液充分摇匀，无菌条件下取 100～200μL 菌液，涂布于含有 Amp 的 LB 固体培养基上，涂布后的平板先将正面向上放置 30min，待菌液完全被培养基吸收后倒置培养皿，37℃培养 16～24h，待出现明显而又未相互重叠的单菌落时拿出平板。

同时做如下两组对照反应。

对照 1——以同体积的无菌水代替 DNA 溶液，其他操作与上述相同，此组正常情况下含抗生素的 LB 平板上应该没有菌落出现。

对照 2——以同体积的无菌水代替 DNA 溶液，但涂板时只取 5μL 菌液涂布于不含抗生素的 LB 平板上，此组正常情况下应产生大量菌落。

转化后在含抗生素的平板上长出的菌落即为转化子，根据菌落数目可以计算出转化率。根据此皿中的菌落数可计算出转化子总数和转化频率，公式如下：

转化子总数＝菌落数×稀释倍数×转化反应原液总体积/涂板菌液体积

转化频率（转化子数/每毫克质粒 DNA）＝转化子总数/质粒 DNA 加入量（mg）

感受态细胞总数＝对照组 2 菌落数×稀释倍数×菌液总体积/涂板菌液体积

感受态细胞转化效率＝转化子总数/感受态细胞总数×100％

2. 重组质粒的筛选

（1）取每组连接反应的 100μL 转化液，用无菌玻璃棒均匀涂布于筛选培养基上，37℃培养 0.5h 以上，直至液体被完全吸收。

（2）倒置平板于 37℃条件下继续培养 12～16h，待出现明显而又未相互重叠的单菌落时拿出平板。

（3）放于 4℃数小时，使其显色完全。

【实验结果与分析】

不带有载体质粒的细胞，由于无 Amp 抗性，不能在含有 Amp 的筛选培养基上存活，带有载体的转化子由于具有 β-半乳糖苷酶活性，在含有 X-gal 和 IPTG 的筛选培养基中为蓝色菌落；带有重组载体的转化子由于丧失了 β-半乳糖苷酶活性，在含有 X-gal 和 IPTG 的筛选培养基中为白色菌落。

【注意事项】

（1）本实验方法也适用于其他 *E. coli* 受体菌株的不同质粒 DNA 的转化，但它们的转化效率并不一定一样。有的转化效率高，需将转化液进行多梯度稀释涂板才能得到单菌落平板；而有的转化效率低，涂布时必须将菌液浓缩（如离心），才能较准确地计算转化率。

（2）整个过程均应在无菌条件下进行，所用器皿，如离心管、吸头等最好都要经过高压灭菌，所有的试剂都要灭菌，且注意防止被污染。

（3）在含有 X-gal 和 IPTG 的筛选培养基上，携带载体 DNA 的转化子为蓝色菌落；携带重组载体的转化子为白色菌落。平板如在 37℃培养后放于冰箱 3～4h 可使显色反应更充分，蓝色菌落明显。

【思考题】

1. 细菌转化的实质是什么？

2. 影响转化的因素都有哪些？

3. 抗性筛选的原理是什么？

实验 6.5 重组子筛选及 PCR 鉴定

【实验目的】

学习利用菌落 PCR 技术筛选阳性重组子的方法。

【实验原理】

PCR 以其快速、灵敏的特点而广泛应用在转化子的筛选上，传统的筛选菌落需要提取质粒后进行 PCR 检测，考虑到 PCR 扩增对模板的纯度要求不高，因此可以直接用菌落扩增，而不用先提取质粒后再扩增筛选。PCR 引物既可以是插入基因的特异引物，也可以是载体多克隆位点两端的引物（如 T7、T3、SP6、M13 等），采用基因特异产物可直接筛选目的克隆，而多克隆位点两端的引物可以得到插入片段长度的信息。

【实验器材与试剂】

1. 实验仪器

生化培养箱、超净工作台、台式高速离心机、PCR 仪、电泳仪、电泳槽、微量移液枪及枪头、凝胶成像系统、恒温摇床、恒温水浴锅、电热恒温培养箱、PCR 管。

2. 实验材料

含待检测菌的阳性筛选平板。

3. 实验试剂

(1) PCR 试剂盒：$10 \times$ PCR Buffer、$MgCl_2$ 或 $MgSO_4$、dNTP、DNA 聚合酶。

(2) Primer 1 和 Primer 2：均配成 $10 \mu mol$ 的使用液。

(3) DNA Marker：根据 PCR 产物大小确定。

(4) 其他试剂：ddH_2O、电泳级琼脂糖。

【实验方法与步骤】

(1) 在转化的平板培养基上随机选取 3 个边缘清晰的白色菌落，并用记号笔在其所在的培养皿底部玻璃上画圈做标记编号。

(2) 在 0.2mL PCR 微量离心管中配制 $25 \mu L$ 反应体系。

$10 \times$ Buffer	$2.5 \mu L$
25mmol/L $MgCl_2$	$1.5 \mu L$（若 Buffer 里有，则可不加或少加）
$2\mu mol/L$ dNTP	$2.5 \mu L$
$10\mu mol/L$ Primer 1	$1\mu L$
$10\mu mol/L$ Primer 2	$1\mu L$
Taq 酶	1U
ddH_2O	补至 $25 \mu L$

模板质粒：最后用移液器轻轻挑取筛选平板中的待检测菌落，放入上述反应体系中。

(3) 电泳：配制好反应体系后，将其放入 PCR 仪中，然后根据最初设计引物时的相关数据，设定 PCR 程序中的每一步反应条件。通常设计的反应条件如表 6-5 所示。

表 6-5　PCR 反应程序

反应顺序	反应程序	设置温度	反应时间
1	预变性	94℃	3～5min
2	变性	94℃	30s～1min
3	退火	55℃	1min
4	延伸	72℃	2min
5	返回 "2" 操作	30～35 个循环	—
6	最后延伸	72℃	8～10min

设定好程序后，即可开始运行程序，进行 PCR。

(4) PCR 产物的琼脂糖凝胶电泳检测：PCR 完成后，取 $10 \mu L$ PCR 产物进行琼脂糖凝胶电泳（与原始插入片段同时比对）。待电泳完成后，将凝胶置于凝胶成像系统中观察结果，看是否有预期的主要产物带。

（5）按照编号找到培养皿中的原菌斑。根据需要进行放大培养，提取其质粒。

（6）提取到的质粒与原来的空载体（或已知分子质量的质粒）再进行对比电泳，酶切分析以进一步确认。

【实验结果与分析】

用这种方法筛出的克隆还需要提取质粒做进一步验证，可以采用 PCR 和限制酶酶切分析，甚至测序分析。

【注意事项】

（1）配制 PCR 反应所用 PCR 管及移液器吸头要洁净、无菌，反应体系配制时要仔细，防止液体飞溅。

（2）要选取清晰、散落的菌落进行挑菌，防止沾染其他菌落或杂菌。

【思考题】

1. 菌落 PCR 扩增时应注意哪些问题？
2. 菌落 PCR 扩增鉴定阳性重组子的依据是什么？

实验 6.6　重组质粒酶切鉴定

【实验目的】

掌握酶切鉴定重组质粒的原理与方法。

【实验原理】

通过快速裂解菌落鉴定分子大小的方法虽可以初步筛选到重组子菌落，但难以将其中的期望重组子和非期望重组子区分开来，因为重组质粒 DNA 分子中，质粒载体可能会与一个以上的外源 DNA 片段连接重组。而采用限制性内切核酸酶分析法不仅可以进一步筛选鉴定重组子，而且能判断外源 DNA 片段的插入方向及分子质量大小等。其基本做法是从转化菌落中随机挑选出少数菌落，快速提取质粒 DNA，然后用限制性内切核酸酶酶解，并通过凝胶电泳分析来确定是否有外源基因插入及其插入方向等。

质粒 DNA 的提取一般利用煮沸法等快速制备。对于高拷贝的质粒 DNA 分子，如pUC、pSP 系列质粒而言，采用煮沸法等可以从微量的菌体中快速抽提到足以进行 10 次酶切反应的质粒 DNA 的量，这也是限制性内切核酸酶酶切分析法得以普遍采用的原因之一。酶解方式主要有两种——全酶解法和部分酶解法。

全酶解法的简单操作过程是，用一种或两种能将外源 DNA 片段从重组质粒上切割下来的限制性内切核酸酶酶解质粒 DNA，凝胶电泳后重组质粒分子较单一载体质粒多出一条泳带，据此将重组子和非重组子分离开来。如果插入片段与载体质粒大小相近，则最好用合适的酶将之线性化，通过比较大小确定其是否为重组分子。进一步利用在外源 DNA 片段上具有识别位点的一种或一种以上的限制性内切核酸酶酶解重组质粒分子，根据酶切图谱分析即可判明插入片段的方向等。

部分酶解法则是通过一种或数种限制性内切核酸酶对重组质粒 DNA 分子进行部分酶解分析，根据部分酶解产生的限制性片段大小，确定限制性内切核酸酶识别位点的准确位置及各个片段的正确排列方式，从而将期望重组子筛选出来。部分酶解法较全酶解法简单易行，两者通常用于当载体和外源 DNA 片段连接后产生的转化菌落比任何一组对照连接反应（如只有酶切后的载体或只有外源 DNA 片段）都明显多时的重组筛选。

【实验器材与试剂】

1. 实验器材

冰箱、超净工作台、微波炉、水平电泳仪及其附件、EP 管、暗室、长波紫外投射仪、涡旋混合器、小镊子、制冰机、恒温摇床、无菌牙签、摇菌管。

2. 实验材料与试剂

制备的重组质粒、质粒提取用试剂、LB 液体培养基、100mg/mL 氨苄青霉素、限制性内切核酸酶及其缓冲液（Hind Ⅲ及其 10×缓冲液）、琼脂糖（电泳级）、饱和溴化乙锭（避光保存，有毒）、5×TBE 缓冲液、标准梯度 DNA、去离子水（ddH$_2$O）、碎冰及碎冰保温盛器。

【实验方法与步骤】

（1）在超净工作台中取 3 只无菌摇菌管，各加入 3mL LB 液体培养基（含 50μg/mL 氨苄青霉素），用记号笔写好编号。

（2）在超净工作台中将 70%乙醇浸泡过的小镊子头用酒精灯烤过，镊取一支无菌牙签。用牙签的尖部接触转化的平板培养基上的一个白色菌落，然后将牙签放入盛有 3mL LB 液体培养基（含 50μg/mL 氨苄青霉素）的摇菌管中。用此方法随机挑选 3 个白色菌落，分别装入 3 个摇菌管中。

（3）37℃下摇菌过夜（或振荡培养 12h），用裂解法分别提取质粒。摇菌管中的剩余菌液保留在 4℃冰箱中。

（4）将提取到的 3 管质粒样品与空质粒同时电泳，根据分子质量判断和选出有插入片段的质粒，有插入片段的质粒样品电泳时移动慢。

（5）取一洁净的 1.5mL EP 管，编好号，插入冰中，制备 20μL 反应体系需依次加入 7μL ddH$_2$O、2μL 10×缓冲液、10μL 重组质粒、1μL Hind Ⅲ（也可用其他限制酶，一般与连接末端相对应），盖上盖，混匀，将反应物甩入管底，置 37℃水浴中温育 1h。

（6）酶切反应结束，与目的基因片段一同电泳来鉴定其上的外源插入片段大小是否与预期相符。

【实验结果与分析】

将经过鉴定判断为正确的质粒保存。按照编号找到冰箱中原菌液，根据需要进行放大培养，提取其质粒或进行诱导表达，或取 500μL 菌液与 500μL 65%甘油混合后-80℃保存。

【注意事项】

（1）酶切时要注意控制反应温度。

（2）实验前一定要做好用品的灭菌工作，防止污染。

【思考题】

酶切法与 PCR 法相比哪个更可靠?

参 考 文 献

高勤学. 2007. 基因操作技术. 北京：中国环境科学出版社.

李啸. 2009. 生物工程专业综合大实验指导. 北京：化学工业出版社.

李玉林，任平国. 2009. 生物技术综合实验. 北京：化学工业出版社.

刘佳佳，曹福祥. 2004. 生物技术原理与方法. 北京：化学工业出版社.

刘亮伟，陈红歌. 2010. 基因工程原理与实验指导. 北京：中国轻工业出版社.

刘晓晴. 2009. 生物技术综合实验. 北京：科学出版社.

唐涌濂，张雪洪，胡洪波. 2004. 生物工程单元操作实验. 上海：上海交通大学出版社.

魏春红，李毅. 2006. 现代分子生物学实验技术. 北京：高等教育出版社.

杨安钢，刘新平，药立波. 2008. 生物化学与分子生物学实验技术. 北京：高等教育出版社.

张维铭. 2005. 现代分子生物学实验手册. 北京：科学出版社.

钟卫鸿. 2007. 基因工程技术实验指导. 北京：化学工业出版社.

Mandel M，Higa A. 1970. Calcium-dependent bacteriophage DNA infection. J Mol Biol, 53：159-162.

第7章 生物产品分离纯化

生物产品是通过生物分离技术从微生物的发酵液、动植物细胞培养的培养液、酶反应液及生化产品中提取分离、加工精制而得。生物产品分离纯化技术（生物工业下游技术）是对于由生物界自然产生或由微生物菌体发酵、动植物细胞组织培养、酶反应等各种生物工业生产过程获得的生物原料，经提取分离、加工并精制为目的成分，最终使其成为产品的技术。近20年来随着生物技术产业的发展，以及越来越多的具有活性和热敏性生物产品需要分离，生物产品分离纯化技术已成为生物技术中必不可少的、极为重要的过程环节。

从发酵液（培养液）中分离生物产品的难度较大，其分离、纯化的特点如下：①待提取物浓度低，杂质含量大，常需要多步分离操作；②待提取物一般稳定性较差，加热、pH、有机溶剂等可引起失活或分解；③发酵或培养是分批进行的，生物变异大，各批发酵液不尽相同，要求分离纯化技术具有一定的弹性；④基因工程产品还需注意生物安全问题。由于生物产品分离纯化过程一般较为复杂，故其分离纯化成本通常较高。在以小分子产品为主的传统发酵工业中分离成本要占总成本的60％左右，而现代基因工程产品有时可高达90％左右。作为生化工程的一个组成部分，其在生物技术产品产业化过程中的重要作用已为人们所认同，对其研究也日趋活跃并得到更大的重视。

通常，生物产品的分离纯化包括以下几个处理阶段：①发酵液（培养液）的预处理和固液分离；②产物提取；③产物纯化（精制）；④成品加工。其一般流程如图7-1所示。

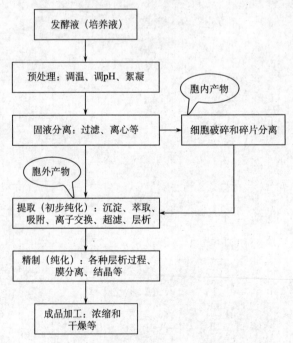

图7-1 生物产品分离纯化工艺流程

本章实验内容主要包括细胞破碎技术、发酵液的预处理、固液分离技术、生物产品提取纯化、结晶与重结晶、生物产品浓缩与干燥技术等；主要目的是使学生了解并掌握生物工业下游技术的一般流程及相关主要实验技术，为生化分离技术的进一步应用打下坚实的基本实验技能基础。

7.1　细胞破碎技术概述

许多生物产物特别是蛋白质、基因重组产品、胞内产品，如青霉素酰化酶、碱性磷酸酶等胞内酶，干扰素、胰岛素、生长激素等基因工程产物及部分植物细胞产物等都是胞内物质，这类生物产物分离纯化的第一步是收集细胞及细胞破碎，使目标产物释放出来，然后进行分离纯化。破碎细胞的目的是使细胞壁和细胞膜受到不同程度的破坏（增大渗透性）或破碎，使细胞内容物包括目标产物释放出来，主要采用的方法有机械法和非机械法两大类，表7-1列出了一些主要方法。

表 7-1　细胞破碎方法的分类、作用机理及适应性

	分类	作用机理	适应性
机械法	珠磨法	固体剪切作用	适用面广，处理量大，可达高破碎率，在工业生产上广泛应用；产热大，可能造成生物活性物质失活
	高压匀浆法	液体剪切作用	适用面广，处理量大，速度快，可达高破碎率，在工业生产上广泛应用，但不适用于丝状菌和革兰氏阳性菌，产热大，可能造成生物活性物质失活
	超声波破碎法	超声波的空穴作用	对酵母菌效果较差，破碎过程升温剧烈，不适合大规模操作
非机械法	酶解法　酶溶法	用酶分解反应破坏细胞壁上特殊的化学键	具有高度专一性，条件温和，浆液易分离，溶酶价格高，通用性差，一般仅适用于小规模应用
	化学法　化学渗透法	用化学试剂溶解细胞或改变细胞膜渗透性抽提某些胞内组分	具有一定选择性，需选择合适的试剂，减小对活性物质的破坏，浆液易分离，但释放率较低，通用性差
	渗透压法	渗透压剧烈改变	破碎率较低，常与酶法合用
	物理法　冻结融化法	胞内冰晶引起细胞膨胀破裂	条件较温和，破碎率较低，常需反复冻融，仅适于在实验室中使用，不适用于对冷冻敏感的目的产物
	干燥法	改变细胞膜渗透性	条件变化剧烈，易引起大分子物质失活

实验 7.1　机械法（超声波法）破碎酵母细胞及破碎率的测定

【实验目的】

（1）掌握超声波破碎细胞的原理和基本操作；

（2）了解细胞破碎率的评价方法。

【实验原理】

超声波破碎原理：超声波是频率高于 20 000 Hz 的声波，它方向性好、穿透能力强、易于获得较集中的声能、在水中传播距离远，可用于测距、测速、清洗、焊接、碎石、杀菌消毒等，在医学、军事、工业、农业上有很多的应用。超声波因其频率下限大约等于人的听觉上限而得名。超声波法是一种很强烈的破碎方法，细胞破碎是利用频率高于15～20kHz 的超声波在高强度声能输入下进行的。超声波破碎细胞的原理与空化现象引起的冲击波和剪切力有关，即当超声波在液体中传播时，液体中的某一小区域交替重复地产生巨大的压力和拉力。由于拉力的作用，使液体拉伸而破裂，从而出现细小的空穴。这种空穴又受到超声波的迅速冲击而迅速闭合，从而产生一个极为强烈的冲击波压力，由它引起的黏滞性漩涡在悬浮细胞上造成了剪切应力，促使细胞内部的液体发生流动，使细胞破碎。

超声波的细胞破碎与细胞种类、浓度、处理时间及超声波的声频有关。超声波破碎法在处理少量样品时操作方便、液体损伤量少、破碎率高。但该方法的有效能量利率极低，操作过程中产生大量的热，故操作时需在冰水中进行或通入冷却剂，从而增加成本，不易放大，它适用于大多数微生物的破碎，不适于大规模操作，主要用于实验室规模的细胞破碎。

细胞破碎率是指被破碎的细胞数量与原始细胞数量的比值，即

$$Y = \frac{(N_0 - N)}{N_0} \times 100\%$$

式中，Y 为细胞破碎率；N_0 为原始细胞数量；N 为经破碎操作后保存下来未损害的细胞。

细胞破碎率的评价方法有以下几种。①显微镜法评价细胞破碎率。通过染色，经显微镜直接观察，计算细胞破碎率。②离心法评价细胞破碎率。采用离心细胞破碎液的方法，完整的细胞要比细胞碎片先沉淀下来，显示不同的颜色和纹理，两相对比，可计算出细胞破碎率。③测定化合物含量来评价细胞破碎率。采用测定细胞破碎后上清液中释放出来的化合物含量，评价细胞破碎率。④测定电导率评价细胞破碎率。当细胞内容物释放到水相时，会引起电导率的变化，随破碎率的增加而增加，且存在线性关系。

【实验器材与试剂】

1. 实验器材

超声波细胞破碎仪、紫外-可见分光光度计、恒温水浴箱、显微镜、载玻片、酒精灯、血细胞计数板、盖玻片、接种环。

2. 实验材料与试剂

(1) PDA 培养基：去皮马铃薯200g 切块，加500mL 蒸馏水煮沸30min，纱布过滤，加入蔗糖20g、琼脂20g，加热溶化后加水至1000mL，分装，121℃灭菌20min。

(2) 50mmol/L 的乙酸-乙酸钠缓冲溶液。

(3) 福林-酚试剂。

(4) 标准蛋白溶液。

【实验方法与步骤】

1. 酿酒酵母细胞的培养

(1) 菌种纯化：酵母菌种转接至斜面培养基上，28～30℃，培养3～4 天，培养成熟后，

用接种环取一环酵母至 8mL 液体培养基中，28～30℃，培养 24h。

（2）扩大培养：将培养成熟的 8mL 液体培养基中的酵母菌全部转接至含 80mL 液体培养基的三角瓶中，28～30℃，培养 15～20h。

2. 酿酒酵母细胞悬浮液的制备

0.2g/mL 的酿酒酵母溶于 50mmol/L 乙酸-乙酸钠缓冲溶液（pH 4.7）。

3. 酿酒酵母破碎率的测定

（1）取 1mL 酵母细胞悬浮液经适当稀释后，用血细胞计数板在显微镜下计数。

（2）将 80mL 酵母细胞悬浮液放入 100mL 容器中，加入适量玻璃珠，液体浸没超声发射针 1cm。

（3）打开开关，将频率钮设置至相应档位，超声波破碎 10min，间歇 1min，破碎 40 次。

（4）取 1mL 破碎后的细胞悬浮液经适当稀释后，滴一滴在血细胞计数板上，盖上盖玻片，用显微镜进行观察、计数，计算细胞破碎率。

（5）破碎后的细胞悬浮液，于 12 000r/min，4℃离心 30min，去除细胞碎片。用福林-酚试剂法检测上清液中蛋白质含量，以此评价细胞破碎程度。

【实验结果与分析】

（1）用显微镜观察细胞破碎前后的形态变化。

（2）用两种方法对细胞破碎率进行评价（表 7-2）。

表 7-2 细胞破碎率测定实验数据

直接计数法			间接计数法	
破碎前细胞数/个	破碎后细胞数/个	破碎率/%	破碎前上清液蛋白量/μg	破碎后上清液蛋白量/μg

一种是直接计数法，对破碎后的样品进行适当稀释后，通过在血细胞计数板上用显微镜观察来实现细胞的计数，从而计算出破碎率。另一种是间接计数法，将破碎后的细胞悬浮液离心分离去除完整细胞和细胞碎片，然后用福林-酚试剂法测量上清液中的蛋白质含量，即测定细胞破碎后上清液中释放出来的化合物含量，也可以评价细胞的破碎程度。

【注意事项】

（1）进行细胞计数时对于压线的细胞只计算一边，即上算下不算、左算右不算。

（2）超声波破碎产热量较大，注意进行冰浴降温，以防止活性物质的失活。

（3）超声波破碎操作要短时多次进行，防止超声过程中大量热的产生。

（4）超声波破碎功率对破碎效果也有影响，功率大时，每次超声波时间可缩短，不能让温度升高，必要时在冰浴条件下进行超声波破碎。

【思考题】

1. 试客观评价细胞破碎率的计算方法。
2. 影响超声波破碎的主要因素有哪些？
3. 超声波破碎时加入玻璃珠有何作用？

实验 7.2　物理法（反复冻融法）破碎酵母细胞

【实验目的】

（1）掌握反复冻融法破碎细胞的原理和基本操作；
（2）了解反复冻融法中影响破碎率的因素。

【实验原理】

反复冻融法属于非机械物理破碎细胞的方法，是将待破碎的细胞放在低温下冷冻（−30～−15℃）后，再在室温下融化，如此反复多次使细胞破壁，其原理为：①冷冻过程削弱了疏水键，增加了细胞的亲水性能；②冷冻时细胞内形成冰粒，胞内盐浓度增加从而引起细胞溶胀、破裂。由于破碎条件较温和，破碎率较低，常需反复冻融，仅适于使用在实验室中胞壁较脆弱的新鲜细胞的破碎上，同时在冻融过程中可能会使某些蛋白质变性，影响生物活性物质的收率，故不适用于对冷冻敏感的目的产物的提取分离。

【实验器材与试剂】

（1）实验器材：低温冰箱、水浴锅、紫外-可见分光光度计、显微镜、血细胞计数板。
（2）实验材料与试剂：高活性干酵母、无菌蒸馏水。

【实验方法与步骤】

（1）酵母细胞悬液制备：制备含水率为 20% 的酵母细胞悬液。
（2）酵母细胞的冻融过程：取 1mL 制备好的酵母细胞悬液至于 −40℃ 冰箱中冷冻 30min，立即取出放入 60℃ 水浴锅中融化，如此重复 3 次，进行酵母细胞的破碎。
（3）酵母细胞破碎率的测定：采用实验 7.1 中的直接计数法对冻融前后酵母细胞进行计数，测定酵母细胞破碎率。

【实验结果与分析】

酵母细胞破碎率测定实验数据记录（表 7-3）。

表 7-3　酵母细胞破碎率测定实验数据记录表

	第一次冻融后	第二次冻融后	第三次冻融后	第四次冻融后	第五次冻融后
破碎前细胞数/个					
破碎后细胞数/个					

【注意事项】

（1）选取新鲜的酵母作为破碎材料。

（2）冻结过程中要保证冻结完全，不可采用较大量的样品进行冷冻。

（3）融化时间应控制在相同的时间范围内，以 30min 为宜。时间过短可能并不能融化完全，细胞内部温度未达到均与水浴温度一致，从而影响破碎效果。

（4）冻融法破碎细胞效果较差，必要时可以进行冰浴的研磨。

【思考题】

1. 影响冻融法破碎细胞破碎率的因素有哪些？

2. 简述冻融法破碎细胞的原理。

实验 7.3　酶溶法破碎大肠杆菌细胞

【实验目的】

（1）掌握酶溶法破碎细胞的原理和基本操作；

（2）了解影响酶溶法破碎细胞过程中影响破碎率的因素。

【实验原理】

酶溶法是利用酶反应，分解破坏细胞壁上特殊的化学键，从而达到破碎细胞的目的。酶溶法的优点：①产品释放选择性高；②抽提速率和收率高；③产品的破坏最少；④对 pH 和温度等外界条件要求低；⑤没有细胞碎片残留。其缺点：①费用高，主要是所用溶酶价格高，同时回收溶酶还需要增加回收设备的费用；②通用性差，不同的细胞结构需要选择不同的溶酶，同时最佳操作条件也不易确定；③存在产物抑制，如葡聚糖抑制葡聚糖酶。酶溶法可分为外加酶法和自溶法。自溶法是一种特殊的酶溶方式，溶酶是由微生物本身产生的。在微生物的生长代谢过程中，为了使生长代谢进行下去，大多数能产生一定的能够溶解自身细胞壁高聚物结构的酶。控制一定的条件，能够诱发微生物产生过剩的溶酶或激发自身的溶酶的活力，从而达到细胞破碎的目的。微生物的自溶法常采用加热法或干燥法。在外加酶法中，常用的酶有溶菌酶、β-1,3-葡聚糖酶、β-1,6-葡聚糖酶、甘露糖聚酶、糖苷酶、肽键内切酶、壳多糖酶等，而细胞壁溶解过程中用到的酶多是几种酶的混合物。此外，在细胞破碎过程中还用到其他类型的蛋白酶、脂肪酶、核酸酶、溶菌酶、透明质酸酶等。某些重要的微生物细胞壁的降解酶见表 7-4。

肽聚糖是细菌细胞壁的主要成分，它是由 N-乙酰胞壁酸（NAM）、N-乙酰葡萄糖胺（NAG）和肽"尾"（一般是 4 个氨基酸）组成，NAM 与 NAG 通过 β-1,4-糖苷键相连，肽"尾"则是通过 D-乳酰羧基连在 NAM 的第 3 位碳原子上，肽尾之间通过肽"桥"（肽键或少数几个氨基酸）连接，NAM、NAG、肽"尾"与肽"桥"共同组成了肽聚糖的多层网状结构。作为细胞壁的骨架，上述结构中的任何化学键断裂，皆能导致细菌细胞壁的损伤。溶菌酶（lysozyme）又称胞壁质酶（muramidase）或 N-乙酰胞壁质聚糖水解酶（N-acetylmuramide glycanohydrlase），主要通过破坏细胞壁中的 N-乙酰胞壁酸和 N-乙酰葡萄糖胺之间

表 7-4　重要微生物细胞壁降解酶

生物体	酶	水解键的类型
细菌	糖苷酶	肽聚糖中的 AGA 和 AAM 之间的 β-1,4-糖苷键残基
	N-乙酰胞壁酰-L-丙氨酸酰胺酶	某些糖肽中的 N-乙酰胞壁酰基残基和 L-氨基酸残基之间的键
	多肽酶	甘氨酸-甘氨酸、丙氨酸-甘氨酸等的短肽
酵母、真菌	β-1,3-葡聚糖酶	聚糖中随机 β-1,3-糖苷键
	β-1,6-葡聚糖酶	聚糖中随机 β-1,6-糖苷键
	甘露聚糖酶	1,2-或 1,3-或 1,6-β-D 甘露糖苷键
	甲壳素酶	甲壳糖和壳糊精中的 N-乙酰-6-D-氨基葡萄糖苷 β-1,4-糖苷键
	蛋白酶	催化蛋白质中的肽键水解，协同几丁质酶和葡聚糖酶降解细胞壁
藻类	纤维素酶	纤维素中的 α-1,4-糖苷键

的 β-1,4-糖苷键，使细胞壁肽聚糖分解成可溶性糖肽，导致细胞壁破裂，内容物逸出。对于革兰氏阳性菌（如枯草芽孢杆菌等）和革兰氏阴性菌（如大肠杆菌等），它们细胞壁中肽聚糖含量不同，G^+ 细菌细胞壁几乎全部由肽聚糖组成，而 G^- 细菌只有内壁层为肽聚糖，因此，溶菌酶对于破坏 G^+ 细菌的细胞壁较 G^- 细菌强。

大肠杆菌菌体在 650nm 处有最大吸收；蛋白质和核酸因分别含有酪氨酸、色氨酸、苯丙氨酸等氨基酸结构和碱基结构，在 260nm 和 280nm 处有最大吸收。在一定浓度范围内，菌体浓度、蛋白质和核酸含量与相应的最大吸收波长下的吸光值成正比。随着菌体的破碎，菌体内蛋白质、核酸释放，溶液在 650nm、280nm、260nm 处的吸光值发生变化。因此，通过测定破碎过程中 A_{650}、A_{280}、A_{260} 的变化，可间接反映大肠杆菌的破碎程度。

【实验器材与试剂】

（1）实验器材：恒温摇床、单人净化工作台、离心机、紫外-可见分光光度计、三角瓶、磁力搅拌器、精密酸度计、电子分析天平。

（2）材料与试剂：LB 培养基、溶菌酶、生理盐水、2mmol/L EDTA 溶液、大肠杆菌、50mmol/L Tris-HCl 缓冲溶液（pH 8.5～9.0）。

【实验方法与步骤】

（1）大肠杆菌的培养：在 250mL 三角瓶中，装入 50mL LB 培养基，接种大肠杆菌，200r/min、37℃发酵培养 18h。

（2）大肠杆菌悬液的制备：发酵培养液经 10 000g 离心 20min，弃去上层清液，滤液用生理盐水打散均匀，重复离心 15min，再弃上清液，即得大肠杆菌湿细胞。按照 1∶10 的比例加入 Tris-HCl 缓冲溶液（pH 8.5）。

（3）酶溶法破碎大肠杆菌：按照 2mg/g 湿菌体的加酶量称取溶菌酶干粉，加入大肠杆菌悬液中，混匀，30℃保温，放于磁力搅拌器上搅拌 30min。30℃继续保温酶解 60min。

（4）破碎效果的评价：取 100μL 菌液稀释 100 倍，于 650nm、260nm、280nm 测定吸光值。酶解过程中每隔 10min 取样测定吸光值，判断酶解破碎效果。

【实验结果与分析】

大肠杆菌细胞酶溶法破碎效果实验结果记录（表7-5）。

表 7-5　酶溶法破碎效果实验结果记录表

吸光值	酶解时间/min									
	0	10	20	30	40	50	60	70	80	90
A_{650}										
A_{280}										
A_{260}										

【注意事项】

（1）溶菌酶只有在 pH 大于 8.0 的条件下才能发挥溶菌作用，请务必保持体系的 pH＞8.0。

（2）温度对酶解效果影响很大，故要保持酶解过程中的温度恒温在 30℃。

（3）酶溶法破碎细胞酶的用量一定要足够，最好使用商品化的纯酶，如酶的纯度不够，要适当增加酶的用量。

【思考题】

1. 影响酶溶法破碎细胞的因素有哪些？
2. 试比较超声波法、冻融法、酶溶法破碎细胞的特点。

7.2　发酵液的预处理概述

微生物发酵液中：①发酵产物浓度较低，大多数为 1%～10%，悬浮液大部分为水，处理量大；②悬浮物颗粒小，相对密度与液相相差不大，分离困难；③细胞含水量大，可压缩及压缩变形性都较大；④多数为非牛顿型流体，流变特性复杂，黏度大、易吸附；⑤成分复杂，性质不稳定，易被微生物污染、被氧化、被水解，因此，从微生物发酵液中提取生物活性物质首先都要对发酵液进行过滤和预处理，将固、液分开，然后才能从澄清的滤液中采用物理、化学的方法提取代谢产物，或从细胞出发进行细胞破碎、碎片的分离和提取胞内产物。发酵液预处理的目的主要有两点：一是改变发酵液的物理性质，如改善其流体性能、降低发酵液黏度等，提高从悬浮液中分离固形物的速度，改善固液分离的效率；二是分离菌体和其他悬浮颗粒，除去部分可溶性杂质等，以利于后续的提取和精制的各步操作。因此，发酵液预处理的主要内容有改变发酵液的过滤特性和发酵液的相对纯化。改变发酵液的过滤特性的具体方法如下。①调 pH、调等电点，pH 直接影响发酵液中某些物质的电离度和电荷性质，因此适当调节发酵液的 pH 可改善其过滤特性。该方法是发酵工业中发酵液预处理较常用的方法之一。首先，发酵液中含有大量的氨基酸、蛋白质等两性物质，在等电点时，其溶解度最小；在膜过滤中，发酵液中的大分子物质容易与膜发生吸附，通过调整 pH 改变易吸附分子的电荷性质，即可减少堵塞和污染。②热处理，即升高温度，就是把发酵悬浮液加热到所需温度并保温适当时间，是最简单和价廉的预处理方法。加热可降低液体的黏度，可有效提高过滤速率；同时，在适当温度和受热时间下可使蛋白质凝聚，形成较大颗粒的凝聚物，进一步改善了发酵液的过滤特性。在处理过程中必须严格控制加热温度和时间。首先，加热的温度过高会影响目的产物的活性；其次，加热温度过高或时间过长，会使细胞溶解，胞内物质外溢，增加发酵液的复杂性，影响产物的后续分离与纯化。③絮凝和凝聚，凝聚和絮凝都是发酵液预处理的重要方法，其处理过程就是将化学药剂预先加入发酵液中，改变细胞、细胞碎片、菌体和蛋白质等胶体粒子的分散状态，破坏其稳定性，使其凝结成较大的颗粒，便于提高过滤速率，而且能有效地除去杂蛋白和固体杂质，提高滤液质量。④添加反应剂，利用反应剂与某些可溶性盐类发生反应生成不溶性沉淀，如 $CaSO_4$、$AlPO_4$ 等，能防止菌体黏结，使菌丝具有块状结构。同时，沉淀本身可作为助滤剂，且能使胶状物和悬浮物凝固，改善发酵液过滤性能。⑤添加助滤剂，助滤剂是一种不可压缩的多孔微粒，它能使滤饼疏松，吸附发酵液中大量的细微粒子，扩大过滤面积，降低过滤阻力，提高过滤速度。常用的助滤剂有硅藻土、纤维素、石棉粉、珍珠岩、炭粒等。最常用的是硅藻土，它具有极大的吸附和渗透能力，能滤除 $0.1 \sim 1.0 \mu m$ 的粒子，且化学性能稳定，既是优良的过滤介质，也是良好的助滤剂。⑥添加酶制剂，添加酶制剂分解相应的蛋白质、不溶性多糖等物质，减少发酵液的黏度。发酵液相对纯化的具体方法主要有高价金属离子的去除及杂蛋白的去除。

实验 7.4　发酵液的絮凝

【实验目的】

(1) 了解发酵液的絮凝原理；

(2) 掌握发酵液絮凝操作的基本步骤。

【实验原理】

微生物发酵液是复杂的多相体系，发酵结束后发酵液中除了目标产物外，还含有大量的菌丝体、未用完的培养基、各种蛋白质胶状物和色素、重金属离子及目标产物产生菌的其他代谢产物等，这些物质分散在发酵液中，由于具有可压缩性，密度又和液体相近，同时发酵液黏度又较大，为非牛顿型流体，所以发酵液的固液分离很困难。因此，为了后序过滤提取工艺的顺利进行，必须对发酵液进行预处理，改善发酵液的流变特性，从而有效地实现目标产物的分离和提取。用传统的过滤法除杂，过滤所形成的黏胶状滤饼有时会堵死滤布，使操作无法顺利进行或对滤膜造成污染，效率也较低。用离心法除杂，虽然能够取得较好的效果，但由于设备投资大、能耗高，生产成本过高。采用絮凝和凝聚可有效改变细胞、细胞碎片及发酵液中大分子物质的分散状态，使其凝结成较大的颗粒，便于提高过滤速率，同时还可有效去除杂蛋白和固体杂质，提高过滤质量。在发酵液的预处理手段中絮凝是一种行之有效的方法，絮凝和凝聚也是目前工业上最常用的发酵液预处理方法之一。但凝聚和絮凝是两种不同的方法，其具体处理过程还是有差别的。

凝聚是指向胶体悬浮液中加入某种电解质，在电解质的作用下，胶体粒子之间双电层排斥作用降低，电位下降，胶体粒子失去稳定性，由于相互碰撞而凝聚成 1mm 左右大小的块状凝聚体的过程。常用的凝聚剂有 $Al_2(SO_4)_3 \cdot 18H_2O$、$AlCl_3 \cdot 6H_2O$、$ZnSO_4$、$FeCl_3$、$FeSO_4 \cdot 7H_2O$、$H_2SO_4$、$HCl$、$NaOH$、$Na_2CO_3$、$Al(OH)_3$ 等。

　　絮凝是指使用某些高分子絮凝剂基于架桥作用，即一个高分子聚合物的许多链接分别吸附在不同胶粒表面上，将胶体粒子交联成网，形成 10mm 左右大小的絮凝团的过程，是一个物理集合过程。采用絮凝方法可形成粗大的絮凝体（10mm 左右），使发酵液较容易分离。

　　絮凝剂是一种能溶于水的高分子聚合物，其相对分子质量可高达数万至千万，具有长链状结构，其链节上带有许多活性官能团，包括带电荷的阳离子基团（如—COOH）或阴离子基团（如—NH₂）和不带电荷的非离子型基团，这些基团能强烈地吸附在胶体粒子的表面，使其形成较大的絮凝体。因此，在发酵液中加入具有高离子度的絮凝剂，能够有效降低 δ 电位，使得胶粒间产生凝聚作用，然后利用高分子絮凝剂的吸附架桥作用，胶粒进一步凝聚成粗大的絮团，从而改善发酵液的过滤性能，加快过滤速度，改善滤液质量。

　　工业上使用的絮凝剂可分为如下 3 类：① 有机高分子聚合物，如聚丙烯酰胺类衍生物和聚苯乙烯类衍生物等；② 无机高分子聚合物，如聚合铝盐和聚合铁盐等；③ 天然有机高分子絮凝剂，如海藻酸钠、明胶、骨胶、壳聚糖等。目前最常用的絮凝剂为有机合成的聚丙烯酰胺类衍生物，其具有用量少（一般以 mg/L 计）、絮凝速度快、分离效果好、种类多、适用范围广等优点；缺点是存在一定的毒性，特别是阳离子型聚丙烯酰胺。

　　在进行絮凝操作时，还要考虑影响絮凝效果的因素，主要包括以下几点：①絮凝剂本身特性如絮凝剂的相对分子质量对絮凝效果的影响，絮凝剂的相对分子质量越大，链就越长，吸附架桥作用就越明显，但是随着分子质量的增加其在水中的溶解性降低。②絮凝剂用量的影响，絮凝剂浓度较低，增加絮凝剂的用量，可以提高絮凝效果；但如用量过多，则会导致吸附饱和，其覆盖在胶粒表面，阻碍了与其他胶粒的架桥作用，反而增加了胶体的稳定性，使絮凝效果降低。③反应体系对絮凝效果的影响，如 pH 的变化影响离子型絮凝剂中官能团的电离度，从而影响高分子链的伸展状态，影响絮凝效果；温度即热稳定性，对多肽及蛋白质类絮凝剂的影响较大，过高的温度将使该类絮凝剂变性沉淀，从而影响絮凝效果；金属离子可加强絮凝剂的架桥作用和电中和作用，如 Ca^{2+}、Na^+、Mg^{2+}、Fe^{3+}、Al^{3+} 可增加某些絮凝剂的絮凝效果，不同的金属离子对不同的絮凝剂有不同的效果；再有，搅拌能使絮凝剂迅速分散，促进絮凝，但絮凝体形成后的高速搅拌却使之破碎等，在操作过程中都要加以注意。

【实验器材与试剂】

　　（1）实验器材：紫外可见分光光度计、真空抽滤装置、恒温磁力搅拌器、水浴恒温槽、电动搅拌器、酸度计。

　　（2）实验材料与试剂：透明质酸发酵液、阴离子型聚丙烯酰胺（AN926）（化学纯）、阳离子型聚丙烯酰胺（AN956）（化学纯）、海藻酸钠（化学纯）、明矾（化学纯）、聚乙二醇- 20000（化学纯）、三氯乙酸（分析纯）、1mol/L NaOH 溶液。

【实验方法与步骤】

　　（1）发酵液 pH 的调节：取发酵终止待处理的发酵液，用三氯乙酸调节 pH 到 4.5（降低 HA 降解酶的活性），1h 后再用 5mol/L NaOH 溶液回调至 pH 6.5，固定 pH 为 6.5。

　　（2）发酵液絮凝：分别取调节 pH 后的发酵液各 100mL，分别添加不同的絮凝剂，添加量分别为聚丙烯酰胺 100mg/L、明矾 200mg/L、海藻酸钠 200mg/L、聚乙二醇 100mg/L，以未絮凝处理的发酵液为空白对照，在搅拌速度 60r/min，絮凝温度 40℃条件下，絮凝 15min。

（3）发酵液过滤：经过絮凝的发酵液进行抽真空过滤，至无滤液流出结束过滤。记录过滤时间和获得的滤液量。

（4）絮凝效果评价：测定絮凝前后发酵液在 600nm 的透光率（T_{600}），采用 Bitter-Muir 法测定絮凝前后发酵液中透明质酸浓度（CHA）。

【实验结果与分析】

（1）实验数据记录如表 7-6 所示。

表 7-6　絮凝实验结果记录表

絮凝剂	过滤时间/s	滤液量/mL	CHA/(mol/L)		T_{600}	
			絮凝前	过滤后	絮凝前	过滤后
阴离子型聚丙烯酰胺（AN926）						
阳离子型聚丙烯酰胺（AN956）						
海藻酸钠						
明矾						
聚乙二醇-20000						
空白对照						

（2）滤速：过滤速度＝滤液量/过滤时间。

（3）澄清率：澄清率＝［T_{600}（过滤后）－T_{600}（絮凝前）］/ T_{600}（絮凝前）。

【注意事项】

（1）进行絮凝过滤实验的发酵液样品应取同一批次同一发酵罐的新鲜均一的发酵液。

（2）选用絮凝剂时要注意符合发酵液预处理使用要求，如絮凝剂的分子质量与目标产物有一定的差距、物理化学特性有较大差别、不与目标产物发生化学反应等，否则不能用于发酵液的预处理。

（3）溶液透光率的测定：以纯水的透光率为 100％，测定样品在 600nm 处的透光度 T 值。

（4）絮凝剂加入发酵液时应缓慢、少量、多次加入或配制成一定浓度的溶液后再加入，避免造成局部过浓现象，影响絮凝效果。

【思考题】

1. 影响絮凝操作效果的因素有哪些？

2. 絮凝在发酵液预处理工艺中的作用是什么？

实验 7.5 发酵液中金属离子的去除

【实验目的】

(1) 掌握发酵液中高价金属离子去除的操作方法及原理;
(2) 了解发酵液预处理过程的一般流程。

【实验原理】

发酵液中杂质很多且成分复杂,对提取和成品质量影响较大的无机杂质主要是 Ca^{2+}、Mg^{2+}、Fe^{3+} 等高价金属离子,如在采用离子交换法进行产物提纯时,会影响树脂对目标产物的交换容量,因此在预处理中应将它们除去。去除钙离子,常采用乙二酸钠或乙二酸。由于乙二酸溶解度较小,在用量较大的情况下使用其可溶性盐乙二酸钠等;同时由于乙二酸价格较贵,所以在使用过程中应注意回收。去除镁离子也可用乙二酸,但由于乙二酸镁溶解度较大,沉淀不完全,所以采用磷酸盐,使生成磷酸钙盐和磷酸镁盐沉淀而除去。一般使用过程中加入三聚磷酸钠,与镁离子形成络合物。经过磷酸盐处理,发酵液中的钙离子和镁离子浓度大幅度降低。去除铁离子,可加入黄血盐,使生成普鲁士蓝沉淀。相关反应式如下:

$$Na_5P_3O_{10} + Mg^{2+} =\!=\!= MgNa_3P_3O_{10} + 2Na^+$$

$$3K_4Fe(CN)_6 + 4Fe^{3+} =\!=\!= Fe_4[Fe(CN)_6]_3 \downarrow + 12K^+$$

在抗生素的生产提纯工艺中,如土霉素和四环素的生产中,其能和钙盐、镁盐、蛋白质等形成不溶性络合物,在发酵过程中这些不溶性络合物积聚在菌丝内,而发酵液中抗生素浓度不高。发酵结束后,发酵液中的抗生素效价较低,仅有 $100\sim300U/mL$。因此,对发酵液进行酸化处理,可以使菌丝中的产物释放出来可采用乙二酸、盐酸、硫酸、磷酸等,但生产商多采用乙二酸。因乙二酸在酸化的同时还能通过形成乙二酸钙沉淀去除钙离子,同时析出的乙二酸钙还可以促进蛋白质的凝结,提高滤液质量;另外,乙二酸是弱酸,对设备的腐蚀较小。但价格较贵,使用时要注意回收;乙二酸还会促使四环素的差向异构体的产生,要注意使用时降低温度在15℃以下,并尽量缩短操作时间,减少差向异构化。在土霉素的发酵液中加入乙二酸的目的同样也是释放菌丝中的活性物质,同时要保证土霉素的稳定性、成品的质量和提炼成本。目前,工业提炼的 pH 控制在 $1.6\sim2.0$,pH 过高对活性物质的释放不利,pH 过低会影响产品的质量,同时会增加产品的成本。

发酵液中还存在着许多有机和无机的物质,加入黄血盐和硫酸锌能除去铁离子及蛋白质。发酵液经过预处理后可用板框过滤机或抽真空过滤装置进行过滤,实现固液分离。

化学法测定土霉素的效价是利用土霉素中的酚基和三氯化铁反应呈褐色,该颜色反应符合比耳定律。因此,在 480nm 下用分光光度计测定溶液吸光值,可定量土霉素的含量。

【实验器材与试剂】

(1) 实验器材:精密电子天平、酸度计、分光光度计、恒温磁力搅拌器、恒温振荡器、真空抽滤装置。

(2) 材料与试剂:乙二酸(分析纯)、土霉素碱标准品、黄血盐、六水合三氯化铁(分析纯)、浓盐酸(分析纯)、硫酸锌(分析纯)、土霉素发酵液。

2mol/L 盐酸溶液：量取浓盐酸 16.7mL 加蒸馏水至 100mL，摇匀。

0.01mol/L 盐酸溶液：量取 2mol/L 的盐酸 50mL 加蒸馏水至 1000mL，摇匀。

10% (m/V) 三氯化铁溶液：称取三氯化铁 100g，用少量蒸馏水溶解过滤，加浓盐酸 6mL，加蒸馏水至 800mL，加 2mol/L 的盐酸至 1000mL。

0.5% (m/V) 三氯化铁溶液：量取 10% 三氯化铁溶液 50mL、2mol/L 盐酸 50mL，加蒸馏水至 1000mL，摇匀。

1000U/mL 土霉素标准液：称取已知 U/mg（生物效价）土霉素标准品，加 2mol/L 盐酸 4mL，溶解完全后（约 5min），加蒸馏水至 200mL，放冰箱备用。

【实验方法与步骤】

1. 土霉素效价的测定

(1) 土霉素标准曲线的绘制：用土霉素标准样配成 1000U/mL 的标准液，用 2mL 移液管分别取标准液 0.4mL、0.8mL、1.0mL、1.2mL、1.4mL、1.6mL、1.8mL 于试管中，加 0.01mol/L 的盐酸至 10mL，再加 0.5% 的三氯化铁溶液 10mL，摇匀，静置 20min；另取样同上，加 0.01mol/L 的盐酸至 20mL，摇匀，作为空白对照，在 480nm 的波长下测定吸光度值，以土霉素效价为纵坐标、以吸光度值为横坐标绘制作标准曲线。

(2) 发酵液效价的测定：吸取滤液稀释适宜倍数（使稀释后效价在标准曲线范围内），用移液管取 1mL 稀释液于试管中，准确加入 0.01mol/L 的盐酸至 10mL，再加入 0.5% 的三氯化铁溶液 10mL，摇匀，放置 20min，另取 1mL 稀释液，加入 0.01mol/L 的盐酸至 20mL，摇匀，作为空白对照，测定 480nm 波长下的吸光度值，与标准曲线对比，得到发酵液中土霉素效价。

2. 土霉素发酵液酸化及除金属离子

(1) 取适量发酵液，按发酵液效价的测定方法测出发酵液效价。

(2) 取一定体积发酵液，边搅拌边加入黄血盐 0.35% (m/V)、硫酸锌 0.2% (m/V)，并加入乙二酸酸化发酵液至 pH 1.6~2.0，搅拌 30min 后，取酸化上清液，按发酵液效价的测定方法测定其效价并计算酸化收率。

(3) 将酸化的发酵液稀释 1 倍，用真空抽滤装置进行过滤，滤饼再用乙二酸溶液冲洗，测出滤液的体积。按发酵液效价的测定方法测定其效价并计算过滤收率。

【实验结果与分析】

(1) 土霉素效价标准曲线数据记录（表 7-7）。

表 7-7　土霉素效价标准曲线数据记录表

标准土霉素溶液/mL	0.4	0.4	0.8	0.8	1.0	1.0	1.2	1.2	1.4	1.4	1.6	1.6	1.8	1.8
0.01mol/L HCl/mL	9.6	19.6	9.2	19.2	9.0	19.0	8.8	18.8	8.6	18.6	8.4	18.4	8.2	18.2
0.5%FeCl₃/mL	10	0	10	0	10	0	10	0	10	0	10	0	10	0
OD₄₈₀														
土霉素效价/(U/mL)	400		800		1000		1200		1400		1600		1800	
标准曲线方程														

（2）实验数据记录（表 7-8）。

表 7-8　实验结果记录表

	体积/mL	OD$_{480}$	效价/（U/mL）	收率/%
发酵液				
酸化液				
过滤液				

效价计算：将测定的吸光度值代入标准曲线方程，再乘以稀释倍数即得效价。

收率计算：收率＝效价×样品体积/上步效价×上步样品体积。

【注意事项】

（1）测定样品 pH 时，样品不宜在室温下放置时间过长，应当在取样 2min 之内测定完，不能直接测定的样品应收样放入冰箱，如需测定时提前从冰箱中取出放至室温测定。

（2）测定样品 pH 后应该用纯净水冲洗电极，不用时应将电极置于饱和氯化钾溶液中。

（3）进行酸化和铁离子的去除时，操作要在恒温进行，以免土霉素活性发生变化。

（4）搅拌时要注意转速不宜过快，以免将絮凝沉淀破坏，影响后续过滤。

【思考题】

1. 改变发酵液过滤特性的方法有哪些？简述其机理。

2. 在实验过程中为什么要一直测定土霉素的效价和收率？

7.3　固液分离技术概述

生物分离的第一步往往是把不溶性的固体从发酵液中除去，即固液分离。固液分离是指将发酵液中的悬浮固体，如细胞、菌体、细胞碎片及蛋白质等的沉淀物或它们的絮凝体分离除去，固液分离是生物产品分离纯化过程中的一个重要单元。培养基、发酵液、某些中间产品和半成品等都需要进行固液分离，方法很多，生物工业中常用的固液分离技术是离心分离和过滤。不同性状的发酵液选择不同的固液分离方法。经过固液分离可得到清液和固态浓缩物两部分，在进行分离时，有些反应体系可以采用沉降或过滤的方式加以分离，有些则需要经过加热、凝聚、絮凝及添加助滤剂等辅助操作才能进行过滤。但对于那些固体颗粒小、溶液黏度大的发酵液和细胞培养液或生物材料的大分子抽提液等依靠过滤难以实现的固液分离，必须采用离心技术才能达到分离的目的。

实验 7.6　离心法分离酵母菌发酵液

【实验目的】

（1）掌握离心分离的原理、操作程序；

（2）熟悉离心机的安全使用和日常保全；

（3）了解离心机主机的基本构件。

【实验原理】

离心分离是利用旋转运动的离心力，以及物质的沉降系数或浮力密度差别进行分离、浓缩和提纯的一项操作。离心分离对那些固体颗粒很小或液体黏度大、过滤速度慢，甚至难以过滤的悬浮液的分离十分有效，对那些不能使用助滤剂或助滤剂使用无效的悬浮液也能得到满意的效果。实现离心操作的机械是离心机，利用离心机高速旋转产生的离心力来实现分离，具有分离速度快、分离效率高、液相澄清度好等优点；缺点是设备投资高、能耗大，连续排料时，所得固相干度不如过滤设备。

离心机分离的过程一般有离心过滤、离心沉降和离心分离三种。离心过滤过程常用来分离固体量较多、固体颗粒较大的液固混合物，分离过程一般分三个阶段：第一阶段，固体颗粒借离心力的作用沉积到转鼓内壁上形成滤渣层，滤液也借离心力的作用穿过转鼓的网孔而滤出；第二阶段，滤渣层在离心力的作用下被压紧，并将其中所含的滤液压挤出去；第三阶段，滤渣层空隙中所含液体在离心力作用下，继续被排出，使滤渣进一步干燥。

离心沉降过程可用来分离含微小固体颗粒的悬浮液，分离过程一般可分为两个阶段：第一阶段，固体颗粒借离心力的作用沉积到转鼓内壁上。第二阶段，沉降在转鼓壁的颗粒层，在离心力作用下被压紧。当悬浮液中固体含量较大时，沉降的颗粒大量积集，沉渣层很快增厚，要求连续排渣。当悬浮液中固体含量较少时，可以视为单个颗粒在离心力作用下的自由沉降，渣层形成慢，可采用间歇排渣方法，后者又称离心澄清过程。

离心分离过程是用于分离密度不同的液体所形成的乳浊液，在离心力作用下液体按密度差别分层，然后分别引出。离心澄清和离心分离，由于过程中待分离的固体物质较少或两者都是液体，离心机较易进行加料、排料的连续操作，但需要较高的分离因数（离心加速度与重力加速度之比称为离心分离因数，F）才能很好地分离。

根据离心机转速的高低，可将离心机分为低速离心机、高速离心机和超速离心机。各种离心机的转速范围和分离对象见表 7-9。

表 7-9　各种离心机的转速范围和分离对象表

离心机类型	转速范围/(r/min)	分离对象
低速离心机	2 000~8 000	用于收集细胞、菌体、酶结晶和培养基残渣等较大固形颗粒
高速离心机	10 000~26 000	用于分离沉淀、细胞碎片和较大细胞器等较小的固形颗粒
超速离心机	30 000~120 000	用于生物大分子、细胞器、病毒等分子水平固形颗粒和微粒的分离

低速离心机是一般过滤式，也有沉降式，适用于分离直径为 0.010~10mm 的颗粒、粗中等短纤维状或块状物料的脱水等操作。由于转速较低，一般转鼓直径较大。高速离心机通常都是沉降式和分离式，适用于胶乳水或细颗粒的稀薄悬浮液和乳浊液的分离。转速较高，转鼓直径一般较小，长度较长。超速离心机适用于分离散度较高的乳浊液和胶体溶液及不同分子质量的气体。由于转速很高，转鼓做成细长的管式。

对于低速离心机和高速离心机，由于所分离的颗粒大小和密度相差较大，只要选择好离心速度和时间，就能达到分离效果；若样品中存在两种以上大小和密度不同的颗粒，采用超速离心。超速离心技术是分离纯化生物大分子及亚细胞成分的最有用技术之一。在超速离心中，离心方法可分为差速离心、密度梯度离心和等密度离心等。

根据操作原理的不同，离心机可分为过滤式和沉降式两大类。前者是在转鼓上开有小孔，有过滤介质，在离心力的作用下，液体穿过过滤介质经小孔流出而实现固液分离，主要用于悬浮液固体颗粒较大、固体含量较高的材料。后者的转鼓上没有小孔，不需过滤介质，在离心力的作用下，物料按照密度的不同分层沉降而实现分离，可用于液-固、液-液和液-液-固物料的分离。根据操作方式的不同可以分为间歇式离心机和连续式离心机。工业生产上较常用的离心机有管式离心机、碟片式离心机及三足离心机。例如，在啤酒的生产过程中利用离心机将酵母和酒液分离，将酵母回用，解决酵母沉淀慢的问题，同时可以很好地控制发酵过程中酵母的量，也减少了排除酵母时发酵液的损失。

【实验器材与试剂】

（1）实验器材：高速冷冻离心机、离心管、天平、水浴锅、分光光度计。

（2）材料与试剂：麦芽汁培养基、酿酒酵母。

【实验方法与步骤】

1. 酵母发酵液的准备

配制好的麦芽汁培养基 121℃灭菌 15min。按 1‰（V/V）接种酵母，28℃培养 72h。

2. 样品的离心

（1）高速冷冻离心机开机前准备：①选择合适的转头、离心管；②取一对离心管，将酵母发酵液仔细倾入离心管中，在天平上进行平衡；③平衡好的两个待离心的样品管对称地安放入转头的孔中，旋紧转头盖。

（2）打开高速冷冻离心机电源，开盖，把转头在离心机的驱动轴上安放好。

（3）设定高速冷冻离心机的运行参数，设定离心机转速、离心时间、温度 4℃。设定好参数后按【start】键开始离心。

（4）离心结束后，开盖，取出离心管。

3. 澄清液的获得

用吸管轻轻将离心管上层清液吸出，用分光光度计测定 560nm 处的透光率，与离心前发酵液的透光率进行比较可评价离心效果。

【实验结果与分析】

实验结果记录如表 7-10 所示。

表 7-10　实验结果记录表

实验次数	离心机转速/(r/min)	离心时间/min	透光率	
			离心前	离心后
1				
2				
3				
4				

【注意事项】

（1）在进行离心操作前一定要进行离心液体的平衡，否则会造成离心机的损坏。

（2）在进行离心操作参数设定时要注意哪些是设定值哪些是显示值。

（3）离心结束时，不管是设定时间运行结束还是按下【stop】键结束，都要等到离心机完全停止转动再打开离心机盖。

（4）去除离心上清液时要注意不要搅动液面，以免离心沉淀被搅起，影响离心效果。

【思考题】

1. 简述离心分离的原理。

2. 怎样使用高速冷冻离心机分离菌体与发酵液？

实验 7.7　板框压滤机分离米曲霉发酵液

【实验目的】

（1）掌握过滤分离的原理、操作程序；

（2）熟悉板框压滤机的结构和操作方法。

【实验原理】

过滤（filtration）是指在推动力或者其他外力作用下悬浮液（或含固体颗粒发热气体）中的液体（或气体）透过介质，固体颗粒及其物质被过滤介质截留，从而使固体及其他物质与液体（或气体）分离的操作。

过滤是发酵液处理中常用的单元操作，通过过滤可实现发酵液的固液分离，获得澄清液，或收集菌体，也可用于组织、细胞匀浆液及粗提液的澄清。在发酵液的固液分离过程中，单细胞菌体如酵母菌、细菌等，采用离心的方法就可以实现分离；但较大菌体如丝状真菌、霉菌、放线菌等采用过滤的方法进行分离较好。其中，放线菌菌丝细而分支、交织成网络状，需经絮凝等预处理以改善过滤性能后过滤；而真菌菌丝体较为粗壮，可压成紧密的饼状。所以，一般对于真菌发酵液进行菌体分离时，多采用压滤的形式。

板框压滤机由于具有过滤面积大、能耐受较高压力差、对不同过滤特性的料液适应性强的特点，同时还具有结构简单、造价较低、动力消耗少等优点，适用于固体含量 1%～10% 的悬浮液的分离，生产中广泛用于霉菌、放线菌、酵母菌和细菌等多种发酵液的过滤；但这种设备不能连续操作，设备笨重，占地面积大，非生产的辅助时间长（包括解框、卸饼、洗滤布、重新压紧板框等）。板框过滤机操作分为过滤及洗涤两步：过滤时，滤液穿过滤框两侧滤布，沿相邻滤板沟槽流至滤液出口，固体被截留框内形成滤饼。滤液引出方式有明流与暗流两种，明流为滤液从每一滤板下方直接引出，用于一般场合，如发酵液过滤；而暗流则集中在末端出口流出，用于滤液需保持无菌、不与空气接触的情况。滤饼洗涤时，洗水经洗水通道进入滤板与滤布之间，横穿滤框两侧的滤布及之间的滤饼，最后由非洗涤板下部的滤液出口排出。

【实验器材与试剂】

（1）实验器材：板框压滤机、$0.45\mu m$ 微孔滤膜、塑料桶、塑胶管。

（2）材料与试剂：米曲霉发酵液，新鲜蒸馏水、75％乙醇、洗洁精，3％～5％碳酸氢钠溶液，自来水。

【实验方法与步骤】

1. 微孔滤膜的预处理

对于混合纤维素微孔滤膜在使用前需要用 70℃ 新鲜蒸馏水浸泡数分钟，之后再装入到过滤器中。对于醋酸纤维素微孔滤膜在使用前先要用新鲜蒸馏水润洗干净，之后在 75％乙醇溶液中浸泡过夜，然后用新鲜蒸馏水漂洗干净后，装入合适的过滤器中进行使用。对于帆布作为过滤介质，则将帆布用洗洁精洗刷干净后，清洗晾干，使用前用新鲜蒸馏水润湿，即可装入滤器进行使用。

2. 板框压滤机过滤操作

（1）用 3％～5％碳酸氢钠溶液反复冲洗压滤机板框，再用自来水冲，然后用新鲜蒸馏水清洗消毒，测 pH 达许可范围。

（2）将滤板从板框压滤机上卸下。

（3）将滤膜或帆布用蒸馏水润湿后放于滤板网面上，滤板放在硅胶密封圈内，重新装上板框压滤机，旋转手柄压紧顶板。

（4）在进料口和出料口处接上塑胶管。

（5）关闭进料阀，将进料口连接的塑胶管灌满发酵液后，插入盛有待压滤发酵液的桶内，启动板框压滤机的进料泵，逐渐打开进料阀门，打开回流阀门。开始进料要慢，压力要低，逐渐打开所有的排液阀门排出空气，待所有排液阀门有滤液流出后，说明滤饼开始形成，压力要保持自然上升，当流量减少时可适当开大进料阀门。

（6）过滤完毕后，要先关闭进料阀，然后停进料泵并拧开放气螺栓，松开顶板，逐块拉开滤板，清除滤饼和黏附于滤板密封面上的料渣，清除完毕后将滤布卸下，上好备用滤布，滤板重新逐块排列对齐。

3. 实验结束

（1）实验结束后，关闭板框压滤机的水、电开关。

（2）滤膜使用后注意存放：对于醋酸纤维素微孔滤膜，需将膜取下，以新鲜蒸馏水清洗过后，浸泡在 75％乙醇中存放；对于滤布需清洗干净后晾干存放。

（3）实验结束后，需将地面残留料液清洗干净，以防污染。

【实验结果与分析】

实验数据记录如表 7-11 所示。

表 7-11　实验数据记录表

过滤时间/s	
累积滤液量/L	
压力/Pa	
滤液透光率/%	

【注意事项】

（1）安装板框时应检查滤器的密封圈是否安放平整，以防漏水。

（2）在压紧滤板前应保证将滤板排列整齐，靠近和平行于顶板放置，避免因滤板放置不正而造成主梁弯曲变形。

（3）压滤过程中注意压力表的读数，压力必须控制在设备出厂铭牌上标定的最大过滤压力下，否则将会影响机器的正常使用。

（4）料液泵空转不能超过 6min。

（5）料液泵及进料阀、洗涤水泵及进水阀、压缩空气及进气阀同时只能开启其中之一。

【思考题】

1. 用板框压滤机对发酵液进行压滤操作，结束时的关机顺序是什么？

2. 压滤过程中压力表的读数应在什么范围内？压力突然升高或降低说明什么？

实验 7.8　超滤膜分离枯草芽孢杆菌发酵液

【实验目的】

（1）了解超滤膜分离的主要工艺设计参数；

（2）了解膜分离技术的特点；

（3）通过超滤膜分离的实验操作，学会膜过滤设备的使用方法和操作过程，提高实验技能。

【实验原理】

如果在一个流体相内或两个流体相之间有一薄层凝聚相物质把流体分隔成为两部分，则这一薄层物质就是膜。借助于膜而实现各种分离的过程称为膜分离。膜分离技术是近数十年发展起来的一种新型分离技术，膜分离技术起步于 20 世纪 60 年代，"18 世纪电器改变了整个工业过程，而 20 世纪膜技术改变了整个面貌"。常规的膜分离是采用天然或人工合成的选择性透过膜作为分离介质，在浓度差、压力差或电位差等推动力的作用下，使原料中的溶质或溶剂选择性地透过膜而进行分离、分级、提纯或富集。不同的膜分离过程所使用的膜不同，而相应的推动力也不同（表 7-12）。

表 7-12　各种膜分离方法的分离范围及特点

膜分离类型	分离粒径/μm	近似相对分子质量	分离动力
过滤	>1		压力差
微滤	0.06~10	>500 000	压力差
超滤	0.005~0.1	6 000~500 000	压力差
纳滤	0.001~0.011	200~6 000	压力差、扩散
反渗透	<0.001	<200	压力差、电能

目前已经工业化的膜分离过程包括微滤（MF）、反渗透（RO）、纳滤（NF）、超滤（UF）、电渗析（ED）等（图 7-2），而膜蒸馏（MD）、膜基萃取、膜基吸收、液膜、膜反应器和无机膜的应用等则是目前膜分离技术研究的热点。

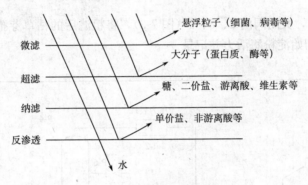

图 7-2　膜的分类与分离范围

膜分离技术具有以下特性。①高效。由于膜具有选择性，它能有选择地透过某些物质而阻挡另一些物质的透过。选择合适的膜可以有效地进行物质的分离、提纯和浓缩。②节能。多数膜分离过程在常温下操作，被分离物质不发生相变，是一种低能耗、低成本的单元操作。③过程简单，容易操作和控制。④不污染环境。目前膜分离技术已广泛应用在海水脱盐淡化、医药工业的水纯化、注射用水生产、生物大分子物质的浓缩与纯化、人工肾透析及过滤除菌（溶液、空气）等领域。

超过滤（简称超滤）是一项分子级膜分离手段，以压力差为推动力，利用膜孔的渗透和截留性质，将不同分子质量的物质进行选择性分离，主要用于：①大分子物质的脱盐和浓缩，以及大分子物质溶剂系统的交换平衡；②大分子物质的分级分离；③生化制剂或其他制剂的去热原处理。过滤时，料液中的部分大分子溶质会被膜截留，溶剂及小分子物质能自由透过膜，从而表现出超滤的选择性。但外源压力迫使分子质量较小的溶质通过薄膜，大分子被截留于膜表面，并逐渐形成浓度梯度，这就是浓差极化现象。浓差极化对超滤过程的效率有影响，可通过振动、搅拌、错流（cross flow）、切流（tangent flow）等操作来克服。

膜分离单元操作装置的分离组件采用超滤中空纤维膜，当欲被分离的料液流过膜组件孔道时，料液中的部分大分子溶质会被膜截留，溶剂及小分子物质能自由透过膜而实现分离。

通过超滤技术可以对枯草芽孢杆菌发酵液中的蛋白质如 α-淀粉酶等进行分离和富集。

【实验器材与试剂】

（1）实验器材：膜分离装置、紫外可见分光光度计、水浴锅。

（2）材料与试剂：DNS试剂、2%可溶性淀粉溶液、枯草芽孢杆菌发酵液。

【实验方法与步骤】

1. 准备工作

选择合适分子质量截留率的超滤膜，用自来水清洗膜组件2～3次，洗去组件中的保护液。排尽清洗液，安装膜组件。

枯草芽孢杆菌发酵液经过初步的预处理后，过4层纱布过滤。

2. 过滤操作

（1）打开阀门1，关闭阀门2、3、4（图7-3），将粗滤后的枯草芽孢杆菌发酵液加入料液罐，分析料液的初始淀粉酶活力并记录。

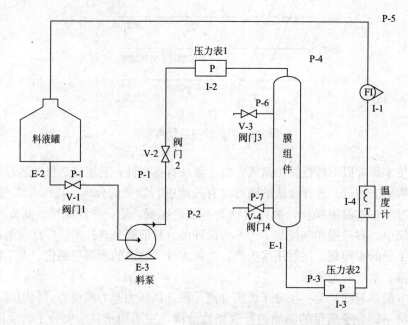

图7-3　实验装置流程图

（2）开启电源，使泵正常运转，打开相应的进口阀，控制超滤压力为0.1MP，温度为25℃。

（3）启动泵稳定运转5min后，分别取透过液和浓缩液样品。

3. 过滤效果评价

采用DNS法测定发酵液初始酶活、透过液酶活、浓缩液酶活。

【实验结果与分析】

1. 实验数据记录与处理

实验数据如表7-13记录。

表 7-13　实验数据记录表

压强（表压）：_____ MPa；温度：_____ ℃

| 实验序号 | 起止时间 | 酶活力/U | | 流量/(L/h) |
		原料液	浓缩液	透过液
1				
2				
3				
4				
5				

2. 数据处理

（1）料液截留率：菌体的截留率 R，即

$$R = \frac{C_0 - C_1}{C_0}$$

式中，C_0 为原料液初始酶活力；C_1 为透过液酶活力。

（2）透过液通量，即

$$J = \frac{V}{A \times t}$$

式中，V 为透过液体积；A 为膜面积；t 为实验时间。

（3）浓缩因子，即

$$N = \frac{C_2}{C_0}$$

式中，N 为浓缩因子；C_2 为浓缩液酶活力。

【注意事项】

（1）泵启动之前一定要"灌泵"，即将泵体内充满液体。

（2）若长时间不用实验装置，应将膜组件拆下，用去离子水清洗后加上保护液保护膜组件。

（3）压力过高会造成膜组件的损坏，失去过滤功能，因此实验操作压力需严格控制，建议操作压力不超过 0.10MPa，工作温度不超过 45℃，pH 为 2～13。

（4）枯草芽孢杆菌的 α-淀粉酶最适作用温度为 50～75℃，最适 pH 为 5.5～7.5。

【思考题】

1. 温度变化对微滤膜分离效果有什么影响？
2. 请简要说明超滤膜分离的基本机理。
3. 在实验中，压力表 1 和压力表 2 为什么有差别？

7.4 生物产品提取纯化技术

在生物产品提取纯化的研究过程中，如何使有效成分得以保留，如何保证生物产品的安全有效，如何求证工艺的科学、合理，是生物产品提取纯化技术研究的主要问题。生物产品质量的优劣、成本的高低、竞争力的大小，往往与生物产品提取纯化技术直接相关，生物产品分离纯化技术是生命科学研究和生物技术产品生产的必备技术手段，是生物产品能否产业化的关键。提取纯化技术的特点之一是各种技术相互交叉，新的方法不断涌现，如沉淀技术、超滤技术和亲和技术结合形成的沉淀亲和技术及亲和超滤技术。提取纯化技术的另一特点是注重新材料的开发，如膜分离介质、层析介质、亲和配基和新型萃取剂等。总的来说，生物产品提取纯化策略可从以下几个方面考虑：根据物质溶解度差别进行分离纯化，如通过改变温度、pH、溶剂极性和加入沉淀剂等方法来改变物质溶解度；根据物质在两相溶剂中的分配比不同进行分离，如液-液萃取、液-液分配柱色谱等；根据物质的吸附型差别进行分离，如各种吸附色谱法等；根据物质分子大小差别进行分离，如超滤法、超速离心法、透析法、凝胶滤过法等；根据物质离解程度不同进行分离，如离子交换和电泳等。

实验 7.9 盐 析

盐析法是蛋白质（包括酶类）分离纯化的常用技术，其原理是利用蛋白质或酶在不同盐浓度下溶解度的改变达到分离物质的目的。盐析法在 1878 年 Hammarster 首次使用，他用硫酸镁成功地将血清蛋白分成为清蛋白、球蛋白两部分。之后使用过硫酸钠、氯化钠、磷酸钠和硫酸铵等中性盐来盐析蛋白质，其中运用最广的是硫酸铵。因为硫酸铵有许多其他盐所不具备的优点。例如，在水中化学性质稳定；溶解度大，25℃时能达到 4.1mol/L 的浓度；溶解度的温度系数变化较小，在 0～30℃溶解度变化不大，如 25℃时饱和溶解度为 4.12mol/L，即 767g/L，0℃时饱和溶解度为 3.9mol/L，即 676g/L。而且硫酸铵价廉易得，性质温和，效果比其他盐好，即使浓度很高时也不会影响蛋白质的生物学活性。因此，现在所指的盐析法实际上多为硫酸铵盐析法。工业上纯化淀粉酶的方法基本上都是硫酸铵盐析，盐析作为一种简单方便的生产方法在生产上占有主要地位。

酶制剂是重要的生物制品之一，在国际上生产历史悠久。我国酶制剂工业化生产开始于 1965 年，无论是国内还是国外，淀粉酶是酶制剂家族中产量最大、用途最广的一员，约占酶制剂总产量的 3/4；主要用于饴糖、葡萄糖、果葡糖等淀粉糖类的制造，以及啤酒、黄酒、糊精、酱油、面包、味精、醋等的生产，在纺织工业、酒精工业、淀粉糖工业及其他食品加工行业具有广泛的应用。

淀粉酶是催化淀粉和糖原水解的一类酶，是我国酶制剂行业工业化生产的品种。其按作用方式分为 α-淀粉酶、β-淀粉酶、葡萄糖淀粉酶和异淀粉酶；按来源分为细菌淀粉酶、麦芽淀粉酶、唾液淀粉酶、胰淀粉酶等。其分布广泛，存在于细菌、霉菌、植物的种子、块根和块茎及动物的消化道中，在体内淀粉或糖原的降解中起重要作用。淀粉酶是蛋白质，可以根据其特点选择适宜的蛋白质分离提纯方法，根据蛋白质溶解度不同可以用盐析来分离淀粉发酵液中的淀粉酶。

一般来说，在低盐浓度下随着盐浓度升高，物质的溶解度增加；当盐浓度继续升高时，物质溶解度不同程度下降并先后析出，将大量盐加到蛋白质溶液中，高浓度的盐离子（如硫酸铵的 SO_4^{2-} 和 NH_4^+）有很强的水化力，可夺取蛋白质分子的水化层，使之"失水"，于是蛋白质胶粒凝结并沉淀析出。所有固体溶质都可以在溶液中加入中性盐而沉淀析出，这一过程叫盐析。在生化制备中，许多物质都可以用盐析法进行沉淀分离，如蛋白质、多肽、多糖、核酸等，其中以蛋白质沉淀最为常见，特别是在粗提阶段。硫酸铵盐析成本低，不需要特别昂贵的设备；操作简单、安全；不会引起蛋白质变性，经透析去盐后，能得到保持生物活性的纯化蛋白质，因此常用于酶的分离提纯。盐析法分为两类：第一类叫 K_S 分段盐析法，在一定 pH 和温度下通过改变离子强度实现，用于早期的粗提液；第二类叫 β 分段盐析法，在一定离子强度下通过改变 pH 和温度来实现，用于后期进一步分离纯化和结晶。

　　酶是一种特殊的蛋白质也是亲水胶体，各种酶"盐析"出来所需的盐浓度不同，向蛋白质胶体溶液中放入中性盐类（硫酸铵、硫酸钠、氯化钠、硫酸镁等），到一定浓度时，蛋白质即发生沉淀，这是一种可逆的变性反应，它只是改变了蛋白质的颗粒外面水化层和所带的电荷，而蛋白质内部结构并未改变，仍具有原来蛋白质的一切天然性质，因此，盐析所致的蛋白质沉淀，可用透析或加入水使盐类浓度降低而复溶。因不同蛋白质的亲水性不同，所以盐析时所需盐类浓度也不同。例如，清蛋白在半饱和硫酸铵溶液中可以溶解而不沉淀，球蛋白不溶解而析出沉淀；在饱和硫酸铵溶液中清蛋白才能析出沉淀。所以，可以利用这种性质使不同的蛋白质彼此分离。

　　影响盐析的因素如下。

1. 蛋白质浓度

　　高浓度蛋白溶液可以节约盐的用量，但许多蛋白质的 β（盐浓度为 0 时，蛋白质溶解度的对数值）和 K_S（盐析常数）十分接近，若蛋白质浓度过高，会发生严重的共沉淀作用；在低浓度蛋白溶液中盐析，所用的盐量较多，而共沉淀作用比较少，因此需要在两者之间进行适当选择。用于分步分离提纯时，宜选择稀一些的蛋白质溶液，多加一点中性盐，使共沉淀作用减至最低限度。一般认为 2.5%～3.0%的蛋白质浓度比较适中。

2. 离子强度和类型

　　一般说来，离子强度越大，蛋白质的溶解度越低。在进行分离时，一般从低离子强度到高离子强度顺次进行。每一组分被盐析出来后，经过过滤或冷冻离心收集，再在溶液中逐渐提高中性盐的饱和度，使另一种蛋白质组分盐析出来。

　　离子种类对蛋白质溶解度也有一定影响，半径小而电荷很高的离子在盐析方面影响较强，半径大而电荷低的离子的影响较弱，不同的盐对蛋白质的盐析能力有一定区别。

3. pH

　　一般来说，蛋白质所带净电荷越多溶解度越大，净电荷越少，溶解度越小，在等电点时蛋白质溶解度最小。为提高盐析效率，多将溶液 pH 调到目的蛋白的等电点处。但必须注意，在水中或稀盐液中的蛋白质等电点与高盐浓度下所测的结果是不同的，需根据实际情况调整溶液 pH，以达到最好的盐析效果（硫酸铵溶液的 pH 常为 4.5～5.5，当用其他 pH 进行盐析时，需用硫酸或氨水调节）。

4. 温度

　　在低离子强度或纯水中，蛋白质溶解度在一定范围内随温度增加而增加；但在高浓度下，蛋白质、酶和多肽类物质的溶解度随温度上升而下降。在一般情况下，蛋白质对盐析温度无特殊要求，可在室温下进行，只有某些对温度比较敏感的酶要求在 0～4℃的条件下。

【实验目的】

(1) 了解酶分离提纯的一些常用方法;

(2) 掌握硫酸铵分段盐析法沉淀酶蛋白的原理及操作技术。

【实验原理】

淀粉酶存在于几乎所有植物中，特别是萌发后的禾谷类种子，淀粉酶活力最强，其中主要是 α-淀粉酶和 β-淀粉酶。两种淀粉酶特性不同，α-淀粉酶不耐酸，在 pH 3.6 以下迅速钝化；β-淀粉酶不耐热，在 70℃ 15min 钝化。根据它们的这种特性，在测定活力时钝化其中之一，就可测出另一种淀粉酶的活力。本实验采用加热的方法钝化 β-淀粉酶，测出 α-淀粉酶的活力。在非钝化条件下测定淀粉酶总活力（α-淀粉酶活力＋β-淀粉酶活力），再减去 α-淀粉酶的活力，就可求出 β-淀粉酶的活力。淀粉酶活力大小可用其作用于淀粉生成的还原糖与 3，5-二硝基水杨酸的显色反应来测定。还原糖作用于黄色的 3，5-二硝基水杨酸而生成棕红色的 3-氨基-5-硝基水杨酸（图 7-4），生成物颜色的深浅与还原糖的量成正比。以每克样品在一定时间内生成的还原糖（麦芽糖）量表示酶活大小。

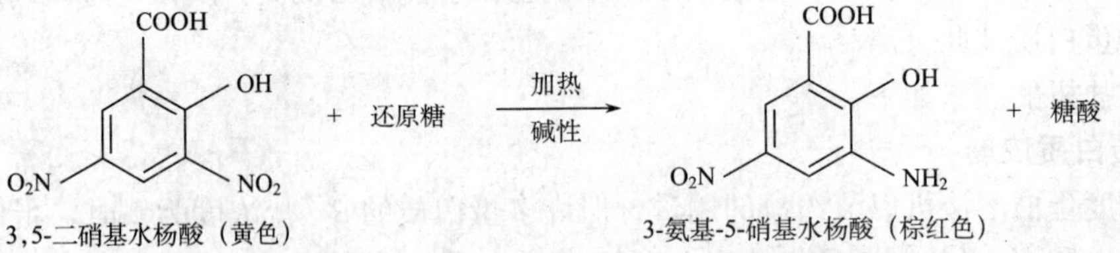

图 7-4　3，5-二硝基水杨酸（DNS）法测定还原糖原理

蛋白质在水溶液中的溶解度是由蛋白质周围亲水基团与水形成水化膜的程度，以及蛋白质分子带有电荷的情况决定的。当将中性盐加入蛋白质溶液，中性盐对水分子的亲和力大于蛋白质，于是蛋白质分子周围的水化膜层减弱乃至消失。同时，中性盐加入蛋白质溶液后，离子强度发生改变，蛋白质表面电荷大量被中和，更加导致蛋白质溶解度降低，使蛋白质分子之间聚集而沉淀。

盐析时蛋白质的溶解度与溶液中离子强度的关系，可用下式表示：

$$\lg \frac{S}{S_0} = -K_{\mathrm{S}} I \tag{7-9-1}$$

式中，S_0 为蛋白质在纯水（离子强度 $I=0$）中的溶解度；S 为蛋白质在溶液的离子强度为 I 时的溶解度；K_{S} 为盐析常数。离子强度可用下式计算：

$$I = \frac{1}{2} \sum m_i Z_i^2 \tag{7-9-2}$$

式中，m_i 为溶液中各种离子摩尔浓度；Z_i 为各种离子的价数。式（7-9-1）中当温度一定时，S_0 对于某一蛋白质在某溶液中的溶解度是一常数，故式（7-9-1）也改定为

$$\lg S = \beta - K_{\mathrm{S}} \times I \tag{7-9-3}$$

式中，$\beta = \lg S_0$，也为一常数，β 值主要取决于蛋白质性质，其次与溶液的 pH 和温度有关。K_{S} 值主要和盐的性质（包括盐离子价数和平均半径）有关，也与蛋白质结构有关。一般来

说，蛋白质在某一盐液中 K_S 愈大，盐析效果愈好。蛋白质是具有许多亲水基团的偶极离子，常需用要较高的 I 值才能从溶液中析出。根据式（7-9-3）分离纯化蛋白质，可在一定的 pH 和温度下改变盐的 I 值，称为"K_S 分段盐析法"，提纯前期常应用该法；也可在一定 I 值下改变 pH 及温度，称为"β 分段盐析法"，常用于提纯后期，特别是使某些蛋白质结晶析出时。

蛋白质的分子很大，其颗粒在胶体颗粒范围（直径 1～100nm）内，所以不能透过半透膜。选用孔径适宜的半透膜，由于小分子物质能够透过，而蛋白质颗粒不能透过，所以可使蛋白质和小分子物质分开。这种方法可除去和蛋白质混合的中性盐及其他小分子物质。这种技术称为透析，是常用来纯化蛋白质的方法。由盐析所得的蛋白质沉淀，经过透析脱盐后仍可恢复其故有的结构及生物活性。

本实验采用 K_S 分段盐析法初步分离提取 α-淀粉酶。

【实验器材与试剂】

1. 实验器材

超净工作台、离心机、高压灭菌器、电热鼓风干燥箱、摇床、电子天平、分光光度计、恒温水浴锅、离心管、烧杯、容量瓶、具塞刻度试管、试管、吸管（1mL、2mL、5mL）、玻璃棒、玻璃纸或透析袋。

2. 材料与试剂

（1）枯草芽孢杆菌。

（2）种子培养基：葡萄糖 5%、胰蛋白胨 1%、酵母提取物 0.5%、氯化钠 1%，调 pH 7.0。若配制固体培养基，则再加入 1.5% 琼脂，0.1MPa 灭菌 20min。

（3）发酵培养基：玉米粉 2.0 %、黄豆饼粉 1.5%、$CaCl_2$ 0.02 %、NaCl 0.25%、K_2HPO_4 0.2%、柠檬酸钠 0.2%、硫酸铵 0.075%、Na_2HPO_4 0.2 %，调节 pH7.0。0.1MPa 灭菌 20min。

（4）1% 淀粉溶液。

（5）1mol/L 氢氧化钠溶液。

（6）0.1mol/L pH 5.6 柠檬酸缓冲液。

（7）3，5-二硝基水杨酸（DNS 试剂）：精确称取 1g 3，5-二硝基水杨酸溶于 20mL 1mol/L 氢氧化钠中，加入 50mL 蒸馏水，再加入 30g 酒石酸钾钠，待溶解后用蒸馏水稀释至 100mL。

（8）麦芽糖标准液（1mg/mL）。

（9）硫酸铵。

（10）0.2mol/L pH 6.0 的磷酸氢二钠-柠檬酸缓冲液。

【实验方法与步骤】

1. 种子液准备

将枯草芽孢杆菌从保存的斜面转接于新鲜试管斜面，于 37℃ 培养 18h。取培养好的斜面菌种再接种于盛有 200mL 无菌种子培养基的 500mL 三角瓶中，置摇床 37℃ 振荡培养 16h，转速为 160r/min。

2. 摇瓶发酵培养

分别取 5mL 种子液，接入盛有 100mL 无菌发酵培养基的 500mL 三角瓶中（接种量为 5%，V/V），置摇床中 37℃振荡培养 48h，转速为 160r/min。在无菌操作条件下，每 4h 取样 2mL，测定酶活。40～48h 酶活降低后结束实验。

3. 淀粉酶的粗提

取发酵液于 4000r/min 下离心 10min，取上清，制成淀粉酶粗酶提取液。

4. 酶活测定

（1）标准曲线绘制：分别吸取 1.0% 葡萄糖标准溶液 1.0mL、2.0mL、3.0mL、4.0mL、5.0mL、6.0mL 于 50mL 容量瓶中，用蒸馏水制成每毫升含葡萄糖 $200\mu g$、$400\mu g$、$600\mu g$、$800\mu g$、$1000\mu g$、$1200\mu g$ 的标准溶液，按表 7-14 的操作步骤一起反应。以葡萄糖含量为纵坐标（0.5mL 以上稀释液葡萄糖含量分别为：$100\mu g$、$200\mu g$、$300\mu g$、$400\mu g$、$500\mu g$、$600\mu g$），以吸光度值为横坐标，绘制标准曲线。

（2）样品测定：将样品经一定稀释后按如表 7-14 所示步骤操作，在反应过程中，从加入底物开始，向每支管中加入试剂的时间间隔要绝对一致。

表 7-14　样品测定步骤

反应顺序	样品，标准	样品空白	标准空白
样品稀释液/mL	0.5	0.5	—
蒸馏水/mL	—	—	0.5
50℃预热 5min	√	√	√
依次加入淀粉溶液/mL	1.5	1.5（第二步）	1.5（第二步）
混合	√	√	√
50℃保温 30min	√	—	√
依次加入 DNS 试剂/mL	3.0	3.0（第一步）	3.0（第一步）
混合	√	√	√
100℃煮沸 7min	√	√（第一步）	√
冷却	√	√	√
蒸馏水/mL	10	10	10
混合均匀	√	√	√
总体积/mL	15.0	15.0	15.0

反应后的样品在室温下静置 10min，如出现混浊需在离心机上以 4000r/min 离心 10min，上清液以标准空白调零，在分光光度计 540nm 波长处测定样品空白（A_0）和样品溶液（A）的吸光度值，$A-A_0$ 为实测吸光度值。用直线回归方程计算样品淀粉酶的活性。

（3）活性计算。酶活力单位定义：在 60℃、pH 6.0 条件下，每小时从 1% 的可溶性淀粉溶液中释放出 $1\mu mol$ 葡萄糖的酶量定义为 1 个酶活力单位（U）。

淀粉酶活性 U 按下式计算：

$$U = \frac{k \times (A - A_0)}{S \times (30 \div 60) \times 180} \times F$$

式中，U 为样品淀粉酶活性（U/mL）；k 为标准曲线斜率；F 为样品溶液反应前的总量（mL）；S 为样品测试量，表 7-14 中 $S=0.5$mL；60 指 1h 为 60min；30 为反应时间（min）；180 为葡萄糖的相对分子质量。

5. 盐析

（1）盐析曲线制作：取已测定酶活的样品 10mL，冷却到 0～5℃，调至该酶稳定的 pH 6.0，然后搅拌，分 6～10 次加入固体硫酸铵粉末。第一次加硫酸铵至蛋白质溶液刚出现沉淀时，记下所加硫酸铵的量，这是盐析曲线的起点；继续加硫酸铵至溶液微微混浊时，静置一段时间，离心分离得到第一个沉淀级分（3000r/min，10min），然后取上清再加硫酸铵至溶液微微混浊，离心得到第二个级分，如此连续操作可达到 6～10 个级分，按照每次加入的硫酸铵量，在附录里查出相应的硫酸铵饱和度；将每一级分沉淀物分别溶解在一定体积的 pH 6.0 的磷酸氢二钠-柠檬酸缓冲液中，测定其酶含量或活力，以每个级分的蛋白质含量或酶活力对硫酸铵的饱和度作图，即可得到盐析曲线。

（2）根据盐析曲线，取蛋白质样品 50～100mL，加入相应的固体硫酸铵或饱和硫酸铵溶液分级沉淀，最后得到所要的含酶活力的沉淀。

（3）透析脱盐：取 120mm×120mm 玻璃纸一张，围绕 15mm×40mm 玻璃管折叠成袋状（可以剪去玻璃纸上端不整齐的部分），用线扎其上端，加水检查是否漏水，然后将水倒去备用（也可以用现成的透析袋）；把所得的沉淀加少量水，用小玻璃棒搅起（观察沉淀是否溶解），装入透析袋，置于盛有 50mL 水的小烧杯中透析，此时可使盐类通过半透膜进入水中。必要时，每隔几小时可更换一次透析液或采用流水透析。

【实验结果与分析】

透析结束后，取酶液测定酶活，计算回收率，即

$$\text{酶活回收率} = \frac{\text{最后所得酶活}}{\text{蛋白质样品总酶活}} \times 100\%$$

【注意事项】

（1）硫酸铵中常含有少量的重金属离子，对蛋白质巯基有敏感作用，使用前必须用 H_2S 处理：将硫酸铵配成浓溶液，通入 H_2S 饱和，放置过夜，用滤纸除去重金属离子，浓缩结晶，100℃烘干后使用。另外，高浓度的硫酸铵溶液一般呈酸性（pH5.0 左右），使用前也需要用氨水或硫酸调节至所需 pH。

（2）使用固体硫酸铵时应注意以下几点。①必须注意硫酸铵饱和度表中规定的温度，一般有 0℃或室温两种，加入固体盐后体积的变化已考虑在表中。②分段盐析中，应考虑每次分段后蛋白质浓度的变化。一种蛋白质如经二次透析，一般来说，第一次盐析分离范围（饱和度范围）比较宽，第二次分离范围较窄。③盐析后一般放置 0.5～1h，待沉淀完全后才过滤或离心。过滤多用于高浓度硫酸铵溶液，因为此种情况下，硫酸铵密度较大，若用离心法需要较高离心速度和长时间的离心操作，耗时耗能。离心多用于低浓度硫酸铵溶液。加入硫酸铵时要不停地缓缓搅拌。

【思考题】

1. 盐析的原理是什么？
2. 观察现象并解释淀粉酶为什么会溶解。
3. 除了盐析法，还有什么方法可以纯化淀粉酶？
4. 思考盐析后的淀粉酶可以用什么方法除盐。

5. 盐析操作中应该注意哪些问题?

实验 7.10　透　析

透析（dialysis）是通过小分子经过半透膜扩散到水（或缓冲液）的原理，将小分子与生物大分子分开的一种分离纯化技术。目前透析技术的应用范围较为广泛，包括：①大分子纯化；②溶质组分分离；③pH 调节；④缓冲液置换；⑤电洗脱；⑥蛋白质浓缩；⑦污染物清除；⑧脱盐等。

自 1861 年 Graham 发明透析方法至今已有 100 多年。透析已成为生物化学实验室最简便、最常用的分离纯化技术之一。生命科学在 20 世纪又有了惊人的发展，生物化学是其中最活跃的分支学科之一。人类基因组计划的启动和进展，更显示出生物化学实验技术是生命科学研究领域和临床诊疗应用领域一项非常重要的基本技术。在生物大分子的制备过程中，除盐、除少量有机溶剂、除去生物小分子杂质和浓缩样品等都要用到透析的技术。因此必须了解生物体内基本物质成分的分离、分析和鉴定常用方法及物质代谢的研究方法，并通过实验技术加深对理论知识的理解，增强分析问题和解决问题的能力。

【实验目的】

(1) 了解透析袋的使用方法；

(2) 掌握透析的基本原理和操作方法。

【实验原理】

透析是利用小分子能通过而大分子不能透过半透膜的原理，把不同性质的物质彼此分开的一种手段。透析过程中因蛋白质分子体积很大，不能透过半透膜，而溶液中的无机盐小分子则能透过半透膜进入水中，不断更换透析用水即可将蛋白质与小分子物质完全分开。蛋白质和酶的提取过程常用该法使之脱盐。

透析的动力是扩散压，扩散压是由横跨膜两边的浓度梯度形成的。透析的速度反比于膜的厚度，正比于欲透析的小分子溶质在膜内、外两边的浓度梯度，还正比于膜的面积和温度，通常是 4℃透析，升高温度可加快透析速度。如果透析时间过长，可采用在低温条件下进行，以防止微生物滋长、样品变质或降解。

透析膜可用动物膜和玻璃纸等，但用得最多的还是用纤维素制成的透析膜，商品透析袋制成管状，其扁平宽度为 23～50mm。为防干裂，出厂时都用 10% 的甘油处理过，并含有极微量的硫化物、重金属和一些具有紫外吸收的杂质，它们对蛋白质和其他生物活性物质有害，用前必须除去。

【实验器材与试剂】

(1) 实验器材：透析袋、离心机、锥形瓶、试管、容量瓶、滴管、电子天平、研钵、电磁搅拌器、玻璃棒。

(2) 材料与试剂：淀粉酶溶液、3% 硝酸银溶液、0.01mol/L $NaHCO_3$、0.001mol/L EDTA 溶液、饱和硫酸铵溶液、10% 硝酸溶液、1% 硝酸银溶液。

【实验方法与步骤】

1. 淀粉酶溶液的制备

见实验 7.9。

2. 酶蛋白的盐析

见实验 7.9

3. 透析脱盐

(1) 透析袋的预处理：先将一适当大小和长度的透析袋用 50％乙醇煮沸 1h，再依次用 50％乙醇、0.01mol/L NaHCO₃ 和 0.001mol/L EDTA 溶液洗涤，最后用蒸馏水冲洗即可使用。

(2) 样品透析：将盐析所得的淀粉酶加入适量的蒸馏水使其溶解，装入处理好的透析袋，并用夹子夹好，放入盛有蒸馏水的烧杯中透析，约 1h 后，从烧杯中取出水 1~2mL，加 10％硝酸溶液数滴使其呈酸性，再加入 1％硝酸银溶液 1 或 2 滴，检查氯离子的存在。

(3) 从烧杯中另取出水 1~2mL，做双缩脲反应，检查是否有蛋白质存在。

(4) 不断更换烧杯中的蒸馏水以加速透析过程。数小时后从烧杯中的水中不能再检出氯离子时，停止透析并检查透析袋内容物中蛋白质的存在。

【实验结果与分析】

(1) 每隔一段时间更换蒸馏水一次，经过数小时，取透析袋内样品少许做适当倍数稀释后，以紫外分光光度计测定蛋白质含量。按下式计算蛋白质含量：

$$蛋白质含量(mg/mL) = (1.45 \times OD_{280} - 0.74 \times OD_{260}) \times 样品稀释度$$

式中，1.45 和 0.74 为常数。

(2) 从氯离子和双缩脲反应检查结果，评价透析效果。

【注意事项】

(1) 透析前，检查装有样品液的透析袋是否有泄漏。

(2) 透析袋装一半左右，防止膜外溶剂因浓度差渗入将袋胀裂或过度膨胀使膜孔径改变。

(3) 搅拌、定期或连续更换外部溶剂可提高透析效果。

【思考题】

1. 高浓度的硫酸铵对蛋白质溶解度有什么影响？为什么？

2. 透析在蛋白质、生物酶提取纯化中有何意义？

3. 在透析袋处理过程中，EDTA 和 NaHCO₃ 起到什么作用？

4. 蛋白质透析的操作要点及注意事项有哪些？

5. 影响透析的因素有哪些？

6. 除了实验中提到的方法外，请思考还可以采用哪些方法评估透析的效果？

实验 7.11　离 子 交 换

【实验目的】

(1) 掌握离子交换层析技术的基本原理和方法；

(2) 掌握 RNA 碱水解的原理和方法。

【实验原理】

离子交换层析（ion exchange chromatography，IEC）是以离子交换剂为固定相，依据流动相中的组分离子与交换剂上的平衡离子进行可逆交换时的结合力大小的差别而进行分离的一种层析方法。该法主要依赖电荷间的相互作用，利用带点分子中电荷的微小差异而进行分离，具有较高的分离容量。几乎所有的生物大分子都是极性的，都可使其带电，因此，离子交换层析已广泛用于生物大分子的分离纯化技术，如氨基酸、蛋白质、糖类、核苷酸等的分离纯化。

核酸经酸、碱或酶水解可以产生各种核苷酸的混合物。核苷酸类物质包括腺苷酸（AMP）、鸟苷酸（GMP）、胞苷酸（CMP）、尿苷酸（UMP）等及其衍生物，它们在医药、食品、保健、农业、畜牧业及化妆品中得到了广泛的应用。核苷酸的生产方法有很多，离子交换层析法是普遍应用的主要分离纯化方法。核苷酸带有几种可解离基团，其中含氮环上的 NH_2（除尿苷酸外）pK_a 值差别较大，导致各个核苷酸的 pI 有显著差别，所以在进行离子交换层析时它们与离子交换树脂的吸附能力是不同的。本实验以强碱型阴离子交换树脂，运用阶段洗脱法对酵母 RNA 水解液进行分离。首先降低 RNA 水解液的离子强度，调整 pH，使核苷酸带负电荷；上样后核苷酸都能与离子交换树脂结合，pI 大的核苷酸与离子交换树脂的结合力弱，所以用含竞争性离子的洗脱液进行洗脱时是按照核苷酸的 pI 从大到小的顺序被洗脱下来，而嘌呤和嘧啶碱基与树脂的非极性亲和力不同，综合两个方面因素，4 种核苷酸被洗脱的顺序为 CMP、AMP、UMP、GMP。由于 $2'$-磷酸基和 $3'$-磷酸基的不同位置对碱基电荷的影响，$2'$-核苷酸更容易被洗脱下来。在水溶液中核苷酸有其独特的吸收光谱，用双光束紫外分光光度计对标准核苷酸进行扫描，利用扫描图谱计算出标准核苷酸的参数，然后将用强碱型阴离子交换层析分离纯化后的核苷酸溶液进行扫描并与标准核苷酸扫描图谱及参数进行比较，确定各洗脱峰为何种核苷酸。

【实验器材与试剂】

(1) 实验仪器：电热恒温培养箱、台式低速离心机、玻璃层析柱（1.1cm×20cm）、蛋白质核酸检测仪及记录仪、自动部分收集器、双光束分光光度计、磁力搅拌器、研钵、锥形瓶、布氏漏斗、水浴锅。

(2) 材料与试剂：酵母粉，强碱型阴离子交换树脂，4 种核苷酸标准品，0.3mol/L 氢氧化钾溶液，2mol/L 过氯酸，0.04mol/L、0.5mol/L、2mol/L 氢氧化钠溶液，1mol/L 盐酸，0.01mol/L、0.02mol/L、0.1mol/L、0.15mol/L、0.2mol/L 及 1mol/L 甲酸，0.05mol/L pH 4.44 甲酸钠溶液，0.1mol/L pH3.74 甲酸钠溶液，95%乙醇，乙醚，1%硝酸银溶液。

【实验方法与步骤】

1. 酵母 RNA 提取

（1）将 5g 酵母粉悬浮于 30mL 0.04mol/L 氢氧化钠溶液，研磨均匀。

（2）悬浮液转移至锥形瓶中，在沸水浴上加热 30min，冷却后离心（3000r/min，15min）。

（3）将上清液缓缓倾入 15mL 酸性乙醇溶液中，离心。

（4）95％乙醇悬浮沉淀，离心。

（5）乙醚悬浮沉淀，于布氏漏斗中抽滤（用乙醚冲洗 2 或 3 次），至沉淀抽干，即得酵母 RNA 粗制品。

2. 样品处理

取 20mg 酵母 RNA 溶于 2mL 0.3mol/L 氢氧化钾溶液中，置于电热恒温培养箱中 37℃水解 20h；然后用 2mol/L 过氯酸溶液调至 pH2 以下，4000r/min 离心 10min；弃去沉淀，上清液用 2mol/L 氢氧化钠溶液调至 pH8；取出 100mL 于双光束紫外分光光度计测定核苷酸含量，其余部分用于离子交换层析分离。

3. 树脂处理

取强碱型阴离子交换树脂用水浸泡 2h，用浮选法除去细小颗粒，并用减压法除去树脂中存留的气泡；然后依次用 4 倍树脂量的 0.5mol/L 氢氧化钠和 1mol/L 盐酸浸泡 1h，除去树脂中碱溶性和酸溶性杂质，均用去离子水洗至中性；最后用 1mol/L 甲酸钠溶液将树脂转变为甲酸型。

4. 离子交换柱的准备

取内径 1.1cm、高 20cm 的玻璃管柱，连接蛋白质核酸检测仪及记录仪、部分收集器；将处理好的强碱型阴离子树脂装柱，最后柱床高约 8cm，用 1mol/L 甲酸钠平衡直至流出液不含氯离子（用 1％硝酸银检查）；然后用 0.2mol/L 甲酸平衡，直至记录仪基线平稳；最后用去离子水洗至流出液接近中性。

5. 离子交换层析加样及洗脱

将酵母 RNA 水解液上柱，用去离子水洗去未吸附的杂质，直至记录笔回到基线，用甲酸钠溶液分段洗脱。

6. 分段洗脱法

依次用 250mL 0.02mol/L 甲酸，350mL 0.15mol/L 甲酸，200mL 0.01mol/L 甲酸，0.05mol/L 甲酸钠溶液（pH4.44），250mL 0.1mol/L 甲酸，0.1mol/L 甲酸钠溶液（pH3.74）分段洗脱，控制流速为 3mL/min。部分收集器收集流出液，每个洗脱峰溶液分别用氢氧化钠调至 pH7，然后用分光光度计在 230～350nm 进行扫描，并与标准品扫描图谱对照，确定各洗脱峰核苷酸种类，最后测定 260nm 处的吸光值。

【实验结果与分析】

（1）标准核苷酸扫描结果：对核苷酸标准品扫描得到的扫描图谱。

（2）计算各核苷酸标准品的相关参数：根据标准核苷酸扫描结果得到单核苷酸的最大吸收波长和计算出标准单核苷酸的相关参数。

（3）绘出阴离子交换树脂柱层析分离核苷酸的洗脱曲线，以层析流出液管数（或体积）

为横坐标，以相应的 A_{260} 值为纵坐标，绘出洗脱曲线图。

（4）绘出各单核苷酸的紫外吸收光谱图：根据各组分溶液在 $230\sim300$nm 波长的吸光度值，以波长（nm）为横坐标、吸光度值为纵坐标，绘出它们的吸收光谱图。由图上求出每个单核苷酸组分最大吸收峰的波长值 λ_{max}，同时，计算出各个组分在不同波长的吸光度值比值（250/260、280/260、290/260），将它们与各核苷酸的标准值（取 pH2 和 pH7 两组值的平均值为标准值）列表比较，从而鉴定出各组分为何种核苷酸。

【注意事项】

（1）在装柱时必须防止气泡、分层及柱子液面在树脂表面以下等现象发生。

（2）一直保持流速 $10\sim12$ 滴/min，并注意勿使树脂表面干燥。

（3）相瓶中滤头要注意始终处于液面以下，防止将溶液吸干。

【思考题】

1. 为什么各种核苷酸能从离子交换树脂上逐个洗脱下来？

2. 如何保存树脂？

实验 7.12　凝 胶 层 析

【实验目的】

（1）了解凝胶层析的原理及其应用；

（2）通过测定蛋白质分子质量，初步掌握凝胶层析技术。

【实验原理】

凝胶是一种具有立体网状结构且呈多孔的不溶性珠状颗粒物质。用它来分离物质，主要是根据多孔凝胶对不同半径的蛋白质分子（近于球形）具有不同的排阻效应实现的，即它是根据分子大小这一物理性质进行分离纯化的。其基本原理是：对于某种型号的凝胶，含有尺寸大小不同分子的样品进入层析柱后，较大的分子不能通过孔道扩散进入凝胶珠体内部，而与流动相一起流出层析柱；较小的分子可通过部分孔道；更小的分子可通过任意孔道扩散进入珠体内部。这种颗粒内部扩散的结果，使小分子向柱下的移动最慢，中等分子次之，样品根据分子大小的不同依次顺序从柱内流出达到分离的目的。凝胶像分子筛一样，将大小不同的分子进行分离，因此凝胶过滤又叫分子筛层析或称尺寸排阻色谱。测定生物大分子的分子质量是凝胶层析法的重要用途之一。

对于任何一种被分离的化合物，其在凝胶层析柱中被排阻的范围均为 $0\sim100\%$，其被排阻的程度可以用有效分配系数 K_{av}（分离化合物在内水和外水体积中的比例关系）表示，K_{av} 值的大小与凝胶柱床的总体积（V_t）、外水体积（V_0）、分离物本身的洗脱体积（V_e）有关，即

$$K_{av} = (V_e - V_0)/(V_t - V_0)$$

在限定的层析条件下，V_t 和 V_0 都是恒定值，而 V_e 是随着分离物分子质量的变化而改变。分子质量大，V_e 值小，K_{av} 值也小；反之，分子质量小，V_e 值大，K_{av} 值大。

有效分配系数 K_{av} 是判断分离效果的一个重要参数，同时也是测定蛋白质分子质量的一

个依据。在相同层析条件下，被分离物质 K_{av} 值差异越大，分离效果越好；反之，分离效果差或根本不能分开。在实际的实验中，可以实测出 V_t、V_e 和 V_0 的值，从而计算出 K_{av} 的大小。对于某一特定型号的凝胶，在一定的分子质量范围内，K_{av} 与 $\log M_w$（M_w 表示物质的相对分子质量）呈线性关系

$$K_{av} = -b\log M_w + c$$

式中，b、c 为常数。

同样可以得

$$V_e = -b'\log M_w + c'$$

式中，b'、c' 为常数，即 V_e 与 $\log M_w$ 也呈线性关系。可以通过在一凝胶柱上分离多种已知分子质量的蛋白质后，根据上述的线性关系绘出标准曲线，然后用同一凝胶柱测出其他未知蛋白质的分子质量。

【实验器材与试剂】

1. 实验器材

玻璃层析柱（20mm×60cm），恒流泵（或下口恒压贮液瓶），自动部分收集器，紫外分光光度计，100mL 试剂瓶，1000mL 量筒，50mL、100mL、250mL 烧杯，10mL（或 5mL）刻度试管。

2. 材料与试剂

（1）标准蛋白：牛血清清蛋白相对分子质量（67 000）；鸡卵清清蛋白相对分子质量（45 000）；胰凝乳蛋白酶原 A 相对分子质量（24 000）；溶菌酶相对分子质量（14 300）。

（2）未知蛋白质样品：由实验室准备。

（3）洗脱液：0.025mol/L KCl-0.1mol/L HAc（乙酸）溶液。

（4）蓝色葡聚糖-2000。

（5）Sephadex-75。

【实验方法与步骤】

1. 凝胶预处理

（1）称取凝胶干粉（Sephadex-75）7g，放入 250mL 烧杯中，加入适量水，室温浸泡 24h。

（2）溶胀平衡后的凝胶倾斜除去细颗粒。具体方法是用搅棒将凝胶搅匀（注意不要过分搅拌，以防止颗粒破碎），放置数分钟，将未沉淀的细颗粒随上层水倒掉，浮洗 3～5 次，直至上层没有细颗粒为止。

（3）将浸泡后凝胶抽干，用 300mL 洗脱液平衡 1h，减压抽气 10min 以除去气泡。

2. 装柱

（1）将洁净的层析柱垂直装好，固定在铁架台上，在柱内先注入 1/5～1/4 的水，底部滤板下段全部充满水，不留气泡，关闭柱出口，出口处接上一根长约 1.5m、直径 2mm 细塑管，塑管另一端固定在柱的上端约 45cm 处。

（2）凝胶柱总体积（V_t）的测定。在距柱上端约 5cm 处做一记号，关闭柱出水口，加入去离子水，打开出口，液面降至柱记号处即关闭出水口，然后用量筒接收柱中去离子水

（水面降至层析柱玻璃筛板），读出的体积即柱床总体积V_t。

（3）在柱中注入洗脱液（约1/3柱床高度），将凝胶浓浆液缓慢倾入柱中，待凝胶沉积1～2cm高度后打开出水口，流速一般用3～6mL/10min。胶面上升到柱记号处则装柱完毕，注意装柱过程中凝胶不能分层。然后关闭出水口，静置片刻，等凝胶完全沉降，则接上恒流泵，用1～2倍床体积的洗脱液平衡柱子，使柱床稳定。

3. V_0 的测定

吸去柱上端的洗脱液（切记不要搅乱胶面），打开出水口，使残余液体降至与胶面相切（但不要干胶），关闭出水口。用细滴管吸取 0.5mL（2mg/mL）蓝色葡聚糖-2000，小心地绕柱壁一圈（距胶面 2mm）缓慢加入，然后迅速移至柱中央慢慢加入柱中，打开出水口（开始收集），等溶液渗入胶床后，关闭出水口，将少许洗脱液加入柱巾，渗入胶床后，柱上端再用洗脱液充满。用 3mL/10min 的速度开始洗脱，最后绘出洗脱曲线。收集并量出从加样开始至洗脱液中蓝色葡聚糖浓度最高点的洗脱液体积，即 V_0。注意，蓝色葡聚糖洗下来之后，还要用洗脱液（1～2倍床体积）继续平衡一段时间，以备下步实验使用。

4. 标准曲线的制作

（1）用洗脱液配制标准蛋白溶液，溶液中 4 种蛋白质的浓度各为：牛血清清蛋白（2.5mg/mL）、鸡卵清清蛋白（6.0mg/mL）、胰凝乳蛋白酶原 A（2.5mg/mL）和溶菌酶（2.5mg/mL）。

（2）按照 V_0 的测定操作方法，加入上述标准蛋白溶液（0.5～1mL），以 1.5mL/（管·5min）的速度洗脱并收集洗脱液。

（3）用紫外分光光度计逐管测定 A_{280}，并确定各种蛋白质的洗脱峰最高点，然后量出各种蛋白质的洗脱体积 V_e。由于每管只收集了 1.5mL 洗脱液，量比较少，所以比色时要加入一定量的洗脱液进行测定。

（4）以 A_{280} 为纵坐标、V_e 为横坐标作图绘出标准蛋白的洗脱曲线。

（5）以 K_{av} 为纵坐标、$\log M_w$ 为横坐标作图绘出一条标准曲线。

（6）以 V_e 为纵坐标、$\log M_w$ 为横坐标作图绘出一条标准曲线。

【实验结果与分析】

　　未知分子质量的确定

测定方法与标准曲线制作的步骤（1）、（2）、（3）相同，然后在标准曲线上查得 $\log M_w$，其反对数便是待测蛋白质的分子质量。

【注意事项】

（1）制备凝胶柱时，防止出现断层现象。

（2）上样前，控制出水口流速，防止出现干胶现象。

【思考题】

1. 凝胶装柱时应注意哪些事项？

2. 上样时的操作要点是什么？

3. 凝胶如何回收？

4. 凝胶处理还可以采用哪些方法？

实验 7.13　淀粉酶的双水相萃取

生化固液分离中最困难的操作常常是从细胞破碎后的匀浆中移走细胞碎片。这些碎片尺寸分布很广（大部分为 $0.2 \sim 1\mu m$，但 $0.2\mu m$ 以下也很多），有细胞壁碎片、膜碎片，还有完整的细胞器、未破碎的细胞等。用离心机分离常常要在几万转下运行几十分钟以上，还不容易除掉某些絮状小碎片；用膜分离不仅速度慢，还易出现膜污染和蛋白质滞留。

萃取是化学工程中常用的单元操作，常用的组分是水相和有机相，利用被提取物在两相中的分配不同而实现分离的目的。但对于生物大分子，如蛋白质和酶，加入有机相会使其失活。自 20 世纪 80 年代开始，用双水相法萃取蛋白质受到重视。双水相系统（aqueous two-phase system，ATPS）指不同种类聚合物溶液混合或者聚合物水溶液和盐溶液混合后，当聚合物和盐浓度达到一定值时，混合液静置后分层产生的两液相或多液相系统，是近年来出现的很有发展前途的新型生化分离技术。其操作是向水相中加入溶入水的高分子化合物，如 PEG（聚乙二醇）或葡聚糖，可以形成密度不同的两相：轻相富含某一种高分子化合物，重相富含盐类或另一种高分子化合物。因两相均含有较多的水，所以称之为双水相。常用的双水相系统为 PEG/葡聚糖和 PEG/无机盐两种。样品液与PEG 和葡聚糖/无机盐在萃取器中混合，随后混合物通入离心机分相。上相（PEG 富集相）含有目标蛋白（亦可能含有较多杂蛋白），下相含有细胞碎片、核酸、多糖等。通过选择合适的萃取组成和条件，不仅可以除去近 100% 的细胞碎片，还可能使部分杂蛋白也分配在下相，从而达到部分纯化的目的。与一般分离纯化技术相比，双水相技术具有处理容量大、能耗低、易连续化操作和工程放大等优点，在蛋白质、酶、核酸等生物大分子的分离纯化等方面受到广泛重视，是一种有发展潜力的、易于工业化应用的生物分离技术。

【实验目的】

(1) 掌握 PEG/磷酸盐双水相系统相图的绘制方法；
(2) 掌握双水相萃取技术分离 α-淀粉酶的具体方法；
(3) 了解 α-淀粉酶酶活力的测定方法。

【实验原理】

双水相萃取与水-有机相萃取的原理相似，都是依据物质在两相间的选择性分配。当萃取体系的性质不同时，物质进入双水相体系后，由于表面性质、电荷作用和各种力（如憎水键、氢键和离子键等）的存在及环境因素的影响，使其在上、下相中的浓度不同。溶质（包括蛋白质等大分子物质、稀有金属及贵金属的络合物、中草药成分等）在双水相体系中服从 Nernst 分配定律：$K = C_t / C_b$（其中，K 为分配系数；C_t 和 C_b 分别为被分离物质在上、下相的浓度）。系统固定时，分配系数为一常数，与溶质的浓度无关。当目标物质进入双水相体系后，在上相和下相间进行选择性分配，这种分配关系与常规的萃取分配关系相比，表现出更大或更小的分配系数。水溶性两相的形成条件和定量关系常用相图来表示，以 PEG/Dextran 体系的相图为例，这两种聚合物都能与水无限混合，当它们的组成在图 7-5 曲线的

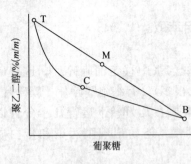

图 7-5　PEG/ Dextran 体系的相图

上方时（用 M 点表示）体系就会分成两相，分别有不同的组成和密度，轻相（或称上相）组成用 T 点表示，重相（或称下相）组成用 B 表示。C 为临界点，曲线 TCB 称为结线，直线 TMB 称为系线。结线上方是两相区，下方是单相区。所有组成在系统上的点，分成两相后，其上、下相组成分别为 T 和 B。M 点时两相 T 和 B 的量之间的关系服从杠杆定律，即 T 和 B 相质量之比等于系线上 MB 与 MT 的线段长度之比。

淀粉酶的用途十分广泛，而用盐析法生产出来的淀粉酶因含有很多杂质，影响了它的效价和应用范围。由于葡聚糖价格较贵，所以本实验主要是采用 PEG/$(NH_4)_2SO_4$ 双水相体系分离工业粗酶粉中的 α-淀粉酶。

【实验器材与试剂】

（1）实验器材：振荡器 10mL 刻度离心管、离心机、吸管、试管。

（2）材料与试剂：α-淀粉酶、PEG4000、$(NH_4)_2SO_4$、NaCl。

【实验方法与步骤】

1. PEG/$(NH_4)_2SO_4$ 双水相体系的制备

实验在室温下进行操作，体系总质量 10.0g，其中粗酶液占体系的 50%（质量比），将 50% PEG 和 $(NH_4)_2SO_4$ 原溶液按照计算量加入体系中，加入适量的 NaCl 溶液，最后加入去离子水使体系达到 10.0g。将制备好的溶液装入 10mL 带刻度的离心管中，首先在振荡器上充分振荡混匀，然后在离心机中 4500r/min 离心 4min。取出后室温静置 2min，分相后根据刻度读出上下相的体积（V_t 和 V_b，mL），用吸管吸取上相和下相液体各 2mL 于 10mL 试管中，根据 α-淀粉酶酶活力的测定方法进行酶活的测定（U_t 和 U_b，U/mL）。相比（上、下相的液相体积之比）$R = V_t/V_b$，分配系数 $K = U_t/U_b$，回收率 $Y = R \cdot K/(1 + RK) \times 100\%$。

2. PEG/$(NH_4)_2SO_4$ 双水相系统双节线图

将 PEG 4000 和 $(NH_4)_2SO_4$ 制成 50%（质量比）的原溶液，准确称量一定量的 PEG 原溶液，加入 10mL 试管中，然后加入 $(NH_4)_2SO_4$ 原溶液，混合，继续加入 $(NH_4)_2SO_4$ 原溶液，直至试管出现混浊为止。称量加入 $(NH_4)_2SO_4$ 原溶液的量，分别计算 PEG 和 $(NH_4)_2SO_4$ 原溶液在体系中的质量百分含量，再加入适量的去离子水，使体系变澄清，计算加入去离子水的质量，继续加入 $(NH_4)_2SO_4$ 原溶液，使体系再次变混浊，如此反复操作多次，分别计算体系达到混浊时 PEG 和 $(NH_4)_2SO_4$ 原溶液在体系中的质量百分含量，得出 PEG/$(NH_4)_2SO_4$ 双节线图。

【实验结果与分析】

（1）PEG/$(NH_4)_2SO_4$ 双水相系统双节线图。

（2）确定双水相体系组成，计算分配系数和回收率。

【注意事项】

（1）每一步均要称重，以计算体系的质量浓度。

（2）从澄清变混浊时，加入的无机盐不要过多，最好是刚混浊即可，如果加入的无机盐过多，会使系统中 PEG 浓度迅速下降，可以绘出的坐标点会很少。

（3）从澄清变混浊时，如果加入很多无机盐溶液仍然不能变混浊，说明体系中 PEG 浓度太低，可加入适量固体 PEG，以提高其浓度。

（4）从混浊变澄清时，要注意"刚刚澄清"。

【思考题】

1. 双水相体系是如何形成的？
2. 双水相萃取的基本原理是什么？
3. 影响双水相萃取回收率的因素有哪些？
4. 试分析亲和双水相的分离机制。

实验 7.14　红霉素的溶媒萃取

【实验目的】

（1）通过实验熟悉和掌握萃取操作技术，加深对分配系数的概念和红霉素化学效价的测定方法的了解；

（2）学会利用溶媒萃取的方法对目的产物进行提纯。

【实验原理】

由于红霉素在有机溶剂和水溶液中溶解度不同，所以，将乙酸丁酯加到含有红霉素的水溶液后，通过混合、分离操作使红霉素从水相转到有机相，从而达到分离和浓缩红霉素的目的。

分配定律是表征溶剂萃取性能的重要指标，它与多种因素有关，如弱电解质、溶液 pH 的大小等对分配系数的影响较大。

【实验器材与试剂】

（1）实验器材：分光光度计、pH 计、温度计、分析天平、分液漏斗、烧杯、试管、吸管、洗耳球。

（2）材料与试剂：红霉素碱、乙酸丁酯、pH10.0 的碳酸盐缓冲溶液、0.1mol/L HCl 溶液、8mol/L H_2SO_4、0.35% K_2CO_3 溶液、无水乙醇、无水 Na_2SO_3。

【实验方法与步骤】

（1）准确称取 0.125g 红霉素碱 2 份，分别用少量无水乙醇溶解，然后其中一份用蒸馏水稀释到 30mL，分别取样测定效价。

（2）分别取上述溶液 25mL 放到 125mL 分液漏斗中，然后各加入 25mL 乙酸丁酯，盖好塞子，振荡 15min，静置分层，测定操作温度并做记录，然后排放下水层即萃余相，取样分析效价并测量其 pH。

（3）用吸管吸取 10mL 上层乙酸丁酯（萃取相）放入 60mL 分液漏斗中，然后放入等体积 0.1mol/L HCl 溶液盖好盖子，振荡 0.5min，静置分层，排放下层液（水相）并取样分析，溶液浓度换算成萃取相单位体积的浓度值。

（4）红霉素化学效价测定：吸取用缓冲溶液稀释的实验样品 5mL，加入 5mL 8mol/L H_2SO_4，摇匀后，在（50±1）℃水浴中保温 30min，取出冷却至室温。在 721 型分光光度计 483nm 下比色，以蒸馏水为空白对照。记下吸光度值，在标准曲线上查找相应的浓度，乘以稀释倍数即得样品的效价。

发酵液经过滤后，根据确定好的倍数，吸取一定量溶液用 0.35% K_2CO_3 溶液稀释，取稀释液 20mL 于分液漏斗中，加入乙酸丁酯 20mL，振荡 0.5min，静置分层，排出下层液（水相）后，加无水 Na_2SO_3 1g 左右于乙酸丁酯中，振荡 0.5min，以液体透明为准。吸取此脱水液 10mL 于另一个干燥分液漏斗中准确加入 0.1mol/L HCl 10mL 振荡 0.5min，静置分层，将下层 HCl 溶液放入试管中，取 5mL 于另一试管中加入 8mol/L H_2SO_4 溶液 5mL 摇匀于（50±1）℃水浴中保温 30min，取出冷却至室温。在 721 型分光光度计 483nm 下比色，以蒸馏水为空白对照。

【实验结果与分析】

在 721 型分光光度计 483nm 下比色，以蒸馏水为空白对照。计算：

红霉素效价＝发酵液稀释后取样毫升数×（吸取 K_2CO_3 溶液稀释后毫升数÷K_2CO_3 溶液稀释毫升数）×（吸取乙酸丁酯毫升数÷20mL 乙酸丁酯）×（吸取 0.1mol/L HCl 毫升数÷0.1mol/L HCl 10mL）。

【注意事项】

（1）不可使用有泄漏的分液漏斗，以保证操作安全。

（2）振荡分液漏斗，使两相液层充分接触。振荡操作一般是把分液漏斗倾斜，使漏斗的上口略朝下，液体混为乳浊液振荡时用力要大，同时要绝对防止液体泄漏。

【思考题】

1. 还可以采用哪些方法提取红霉素？
2. pH 的调节在提高红霉素萃取效率方面有何作用？

实验 7.15　单萜类化合物的提取与检测

萜类化合物是一类骨架庞杂、种类繁多、数目巨大、结构千变万化、具有广泛生物活性的重要天然药物化学成分。从化学结构来看，它是异戊二烯的聚合物及其衍生物，其骨架一般以 5 个碳为基本单位，也有少数例外。但是，大量的实验表明，甲戊二烯才是萜类化合物合成途径中的前体物，而不是异戊二烯。因此由甲戊二烯羟酸衍生，且分子式符合 $(C_5H_8)_n$ 通式的衍生物均称为萜类化合物。

萜类化合物生物合成主要有两条途径：甲羟戊酸途径和新近发现的脱氧木酮糖磷酸途径。根据分子中异戊二烯单元数目的不同可分为半萜、单萜、单萜变体、环稀醚萜、倍半萜、二萜、二倍半萜、三萜、四萜和多聚萜。其中单萜类和倍半萜类称为"低萜类"，多具挥发性，是植物挥发油和许多香料的主要成分；二萜类以上的化合物称为"高萜类"，一般不具挥发性，普遍以树脂等形式存在于植物中。

单萜是由 2 个异戊二烯单元构成、含 10 个碳原子的化合物，单萜类化合物有无环型、单环型、双环型 3 种类型，其中单环和双环两种结构类型所包含的单萜化合物最多。单萜类化合物广泛存在于高等植物中的分泌组织里，是植物挥发油的主要成分，在昆虫激素及海洋生物中也存在，具有挥发性，有较高的折光率。它们的含氧衍生物多具有较强的生物活性和香气，是医药、食品工业和化妆品工业的重要原料（有些成苷后则不具挥发性）。其常用作芳香剂、防腐剂、矫味剂、消毒剂及皮肤刺激剂。根据分子中两个异戊二烯单位相互连接方式的不同，单萜类化合物被分为无环单萜类、单环单萜类与双环单萜类。单萜烃的沸点一般为 140～180℃，其含氧衍生物的沸点则为 200～300℃。

（1）无环单萜类。无环单萜中常见的结构类型不多，常见的有月桂烷型、熏衣草烷型。代表化合物是橙花醇、熏衣草醇和青蒿酮。在香料和食品工业中有广泛用途。链状单萜是由两个异戊二烯单位连接构成的链状化合物，主要有两种——月桂烯和罗勒烯，其含氧衍生物重要的如牻牛儿醇（香叶醇）、橙花醇、香茅醇和柠檬醛等（图 7-6），是香精油的主要成分。香叶醇与橙花醇是一对顺反异构体，香叶醇存在于多种香精油中，具有显著的玫瑰香气。橙花醇是它的顺型异构体，香气比较温和，更适合制造香料。

月桂烯　　罗勒烯

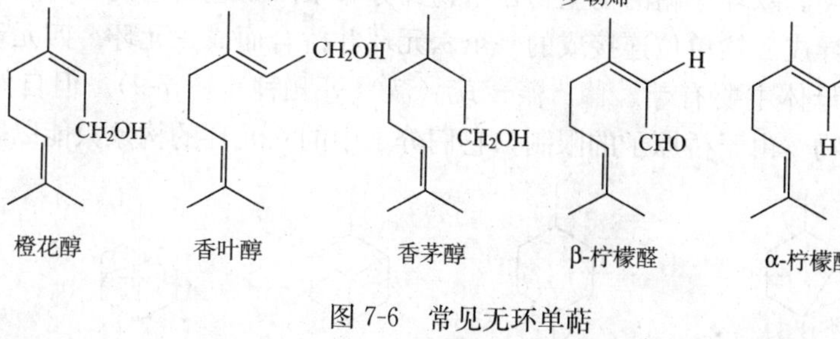

橙花醇　　香叶醇　　香茅醇　　β-柠檬醛　　α-柠檬醛

图 7-6　常见无环单萜

（2）单环单萜类。单环单萜是由两个异戊二烯单位连接构成的具有一个六元环的化合物，主要有环香叶型、薄荷烷型等。

柠檬烯（limonene）从结构上看有一个手性碳，因此有两个对映异构体。左旋体存在于松针中，右旋体存在于柠檬油中。它为无色液体，有柠檬香味，可作香料。在松节油中存在

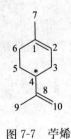

图 7-7 苧烯

的苧烯是外消旋体——对薄荷烯（图 7-7）。

薄荷醇（menthol）主要存在于薄荷挥发油中，将采集的薄荷茎叶进行水蒸气蒸馏，分离出的薄荷油经低温放置，析出的结晶即薄荷脑。其主要成分为（一）-薄荷醇。其分子中含有 3 个手性碳，故有 4 对旋光异构体，即（±）-薄荷醇、（±）-异薄荷醇、（±）-新薄荷醇、（±）-新异薄荷醇（图 7-8）。

这些对映体已全部合成出来并已拆开。天然产薄荷醇是左旋薄荷醇，其甲基、异丙基和羟基都位于平伏键，故能量较低。

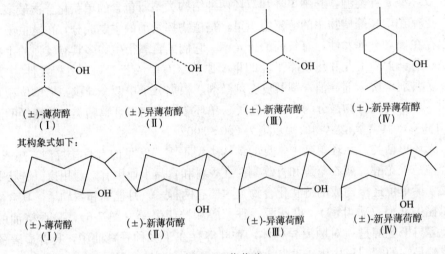

（±）-薄荷醇（Ⅰ）　　（±）-异薄荷醇（Ⅱ）　　（±）-新薄荷醇（Ⅲ）　　（±）-新异薄荷醇（Ⅳ）

其构象式如下：

（±）-薄荷醇（Ⅰ）　　（±）-新薄荷醇（Ⅱ）　　（±）-异薄荷醇（Ⅲ）　　（±）-新异薄荷醇（Ⅳ）

图 7-8　薄荷醇

薄荷醇为无色针状或棱柱状结晶，熔点 42～43℃，沸点 212℃，对皮肤和黏膜有清凉及弱的麻醉作用，用于镇痛和止痒，亦有防腐和杀菌作用；有强烈的穿透性芳香清凉气味，并有杀菌和防腐作用，可用于制人丹、清凉油等中药和皮肤止痒擦剂，也可用于牙膏、糖果、饮料和化妆品中。

（3）双环单萜类。双环单萜的衍生物在生物界分布很广，组成它们的骨架有 15 种以上，双环单萜是由两个异戊二烯单位连接成的一个六元环并桥合而成三元环、四元环和五元环的桥环结构，它们的母体主要有苧、蒈、蒎、莰（菠）等几种（图 7-9）。但自然界中较多的是蒎和菠两类化合物。由于桥原子的限制，它们分子中的六元环的构象只能以船式存在。

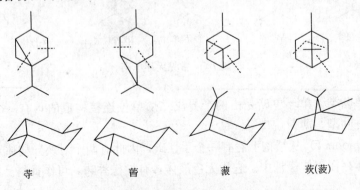

苧　　　　　　蒈　　　　　　蒎　　　　　莰(菠)

图 7-9　常见双环单萜类

蒎族中重要的是蒎烯（pinene），蒎烯有 α 和 β 两种异构体（图 7-10），它们都存在于松节油中，其中 α-蒎烯是主要成分，含量 70%～80%。α-蒎烯沸点 155～156℃，β-蒎烯沸点 162～165℃。它们都能以左旋体、右旋体和外消旋体存在。α-蒎烯的主要用途是作合成樟脑、龙脑及紫丁香香料的原料。

α-蒎烯 β-蒎烯

图 7-10　蒎烯

菠族中重要的是 2-莰醇（即龙脑）和 2-莰（菠）酮（即樟脑）。

龙脑（borneol）俗称冰片，为白色片状晶体，有升华性，熔点为 204～208℃；来源为白龙脑香树（右旋体）和艾纳香（左旋体）。它不但有发汗、兴奋、解痉挛和防止虫蛀等作用，还具有显著的抗氧化功能，它和苏合香脂配合制成苏冰滴丸代替冠心苏合丸治疗冠心病、心绞痛。此外，冰片也是香料工业的原料，是莰烷的含氧衍生物，其 C-2 差向异构体称为异龙脑（图 7-11）。

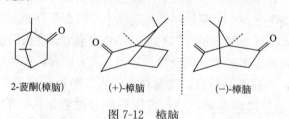

龙脑　　　　　　异龙脑

反-2-菠醇(龙脑)　　　　　异龙脑

图 7-11　龙脑

樟脑（camphor）是白色结晶性固体。熔点 179.8℃，易升华，难溶于水易溶于乙醇、乙醚、氯仿等。樟脑分子中有两个手性碳原子（C-1、C-4，图 7-12），理论上应有 4 个旋光异构体，但实际上只存在具有顺式构型的一对对映体。这是由于桥环是由船式构象所决定的。

2-菠酮(樟脑)　　　(+)-樟脑　　　(-)-樟脑

图 7-12　樟脑

天然樟脑由右旋体与左旋体共存，主要存在于樟树（右旋）和菊蒿（左旋）的挥发油中，樟脑有局部刺激作用和防腐作用，可用于神经痛、炎症和跌打损伤的擦剂并可作为强心剂，用于抢救呼吸功能或循环功能衰竭者。它还具有局部刺激和驱虫作用，因此也用于治疗神经痛及冻疮等，还作为衣物、书籍等的防蛀剂使用。

萜类化合物在自然界中广泛存在，高等植物、真菌、微生物、昆虫及海洋生物，都有萜类成分的存在。萜类化合物是中草药中的一类比较重要的化合物，已经发现许多化合物是中草药中的有效成分；同时它们也是一类重要的天然香料，是化妆品和食品工业不可缺少的原料。一些化合物还是重要的工业原料，如多萜化合物橡胶是反式链接的异戊二烯长链化合物，是汽车工业和飞机工业的重要原料。萜类化合物有许多的生理活性，如祛痰、止咳、驱风、发汗、驱虫、镇痛。天然精油原料中的萜烯和萜类化合物，可用精馏法、直接蒸汽蒸馏法、冻结法和萃取法分离。在香料生产中，广泛使用含有萜烯及其衍生物的精油。

单萜类化合物的提取一般采用水蒸气蒸馏法、有机溶剂萃取法、碱溶酸沉淀法、吸附法和超临界流体萃取法，然后采用重结晶和色谱法等分离纯化。其定性显色主要靠薄层色谱，采用浓硫酸加热显色或用硫酸香兰素显色，而且所呈现的颜色会因时间及硫酸中含水量而有差别，但在色谱过程中 Rf 值或溶剂部位与化合物的极性和化学性质密切相关，这对推定其归属烃、醛、酮、醚、醇、酯、酸等具有一定参考价值。

(1) 有机溶剂萃取法：①苷类化合物的提取。以甲醇或乙醇为溶剂进行提取，经减压浓缩后转溶于水中，滤除水不溶性杂质，继续用乙醚或石油醚萃取，除去残留的树脂类等脂溶性杂质，溶液再用正丁醇萃取，减压回收正丁醇后即得粗总苷。②非苷类化合物的提取。以甲醇或乙醇为溶剂进行提取，减压回收醇液至无醇味，残留液再用乙酸乙酯萃取，回收溶剂得总萜类提取物。或者用不同极性的有机溶剂按极性递增的方法依次分别萃取，得不同极性的萜类提取物，再行分离。

(2) 碱溶酸沉淀法：利用内酯化合物在热碱液中，开环成盐而溶于水，酸化后又闭环，析出原内酯化合物的特性来提取倍半萜类内酯化合物。但是当用酸、碱处理时，可能引起构型的改变，应加以注意。

(3) 超临界流体萃取法：是近几十年发展起来的提取分离技术，其中超临界 CO_2 流体萃取法最常用。对于小分子的单萜、倍半萜尤其适用。其具有分离效果好、生产周期短、有效成分不被破坏、工艺简单、无溶剂残留的优点。

(4) 水蒸气蒸馏法：水蒸气蒸馏法的基本原理是利用水和与水互不相溶的液体成分共存时，根据道尔顿分压定律，整个体系的总蒸汽压应为各组分蒸汽压之和，当总蒸汽压等于外界大气压时，混合物开始沸腾并被蒸馏出来。该法具有设备简单、操作容易、成本低、产量大、挥发油的回收率高等优点。单萜往往是挥发油中高沸点部分的主要成分，与挥发油的香味关系很大，一般用水蒸气蒸馏所得的挥发油，经分馏蒸出低沸点的单萜部分，高沸点下步可用色谱分离，往往可得到多种单萜化合物。常用分离方法有：①结晶法，萜类化合物的溶液浓缩至一定程度时，往往结晶析出，滤除结晶，再以适量的溶剂重结晶，可得到纯的萜类化合物；②色谱法，分离萜类化合物，常用硅胶吸附色谱法，被分离混合物与硅胶比为1：30～1：60，洗脱剂通常选用非极性有机溶剂或不同比例的混合溶剂，如石油醚-乙酸乙酯、苯-乙酸乙酯、苯-氯仿、氯仿-甲醇等，通过调节比例，以适合于不同极性的萜类化合物分离；③利用特殊官能团的性质进行分离，具有内酯结构的倍半萜类可以利用其在碱水中加热开环、酸化又环合的性质，与不具有内酯结构的倍萜类化合物分离。萜类生物碱可以利用其在水中成盐，水溶性增大的性质，与非碱性的萜类化合物相分离。在实践中往往根据欲提取、分离成分与共存杂质的具体情况，几种方法配合使用，才能取得较好的效果。

我国是世界上最大的柑橘生产国，柑橘果皮中含 $1.5\%\sim2.5\%$ 的橘皮油，橘皮油中含有醇、酸、酯、萜烯类等物质，但主要成分是一种无色透明、具有橘香味的 d-柠檬烯。柠檬烯 (limonene) 又称苧烯，学名 1-甲基-4-异丙烯基-环己烯 [1-methyl-4-(1-methylethenyl)cyclohexene]，分子式 $C_{10}H_{16}$，相对分子质量 136.23，用途极为广泛，具有天然的杀菌作用，快速挥发和渗透性能，而且无毒无公害，故在国际上已被认定为食品香料添加剂并同时在医药上使用。在工业清洗中可以替代目前使用的各种化学溶剂，改变化工制品有毒有害这一现状，并且可被生物全部降解，是一种绿色环保脱脂溶剂。近年来大量研究发现，柠檬烯具有很好的预防和抑制肿瘤活性，因此作为一种潜在的功能性添加剂，广泛应用于食品、化妆品、医药等行业。

【实验目的】

　　(1) 了解橙皮中提取柠檬烯的原理及方法;

　　(2) 掌握水蒸气蒸馏技术提取天然药物挥发油的原理与操作;

　　(3) 了解气相色谱用于挥发性成分分析鉴定的原理及操作方法;

　　(4) 了解挥发性成分分析常用样品前处理方法。

【实验原理】

　　柠檬、橙子和柚子等水果果皮通过水蒸气蒸馏可以得到一种精油,其主要成分是柠檬烯,柠檬烯属于萜烯类化合物,是一环状单萜类化合物,在工业上经常用水蒸气蒸馏的方法来收集这种精油,它的结构式见图 7-13。

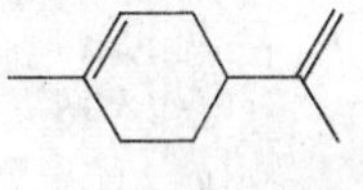

图 7-13　柠檬烯

　　本实验将从橙皮中提取柠檬烯。将橙皮进行水蒸气蒸馏,用二氯甲烷萃取馏出液,然后蒸去二氯甲烷,留下的残液为橙油,主要成分是柠檬烯。分离得到的产品通过气相色谱进行定性和定量分析。

　　色谱归一化法定量分析是基于被测物质的质量 (m_i) 与其峰面积 (A_i) 的正比关系。当试样中所有组分都能流出色谱柱,并在色谱图上显示完全分离的色谱峰时,可以使用归一化法定量。其中组分 i 的百分含量可由下式计算:

$$C_i = (m_i / \sum m_i) \times 100\% = (f_i A_i / \sum f_i A_i) \times 100\%$$

式中,C_i 是组分 i 的百分含量; f_i 是组分 i 的相对校正因子。

　　由于同一检测器对不同物质有不同的响应值,所以两个等量的物质,出峰面积往往不相等。因此,不能直接用峰面积来计算物质的含量,而需要对检测器的响应值进行校正,为此引入“定量校正因子”的概念。在一定的操作条件下 $m_i = f_i' A_i$,式中,f_i' 为绝对质量校正因子,表示单位峰面积代表的物质质量。f_i' 与仪器灵敏度有关,不易准确测定。实际工作中常用相对校正因子 f,即某一物质与一标准物质的绝对校正因子之比值。相对校正因子可以通过实验测定,也可以通过查阅有关手册获得。

　　如果各组分的 f 值相同或相近,上式可以简化为

$$C_i = (A_i / \sum A_i) \times 100\%$$

　　各种物质在一定的色谱条件下有各自确定的保留值,因此保留值可为一种定性指标。对于组分不很复杂的试样,且其中待测组分均为已知的,这种方法简单易行。

　　归一化法定量的优点是简便、准确,操作条件不需要严格控制,是一种常用的定量分析方法。此法的缺点是不管试样中某些组分是否需要测定,都必须全部分离流出,并获得测量信号,而且各组分的相对校正因子应是已知的。

【实验器材与试剂】

　　(1) 实验器材:蒸气发生器、安全管、250mL 三颈烧瓶、直形冷凝管、导气管、T 形夹、90°弯管、尾接管、真空塞、分液漏斗两个、50mL 蒸馏瓶 1 个、50mL 干燥锥形瓶 1 个、蒸馏头(或蒸馏弯管)、温度计套管、温度计 (200℃)、酒精灯、石棉网、铁架台、十字夹、气相色谱仪(配氢火焰离子化检测器)、毛细管色谱柱、色谱工作站、积分仪或记录仪、1μL 微量进样器、高纯氮气(载气)和氢气钢瓶、分光光度计、1000mL 圆底烧瓶

2 个、挥发油提取器、球形冷凝管、电热套、具塞样品瓶（5mL）、滴管、旋光仪、阿贝折光仪。

（2）材料与试剂：柠檬烯标样、新鲜橙子皮、二氯甲烷、无水硫酸钠、乙醚、沸石、浓硫酸、香草醛结晶、乙醇。

【实验方法与步骤】

1. 橙皮中柠檬烯的提取

（1）将 50g 新鲜橙子皮洗净后破碎至一定粒度（5～10 目），放入 1000mL 圆底烧瓶中，加入 300mL 水，浸泡 30min 后进行水蒸气蒸馏。水蒸气蒸馏装置如图 7-14 所示。

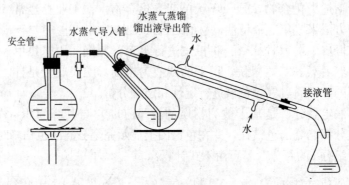

图 7-14　水蒸气蒸馏装置

（2）松开弹簧夹，加热蒸气发生器至水沸腾，三通管的支管口有大量水蒸气冒出时夹紧弹簧夹，打开冷凝水，水蒸气蒸馏即开始进行，可观察到在馏出液的水面上有一层很薄的油层。当馏出液收集 60～70mL 时，松开弹簧夹，然后停止加热。

（3）将馏出液倒入分液漏斗中，每次用 10mL 二氯甲烷萃取 3 次。将萃取液合并，放在干燥的 50mL 锥形瓶中，加入适量无水硫酸钠干燥 30min 以上。

（4）将干燥好的溶液滤入 50mL 蒸馏瓶中，用水浴加热蒸馏。当二氯甲烷基本蒸完后改用水泵减压蒸馏除去残留的二氯甲烷，瓶中留下少量橙黄色液体即为橙油。

（5）橙油的折光率、比旋光度及紫外光谱扫描。对实验得到的产物进行旋光度测定（用乙醇将提取的产物配制成 5% 的溶液，然后测定其比旋光度）；测定产物的旋光度、折光率，与标准值进行对比；对实验得到的产物进行紫外光谱扫描，与标准样进行对比。

2. 橙皮提取物的气相色谱分析

（1）开启仪器，设定实验操作条件。操作条件为：柱温 120℃，汽化温度为 200℃，检测器温度 200℃，载气流量 30～40mL/min。

（2）开启色谱工作站，进入"样品采集"窗口。

（3）当色谱仪温度达到设定值后，氢火焰离子化检测器点火。待仪器的电路、气路系统达到平衡，工作站采样窗口显示的基线平直后即可进样。

（4）测定橙皮提取物：将橙皮提取物用乙醇稀释数倍。用微量进样器吸取 0.1～0.3μL 样品进样，用色谱工作站采集记录色谱数据并记录谱图文件名。重复进样两次。

（5）测定柠檬烯标样：在相同的条件下，吸取 0.3μL 柠檬烯标样（已稀释）进样测定。用色谱工作站采集色谱数据，并记录谱图文件名。重复进样两次。

（6）数据处理和记录：进入色谱工作站的数据处理系统，依次打开色谱图文件并对色谱图进行处理，同时记下各色谱峰的保留时间和峰面积。

（7）实验完毕，用乙醚抽洗微量进样器数次，并关闭仪器和计算机。

【实验结果与分析】

（1）将所得产物与 d-柠檬烯标准样在相同条件分别测定其旋光度和折光率，实验结果记录于表 7-15。

表 7-15　提取产物的折光率和比旋光度与标准值的对比

样　品	产　物	标准值
折光率		1.471
比旋光度		125°36′

由表 7-15 中提取的产物的折光率和比旋光度与 d-柠檬烯的标准值对比，判断提取的产物是否为 d-柠檬烯。

（2）判断提取产物和 d-柠檬烯标准样品的紫外扫描图结果是否吻合。

（3）将橙皮提取物所得色谱图中各峰的保留时间与柠檬烯标样的保留时间相比较，定性分析，并用归一化法计算橙皮提取物中柠檬烯的含量。

【注意事项】

（1）需对蒸馏瓶采取保温措施，以免部分蒸汽冷凝后增加蒸馏瓶内液体体积。蒸馏中断或完成后，应先打开螺旋夹，再关热源，以防止倒吸。

（2）被蒸馏物的体积不超过容积的 1/3；蒸馏瓶与桌面成 45°；蒸馏瓶中的液体不得超过 2/3。

（3）产品中二氯甲烷一定要抽干，否则会影响产品的纯度。

（4）氢火焰离子化检测器的点火必须在色谱仪的柱温、检测器温度、进样温度达到设定值后方可进行。点火之后应检查点火是否成功。

（5）进样操作姿势是否正确，将影响实验结果的重复性。

（6）橙皮提取物中还有柠檬醛、辛醛、芳香醇、香叶醇等一些含氧化合物，它们在检测器上的响应值与柠檬烯不同。严格说该样品的归一化法定量时应采用校正因子，即用公式 $C_i = (m_i / \sum m_i) \times 100\% = (f_i A_i / \sum f_i A_i) \times 100\%$ 计算。但由于未对合成样品做全面的定性分析，不知道每一个色谱峰所代表的物质，所以无法求得它们的校正因子。故本实验用公式 $C_i = (A_i / \sum A_i) \times 100\%$ 计算柠檬烯的含量。

【思考题】

1. 挥发性成分分析常用样品前处理方法有哪些？
2. 能进行水蒸气蒸馏的物质必须具备哪几个条件？
3. 你认为要做好本实验应注意哪些问题？

实验 7.16　人参总皂苷的提取与检测

人参为五加科植物人参的干燥根，是传统名贵中药，具大补元气、补脾益肺、生津安神的功能。它是多年生草本植物，喜阴凉、湿润的气候，多生长于昼夜温差小的海拔 500～1100m 山地缓坡或斜坡地的针阔混交林或杂木林中，产自中国、韩国、俄罗斯。由于根部肥大，形若纺锤，常有分叉，全貌颇似人的头、手、足和四肢，故而称为人参。人参被人们称为"百草之王"，相关的人参属植物还有产自美国及加拿大的西洋参和产自中国的三七。在中国、俄罗斯等国家广泛应用人参治疗一系列疾病，包括贫血、糖尿病、胃炎、失眠、阳痿及作为滋补品等。临床上常用于治疗体虚欲脱、肢冷脉微、脾虚食少、肺虚喘咳、津伤口渴、久病虚羸、阳痿、心力衰竭等病症。

人参的化学成分很复杂，有皂苷、挥发油、糖类及维生素等。经现代医学和药理研究证明，人参皂苷为人参的主要有效成分，它具有人参的主要生理活性，在人参中的含量为 4% 左右。人参的根、茎、叶、花及果实中均含有多种人参皂苷。到目前为止，文献报道从人参根及其他部位已分离确定化学结构的人参皂苷有人参皂苷-Ro、-Ra1、-Ra2、-Rb1、-Rb2、-Rb3、-Rc、-Rd、-Re、-Rf、-Rg1、-Rg2、-Rg3、-Rh1、-Rh2 及-Rh3 等 50 余种。

根据皂苷元的结构不同，人参皂苷可分为 A、B、C 三种类型，A 型、B 型属于四环三萜，C 型是五环三萜。A 型和 B 型皂苷均属四环三萜达玛烷型衍生物，其皂苷元为达马烷型四环三萜，A 型皂苷元称为 20(S)-原人参二醇 [20(S)-protopanaxadiol]。B 型皂苷元称为 20(S)-原人参三醇 [20(S)-protopanaxatriol]。C 型皂苷则是五环三萜齐墩果烷型衍生物，其皂苷元是齐墩果酸。总皂苷不溶血，A 型抗溶血而 B 型、C 型溶血。目前皂苷种类以正官庄高丽参最多，有 30 多种；韩国白参有 22 种；中国参 15 种；西洋参 14 种，其中研究最多且与肿瘤细胞凋亡最为相关的为 Rg3 与 Rh2。Rg3 具有软化血管和抗癌功能等，因此有极高的药用价值和应用前景，但其在总苷中含量只有十万分之几。Rh2 是一种抗肿瘤天然植物成分，是配合治疗、化疗增效减毒的首选药物，但仅占总皂苷含量的万分之二。众多研究表明，它们具有较高的抗肿瘤活性，对正常细胞无毒副作用，与其他化疗药物（如顺铂）联合应用有协同作用。人参皂苷通过调控肿瘤细胞增殖周期、诱导细胞分化和凋亡来发挥抗肿瘤作用。将肿瘤细胞诱导分化成正常细胞有利于控制肿瘤发展，诱导肿瘤细胞凋亡使细胞解体后形成凋亡小体，不引起周围组织炎症反应。

提取皂苷的方法可以采用不同浓度的乙酸或甲醇作为溶剂，提取液减压浓缩后，加适量水，必要时先用石油醚等亲脂性有机溶剂萃取，除去亲脂性杂质，然后用正丁醇萃取，减压蒸干，得粗制总苷，此法被认为是皂苷提取的通法。此外可以先用石油醚或汽油将药材进行脱脂处理，去除油脂、色素，再用乙醇或甲醇为溶剂加热提取，冷却提取液，由于多数皂苷难溶于冷乙醇或冷甲醇，就可以析出沉淀。

粗苷的分离有以下几种方法。

(1) 溶剂沉淀法：利用皂苷难溶于乙醚、丙酮等溶剂的性质，先将粗总苷溶于少量的甲醇或乙醇中，然后逐滴加入乙醚或丙酮至混浊，放置产生沉淀，滤过得极性较大的皂苷。母液继续滴加乙醚或丙酮，至析出沉淀得极性极小的皂苷。通过这样反复处理，可初步将不同极性的皂苷分离。本实验就采用这种方法。

(2) 铅盐沉淀法：将粗总苷溶于乙醇溶液中，加入过量 20%～30% 中性乙酸铅，使酸性皂苷沉淀析出，滤出沉淀，滤液再加 20%～30% 碱性乙酸铅，中性皂苷可产生沉淀，滤出沉淀。然后将沉淀分别溶于水或烯醇中，按常法脱铅，脱铅后将滤液减压浓缩，残渣溶于乙醇，滴加乙醚至产生沉淀，即可获得提纯的酸性皂苷和中性皂苷。

（3）色谱法：吸附色谱法适用于分离亲脂性皂苷元，吸附剂常用硅胶，用混合溶剂洗脱。为了加速洗脱过程，近年来常用高压柱的方法进行。

皂苷鉴定常用以下几种方法。

（1）泡沫实验：利用泡沫实验可区别皂苷与蛋白质及甾体皂苷。蛋白质水溶液也可以产生泡沫，但加热后蛋白质凝固泡沫消失。而皂苷水溶液泡沫不加热而消失。

（2）呈色反应。①醋酐-浓硫酸反应：试样溶于醋酐中，加入冰冷的醋酐-浓硫酸（20∶1）数滴，可出现由黄色—红色—紫色—蓝色的变化，最后褪色。甾体皂苷颜色变化较快，最后呈蓝绿色；而三萜皂苷只能出现红色或紫色，不出现绿色。用此法可初步鉴别甾体皂苷与三萜皂苷 。②三氯乙酸反应：将试液滴在滤纸上，喷 25% 三氯乙酸乙醇溶液，甾体皂苷在加热到 60℃ 时即可显示红色，三萜皂苷必须加热到 100℃ 才能显示颜色。③氯仿-浓硫酸反应：试样溶于氯仿，加入浓硫酸后，氯仿层呈红色或蓝色，硫酸层呈现绿色荧光。④五氯化锑反应：五氯化锑属 Lewis 酸，试样与五氯化锑氯仿溶液现蓝紫色。用三氯化锑结果相同。

（3）色谱检识：薄层色谱是利用皂苷极性较大的性质。纸色谱中，对于亲水性强的皂苷，纸色谱中可直接以水为固定相，但要求展开剂的亲水性也相应增大。本实验应用操作简单易行的醋酐-浓硫酸反应进行鉴定。

【实验目的】

（1）掌握单萜类化合物的理化性质及提取、分离和检识方法；

（2）学习和掌握简单回流提取法、两相溶剂萃取法、旋转蒸发器等基本实验操作技能。

【实验原理】

人参的主要成分为人参皂苷，总皂苷含量 1.5%～2%，人参皂苷大多数是白色无定形粉末或无色结晶，味微甘苦，具有吸湿性。人参皂苷易溶于水、甲醇、乙醇，可溶于正丁醇、乙酸、乙酸乙酯，不溶于乙醚、苯等亲脂性有机溶剂。水溶液经振摇后可产生大量的泡沫。人参中除含有皂苷外，还含有脂溶性成分如挥发油、脂肪、甾体化合物及大量的糖类等，这些类成分对人参皂苷的分离和精制有干扰，应该除去，才能得到纯度较高的皂苷。

本实验以人参根为原料提取分离人参总皂苷，利用人参总皂苷易溶于甲醇、不溶于乙醚的性质采用溶剂法进行初步提取去杂；然后根据皂苷在含水丁醇中有较好的溶解度的性质采用萃取法进行分离；再用沉淀法进一步精制；对提取的总皂苷采用检测三萜类化合物通性的理化检识方法——显色反应进行初步定性检识。

【实验器材与试剂】

（1）实验器材：粉碎机、电热套、索氏提取装置、旋转蒸发仪（带真空泵）、分液漏斗。

（2）材料与试剂：人参根须、乙醚、甲醇、正丁醇、丙酮、去离子水、冰醋酸、醋酐、浓硫酸、硅胶。

【实验方法与步骤】

1. 人参总皂苷的提取分离

（1）将 10g 人参根须粉碎后用甲醇反复浸泡 3 次，过夜，每次甲醇用量为 60mL。

（2）合并浸提液于索氏提取器减压浓缩提取甲醇，得浸膏。

（3）干燥后用 200mL 乙醚振摇脱脂 4 次，回收乙醚。

（4）脱脂后粉末在蒸馏装置中加适量去离子水，转移到分液漏斗中。

（5）用 300mL 饱和正丁醇萃取 3 次，合并正丁醇层。

（6）水洗正丁醇层脱糖，将正丁醇层浓缩，用旋转蒸发仪减压回收正丁醇，取得残留物。

（7）干燥、收集、称重，得人参总皂苷。

2. 人参总皂苷的分离精制（沉淀法）

（1）称取适量总皂苷粗品，用少量甲醇溶解，倾入 10 倍量丙酮，不断搅拌，析出黄白色沉淀，过滤，取得总皂苷。

（2）余下母液，再倾入约 10 倍量丙酮，不断搅拌，过滤取得黄白色沉淀。

（3）合并沉淀，60℃下真空干燥，称重计算收率。

3. 人参皂苷的鉴定（醋酐-浓硫酸显色反应）

取样品适量，加冰醋酸 0.5mL 使溶解，续加醋酐 0.5mL 搅匀，再于溶液的边沿滴加 1 滴浓硫酸，观察并记录现象。

【实验结果与分析】

根据实验结果，计算人参总皂苷的提取率。

【注意事项】

（1）萃取操作时，注意振摇不能过度剧烈，以防产生乳化现象。

（2）在使用旋转蒸发器进行甲醇提取液减压浓缩时，因含皂苷易产生大量泡沫发生倒吸现象，故应注意观察随时调整水浴温度及旋转蒸发器转速，避免事故的发生。

（3）在连续回流提取过程中，水浴温度不宜过高，应与溶剂沸点相适应。此外可加快冷凝水的流速，以增加冷凝效果。

（4）回收乙醚的蒸馏操作，不必另换蒸馏装置，只将索氏提取器中的滤纸筒取出，再照原样装好，继续加热回收烧瓶中的溶剂，待溶剂液面增加至高虹吸管顶部弯曲处 1cm 处，暂停回收，取下提取器，将其中乙醚移置另外容器中，如此反复操作，即可完成回收乙醚的操作。

【思考题】

1. 三萜皂苷可用哪些反应进行鉴定？如何与甾体皂苷区别？

2. 使用乙醚作提取溶剂时，操作中应注意哪些事项？

实验 7.17　β-胡萝卜素的提取与检测

胡萝卜素是最早发现的一个多烯色素。后来又发现了许多在结构上与胡萝卜素类似的色素，于是就把这类物质称为胡萝卜色素类化合物，或者称为类胡萝卜素。这类化合物大都难溶于水，易溶于弱极性或非极性的有机溶剂，因此又把这类物质称为脂溶性色素。

类胡萝卜素是一类天然化合物的总称。其分子结构具有双键、异戊二烯结构，属脂溶性维生素 A 的一种，对氧气、热、光不稳定。它存在于蔬菜、水果、藻类等植物性食品和部分动物组织中。它是一种抗氧化剂，可清除自由基，抑制自由基生成，具有促进免疫细胞功能的作用。因此，类胡萝卜素可有效防止肿瘤、心脏病及冠心病。

胡萝卜素广泛存在于植物的叶、花、果实中，尤以胡萝卜中含量最高。胡萝卜素有 α、β、γ 三种异构体，在生物体中以 β-异构体含量最多，生理活性最强。在动物体内，胡萝卜素在酶的作用下可转化为维生素 A，因此，胡萝卜素又被称为维生素 A 原。胡萝卜素在人和高等动物体内具有重要的生理功能，是人和高等动物生存不可缺少的营养物质。

β-胡萝卜素（β-carotene）是一种类胡萝卜素，自 1831 年首次被分离得到以来已有 200 多年的历史，生产方法的改进和工艺条件的优化使其产量不断增加。β-胡萝卜素被广泛应用于黄油、干酪、乳制品及果汁饮料中，而且 β-胡萝卜素是优良的食品添加剂，具有着色和营养作用，作为食品添加剂和营养增补剂，广泛用于食品、饮料、化妆品、医药等领域，有很广阔的市场。β-胡萝卜素作为食品添加剂和营养增补剂被联合国粮农组织和世界卫生组织添加剂联合专家委员会推荐，认定为 A 类营养色素。

β-胡萝卜素分子式为 $C_{40}H_{56}$，是橘黄色脂溶性化合物，它是自然界中存在最普遍、最稳定的天然色素。它是由 C、H 两种元素组成，其分子由中央多聚烯链和两端的六元芳香环末端基团组成，为双环结构，整个分子呈几何中心对称。β-胡萝卜素中央共轭多烯链的存在使整个分子具有高度的不饱和性，可形成多种几何异构体。β-胡萝卜素易溶于许多有机溶剂，如乙酸乙酯、氯仿等，不溶于水。

在提取方法上，目前，国内外从经济和市场潜力方面开展了诸多研究工作，主要方法有：培养盐生杜氏藻提取天然 β-胡萝卜素，培养真菌、酵母提取 β-胡萝卜素，从螺旋藻中提取 β-胡萝卜素等。但是，这些方法或者原料受到外界环境条件的限制而使得产量很低，或者中间环节太多而使得最后的收率降低，或者提取条件没有进行优化，因此结果都不甚理想。从天然植物中提取 β-胡萝卜素的技术有很多，其中以溶剂提取法研究最多，其他的提取技术大多仍处于实验室阶段，尚未大规模工业化应用，有待于进一步研究。

紫外可见分光光度计既是一种历史悠久、传统的分析仪器，又是一种现代化的集光、机、电、计算机为一体的高技术产品，它的应用非常广泛，在有机化学、生物化学、药品分析、食品检验、医疗卫生、环境保护、生命科学等各个领域和科研生产工作中都已得到了极其广泛的应用，特别在生命科学突飞猛进的今天，紫外可见分光光度计又是生命科学研究的"眼睛"，它已被国内外许多专家学者认定为生命科学仪器中的主干产品之一。

在紫外区进行食品中某些指标的分光光度法测定，因其简便、快捷、有效而在食品分析中占有很大比重。在今后几年内，这种局面仍将维持下去。在可见区，因其灵敏度高、选择性好、方法灵活、适用面宽而受到越来越多的青睐。因此常用紫外分光光度法测定 β-胡萝卜素的含量。

【实验目的】

(1) 掌握从胡萝卜中提取分离 β-胡萝卜素的原理与方法；

(2) 学会用紫外分光光度计测定 β-胡萝卜素的方法；

（3）掌握实验数据的处理及色素含量的计算方法。

【实验原理】

β-胡萝卜素的分子式为 $C_{40}H_{56}$，相对分子质量为 536.85，熔点 184℃，属于不饱和碳氢化合物，难溶于甲醇、乙醇，可溶于乙醚、石油醚正己烷、丙酮，易溶于氯仿、二硫化碳、苯等有机溶剂，根据 β-胡萝卜素的性质，可利用石油醚、乙酸乙酯等弱极性溶剂将它们从植物材料中浸提出来。

有机溶剂浸提法提取色素的基本原理是用各种溶剂萃取天然色素原料，根据相似相溶原理，使色素物质溶解而进入溶液，选择低沸点的石油醚为溶剂，在除去溶剂的时候可避免高温，从而避免了胡萝卜素不必要的损失。β-胡萝卜素的溶解度随温度的变化而不同，在一定温度范围内随温度升高，β-胡萝卜素的提取率增加，温度继续升高提取率反而下降，这主要和不同温度的分子运动有关。温度低，分子运动慢，不能很好地溶解出 β-胡萝卜素；温度高时，β-胡萝卜素溶出量加大，但是温度过高时，溶剂挥发增加，且高温会促使 β-胡萝卜素的氧化分解，所以实验中选取 50℃ 为提取温度。又因为在提取的传质过程中，随时间的增加，β-胡萝卜素的溶解程度增加，提取率就增加；但是达到平衡后，时间的增加会导致 β-胡萝卜素的部分氧化，提取率反而下降，所以选择提取时间为 90min。

紫外分光光度计是利用不同物质的分子对不同波长的光的吸收能力不同来对物质进行定性和定量测试。组成物质的分子是有选择地吸收那些能量相当于该分子的电子运动能量变化、振动能量变化及转动能量变化的总辐射能，由于各分子内部结构不同能级变化千差万别，能级间的间隔也相对不同，这决定了分子对不同波长的光能吸收有强有弱，为分子吸收光谱的定性定量分析提供了有利条件，可以根据这个原理来测定胡萝卜提取物中 β-胡萝卜素的含量。根据 β-胡萝卜素在可见光区有强烈吸收的性质，用紫外分光光度法进行测定，β-胡萝卜素的最大吸收峰为 451nm。

【实验器材与试剂】

（1）实验器材：电子天平、离心机、搅拌机、粉碎机、索式抽提器、冷冻干燥机、旋转蒸发仪、紫外分光光度计。

（2）材料与试剂：新鲜胡萝卜，β-胡萝卜素标准品，丙酮、石油醚、氯仿、氨水、氯化钙。

【实验方法与步骤】

1. β-胡萝卜素提取

（1）取 100g 洗净的胡萝卜，切块、打碎后，立即加入 5mL 氨水作为稳定剂防止 β-胡萝卜素被氧化。

（2）用粉碎机将样品粉碎成浆液状，减压抽滤，得橙红色胡萝卜汁液。

（3）取 10g 胡萝卜汁液，加入浓度为 2% 的氯化钙溶液 20mL，4500r/min 离心得橙红色沉淀。

（4）取沉淀加入 50mL 石油醚于 50℃ 恒温回流提取 90min，旋蒸浓缩制得 β-胡萝卜素油状物。

2. 最大吸收波长的确定

取一定量的 β-胡萝卜素标准样品配制成标准溶液在 300～600nm 波段进行波长扫描，以石油醚作为空白对照，通过扫描结果确定的最大吸收波长。

3. 标准曲线的绘制

准确称取 0.0044g β-胡萝卜素标准品，先以少量氯仿溶解，再用石油醚定容至 50mL 棕色容量瓶，分别准确移取 1.0mL、1.5mL、3.0mL、5.0mL、8.0mL、10.0mL 定容至 10mL 棕色容量瓶中，在最大吸收波长下比色，测定吸光值，绘制标准曲线。

4. 样品中 β-胡萝卜素含量的测定

从胡萝卜中萃取出来的 β-胡萝卜素用有机溶剂定容后，用紫外分光光度计测定吸光值，然后用 β-胡萝卜素标准曲线算其含量。

【实验结果与分析】

提取率计算：

$$\text{β-胡萝卜素含量} = \text{稀释倍数} \times C \times V / M$$

$$\text{β-胡萝卜素提取率} = \text{提取液中 β-胡萝卜素含量} / \text{原料中 β-胡萝卜素总含量}$$

式中，C 为 β-胡萝卜素提取液蒸干定容后浓度；V 为 β-胡萝卜素提取液中体积；M 为 β-胡萝卜素样品的量。

【注意事项】

（1）β-胡萝卜素具有共轭烯烃结构，比较容易发生氧化分解，所以在整个提取过程中，要求尽量避免日光直射，整个实验过程要尽量快速完成，同时还应该保持合适的温度。

（2）浓缩提取液时应当用水浴加热旋转蒸发仪，最好用减压蒸馏，而且不可蒸得太快、太干，以免类胡萝卜素受热分解破坏。

【思考题】

1. 紫外分光光度法测定 β-胡萝卜素的原理是什么？关键步骤是什么？
2. 实验中有机溶剂的用量对实验结果是否有影响？
3. 除了实验中的方法，还有什么方法可用于 β-胡萝卜素的测定？
4. 萃取胡萝卜素的有机溶剂应如何选择呢？

7.5　结晶与重结晶技术

结晶（crystallization）是一种历史悠久的分离技术，是化工、制药、轻工等工业生产常用的精制技术，可从均质液相中获得一定形状和大小的晶状固体。在氨基酸、有机酸和抗生素等生物制品行业，结晶已经成为重要的分离纯化手段。结晶是从液相或气相生成形状一定、分子（原子、离子）有规则排列的晶体的现象。但工业结晶操作主要以液体原料为对象，结晶是新相生成的过程。作为一种化工单元操作过程，结晶过程没有其他物质的引入，结晶操作的选择性高，可制取高纯或超纯产品。近年来随着对晶体产品要求的提高，不仅要求纯度高、产率大，还对晶形、晶体的主体颗粒、粒度分布、硬度等都加以规定。因此，人们寻求各种外界条件来促进并控制晶核的形成和晶体的生长，以期得到理想的产品。溶液结晶技术是一个重要的化工单元操作，是跨学科的分离与生产技术，近 20 年来该技术在国际上取得了一定的进展。结晶技术作为跨世纪发展的化工技术，将成为 21 世纪高新技术发展的基础手段之一。

结晶技术近年来发展迅速，主要有反应结晶、真空结晶、无溶剂结晶、高压结晶、膜结晶、萃取结晶、蒸馏-结晶耦合、超临界流体（SCF）结晶、升华结晶等结晶技术等。未来结晶理论及技术的研究方向主要集中在以下几个方面：①近代超分子化学与凝聚态物理是计算分子结晶学进一步发展的基础；②应用现代化测试技术进一步揭示工业结晶与粒子过程的机理，加速模型由艺术向科学的转化；③新型结晶技术与设备持续发展，耦合型结晶技术将是主要发展方向之一；④计算流体力学进入了工业结晶过程设计与优化；⑤功能结晶分子与超分子设计的研究。当然，开发溶液结晶新技术、新设备，研究计算机辅助控制的最优化程序，实现结晶粒度分布的最佳设计，也是未来的发展方向。

溶液结晶过程可以根据不同的方式进行分类。一般根据过饱和度的产生方式进行分类，如冷却结晶、蒸发结晶、超声波结晶和高压结晶等，其他还有溶析结晶、冷冻结晶和萃取结晶等。根据结晶操作方式可分为分批结晶和连续结晶等。

重结晶（recrystallization）是将晶体溶于溶剂或熔融以后，又重新从溶液或熔体中结晶的过程，又称再结晶。重结晶可以使不纯净的物质获得纯化，或使混合在一起的盐类彼此分离。

实验 7.18　谷氨酸的结晶与重结晶

【实验目的】

（1）了解和掌握用等电点法从发酵液中回收谷氨酸的方法；

（2）掌握谷氨酸结晶与重结晶技术单元操作。

【实验原理】

从谷氨酸发酵液提取谷氨酸的方法有等电点法、离子交换法、溶剂萃取法和电渗析法等。而等电点法是谷氨酸提取方法中操作最简单的一种。其利用两性氨基酸在等电点(pI＝3.22)时溶解度最小的原理，使谷氨酸过饱和而沉淀下来，这一方法适合等电点溶解度小的氨基酸的回收。主要流程为：发酵液加 HCl，育晶 2h（pH4～5）；加 HCl，育晶 2h（pH3.5～3.8）；加 HCl，育晶 2h (pH3.0～3.2)；加 HCl，搅拌育晶 20h；沉淀 4h，得母液和细谷氨酸。影响谷氨酸结晶的因素很多，发酵浓度的纯度和中和结晶操作条件是影响谷氨酸结晶的主要因素。谷氨酸晶体类型有 α 型和 β 型两种，α 型晶体是等电提取的一种理想晶体。30℃以下主要形成 α 型晶体。

【实验器材与试剂】

（1）实验器材：无极调速搅拌机、旋转蒸发器、恒温水浴锅、水环式真空泵、波美计。

（2）实验试剂：pH 试纸、盐酸、无水乙醇、活性炭。

【实验方法与步骤】

1. 起晶中和

将放罐的发酵液先测定放罐体积、pH、谷氨酸含量和温度，开始搅拌。若放罐的发酵液温度高，应先将发酵液冷却到 25~30℃，消除泡沫后再开始调 pH。用盐酸调至 pH 4.0~4.5（视发酵液的谷氨酸含量高低而定），此时即使加酸速度稍快，影响也不大。

2. 停酸育晶

当 pH 达到 4.5 时，应放慢加酸速度，在此期间应注意观察晶核形成的情况，若观察到有晶核形成，应停止加酸，搅拌育晶 2~4h。若发酵不正常，产酸低于 4%，虽调到 pH 4.0，仍无晶核出现，遇到这种情况，可适当将 pH 降至 3.5~3.8。

3. 搅拌育晶

搅拌以利于晶核形成，或者适当加一点晶种刺激起晶。

4. 继续中和

搅拌育晶 2h 后，继续缓慢加酸，耗时 4~6h，调 pH 至 3.0~3.2，停酸复查 pH，搅拌 2h 后开大冷却水降温，使温度尽可能降低。

5. 等电点搅拌

到等电点 pH 后，继续搅拌 16h 以上，停搅拌静置沉淀 4h，关闭冷却水，吸去上层菌液，至近谷氨酸层面时，用真空将谷氨酸表层之菌体和细谷氨酸抽到另一容器里回收。取出底部谷氨酸，离心甩干，得到湿谷氨酸。

6. 重结晶

(1) 在不锈钢桶内将湿谷氨酸粗品按 1：10~1：15 （m/V）加入清水，搅拌溶解，加入 1% 活性炭。加热到 60℃，搅拌（60r/min）30min。

(2) 过滤，滤液冷却 25~30℃，稀盐酸调 pH 4.6~4.8，搅拌（60r/min）30min，直至有晶体出现。

(3) 继续调 pH 到 3.2~3.3，搅拌 6h，静置析出结晶，过滤取结晶。

(4) 用无水乙醇洗涤 2 次，60℃烘干，为谷氨酸成品。

【结果与分析】

观察谷氨酸晶体颜色、大小和晶形，描述实验结果。

【注意事项】

(1) 自然起晶，晶体大小不一，小晶体难于沉降，收得率低；晶种起晶，晶体大小均一，易于沉降，收得率高。

(2) 投放晶种时机：过早，晶种易溶化；过晚，形成更多细小晶体。

(3) 加酸步骤，开始加酸调 pH 至 5.0 这段时间，加酸速度可稍快一点。pH 至 5.0 以下，加酸速度要缓慢，发现晶核时，要停酸育晶，然后再继续慢慢加酸至等电点。加酸可归结为：前期稍快，中期要缓，后期要慢。

(4) 搅拌的影响：不搅拌起晶，晶体大小不均匀；搅拌情况下，晶体大小均匀，可避免形成"晶簇"。搅拌太快，晶体细小；过慢，易形成过多微细晶核，甚至出现 β 型结晶。工厂一般采用 20~35r/min。

【思考题】

1. 影响谷氨酸结晶的因素有哪些?
2. 谷氨酸结晶过程中, 为何要避免 β 型晶体的出现?
3. 等电点提纯谷氨酸的工艺类型有哪些?

7.6　生物产品浓缩与干燥技术

1. 浓缩

浓缩 (concentration) 是低浓度溶液通过除去溶剂 (包括水) 变为高浓度溶液的过程, 常在提取后和结晶前进行, 有时也贯穿在整个生化制药过程中。加热和减压蒸发是最常用的方法, 一些分离提纯方法也能起浓缩作用。例如, 离子交换法与吸附法能够使所需物质的浓度提高几倍以至几十倍; 超滤法利用半透膜能够截留大分子的性质, 很适于浓缩生物大分子。此外, 加沉淀剂、溶剂萃取、亲和层析等方法也能达到浓缩目的。

蒸发是溶液表面的水或溶剂分子获得的动能超过溶液内分子间的吸引力以后, 脱离液面进入空间的过程。可以借助蒸发从溶液中除去水或溶剂使溶液被浓缩。蒸发有常压蒸发和减压蒸发两种。下列因素会影响蒸发: ①加热使溶液湿度升高, 分子动能增加, 蒸发加快; ②加大蒸发面积可以增加蒸发量; ③压力与蒸发量成反比。减压蒸发是比较理想的浓缩方法。减压能够在温度不高的条件下使蒸发量增加, 从而减小加热对物质的损害。

2. 干燥

干燥 (drying) 是从湿的固体生化药物中除去水分和溶剂而获得相对或绝对干燥制品的工艺过程, 通常包括原料药的干燥和制成的临床制剂的干燥。干燥往往是生物产品分离的最后一步。许多生物产品, 如酶制剂、单细胞蛋白、抗生素和氨基酸等均为固体产品。干燥是制取以固体形式存在、含水量在 5%～12% 的生物制品的主要工业方法。

影响干燥的因素主要有以下几种。①蒸发面积。蒸发面积大, 有利于干燥, 干燥效率与蒸发面积成正比。如果物料厚度增加, 蒸发面积减小, 难于干燥, 由此会引起温度升高使部分物料结块、发霉变质。②干燥速度。干燥速度应适当控制。干燥时, 首先是表面蒸发, 然后内部的水分子扩散至表面, 继续蒸发。如果干燥速率过快, 表面水分很快蒸发, 就使得表面形成的固体微粒互相紧密黏结, 甚至成壳, 妨碍内部水分扩散至表面。③温度。升温能使蒸发速率加快, 蒸发量加大, 有利于干燥。对不耐热的生化产品, 干燥温度不宜高, 冷冻干燥最适宜。④湿度。物料所处空间的相对湿度越低, 越有利于干燥。相对湿度如果达到饱和, 则蒸发停止, 无法进行干燥。⑤压力。蒸发速率与压力成反比, 减压能有效地加快蒸发速率。减压蒸发是生化产品干燥的最好方法之一。

常用的干燥方法有: ①常压吸收干燥。常压吸收干燥是在密闭空间内用干燥剂吸收水或溶剂。此法的关键是选用合适的干燥剂。②真空干燥。真空条件下, 可以在较低的温度下对样品进行干燥。真空干燥装置包括真空干燥器、冷凝管及真空泵。③气流干燥。也称"瞬间干燥", 是固体流态化中液相输送在干燥方面的应用。该法是使加热介质 (空气、惰性气体、燃气或其他热气体) 和待干燥固体颗粒直接接触, 并使待干燥固体颗粒悬浮于流体中, 因而两相接触面积大, 强化了传热传质过程, 广泛应用于散状物料的干燥单元操作。④红外线和远红外线干燥。红外线和远红外线干燥器是利用辐射传热干燥的一种方法。红外线或远红外线辐射器所产生的电磁波（波长为 $0.1 \sim 100 \mu m$）的电磁波谱，以光的速度直线传播到达被干燥的物料，当红外线或远红外线的发射频率和被干燥物料中分子运动的固有频率（即红外线或远红外线的发射波长和被干燥物料的吸收波长）相匹配时，引起物料中的分子强烈振动，在物料的内部发生激烈摩擦产生热而达到干燥的目的。⑤微波加热干燥。微波是频率在 300MHz 到 300kMHz 的电磁波（波长 1m～1mm），具有较强的穿透性。微波发生器将微波辐射到干燥物料上，当微波射入物料内部时，促使水等极性分子随微波的频率做同步旋转，在微波电磁场作用下，这些取向运动以每秒数十亿次的频率不断变化，造成分子的剧烈运动与碰撞摩擦，从而产生热量，达到电能直接转化为介质内的热能。⑥喷雾干燥。喷雾干燥是采用雾化器将原料液分散为雾滴，并用热气体（空气、氮气或过热水蒸气）干燥雾滴而获得产品的一种干燥方法。原料液可以是溶液、乳浊液、悬浮液，也可以是熔融液或膏糊液。干燥产品根据需要可制成粉状、颗粒状、空心球或团粒状。溶液的喷雾干燥是在瞬间完成的。为此，必须最大限度地增加其分散度，即增加单位体积溶液中的表面积，才能加速传热和传质过程。若将其分散成直径为 $10 \mu m$ 的球形小液滴，分散前后相比，表面积增大 1290 倍，从而大大地增加了蒸发表面，缩短了干燥时间。因此液体的雾化、将料液分散为雾滴的雾化器是喷雾干燥的关键部件。目前常用的有三种雾化器：第一，气流式雾化器。采用压缩空气或蒸汽以很高的速度（＞300m/s）从喷嘴喷出，靠气液两相间的速度差所产生的摩擦力，使料液分裂为雾滴。第二，压力式雾化器。用高压泵使液体获得高压，高压液体通过喷嘴时，将压力能转变为动能而高速喷出时分散为雾滴。第三，旋转式雾化器。料液在高速转盘（圆周速度 90～160m/s）中受离心力作用从盘边缘甩出而雾化。⑦冷冻干燥。将待干燥的制品冷冻成固态，然后将冻结的制品经真空升华逐渐脱水而留下干物质的过程称为冷冻干燥。冷冻干燥的制品是在低温高真空中制成的，微小冰晶体的升华呈现多孔结构，并保持原先冻结的体积，加水易溶，并能恢复原有的新鲜状态，生物活性不变。由于冷冻干燥有上述优点，所以适用于对热敏感、易吸湿、易氧化、易变性的制品（如蛋白质、酶、核酸、抗生素、激素等），广泛应用于科研和生产。

实验 7.19 多糖的真空浓缩

【实验目的】

(1) 了解各种物质浓缩原理，熟练掌握浓缩的一般过程、常用浓缩技术的操作方法；

(2) 学会使用真空旋转蒸发仪，掌握真空浓缩的原理和方法。

【实验原理】

蒸发浓缩是生产中使用最广泛的浓缩方法，采用浓缩设备把物料加热，使物料的易挥发部分水分在其沸点温度时不断地由液态变为气态，并将汽化时所产生的二次蒸汽不断排除，从而使制品的浓度不断提高，直至达到浓度要求。

真空浓缩设备是利用真空蒸发机或机械分离等方法达到物料浓缩。目前，为了提高浓缩产品的质量，广泛采用真空浓缩，即一般在 8～18kPa 低压状态下，以蒸汽或水浴间接加热方式对料液加热，使其在低温下沸腾蒸发，这样物料温度低，且加热所用蒸汽与沸腾液料的温差增大，在相同传热条件下，比常压蒸发时的蒸发速率高，可减少液料营养的损失，并可利用低压蒸汽作蒸发热源。一般低热敏性高的物质都采用此方法来进行浓缩。真空旋转蒸发仪是实验室广泛应用的一种蒸发仪器，基本原理就是减压蒸馏，适用于回流操作、大量溶剂的快速蒸发、微量组分的浓缩和需要搅拌的反应过程等。系统可以密封减压至 400～600mmHg[①]；用加热浴加热蒸馏瓶中的溶剂，加热温度可接近该溶剂的沸点；同时还可进行旋转，速度为 50～160r/min，使溶剂形成薄膜，增大蒸发面积。此外，在高效冷却器作用下，可将热蒸汽迅速液化，加快蒸发速率。旋转蒸发仪主要部件包括：旋转马达，通过马达的旋转带动盛有样品的蒸发瓶；蒸发管，其有两个作用，首先起到样品旋转支撑轴的作用，其次通过蒸发管、真空系统将样品吸出；真空系统，用来降低旋转蒸发仪系统的气压；

图 7-15　RE 52-99 真空旋转蒸发仪

1. 冷凝装置；2. 进料管；3. 四通瓶；4. 接受瓶；5. 温控装置；6. 电热开关；7. 电源开关；8. 调速旋钮；9. 上升旋钮；10. 下降旋钮；11. 加热盆；12. 蒸馏瓶；13. 电机；14. 升降支座；15. 冷凝管固定装置

流体加热锅，通常情况下都是用水加热样品；冷凝管，使用双蛇形冷凝或者其他冷凝剂如干冰、丙酮冷凝样品；冷凝样品收集瓶，样品冷却后进入收集瓶。机械或马达机械装置用于将加热锅中的蒸馏瓶快速提升。

蒸馏瓶是一个带有标准磨口接口的梨形或圆底烧瓶，通过一高度回流蛇形冷凝管与减压泵相连，回流冷凝管另一开口与带有磨口的接收烧瓶相连，用于接收被蒸发的有机溶剂。在冷凝管与减压泵之间有一三通活塞，当体系与大气相通时，可以将蒸馏瓶、接液烧瓶取下，转移溶剂；当体系与减压泵相通时，则体系应处于减压状态。使用时，应先减压，再开动电动机转动蒸馏瓶；结束时，应停机，再通大气，以防蒸馏瓶在转动中脱落。旋转蒸发仪的真空系统可以是简单的浸入冷水浴中的水吸气泵，也可以是带冷却管的机械真空泵。蒸发和冷凝玻璃组件可以很简单也可以很复杂，这要取决于蒸馏的目标，以及要蒸馏的溶剂的特性。不同的商业设备都会包含一些基本的特征，现代设备通常都增加了如数字控制真空泵、数字显示加热温度甚至蒸汽温度等功能。图 7-15 为实验室常用的一种真空旋转蒸发仪（RE 52-99，上海亚荣生化仪器厂）。

【实验器材与试剂】

（1）实验器材：真空旋转蒸发仪。

（2）实验材料及试剂：香菇多糖的水或酸浸体液样品。

【实验方法与步骤】

1. 真空旋转蒸发仪的安装

不同的旋转蒸发仪安装参考其安装说明，下面是旋转蒸发仪的一般安装步骤。

（1）将旋转蒸发器机架旋转在靠近水源的牢固工作台上，如遇不平可垫 4 只硬橡皮脚。

（2）将旋转蒸发器机头中心移到距底盘 48cm 高度向右倾斜 25°左右，锁紧机架上各锁紧螺母。

---

① 　1mmHg＝1.333 22×10[2]Pa。

（3）将冷凝器插在机头接口上，调整各活动关节使冷凝器垂直，用固定夹保持。冷凝器各管接头向后。

（4）将加料管插入四通瓶与蒸馏瓶之间。

（5）将收集瓶与冷凝管对接，用瓶口夹夹好。

（6）将旋转瓶套在旋转轴右端，用瓶口夹夹好。

（7）将旋转蒸发器水浴锅放在旋转瓶下方，加清洁水至 2/3 锅处（自来水要放置 1～2 天）。

（8）在抽气管处用真空管接通真空管接头，另一接头连接在真空泵或实验室真空开关上。

2. 真空浓缩操作

（1）首先在加热盆中加入加热介质（水），接通冷却水。

（2）接通电源，将香菇多糖样品加入蒸馏瓶中（容量一般不超过 50%），旋紧蒸馏瓶。

（3）打开自动升降开关，使蒸馏瓶进入加热盆中。

（4）打开调速旋钮（开通电源前，调速旋钮左旋到最小），然后慢慢往右旋至所需要的转速，一般大蒸馏瓶用中、低速，黏度大的溶液用较低转速。

（5）打开真空泵开关，调整进料口真空调节旋钮，使其处于真空状态。对于带有控制真空度的旋转蒸发仪可控制真空度在 $-0.1\mathrm{MPa}$ 左右。

（6）打开加热盆开关，温度控制在 $60\sim90\mathrm{℃}$，缓慢升温至物料沸腾，直至浓缩完成。

（7）如在蒸发过程中需要补料，可通过自动进料管直接进料。

（8）蒸发完毕后，提起升降台，关闭真空泵、冷却水、加热盆开关，切断电源。

（9）破真空后，方可取下蒸馏瓶，倒出浓缩好的物料。

（10）最后倒出加热介质，对仪器及玻璃容器进行清洗。

【实验结果与分析】

观察产品的形态及色泽，称重并计算产品含水量。

【注意事项】

（1）电源插头务必插在有保护地线的三眼插座内，以确保电机外壳接地。

（2）玻璃仪器在装拆、清洗、使用时小心轻放，避免冲击、坚硬物划伤或冷热急变，不能用电炉或明火直接加热。处理易燃、易爆、有毒、有腐蚀性或者贵重溶液时，用户应该采取相应的安全措施和遵守有关安全操作规程。

（3）机座要避免放在会引起共鸣的台板上，以减少噪声。玻璃容器只能用洗涤剂清洗，不能用去污粉和洗衣粉，防止划伤瓶壁。

（4）当突然停电而又要提起升降台时，可用手动升降按钮。

（5）升温速度一定要慢，尤其在浓缩易挥发物料时。

（6）各磨口、密封面、密封圈及接头安装前都需要涂一层真空脂。检查真空泵及其皮管是否漏气玻璃件是否有裂缝、碎裂、损坏的现象。

（7）加热槽通电前必须加水，不允许无水干烧。

【思考题】

1. 对于不同生物产品，如何选择真空浓缩条件？

2. 真空浓缩的特点是什么？

实验 7.20　多糖的冷冻干燥

【实验目的】

(1) 了解冷冻干燥原理；

(2) 掌握真空冷冻干燥操作。

【实验原理】

真空冷冻干燥是真空技术和冷冻技术相结合的新型干燥技术，是在水（溶剂）的三相点以下，即低温低压下，使其中的水分（溶剂）从固态升华成气态，以除去水分（溶剂）而保存物质的方法。这种干燥方法得到的物品，原有的化学、生物特性基本不变，易于长期保存，加水后能恢复到冻干前的形态，并且能保持其原有的生化特性，是一种优质的干燥方法。真空冷冻干燥机（简称冻干机），是实现冷冻干燥技术的设备，是一种结构比较复杂的机器，它涉及制冷、真空、热工、机械、流体、电器控制和压力容器等领域的知识。

冻干过程分为冷冻、升华、解析干燥三个阶段，每一个阶段都有相应的要求，不同的物料其要求各不相同，各阶段工艺设计及控制手段的差异直接关系冻干产品的质量和冻干设备的性能。冷冻阶段：冷冻干燥首先要把原料进行冻结，使原料中的水变成冰，为下阶段的升华做好准备。冻结温度的高低及冻结速度是控制目的，温度要达到物料的冻结点以下，不同的物料其冻结点各不相同。冻结速度的快慢直接关系到物料中冰晶颗粒的大小，冰晶颗粒的大小与固态物料的结构及升华速率有直接关联。一般情况下，要求 1~3h 完成物料的冻结，进入升华阶段。升华阶段：升华干燥是冷冻干燥的主要过程，其目的是将物料中的冰全部汽化移走，整个过程中不允许冰出现融化，否则冻干便告失败。升华的两个基本条件：一是保证冰不融化；二是冰周围的水蒸气必须低于 610Pa（低于物料冻结点的饱和蒸汽压）。升华干燥一方面要不断移走水蒸气，使水蒸气压低于要求的饱和蒸汽压；另一方面为加快干燥速度，要连续不断地提供维持升华所需的热量，这便需要对水蒸气压和供热温度进行最优化控制，以保证升华干燥能快速、低能耗完成。解析干燥：物料中所有的冰晶升华干燥后，物料内留下许多空穴，但物料的基质内还留有残余的未冻结水分（它们以结合水和玻璃态形式存在）。解析干燥就是要把残余的未冻结水分除去，最终得到干燥物料。

实验室系列冻干机追求的性能指标是体积小、质量轻、功能多、性能稳定、测试系统准确度高，最好是一机多用，能适应多种物料的冻干实验。实验系列冻干机种类的主要划分方法有以下几种，从结构上分：①钟罩型冻干机。冻干腔和冷阱为分立的上、下结构，冻干腔没有预冻功能。该类型的冻干机在物料预冻结束后转入干燥过程时需要人工操作。大部分实验型冻干机都为钟罩型，其结构简单、造价低。冻干腔多数使用透明有机玻璃罩，便于观察物料的冻干情况。②原位型冻干机。冻干腔和冷阱为两个独立的腔体，冻干腔中的搁板带制冷功能，物料置入冻干腔后，物料的预冻、干燥过程无须人工操作。该类型冻干机的制作工艺复杂，制造成本高，但原位型冻干机是冻干机发展方向，是进行冻干工艺摸索的理想选择，特别适用于医药、生物制品及其他特殊产品的冻干。从功能上分：①普通搁板型。物料散装于物料盘中，适用于食品、中草药、粉末材料的冻干。②带压盖装置型。适合西林瓶装物料的干燥，冻干准备时，按需要将物料分装在西林瓶中，浮盖好瓶盖后进行冷冻干燥，干燥结束后操作压盖机构压紧瓶盖，可避免二次污染、重新吸附水分，易于长期保存。③多歧管型。在干燥室外部接装烧瓶，对旋冻在瓶内壁的物料进行干燥，这时烧瓶作为容器接在干燥箱外的多歧管上，烧瓶中的物料靠室温加热，通过多歧管开关装置，可按需要随时取下或装上烧瓶，不需要停机。④带预冻功能型：物料预冻过程，冷阱作为预冻腔预冻物料；在干燥过程，冷阱为捕水器，捕获物料溢出的水分。带预冻功能的冻干机，冷冻干燥过程物料的预冻、干燥等均在冻干机上完成，冻干机使用效率高，节省了低温冰箱的费用。

冷阱是冷冻干燥过程捕获水分的装置，理论上讲，冷阱温度越低，捕水能力越强；但冷阱温度低，对制冷要求高，机器成本及运转费用也高。实验系列冷冻干燥机的冷阱温度主要有−45℃左右、−60℃左右、−80℃左右等几个档次。冷阱温度为−45℃的冻干适用于一些容易冻干的产品，冷阱温度为−60℃左右的冻干机适用于大部分产品的冻干，冷阱温度为−80℃的冻干适用于一些特殊产品的冻干。对于冷阱温度对捕水能力的影响，实验表明，冷阱温度从−35℃下降到−55℃，捕水能力有明显提升；冷阱温度低于−55℃，冷阱的捕水能力提升不明显。因此，在没有特殊需求的情况下，冷阱温度−60℃左右是理想的选择。本实验以德国 Christ 实验室型冻干机 AlpHa 1-2 LD plus（图 7-16）为例说明真空冷冻干燥的实验步骤。

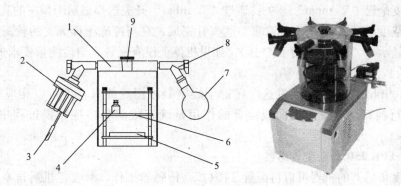

图 7-16 德国 Christ 实验室型冻干机 AlpHa 1-2 LD plus
1. 干燥室；2. 分配器；3. 安瓿；4. 注射瓶；5. 产品盘；6. 三层搁板；7. 干燥瓶；
8. 橡皮阀；9. 磨砂塞

【实验器材与试剂】

（1）实验器材：Christ 实验室型冻干机 AlpHa 1-2 LD plus、超低温冰箱。

（2）实验材料及试剂：超滤等提取的多糖水溶液。

【实验方法与步骤】

1. 安装

冷冻干燥机应安放平整，环境温度应在 15～25℃。制冷部分采用风冷散热，必须保证足够的气流循环空间，因此安装位置必须保证机器与墙壁至少有 30cm 间距，并远离热源。如通风不良或环境温度过高，制冷系统温度及压力会升高，并（或）通过过压保护开关关闭制冷机。

（1）电源插座：安装地点备有 230V、50Hz 电源插座，设 16A 保险（电源要求见机后铭牌）。

（2）除霜水：除霜水/放水阀门在机器左侧。应把排水管接机箱侧板上的下水管通往接水容器。

排水亦可用 1/2in① 水管直接通向下水道，水管可穿过机箱侧板或后板，需保持流出通畅不得滞流，否则，排水阀门开启时，万一出现低压就有吸入水及污物的危险。

（3）真空泵排气：在主干燥过程中，真空泵必须在打开空气镇流阀的状况下工作，以导出油雾。安装管路时需注意：不要造成管路中凝结的水分有回流真空泵的可能，管路的上升段最好装有分离器（洗瓶等）。如果不能导出油雾，建议安装排气过滤器，可以防止真空泵在工作压力下排出的油雾污染空气。排气过滤器应固定在真空泵排气管上。过滤器上有过压阀，指示过滤饱和。最迟要在过压阀动作前清洗或更换过滤器填料。聚集的油可以在观察玻璃处看到并通过排油螺丝排出。

2. 运转及操作

接通电源，冷阱室上安放带磨口塞的有机玻璃罩。关闭机器左侧的除霜水/放水阀和有机玻璃罩上的真空橡胶密封阀。

（1）打开电源开关：开启机器，此时控制板发光二极发光，制冷机工作。

（2）温度毫巴"℃ mbar"开关：通过"℃ mbar"开关选择显示干燥室的真空度还是冷阱温度。真空度测量通过 TRR 250 真空度探针完成，在与冷冻干燥无关的较高压力范围内只做粗略的显示（"A"对应于大气压）。如果机器上没有配置真空度测量要求的真空度计，"mbar"的位置上显示为"……"。

（3）"℃/mbar"按钮：通过这个按键干燥室凝冰温度或真空度可以相应于冰的蒸发压力曲线进行换算。蒸发压力曲线换算的作用是确定或解释冷冻干燥过程中压力-温度关系。

3. 连接 TPR 250 真空度传感器

无真空度传感器的机器可以再配置 TRR 250 传感器工作，只要把机后盲塞拔掉插入传感器插头即可。

4. 冷冻

样品批量较少时可以在干燥器的冷阱室内冷冻。批量大时要在低温冰箱预冻或液氮速冻。如果装瓶材料液层厚于1cm，建议用旋转冷冻装置在冷浴中预冻，靠离心力提高瓶内壁冰冻的液层并使之冻固，以降低厚度，从而能够显著减少总的干燥时间。如果出现残留水，需从冷阱室清除，放水后关闭放水阀门。必须用高真空油涂抹有机玻璃罩的磨口塞！产品厚度不应超过 1～2cm，不然会延长干燥时间。

5. 主干燥

接通真空泵。

注意：含有溶剂的材料或者盐浓度高的材料在干燥的过程中有可能出现化霜现象（明显起泡）。这时要求尽量降低冷冻温度。溶剂浓度高的产品或者是含酸的预冷冻产品不能没有特殊的保护措施，如用冷阱保护真空泵进行干燥。处理叠氮化物时请特别小心，因为与铜或有色金属反应可以产生危险的爆炸物质。

冷冻的材料一出现升华就要吸热，产品从而进一步降温，在开始干燥以后，逐渐达到最高的升华速度。随着升华速度的提高、凝冷温度的升高，从而使干燥室和冷阱室中的压力随

---

① 英寸，1in＝2.54cm。

之升高。主干燥的时间主要由以下各点决定：产品的厚度、产品的固体含量、在物体干燥过程中所加的热量、干燥过程中干燥室里的压力。随着压力升高，升华速度加快而干燥时间缩短。在主干燥过程中产生的水蒸气不是由真空泵抽走，而是由冷阱捕捉。真空泵的作用是：降低不可凝气体的分压使得水蒸气由产品转移到冷阱。当然也有少数的水蒸气被真空泵抽走。因此，真空泵装有气体镇流装置。在把镇流阀打开的情况下抽出的可凝结蒸汽和空气一起从排气管排出。基于这样的理由，在主干燥过程中必须打开空气镇流阀！只有后干燥过程中才可以关闭空气镇流阀。在主干燥时，水分经过升华作用去除而在后干燥过程中水分是通过解吸作用去除的。在后干燥过程中产生的微量水蒸气在镇流阀关闭的情况下可以由真空泵吸收（数小时之内）。一般说来不要在关闭镇流阀的情况下工作。所采用的真空泵在空气镇流阀打开的情况下可以达到合适的水蒸气分压。冻干产品的残留水分主要取决于后干燥时的干燥物品温度、后干燥时所达到的真空度。

6. 后干燥

干燥室里最终压力由对应于冰/蒸汽压力曲线的凝冰温度决定。例如，1.030mbar 对应于 -20℃、0.370mbar 对应于 -30℃、0.120mbar 对应于 -40℃、0.040mbar 对应于 -50℃、0.011mbar 对应于 -60℃。当凝冰温度低于 -50℃，而且压力小于 0.120mbar 时，机器处于干燥工作阶段。

7. 干燥终结

随着凝冰温度的下降，干燥室的压力也下降。当冷阱室不再有负荷并且达到 -85 ~ -55℃或此温度对应的压力时，可以认为干燥结束。

8. 关闭真空泵

通过真空橡胶密封阀门或者是排水阀门使干燥室通气，最后关机，取出产品。

9. 降霜

用室温或者用热水使冷阱室的冰融解，冷阱室最多只允许加入一半的水。在灌水时一定要注意：千万不要让水流入真空泵和真空度传感器接口中！经过在机器左侧的放水阀可以放掉除霜水。

10. 冷阱室外搁板上干燥操作

(1) 清除冷阱室内出现的残水，关闭排水阀。

(2) 开机预冷冷阱室。若配备有电磁压力控制阀，在样品放入搁架前，可开启真空泵预热 15min 以上。若没有配备电磁压力，控制阀不必预热真空泵。

(3) 快速取出已预冻的样品放入搁架，立即盖上干燥室并使干燥室上的橡胶阀门大头朝下，密封干燥室，然后开启真空泵开始干燥。样品量较小时，有必要把搁板同时预冷以避免抽真空时出现部分化霜。

(4) 干燥到时以后，关闭真空泵，通过真空橡胶密封阀门或者是排水阀门使干燥室通气，最后关机，取出产品，然后降霜排水。

11. 带有压盖装置的真空冷冻干燥

用压盖装置可以把一或两个搁板上的注射液瓶在真空或惰性气体下用带槽的橡皮塞封闭。为此，要把搁板通过一个传动轴和加压板连接在一起。压力板的高度要根据瓶子的高度进行调节。调节时要拆下高度调节平头螺丝。把螺杆拧入下搁板，使其有缝的杆头大致与导杆上黑色球体等高。用平头螺丝固定加压板使它尽可能靠在橡胶塞上或尽可能近些。采用双搁板时，下搁板也要像加压板似的直接放在橡皮塞或者离开尽量小的距离。压盖装置转动杆通过磨口与有机玻璃罩结合形成密封，安装前要在磨口塞及有机玻璃罩磨口上涂真空油。干燥结束后把压盖装置的旋转手柄向右转直至感到阻力。为给瓶子压盖，搁板必须装满。装料很少时每个搁板上至少匀均地摆放 3 个衬垫（与盖紧橡胶塞盖的瓶子等高）。

12. 外挂干燥瓶的冷冻干燥

步骤（1）（2）同"10. 冷阱室外搁板上干燥操作"步骤（1）和（2）。

（3）把有 8 个真空橡胶密封阀接口的干燥室装在底板密封圈上。把 NS 45/40 标准磨口干燥格筛接在有机玻璃罩内磨口上。为保证干燥格筛密封并保证干燥后取格筛，在安装前需在磨口心处涂一薄层真空油，然后轻轻安上格筛，再转动 360°，使真空油匀均分布。真空泵开机前，需检查一下是否关闭好了所有阀门。当压力下降到 1.030mbar 以后就可以把冷冻样品接到真空橡胶密封阀门上了（烧瓶里的液体在外挂冷冻器中冷冻时用手或旋转装置转动着冷冻，使之附着在烧瓶壁上，减少冰层厚度从而减少干燥时间）。

干燥过程中可以不停地在橡胶阀上接烧瓶和取烧瓶，每一个橡胶阀均有一个阻隔及接通空气的装置。如果橡胶接口阻塞，需拆下清洗干净，涂少量真空油再重新装好。利用安瓿接口可同时在冷浴中冷冻 15 个安瓿，然后一起把它们接到干燥格筛上。

【实验结果与分析】

观察冷冻产品的外观及颜色，测定产品的含水量。

【注意事项】

（1）冷冻干燥之前，先将准备干燥的物品置于低温冰箱或者液氮中，使物品完全冰冻结实，方可进行冷冻干燥。

（2）样品预冻时要注意样品的厚度。过厚，不宜干燥且浪费能源。

（3）样品尽量不含有酸碱物质和挥发性有机溶剂；若有，需要特殊的保护措施。

（4）有机玻璃罩与主机冷阱法兰盘式靠"O"形橡胶密封圈密封，应保证橡胶密封圈的清洁，使用前可以用乙醇擦拭干净，再涂抹上一层薄薄真空脂，有利于密封。注意不要划伤有机玻璃罩底面，否则不能保证真空度，取下有机玻璃罩应朝上放置，不用时罩在密封圈上即可。

（5）一定要注意保养和维护真空泵，特别是泵油的更换。

（6）操作过程中切勿频繁开关，如果因为操作失误造成制冷机停止运转，不能立即启动，至少等 3min 后方可再次启动，以免损坏制冷机。每次冷冻干燥结束后，冷阱盘管上的冰化成水后，用毛巾清除干净。冷干结束后旋开向冷阱充气时，一定要慢，防止样品飞散及损坏设备。"放水阀"旋钮内，装油密封橡胶垫，磨损后请更换，以保证真空。

【思考题】

1. 冷冻干燥保藏的方法有什么优点？
2. 影响升华速率的因素有哪些？
3. 冷冻干燥工艺中要控制哪几个参数？

实验 7. 21　生物产品的喷雾干燥

【实验目的】

（1）了解喷雾干燥的基本原理；

（2）掌握喷雾干燥实验的操作技术。

【实验原理】

喷雾干燥（spray drying）是使液态物料经过喷嘴喷雾进入热的干燥介质中使之转变成干粉的过程，这是一种将成型、干燥综合为一个过程的单元操作。若待干燥液体为易燃物质（乙醇）或对氧气敏感产品，则可使用氮气作为干燥介质（Mujumdar，2007）。喷雾干燥不仅可以和流化床干燥相结合使用，还可以和冷冻干燥、微波干燥等其他干燥方法相结合，使其适用面更为广泛。目前，喷雾技术仍处于快速发展过程中，它已应用到喷雾冷却造形、喷雾萃取、喷雾反应和吸收、喷雾热分解、喷雾涂层造粒等方面。一般喷雾干燥包括 4 个阶段：①料液雾化；②雾群与热干燥介质接触混合；③雾滴的蒸发干燥；④干燥产品与干燥介质分离。料液的形式可以是溶液、悬浮液、乳浊液等，可以用泵输送。干燥的产品可以是粉状、颗粒状或经过团聚的粗颗粒（Patel et al.，2009）。

我国常用的雾化形式有 3 种：气流式喷嘴雾化、压力式喷嘴雾化、旋转式雾化。雾化形式的选择取决于料液的性质和对最终产品所要求的特性等方面。气流式喷嘴雾化是利用压缩空气（或水蒸气）以高速从喷嘴喷出，借助于空气（或蒸汽）和料液两相间相对速度的不同而产生的摩擦力，把料液分散成雾滴。压力式喷嘴雾化是利用压力泵将料液从喷嘴孔内高压喷出，将压力能转化为动能，在干燥介质中将料液分散成雾滴。压力喷嘴式雾化能生产小颗粒状物料，可减少细粉飞扬，提高干粉回收率，且喷嘴制造简单，加工方便，对产品的污染小，在工业上有较广的应用。旋转式雾化又叫离心式雾化，是将料液加到高速旋转的盘或轮中，使之在离心力作用下，从盘或轮的边缘甩出形成料雾。喷雾干燥的产品采用旋风分离器、湿式除尘器和袋式除尘器等设备加以回收。

实验室中最常用的是双流式（气流式）喷嘴雾化器。它有气体和浆液流动的两个通道。液体料杯内的料液，通过蠕动泵输送至干燥室顶部的二流体气流式喷嘴，在干燥室内被空压机产生的压缩空气雾化成为微小的雾滴，与经过电加热器加热的热空气充分接触，进行传热传质，完成干燥过程。料液中的大部分水分被蒸发，部分干燥后的产品沉降到干燥室底部的粉料杯内，从干燥室排出的尾气在旋风分离器内完成气固分离，产品被捕集下来收集到粉料杯内，尾气通过引风机排入大气。通过电器控制系统，可以根据不同的产品性能要求调节进风温度、排风温度、料液给料量、压缩空气流量、引风机风量等参数。本实验以实验室微型 WPG-220 二流体气流式喷雾干燥器（图 7-17）为例说明喷雾干燥操作过程。

【实验器材与试剂】

（1）实验室微型 WPG-220 二流体气流式喷雾干燥器。

（2）待干燥样品。

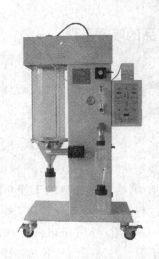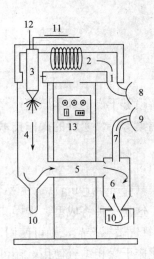

图 7-17　气流喷雾干燥的典型工艺流程

1. 进风；2. 空气加热器；3. 雾化器；4. 干燥室；5. 干燥室与旋风分离器通道；6. 旋风分离器；7. 排风口；8. 接空气鼓风机；9. 接引风机；10. 粉料杯（产品）；11. 进料；12. 压缩空气；13. 控制面板

【实验方法与步骤】

1. 使用前检查

（1）管道连接处是否装好密封垫，然后将其连接，以保证未经加热的空气不进入干燥室。

（2）观察门及窗孔是否已关闭，并检查是否漏气。

（3）旋风分离器底部的出料机在安装前应检查密封圈是否密闭及加注滑润油。若未密闭，应拧紧螺栓。出料机必须清洁无杂物，严禁将手或其他硬物伸进机内。

（4）风机的调风门是否开启，轴承箱是否加注润滑油或冷却液。

（5）检查管道是否按技术要求进行保温。

（6）料液和压缩空气的连接管道是否接好，有无堵塞、杂物和滞漏现象。

（7）干燥室底部的气流雾化器是否安放正确、有无偏置，螺母是否紧固。

（8）检查各温度计、报警器、仪表是否正常。

（9）检查电器线路安装是否正确，有无漏电现象。

（10）应检查电热器是否接地漏电。

2. 实验操作

（1）开启总电源开关，各红色灯亮，各路电源均已输入。

（2）开启引风机，正常运转后接着开启鼓风机，然后开启所需功率的电加热器。

（3）当干燥室进口温度升至物料干燥的设计或适宜温度时，先开启压缩空气阀门，并将压缩空气调至适合物料雾化的压力。

（4）将进料管通过蠕动泵插入料液，开启料液阀门，试喷 2～3min，检查喷雾情况。也可以先插入清水试喷。

（5）料液加工完毕，排尽产品后，可吸入少量水，以清洗泵、管道及喷嘴。

（6）关闭给料阀门和压缩空气阀。

（7）关闭电加热器，降温后，再停鼓风机及引风机。

（8）设备在运行过程中发生意外，必须突然停车时，应先停止进料，再关闭给料阀和压缩空气阀，最后关闭风机。

【实验结果与分析】

（1）感官指标分析，显微镜观察颗粒外形。

（2）计算产品水分含量、溶解度、回收率。

（3）产品筛分，测出粒度分布。

（4）重复实验，探讨进风温度、排风温度、料液浓度、进料速率、压缩空气流量、引风机风量等参数对产品质量及回收率的影响，得出最佳工艺参数。

【注意事项】

（1）产品的温度和湿含量，取决于排风温度。在运行过程中，保持排风温度为常数很重要，这取决于进料量的大小。进料量调节稳定后，出口温度是不改变的。若料液浓度或流量发生变化，出口温度也会出现变动。

（2）产品含湿量太高，可以减少进料量，以提高出口温度；产品的含湿量太低，则反之。对于干燥温度要求较低的热敏性物料，可增加进料量，以降低排风温度。

（3）干燥器运行过程中，应随时检查各部件及仪表是否正常。

（4）对于吸湿性大的产品，应随时检查出料是否正常，防止物料堵塞、结块。

（5）放料时应保证密闭性，否则会影响产品的收集。

（6）运行过程中，应随时观察压缩空气的压力及喷嘴是否堵塞。

【思考题】

1. 导致喷雾黏壁现象的原因有哪些？

2. 对于热敏性生物制品，应如何控制干燥参数？

3. 喷雾干燥机的主要参数有哪些？

参 考 文 献

白秀峰. 2003. 发酵工艺学. 北京：中国医药科技出版社.

保罗・M・戴维克. 2008. 药用天然产物的生物合成. 娄红祥译. 北京：化学工业出版社.

陈电容，朱照静. 2009. 生物制药工艺学. 北京：人民卫生出版社.

陈静静，谷雪贤. 2008. 从废弃的柑橘皮中提取 d-柠檬烯的工艺研究. 化工时刊，22（5）：48-50.

陈兰英. 2009. 现代生命科学实验. 郑州：河南人民出版社.

陈宁. 2007. 氨基酸工艺学. 北京：中国轻工业出版社.

陈仕均，唐海蓉，张兆沛，等. 2010. 离心机的原理、操作及维护. 现代科学仪器，（3）：151-154.

邓禹，堵国成，李秀芬. 2007. 基于发酵液特性的透明质酸提取预处理工艺. 过程工程学报，7（2）：380-382.

房耀微，刘姝，吕明生，等. 2009. 双水相萃取法分离低温 α-淀粉酶的研究. 食品科学，30：159-162.

郭卫芸，杜冰，袁根良，等. 2009. 反复冻融法破壁啤酒废酵母的研究. 酿酒科技，（3）：103-105.

郭勇. 2010. 酶工程. 北京：科学出版社.

胡琼英，狄洌. 2007. 生物化学实验. 北京：化学工业出版社.

胡寿根. 2007. 淀粉酶及其在实验室中的制取. 生物学教学, 32 (2): 32-37.

胡小明, 蔡万玲, 代斌. 2006. 天然 β-胡萝卜素的提取工艺条件研究. 食品工业科技, 27 (10): 112-114.

胡小明, 代斌, 程卫东. 2007. 不同品种胡萝卜中 β-胡萝卜素的测定分析. 石河子大学学报, 25 (4): 489-490.

胡晓倩, 钟长明, 陈来同. 2011. 离子交换层析分离核苷酸的实验方法. 实验技术与管理, 28 (3): 32-35.

华泽钊. 2006. 冷冻干燥新技术. 北京: 科学出版社.

黄海莉, 平文祥, 葛菁萍. 2011. 双水相法萃取分离 α-淀粉酶体系的初步研究. 黑龙江大学自然科学学报, 28 (3): 378-383.

黄晓兰, 李科德, 陈云华. 2000. 15 种核酸水解产物的高效液相色谱分离及其在酵母抽提物分析中的应用. 分析化学, 28 (12): 1504-1507.

柯德森. 2010. 生物工程下游技术实验手册. 北京: 科学出版社.

李波, 芦菲, 张军合, 等. 2006. 双水相萃取法分离纯化 α-淀粉酶的研究. 食品工业与科技, 27 (8): 77-79.

李从军. 2011. 生物产品分离纯化技术. 武汉: 华中师范大学出版社.

李鹏飞, 何丹, 鱼红闪, 等. 2011. 人参皂苷 Rf 的分离提纯. 大连工业大学学报, 30 (5): 180-182.

李巧玲, 原现瑞, 刘景艳. 2006. 紫外分光光度法在食品分析中的应用进展. 食品工程, 1: 49-52.

李艳. 2007. 发酵工程原理与技术. 北京: 高等教育出版社.

李莹, 王欣. 2009. 利用超声波法提取红酵母色素及色素抗氧化性的研究. 黑龙江八一农垦大学学报, 21 (3): 80-83.

廖锋, 孙小梅, 李步海. 2004. 破壁方法对大肠杆菌 AS1. 881 中天冬氨酸酶的影响研究. 氨基酸和生物资源, 26 (1): 29-31.

刘广志. 2004. 仪器分析. 北京: 高等教育出版社.

刘国诠. 2009. 生物工程下游技术. 2 版. 北京: 化学工业出版社.

刘红, 潘红春, 蔡绍皙, 等. 2004. 酶解-超声法破碎大肠杆菌提纯包含体. 重庆大学学报, 27 (10): 75-77.

刘辉, 魏祥法, 井庆川, 等. 2007. 一株枯草芽孢杆菌发酵培养基的优化. 山东农业科学, (1): 100-111.

刘娟娟, 李晓, 唐欣. 2011. 胡萝卜中 β-胡萝卜素的提取工艺与研究. 陕西理工学院学报, 27 (2): 83-88.

刘俊果. 2009. 生物产品分离设备与工艺实例. 北京: 高等教育出版社.

刘宪华, 鲁逸. 2006. 环境生物化学实验教程. 北京: 科学出版社.

刘岩, 王璋, 许时婴. 1998. 麦芽中 β-淀粉酶的纯化及其性质. 无锡轻工大学学报, 17 (1): 39-43.

卢艳花. 2006. 天然药物的生物转化. 北京: 化学工业出版社.

彭佳黛, 冯倩, 陈浩春, 等. 2010. 双水相萃取法分离纯化银针茶 α-淀粉酶抑制剂的研究. 中南林业科技大学学报 (自然科学版), 30 (9): 198-200.

亓平言, 冯闻铮, 将荣翔, 等. 1998. 几种溶媒对螺旋霉素的萃取效果. 中国抗生素杂志, 23 (4): 278-280.

秦艳, 李卫芬, 黄琴. 2007. 枯草芽孢杆菌发酵条件的优化. 饲料研究, (12): 70-74.

邱树毅. 2009. 生物工艺学. 北京: 化学工业出版社.

宋晓凯. 2004. 天然药物化学. 北京: 化学工业出版社.

谭玉朋, 李科, 兰芹英, 等. 2011. 植物组织中低聚糖乙酰化及毛细管气相色谱分析. 植物学报, 46 (3): 319-323.

田亚平, 周楠迪. 2010. 生化分离原理与技术. 北京: 化学工业出版社.

桐荣良. 1983. 干燥装置手册. 秦霁光, 常国琴译. 上海: 上海科学技术出版社.

王光柱, 陈枢青. 2007. 层析凝胶 DEAE SepHarose Fast Flow 分离纯化 5′-混合脱氧单核苷酸, 24 (1): 17-20.

王军. 2007. 天然药物化学实验教程. 广州: 中山大学出版社.

王伟江. 2005. 天然活性单萜——柠檬烯的研究进展. 中国食品添加剂, (1): 33-37.

王文渊, 张芸兰, 龙红萍, 等. 2010. 分子蒸馏技术分离纯化橘皮油中柠檬烯. 食品研究与开发, 31 (10):

59-62.

王喜忠, 于才渊, 周才君. 2003. 喷雾干燥. 2 版. 北京: 化学工业出版社.

王秀奇. 1999. 基础生物化学实验. 2 版. 北京: 高等教育出版社.

王艳杰, 越皓, 王淑敏, 等. 2010. 高分离快速液相色谱法检测人身皂苷的研究. 长春中医药大学学报, 26 (6): 824-826.

邹敏辰, 刘昱杉, 李剑芳. 2006. α-淀粉酶发酵液絮凝的研究. 江苏食品与发酵, (2): 1-4.

吴剑锋. 2008. 天然药物化学. 北京: 高等教育出版社: 30, 274.

肖林平, 徐正军, 何明芳, 等. 2003. NH-1 分离 5′-核苷酸的研究. 离子交换与吸附, 19 (5): 430-436.

肖旭霖. 2006. 食品机械与设备. 北京: 科学出版社.

谢全灵, 何旭敏, 夏海平, 等. 2003. 膜分离技术在制药工业中的应用. 膜科学与技术, (4): 180-185.

谢志军, 厚毅清, 王炜, 等. 2010. 萜类化合物的化感功能及其开发应用前景. 中国农学通报, 26 (24): 233-237.

徐素平, 曹广霞, 彭远义. 2009. 抗生素分离纯化技术. 安徽农学通报, 15 (7): 79-82.

许敦复. 2005. 冷冻干燥技术与冻干机. 北京: 化学工业出版社.

杨祖荣. 2010. 化工原理. 北京: 化学工业出版社.

于信令. 2009. 味精工业手册. 2 版. 北京: 中国轻工业出版社.

俞俊堂, 唐孝宣, 邬行彦. 2009. 新编生物工艺学. 北京: 化学工业出版社.

俞文和. 1996. 新编抗生素工艺学. 北京: 中国建材工业出版社.

袁达忠, 丁信伟, 赵彦芳. 2003. 板框过滤过程及其实验研究. 过滤与分离, 13 (4): 12-15.

原龙, 范泳, 孙鹏. 2009. 提取法制备 β-胡萝卜素的工艺研究. 西安工程大学学报, 23 (3): 112-115.

张克旭. 2006. 氨基酸发酵工艺学. 北京: 中国轻工业出版社.

张晓静, 李利红, 尹士海. 2003. 我国酶制剂工业发展现状问题及对策. 郑州牧业学校高等专科学校学报, 23 (4): 266-267.

赵鹤皋. 2005. 冷冻干燥技术与设备. 武汉: 华中理工大学出版社.

周荣清, 郭祀远, 李琳. 2001. 透明质酸发酵液的絮凝预处理研究. 食品与发酵工业, 27 (12): 16-19.

朱秀灵, 车振明, 唐洁. 2004. 几种 β-胡萝卜素测定方法比较研究. 食品研究与开发, 25 (5): 126-128.

朱自强, 关怡新, 李勉, 等. 1998. 双水相萃取在抗生素制备中的应用进展. 国外医药抗生素分册, 19 (3): 198-200.

Matthews R F, Braddock R J. 1987. Recovery and application of essential oils from oranges. Food Technology, 41 (1): 57-61.

Mujumdar A S. 2007. Handbook of Industrial Drying. New York: CRC Press: 710.

Patel R P, Patel M P, Suthar A M. 2009. Spray drying technology: an overview. Indian Journal of Science and Technology, 10 (2): 44-47.

附 录

一、常用培养基

1. LB（Luria-Bertani）培养基
蛋白胨 10g，酵母膏 5g，氯化钠 10g，蒸馏水 1000mL，pH7.0。

配制每升培养基，应在约 800mL 去离子水中加入：细菌培养用胰蛋白胨 10g，细菌培养用酵母提取物 5g，氯化钠 10g。摇动容器直至溶质完全溶解，用 5mol/L 氢氧化钠（约 0.2mL）调节 pH 至 7.0，加入去离子水至总体积为 1L，在 1.034×10^5 Pa 高压蒸汽灭菌 20min。

2. 高氏（Gause）1 号培养基（培养放线菌用）
可溶性淀粉 20g，硝酸钾 1g，氯化钠 0.5g，磷酸氢二钾 0.5g，硫酸镁 0.5g，硫酸亚铁 0.01g，琼脂 20g，水 1000mL，pH 7.2～7.4。

配制时，先用少量冷水将淀粉调成糊状，倒入煮沸的水中，在火上加热，边搅拌边加入其他成分，溶化后，补足水分至 1000mL，121℃灭菌 20min。

3. 查氏（Czapek）培养基（培养霉菌用）
硝酸钠 2g，磷酸氢二钾 1g，氯化钾 0.5g，硫酸镁 0.5g，硫酸亚铁 0.01g，蔗糖 30g，琼脂 15～20g，水 1000mL，pH 自然，121℃灭菌 20min。

4. 马丁氏（Martin）琼脂培养基（分离真菌用）
葡萄糖 10g，蛋白胨 5g，磷酸二氢钾 1g，七水合硫酸镁 0.5g，1/3000 孟加拉红（rose bengal，玫瑰红水溶液）100mL，琼脂 15～20g，蒸馏水 800mL，pH 自然，112℃灭菌 30min。

临用前加入 0.03% 链霉素稀释液 100mL，使每毫升培养基中含链霉素 30μg。

5. 马铃薯培养基（PDA）（培养真菌用）
马铃薯 200g，蔗糖（或葡萄糖）20g，琼脂 15～20g，pH 自然。

培养基的配制：马铃薯去皮，切成块煮沸 30min，然后用纱布过滤，再加糖及琼脂，溶化后补足水至 1000mL，121℃灭菌 30min。

6. 麦芽汁琼脂培养基
（1）取大麦或小麦若干，用水洗净，浸水 6～12h，至 15℃阴暗处发芽，上面盖纱布一块，每日早、中、晚淋水一次，麦根伸长至麦粒的两倍时，即停止发芽，摊开晒干或烘干，贮存备用。

（2）将干麦芽磨碎，1 份麦芽加 4 份水，在 65℃水浴中糖化 3～4h，糖化程度可用碘滴定之。加水约 20mL，调匀至生泡沫时为止，然后倒在糖化液中搅拌煮沸后再过滤。

（3）将糖化液用 4～6 层纱布过滤，滤液如混浊不清，可用鸡蛋白澄清。方法是将一个鸡蛋白加水约 20mL，调匀至生泡沫时为止，然后倒在糖化液中搅拌煮沸后再过滤。

（4）将滤液稀释到 5～6°Be，pH 约 6.4，加入 2% 琼脂即成，121℃灭菌 30min。

7. 无氮培养基（自生固氮菌、钾细菌）

甘露醇（或葡萄糖）10g，磷酸二氢钾 0.2g，七水合硫酸镁 0.2g，氯化钠 0.2g，二水合硫酸钙 0.2g，碳酸钙 5g，蒸馏水 1000mL，pH 7.0～7.2，113℃灭菌 30min。

8. 半固体肉膏蛋白胨培养基

肉膏蛋白胨液体培养基 100mL，琼脂 0.35～0.4g，pH 7.6，121℃灭菌 20min。

9. 合成培养基

偏磷酸铵 1g，氯化钾 0.2g，七水合硫酸镁 0.2g，豆芽汁 10mL，琼脂 20g，蒸馏水 1000mL，pH 7.0。

加 12mL 0.04％的溴钾酚紫（pH 5.2～6.8，颜色由黄变紫，作指示剂），121℃灭菌 20min。

10. 豆芽汁蔗糖（或葡萄糖）培养基

黄豆芽 100g，蔗糖（或葡萄糖）50g，水 1000mL，pH 自然。

培养基的配制：称新鲜豆芽 100g，放入烧杯中，加入水 1000mL，煮沸约 30min，用纱布过滤。用水补足原量，再加入蔗糖（或葡萄糖）50g，煮沸溶化，121℃灭菌 20min。

11. 油脂培养基

蛋白胨 10g，牛肉膏 5g，氯化钠 5g，香油或花生油 10g，1.6％中性红水溶液 1mL，琼脂 15～20g，蒸馏水 1000mL，pH 7.2，121℃灭菌 20min。

注意：①不能使用变质油；②油和琼脂及水先加热；③调好 pH 后，再加入中性红；④分装时需不断搅拌，使油均匀分布于培养基中。

12. 淀粉培养基

蛋白胨 10g，牛肉膏 5g，氯化钠 5g，可溶性淀粉 2g，蒸馏水 1000mL，琼脂 15～20g，121℃灭菌 20min。

13. 明胶培养基

牛肉膏蛋白胨液 100mL，明胶 12～18g，pH 7.6。

在水浴锅中将上述成分溶化，不断搅拌。溶化后调 pH 7.2～7.4，121℃灭菌 30min。

14. 蛋白胨水培养基

蛋白胨 10g，氯化钠 5g，蒸馏水 1000mL，pH 7.6，121℃灭菌 20min。

15. 糖发酵培养基

蛋白胨水培养基 1000mL，1.6％溴钾酚紫乙醇溶液 1～2mL，pH 7.6。另配制 20％糖溶液（葡萄糖、乳糖、蔗糖等）各 10mL。

培养基的配制：

（1）将上述含指示剂的蛋白胨水培养基（pH 7.6）分装于试管中，在每管内放一倒置的小玻璃管（Durham tube），使之充满培养液。

（2）将已分装好的蛋白胨水和 20％的各种糖溶液分别灭菌，蛋白胨水 121℃灭菌 20min；糖溶液 112℃灭菌 30min。

（3）灭菌后，每管以无菌操作分别加入 20％无菌糖溶液 0.5mL（按每 10mL 培养基中加入 20％的糖液 0.5mL，则成 1％的浓度）。配制用的试管必须洗干净，避免结果混乱。

16. 葡萄糖蛋白胨水培养基

蛋白胨 5g，葡糖糖 5g，磷酸氢二钾 2g，蒸馏水 1000mL。

将上述各成分溶于 1000mL 水中，调 pH 7.0～7.2，过滤。分装试管，每管 10mL，

112℃灭菌 30min。

17. 麦氏 (Meclary) 琼脂 (酵母菌)

葡萄糖 1g，氯化钾 1.8g，酵母浸膏 2.5g，乙酸钠 8.2g，琼脂 15～20g，蒸馏水 1000mL，113℃灭菌 20min。

18. 柠檬酸盐培养基

磷酸二氢铵 1g，磷酸氢二钾 1g，氯化钠 5g，硫酸镁 0.2g，柠檬酸钠 2g，琼脂 15～20g，蒸馏水 1000mL，1%溴麝香草酚蓝乙醇液 10mL。

培养基的配制：将上述各成分加热溶解后，调 pH 6.8，然后加入指示剂，摇匀，用脱脂棉过滤。制成后为黄绿色，分装试管，121℃灭菌 20min 后制成斜面，注意配制时控制好 pH，不要过碱，以黄绿色为准。

19. 乙酸铅培养基

pH 7.4 的牛肉膏蛋白胨琼脂 100mL，硫代硫酸钠 0.25g，10%乙酸铅水溶液 1mL。

培养基的配制：将牛肉膏蛋白胨琼脂 100mL 加热溶解，待冷却至 60℃时加入硫代硫酸钠 0.25g，调至 pH 7.2，分装于三角瓶中，115℃灭菌 15min。取出后待冷却至 55～60℃，加入 10%乙酸铅水溶液（无菌的）1mL，混匀后倒入灭菌试管或平板中。

20. 血琼脂培养基

pH 7.6 的牛肉膏蛋白胨琼脂 100mL，脱纤维羊血（或兔血）10mL。

培养基的配制：将牛肉膏蛋白胨琼脂加热熔化，待冷却至 50℃时，加入无菌脱纤维羊血（或兔血）摇匀后倒平板或制成斜面。37℃过夜检查无菌生长即可使用。

21. 玉米粉蔗糖培养基

玉米粉 60g，磷酸二氢钾 3g，维生素 B_1 100mg，蔗糖 10g，七水合硫酸镁 1.5g，水 1000mL，121℃灭菌 30min，维生素 B_1 单独灭菌 15min 后另加。

22. 酵母膏麦芽汁琼脂

麦芽粉 3g，酵母浸膏 0.1g，水 1000mL，121℃灭菌 30min。

23. 棉籽壳培养基

培养基的配制：棉籽壳 50%，石灰粉 1%，过磷酸钙 1%，水 65%～70%，按比例称好料，充分搅拌均匀后装瓶，较薄地平摊于盘上。

24. 复红亚硫酸钠培养基（远藤氏培养基）

蛋白胨 10g，乳糖 10g，磷酸氢二钾 3.5g，琼脂 20～30g，蒸馏水 1000mL，5%碱性复红乙醇溶液 20mL。

培养基的配制：先将琼脂加入 900mL 蒸馏水中，加热溶解，再加入磷酸氢二钾及蛋白胨，使其溶解，补足蒸馏水至 1000mL，调 pH 至 7.2～7.4。加入乳糖，混匀溶解后，115℃灭菌 20min。称取亚硫酸钠置一无菌空试管中，加入无菌水少许使溶解，再在水浴中煮沸 10min 后。立刻滴加于 20mL 5%碱性复红乙醇溶液中，直至深红色褪成淡粉红色为止。将此亚硫酸钠与碱性复红的混合液全部加至上述已灭菌的并仍保持熔化状态的培养基中，充分混匀，倒平板，放冰箱中备用，贮存时间不宜超过 2 周。

25. 伊红美蓝培养基（EMB 培养基）

蛋白胨水培养基 100mL 20%，乳糖溶液 2mL，2%伊红水溶液 2mL，0.5%美蓝水溶液 1mL。

培养基的配制：将已灭菌的蛋白胨水培养基（pH 7.6）加热熔化，冷却至 60℃左右时，再把已灭菌的乳糖溶液、伊红水溶液及美蓝水溶液按上述量以无菌操作加入。摇匀后，立即倒平板。乳糖在高温灭菌易被破坏必须严格控制灭菌温度，115℃灭菌 20min。

26. 乳糖蛋白胨培养液（用于水的细菌学检查）

蛋白胨 10g，牛肉膏 3g，乳糖 5g，氯化钠 5g，1.6%溴甲酚紫乙醇溶液 1mL，蒸馏水 1000mL。

培养基的配制：将蛋白胨、牛肉膏、乳糖及氯化钠加热溶解于 1000mL 蒸馏水中，调 pH 至 7.2~7.4。加入 1.6%溴甲酚紫乙醇溶液 1mL，充分混匀，分装于有小倒管的试管中，115℃灭菌 20min。

27. 石蕊牛奶培养基

牛奶粉 100g，石蕊 0.075g，水 1000mL，pH 6.8，121℃灭菌 15min。

28. 牛肉膏蛋白胨培养基（培养细菌用）

牛肉膏 3g，蛋白胨 5g，氯化钠 10g，琼脂 15~20g，pH 7.0~7.2，水 1000mL，121℃灭菌 20min。

29. 基本培养基

磷酸氢二钾 10.5g，磷酸二氢钾 4.5，硫酸铵 1g，二水合柠檬酸钠 0.5g，蒸馏水 1000mL，121℃灭菌 20min。

需要时灭菌后加入：糖（20%）10mL，维生素 B_1（硫胺素）（1%）0.5mL，七水合硫酸镁（20%）1mL，链霉素（50mg/mL）4mL，终浓度 200μg/mL，氨基酸（10mg/mL）4mL，终浓度 40μg/mL，pH 自然。

30. 庖肉培养基

培养基的配制：

（1）取已去肌膜、脂肪的牛肉 500g，切成小方块，置 1000mL 蒸馏水中，以弱火煮 1h，用纱布过滤，挤干肉汁，将肉汁保留备用。将肉渣用绞肉机绞碎，或用刀切成细粒。

（2）将保留的肉汁加蒸馏水，使总体积为 2000mL，加入蛋白胨 20g、葡萄糖 2g、氯化钠 5g 及绞碎的肉渣，置烧瓶摇匀，加热使蛋白胨溶化。

（3）取上层溶液测量 pH，并调整其达到 8.0，在烧瓶壁上用记号笔标示瓶内液体高度，121℃灭菌 15min 后补足蒸发的水分，重新调整 pH 至 8.0，再煮沸 10~20min，补足水量后调整 pH 7.4。

（4）将烧瓶内容物摇匀，将溶液和肉渣分装于试管中，肉渣约占培养基的 1/4 左右。经 121℃灭菌 15min 后备用，如当日不用，应以无菌操作加入已灭菌的石蜡凡士林，以隔绝氧气。

31. 乳糖牛肉膏蛋白胨培养基

乳糖 5g，牛肉膏 5g，酵母膏 5g，蛋白胨 10g，葡萄糖 10g，氯化钠 5g，琼脂粉 15g，pH 6.8，水 1000mL。

32. 马铃薯牛乳培养基

培养基的配制：200g 马铃薯（去皮）煮出汁，脱脂鲜乳 100mL，酵母膏 5g，琼脂粉 15g，加水 1000mL pH 7.0。制平板培养基时，牛乳与其他成分分开灭菌，倒平板前再混合。

33. 尿素琼脂培养基

尿素 20g，琼脂 15g，氯化钠 5g，磷酸二氢钾 2g，蛋白胨 1g，酚红 0.012g，蒸馏水

1000mL，pH 6.8±0.2。

　　培养基的配制：在蒸馏水或去离子水 100mL 中，加入上述所有成分（除琼脂外）。混合均匀，过滤灭菌。将琼脂加入 900mL 蒸馏水或去离子水中，加热煮沸。在 15lb[①]121℃灭菌15min。冷却至 50℃，加入灭菌好的基本培养基，混匀后，分装于灭菌的试管中，放在倾斜位置上使其凝固。

34. PYG 培养基（g/L）

蛋白胨 3.5，$(NH_4)_2SO_4$ 1.0，酵母膏 3.0，葡萄糖 10，KH_2PO_4 2.0，琼脂 20，$MgSO_4 \cdot 7H_2O$ 1.0。

35. NZCYM 培养基

配制每升培养基，应在 950mL 去离子水中加入：NZ 胺（NZ amine）10g，氯化钠 5g，细菌培养用酵母提取物（bacto-yeast extract）5g，酪蛋白氨基酸（casamino acid）1g，$MgSO_4 \cdot 7H_2O$ 2g。

摇动容器直至溶质完全溶解，用 5mol/L 氢氧化钠（约 0.2mL）调节 pH 至 7.0，加入去离子水至总体积为 1L，在 $1.034×10^5$ Pa 高压蒸汽灭菌 20min。

其中，NZ 胺是酪蛋白酶促水解物。

36. NZYM 培养基

NZYM 培养基除不含有酪蛋白氨基酸外，其他成分与 NZCYM 培养基相同。

37. NZM 培养基

NZM 培养基除不含有酵母提取物外，其他成分与 NZCYM 培养基相同。

38. 高浓度肉汤培养基

配制每升高浓度肉汤，应在 900mL 去离子水中加入：细菌培养用胰蛋白胨（bacto-tryptone）12g，细菌培养用酵母提取物（bacto-yeast extract）24g，甘油 4mL。

摇动容器使溶质完全溶解，在 $1.034×10^5$ Pa 高压蒸汽灭菌 20min，然后使该溶液降温至 60℃或 60℃以下，再加入 100mL 经灭菌的 0.17mol/L 磷酸二氢钾-0.72mol/L 磷酸氢二钾溶液。

39. SDS 培养基

配制每升培养基，应在 950mL 去离子水中加入：细菌培养用胰蛋白胨 20g，细菌培养用酵母提取物 5g，氯化钠 0.5g。

摇动容器使溶质完全溶解，然后加入 10mL 250mmol/L 氯化钾溶液（在 100mL 去离子水中溶解 1.86g 氯化钾，配制成 250mmol/L 氯化钾溶液），用 5mol/L 氢氧化钠（约0.2mL）调节溶液的 pH 至 7.0，然后加入去离子水至总体积为 1L，在 $1.034×10^5$ Pa 高压下蒸汽灭菌 20min。

40. 含 Amp 的 LB 固体培养基

将配制好的 LB 固体培养基高压灭菌后冷却至 60℃左右，加入 Amp 母液，使终浓度为 50μg/mL，摇匀后铺板。

41. 含有 X-gal 和 IPTG 的筛选培养基

在事先制备好的含 50μg/mL Amp 的 LB 平板上加 40mL X-gal 贮存液和 4μL IPTG 贮液，用无菌玻璃棒将溶液涂匀。于 37℃下放置 3～4h，使培养基表面的液体被完全吸收。

---

①　磅，1lb=0.453 592kg。

42. TB 培养基

组分浓度：胰蛋白胨 1.2%（m/V），酵母提取物 2.4%（m/V），甘油 0.4%（V/V），KH_2PO_4 17mmol/L，K_2HPO_4 72mmol/L，配制量 1L。

配制方法：①配制磷酸盐缓冲液（0.17mol/L KH_2PO_4，0.72mol/L K_2HPO_4）100mL；②称取胰蛋白胨 12g、酵母提取物 24g、甘油 4mL 置于 1L 烧杯中；③加入约 800mL 的去离子水，充分搅拌溶解；④加去离子水将培养基定容至 1L 后，高温高压灭菌；⑤待溶液冷却至 60℃以下时，加入 100mL 的上述灭菌磷酸盐缓冲液；⑥4℃保存。

43. TB/Apm 培养基

组分浓度：胰蛋白胨 1.2%（m/V），酵母提取物 2.4%（m/V），甘油 0.4%（V/V），KH_2PO_4 17mmol/L，K_2HPO_4 72mmol/L，Ampicillin 0.1mg/mL，配制量 1L。

配制方法：①配制磷酸盐缓冲液（0.17mol/L KH_2PO_4，0.72mol/L K_2HPO_4）100mL。溶解 2.31g KH_2PO_4 和 2.54g K_2HPO_4 于 90mL 的去离子水中，搅拌溶解后，加去离子水定容至 100mL，高温高压灭菌。②称取胰蛋白胨 12g、酵母提取物 24g、甘油 4mL 置于 1L 烧杯中。③加入约 800mL 的去离子水，充分搅拌溶解。④加去离子水将培养基定容至 1L 后，高温高压灭菌。⑤待溶液冷却至 60℃以下时，加入 100mL 的上述灭菌磷酸盐缓冲液和 1mL Ampicillin（100mg/mL）。⑥均匀混合后 4℃保存。

44. SOB 培养基

组分浓度：胰蛋白胨 2%（m/V），酵母提取物 0.5%（m/V），NaCl 0.05%（m/V），KCl 2.5mmol/L，$MgCl_2$ 10mmol/L，配制量 1L。

配制方法：①配制 250mmol/L KCl 溶液。在 90mL 的去离子水中溶解 1.86g KCl 后，定容至 100mL。②配制 2mol/L $MgCl_2$ 溶液。在 90mL 的去离子水中溶解 19g $MgCl_2$ 后，定容至 100mL，高温高压灭菌。③称取胰蛋白胨 20g，酵母提取物 5g，NaCl 0.5g，置于 1L 烧杯中。④加入约 800mL 的去离子水，充分搅拌溶解。⑤量取 10mL 250mmol/L KCl 溶液，加入烧杯中。⑥滴加 5mol/L NaOH 溶液（约 0.2mL），调节 pH 至 7.0。⑦加入去离子水将培养基定容至 1L。⑧高温高压灭菌后，4℃保存。⑨使用前加入 5mL 灭菌的 2mol/L $MgCl_2$ 溶液。

45. SOC 培养基

组分浓度：胰蛋白胨 2%（m/V），酵母提取物 0.5%（m/V），NaCl 0.05%（m/V），KCl 2.5mmol/L，$MgCl_2$ 10mmol/L，葡萄糖 20mmol/L，配制量 100mL。

配置方法：①配制 1mol/L 葡萄糖溶液。将 18g 葡萄糖溶于 90mL 去离子水中，充分溶解后定容至 100mL，用 0.22μm 滤膜过滤除菌。②向 100mL SOB 培养基中加入除菌的 1mol/L 葡萄糖溶液 2mL，均匀混合。③4℃保存。

46. 2×YT 培养基

组分浓度：胰蛋白胨 1.6%（m/V），酵母提取物 1%（m/V），NaCl 0.5%（m/V），配制量 1L。

配置方法：①称取胰蛋白胨 16g，酵母提取物 10g，NaCl 5g，置于 1L 烧杯中；②加入约 800mL 的去离子水，充分搅拌溶解；③滴加 1mol/L KOH，调节 pH 至 7.0；④加水离子水将培养基定容至 1L；⑤高温高压后，4℃保存。

二、常用试剂的配制方法

1. 1mol/L CaCl₂

称取 54g CaCl₂·6H₂O 溶解于 200mL 纯水中，0.22μm 滤器过滤除菌，分装成每小份 10mL，储存于−20℃。制备感受态细胞时，取出一小份解冻并用纯水稀释至 100mL，用 Nalgene 滤器（0.45/μm 孔径）过滤，然后骤冷至 0℃。

2. 1mol/L MgCl₂

在 800mL 水中溶解 203.3g MgCl₂·6H₂O，再用蒸馏水定容至 1L，分装成小份，1.034× 10⁵Pa 灭菌 20min 备用。

注意：MgCl₂ 极易潮解，应选用小包装试剂。

3. 10%十二烷基硫酸钠（SDS）

在 900mL 水中加入 100g 电泳级 SDS，加热（68℃）溶解，用几滴 HCl 调节溶液 pH 至 7.2，加水定容至 1L，分装，室温存放备用。如出现混浊，可在 37℃保温溶解后使用（SDS 的微细晶粒易于扩散，称量时要戴面具，称量完毕后要清除残留在工作区和天平上的 SDS，10%SDS 溶液无须灭菌）。

4. 1mol/L 二硫苏糖醇（DTT）

称取 3.02g 二硫苏糖醇，溶解于 20mL 0.01mol/L 乙酸钠（pH 5.2）溶液中，过滤除 菌后分装成每份 1mL，储存于−20℃。DTT 或含有 DTT 的溶液不能进行高压灭菌处理。

5. 0.5mol/L EDTA（pH 8.0）

称取 186.1g EDTA-Na₂（乙二胺四乙酸二钠），加入 700mL 水及 100mL 10mol/L NaOH 溶液，在磁力搅拌器上剧烈搅拌溶液。再用 10mol/L NaOH 调节溶液 pH 至 8.0，然 后定容至 1L，分装，1.034×10⁵Pa 灭菌 20min 备用。

6. 1mol/L Tris-HCl（pH 7.4, pH 7.6, pH 8.0）

组分浓度：1mol/L Tris-HCl，配制量 1L。

配制方法：①称量 121.1 g Tris 置于 1L 烧杯中；②加入约 800mL 的去离子水，充分搅 拌溶解；③按下表加入浓 HCl 调节所需要的 pH；④将溶液定容至 1 L；⑤高温高压灭菌后， 室温保存。

pH	7.4	7.6	8.0
浓 HCl	约 70mL	约 60mL	约 42mL

注意：应使溶液冷却至室温后再调定 pH，因为 Tris 溶液的 pH 随温度的变化差异很大，温度每升高 1℃，溶液的 pH 大约降低 0.03 个单位。

7. 1.5mol/L Tris-HCl（pH 8.8）

组分浓度：1.5mol/L Tris-HCl，配制量 1L。

配制方法：①称量 181.7g Tris 置于 1L 烧杯中；②加入约 800mL 的去离子水，充分搅 拌溶解；③用浓 HCl 调节 pH 至 8.8；④将溶液定容至 1L；⑤高温高压灭菌后，室温保存。

8. 10×TE Buffer（pH 7.4, pH 7.6, pH 8.0）

组分浓度：Tris-HCl 100mmol/L，EDTA 10mmol/L，配制量 1L。

配制方法：①量取 1mol/L Tris-HCl Buffer（pH 7.4，pH 7.6，pH 8.0）100mL，500mmol/L EDTA（pH 8.0）20mL，置于 1L 烧杯中；②向烧杯中加入约 800mL 的去离子水，均匀混合；③将溶液定容至 1L 后，高温高压灭菌；④室温保存。

9. 3mol/L 乙酸钠（pH 5.2）

组分浓度：3mol/L 乙酸钠，配制量 100mL。

配制方法：①称量 40.8g NaOAc・3H₂O 置于 100～200mL 烧杯中，加入约 40mL 去离子水搅拌溶解；②加入冰醋酸调节 pH 至 5.2；③加去离子水将溶液定容至 100mL；④高温高压灭菌后，室温保存。

10. PBS Buffer

组分浓度：NaCl 137mmol/L，KCl 2.7mmol/L，Na₂HPO₄ 10mmol/L，KH₂PO₄ 2mmol/L，配制量 1L。

配制方法：①称量 NaCl 8g，KCl 0.2g，Na₂HPO₄ 1.42g，KH₂PO₄ 0.27g，置于 1L 烧杯中；②向烧杯中加入约 800mL 的去离子水，充分搅拌溶解；③滴加浓 HCl 将 pH 调至 7.4，然后加入去离子水将溶液定容至 1L；④高温高压灭菌后，室温保存。

注意：上述 PBS Buffer 中无二价阳离子，如需要，可在配方中补充 1mmol/L CaCl₂ 和 0.5mmol/L MgCl₂。

11. 10mol/L 乙酸铵

组分浓度：10mol/L 乙酸铵，配制量 100mL。

配制方法：①称量 77.1g 乙酸铵置于 100～200mL 烧杯中，加入约 30mL 的去离子水搅拌溶解；②加去离子水将溶液定容至 100mL；③使用 0.22μm 滤膜过滤除菌；④密封瓶，室温保存。

注意：乙酸铵受热易分解，所以不能高温高压灭菌。

12. Tris-HCl 平衡苯酚

配制方法：

(1) 使用原料：大多数市售液化苯酚是清亮无色的，无须重蒸馏便可用于分子生物学实验。但有些液化苯酚呈粉红色或黄色，应避免使用。同时也应避免使用结晶苯酚，结晶苯酚必须在 160℃下对其进行重蒸馏除去如醌等氧化产物，这些氧化产物可引起磷酸二酯键的断裂或导致 RNA 和 DNA 的交联等。因此，苯酚的质量对 DNA、RNA 的提取极为重要，推荐使用高质量的苯酚进行分子生物学实验。

(2) 操作注意：苯酚腐蚀性极强，并可引起严重灼伤，操作时应戴手套及防护镜等。所有操作均应在通风橱中进行，与苯酚接触过的皮肤部位应用大量水清洗，并用肥皂和水洗涤，忌用乙醇。

(3) 苯酚平衡：因为在酸性 pH 条件下 DNA 分配于有机相，所以使用苯酚前必须对苯酚进行平衡使其 pH 达到 7.8 以上，苯酚平衡操作方法有：①液化苯酚应贮存于 −20℃，此时的苯酚呈结晶状态。从冰柜中取出的苯酚首先在室温下放置使其达到室温，然后在 68℃水浴中使苯酚充分溶解；②加入羟基喹啉（8-qulnollnol）至终浓度 0.1%。该化合物是一种还原剂、RNA 酶的不完全抑制剂及金属离子的弱螯合剂，同时因其呈黄色，有助于方便识别有机相；③加入等体积的 1mol/L Tris-HCl（pH 8.0），使用磁力搅拌器搅拌 15min，静置使其充分分层后，除去上层水相；④重复操作步骤③；⑤加入等体积的 0.1mol/L Tris-HCl（pH 8.0）。使用磁力搅拌器搅拌 15min，静置使其充分分层后，除去上层水相；⑥重复操作步骤⑤，稍微残留部分上层水相；⑦使用 pH 试纸确认有机相的 pH 大于 7.8；⑧将苯酚置于棕色玻璃瓶中 4℃避光保存。

13. 苯酚/氯仿/异戊醇 （25∶24∶1）

（1）说明：从核酸样品中除去蛋白质时常常使用苯酚/氯仿/异戊醇（25∶24∶1）。氯仿可使蛋白质变性并有助于液相与有机相的分离，而异戊醇则有助于消除抽提过程中出现的气泡。

（2）配制方法：将 Tris-HCl 平衡苯酚与等体积的氯仿/异戊醇（24∶1）混合均匀后，移入棕色玻璃瓶中 4℃保存。

14. 10% （m/V） SDS

组分浓度：10%（m/V）SDS，配制量 100mL。

配制方法：①称量 10 g 高纯度的 SDS 置于 100～200mL 烧杯中，加入约 80mL 的去离子水，68℃加热溶解；②滴加浓 HCl 调 pH 至 7.2；③将溶液定容至 100mL 后，室温保存。

15. 10mg/mL 溴化乙锭

100mL 水中加入 1g 溴化乙锭（EB），磁力搅拌器搅拌数小时，以确保其完全溶解，装入用锡箔包裹的棕色试剂瓶中，保存于室温中（溴化乙锭是强诱变剂并有中毒毒性，使用时必须戴上手套，称量时要戴口罩，使用结束后要进行净化处理）。

16. 20% （m/V） Glucose

组分浓度：20%（m/V）Glucose，配制量 100mL。

配制方法：①称取 20g Glucose 置于 100～200mL 烧杯中，加入约 80mL 的去离子水后，搅拌溶解；②加去离子水将溶液定容至 100mL；③高温高压灭菌后，4℃保存。

17. Solution I （质粒提取用）

组分浓度：25mmol/L Tris-HCl（pH 8.0），10mmol/L EDTA，50mmol/L Glucose，配制量 1L。

配制方法：①量取 1mol/L Tris-HCl（pH 8.0）25mL，0.5mol/L EDTA（pH 8.0）20mL，20%Glucose（1.11mol/L）45mL，dH$_2$O 910mL，置于 1L 烧杯中；②高温高压灭菌后，4℃保存；③使用前每 50mL 的 Solution I 中加入 2mL 的 RNase A（20mg/mL）。

18. Solution II （质粒提取用）

组分浓度：250mmol/L NaOH，1%（m/V）SDS，配制量 500mL。

配制方法：①量取 10%SDS 50mL，2mol/L NaOH 50mL，置于 500mL 烧杯中；②加灭菌水定容至 500mL，充分混匀；③室温保存。此溶液保存时间最好不要超过一个月。

注意：SDS 易产生气泡，不要剧烈搅拌。

19. Solution III （质粒提取用）

组分浓度：3mol/L KOAc，5mol/L CH$_3$COOH，配制量 500mL。

配制方法：①量取 KOAc 147g，CH$_3$COOH 57.5mL，置于 500mL 烧杯中；②加入 300mL 去离子水后搅拌溶解；③加去离子水将溶液定容至 500mL；④高温高压灭菌后，4℃保存。

20. 0.5mol/L EDTA （pH 8.0）

组分浓度：0.5mol/L EDTA，配制量 1L。

配制方法：①称取 186.1g Na$_2$EDTA·2H$_2$O，置于 1L 烧杯中；②加入约 800mL 的去离子水，充分搅拌；③用 NaOH 调节 pH 8.0（约 20g NaOH），注意：pH 至 8.0 时，ED-

TA 才能完全溶解；④加去离子水将溶液定容至 1L；⑤适量分成小份后，高温高压灭菌；⑥室温保存。

21. 1mol/L DTT

组分浓度：1mol/L DTT，配制量 20mL。

配制方法：①称取 3.09g DTT，加入 50mL 塑料离心管内；②加 20mL 0.01mol/L 的 NaOAc（pH 5.2），溶解后使用 0.22μm 滤器过滤除菌；③适量分成小份后，−20℃保存。

22. 10mmol/L ATP

组分浓度：10mmol/L ATP，配制量 20mL。

配制方法：①称取 121mg Na$_2$ATP・3H$_2$O，加入 50mL 塑料离心管内；②加 20mL 的 25mmol/L Tris-HCl（pH 8.0），搅拌溶解；③适量分成小份，−20℃保存。

23. 100mg/mL Amp 母液

Amp 100mg，ddH$_2$O 1mL，用 0.45μm 细菌过滤器过滤除菌后，−20℃冰箱保存。

24. 20mg/mL X-gal（5-溴-4-氯-3-吲哚-β-D-半乳糖苷）贮存液

将 X-gal 溶于二甲基甲酰胺中，配成 20mg/mL 浓度的溶液，装于玻璃或聚丙烯管中，并用锡箔或黑纸包裹以防因受光照而被破坏，−20℃避光保存。X-gal 溶液无须过滤除菌。

25. 200g/L IPTG（异丙基-β-D-硫代半乳糖苷）（相对分子质量为 238.3）

将 2g IPTG 溶于 8mL 的水中，调节体积为 10mL，用 0.22μm 的滤膜过滤除菌，分装成 1mL 小份后−20℃避光保存。

三、常用缓冲液的配制

（一）pH 标准缓冲溶液

温度/℃ ＼ pH 溶液	0.05mol/L 四乙二酸钾	饱和酒石酸氢钾（25℃）	0.05mol/L 邻苯二甲酸氢钾	0.0255mol/L 磷酸二氢钾 0.025mol/L 磷酸氢二钠	0.01mol/L 硼砂	饱和氢氧化钙（25℃）
0	1.67	—	4.00	6.98	9.46	13.42
5	1.67	—	4.00	6.95	9.39	13.21
10	1.67	—	4.00	6.92	9.33	13.01
15	1.67	—	4.00	6.90	9.28	12.82
20	1.68	—	4.00	6.88	9.23	12.64
25	1.68	3.56	4.00	6.86	9.18	12.46
30	1.68	3.55	4.01	6.85	9.14	12.29
35	1.69	3.55	4.02	6.84	9.11	12.13
40	1.69	3.55	4.03	6.84	9.07	11.98
45	1.70	3.55	4.04	6.84	9.04	11.83
50	1.71	3.56	4.06	6.83	9.03	11.70
55	1.71	3.56	4.07	6.84	8.99	11.55
60	1.72	3.57	4.09	6.84	8.97	11.46

（二）磷酸盐缓冲液

1. 氢二钠-磷酸二氢钠缓冲液（0.2mol/L）

pH	0.2mol/L Na₂HPO₄ 用量/mL	0.2mol/L NaH₂PO₄ 用量/mL	pH	0.2mol/L Na₂HPO₄ 用量/mL	0.2mol/L NaH₂PO₄ 用量/mL
5.8	8.0	92.0	7.0	61.0	39.0
5.9	10.0	90.0	7.1	67.0	33.0
6.0	12.3	87.0	7.2	72.0	28.0
6.1	15.0	85.0	7.3	77.0	23.0
6.2	18.5	81.5	7.4	81.0	19.0
6.3	22.5	77.5	7.5	84.0	16.0
6.4	26.5	73.5	7.6	87.0	13.0
6.5	31.5	68.5	7.7	89.5	10.5
6.6	37.5	62.5	7.8	91.5	8.5
6.7	43.5	56.5	7.9	93.0	7.0
6.8	49.0	51.0	8.0	94.7	5.3
6.9	55.0	45.0			

注：Na₂HPO₄·12H₂O，M_r=358.22，0.2mol/L 溶液为 71.64g/L；NaH₂PO₄·H₂O，M_r=138.01，0.2mol/L 溶液为 27.6g/L；NaH₂PO₄·2H₂O，M_r=156.03，0.2mol/L 溶液为 31.21g/L。

2. 柠檬酸-柠檬酸钠缓冲液（0.1mol/L）

pH	0.1mol/L 柠檬酸 用量/mL	0.1mol/L 柠檬酸钠 用量/mL	pH	0.1mol/L 柠檬酸 用量/mL	0.1mol/L 柠檬酸钠 用量/mL
3.0	18.6	1.4	5.0	8.2	11.8
3.2	17.6	2.4	5.2	7.3	12.7
3.4	16.0	4.0	5.4	6.4	13.6
3.6	14.9	5.1	5.6	5.5	14.5
6.8	14.0	6.0	5.8	4.7	15.3
4.0	13.1	6.9	6.0	3.8	16.2
4.2	12.3	7.7	6.2	2.8	17.2
4.4	11.4	8.6	6.4	2.0	18.0
4.6	10.3	9.7	6.6	1.4	18.6
4.8	9.2	10.8			

注：柠檬酸 C₆H₈O₇·H₂O，M_r=210.14，0.1mol/L 溶液为 21.01g/L；柠檬酸钠 Na₃C₆H₅O₇·2H₂O，M_r=294.12，0.1mol/L 溶液为 29.41g/L。

（三）生物工程技术常用缓冲液

1. TE

(1) pH 7.4：10mmol/L Tris-HCl（pH 7.4）
　　　　1mmol/L EDTA（pH 8.0）
(2) pH 7.6：10mmol/L Tris-HCl（pH 7.6）
　　　　1mmol/L EDTA（pH 8.0）

(3) pH 8.0：10mmol/L Tris-HCl（pH 8.0）

1mmol/L EDTA（pH 8.0）

2. STE（亦称 TEN）

0.1mol/L NaCl

10mmol/L Tris-HCl（pH 8.0）

1mmol/L EDTA（pH 8.0）

3. STET

0.1mol/L NaCl

10mmol/L Tris-HCl（pH 8.0）

1mmol/L EDTA（pH 8.0）

5%Triton X-100

4. TNT

10mmol/L Tris-HCl（pH 8.0）

150mmol/L NaCl

0.05% Tween 20

5. PBS

20mmol/L 磷酸缓冲液（pH 7.4）

150mmol/L NaCl

6. 0.2mol/L 磷酸缓冲液（pH 6.0）

组分浓度：0.2mol/L，配制量1L。

配制方法：①称取十二水合磷酸氢二钠 8.82g；②称取二水合磷酸二氢钠 27.34g；③用去离子水溶解并定容至 1L，室温保存。

注意：此为母液，使用时稀释 40 倍。

7. 洗脱液（含 0.15mol/L 氯化钠的 0.005mol/L pH 6.0 的磷酸缓冲液）

组分浓度：0.15mol/L，配制量10L。

配制方法：①称取氯化钠 87.66g；②用 0.2mol/L pH 6.0 的磷酸缓冲液 250mL 溶解；③用去离子水稀释至 10 L，室温保存。

8. 0.3mol/L 磷酸缓冲液（pH 7.8）

组分浓度：0.3mol/L，配制量0.5L。

配制方法：①准确称取十二水合磷酸氢二钠 49.150g；②二水合磷酸二氢钠 2.000g；③用去离子水溶解并定容至 0.5L，室温保存。

注意：此为母液，使用时稀释 10 倍。

9. 0.2mol/L 乙酸缓冲液（pH 4.6）

组分浓度：0.2mol/L，配制量2L。

配制方法：①准确称取三水合乙酸钠 54.44g；②加入 23mL 冰醋酸，溶解；③用去离子水溶解并定容至 2L，4℃保存。

10. 0.2mol/L 磷酸-柠檬酸缓冲液（pH 2.6、pH 4.6、pH 6.6）

配制方法：① 母液 A（0.2mol/L 的 Na_2HPO_4 溶液）：称取 $Na_2HPO_4 \cdot 12H_2O$ 143.256g，用去离子水定容至 2L；②母液B（0.1mol/L 的柠檬酸溶液）：称取一水合柠檬酸 42.028g，用去离子水溶解定容至 2L；③pH 2.6、pH 4.6、pH 6.6 的三种缓冲液如下表配

制；④按上表混匀后，4℃保存。

pH	A/mL	B/mL
2.6	109.0	891.0
4.6	467.5	532.5
6.6	727.5	272.5

11. 20×SSC 缓冲液（pH 7.0）

配制方法：①准确称取 175.2g 氯化钠；②准确称取 88.2g 二水合柠檬酸钠；③溶解于 800mL 去离子水中；④加入数滴 10mol/L 氢氧化钠溶液调节 pH 至 7.0；⑤加去离子水定容至 1L。

注意：按实验需要可分装后高压灭菌。

10×SSC、5×SSC、1×SSC 可由 20×SSC 做相应稀释得到。

12. 0.15mol/L 氯化钠-乙二胺四乙酸二钠缓冲液（pH 8.0）

配制方法：①准确称取氯化钠 8.77g；②称取乙二胺四乙酸二钠 37.2g；③溶于 800mL 去离子水中；④用固体的氢氧化钠调 pH 为 8.0；⑤加去离子水定容至 1L。

13. 0.15mol/L 的磷酸盐缓冲液（pH 7.6）

（1）溶液甲（0.15mol/L 的 KH_2PO_4 溶液）：称取 KH_2PO_4 9.078g，用去离子水溶解定容至 1L。

（2）溶液乙（0.15mol/L 的 Na_2HPO_4 溶液）：称取 $Na_2HPO_4 \cdot 2H_2O$ 11.876g（或 $Na_2HPO_4 \cdot 12H_2O$ 23.894g）用去离子水溶解定容至 1L。

（3）pH 7.6 磷酸盐缓冲液：将溶液甲和溶液乙按 1.4∶8.6 的比例混合即可。

14. 5×Tris-Glycine Buffer（SDS-PAGE 电泳缓冲液）

组分浓度：0.125mol/L Tris，1.25mol/L Glycine，0.5%（m/V）SDS，配制量 1L。

配制方法：①称取 Tris 15.1g，Glycine 94g，SDS 5.0g，置于 1L 烧杯中；②加入约 800mL 的去离子水，搅拌溶解；③加去离子水将溶液定容至 1L 后，室温保存。

15. 5×SDS-PAGE Loading Buffer

组分浓度：250mmol/L Tris-HCl（pH 6.8），10%（m/V）SDS，0.5%（m/V）BPB，50%（V/V）甘油，5%（m/V）β-巯基乙醇，配制量 5mL。

配制方法：①量取 1mol/L Tris-HCl 1.25mL、SDS 0.5g 、BPB 25mg、甘油 2.5mL，置于 10mL 塑料离心管中；②加入去离子水溶解后定容至 5mL；③小份（500μL/份）分装后，于室温保存；④使用前将 25μL 的 2-ME 加到每小份中；⑤加入 2-ME 的 Loading Buffer 可在室温下保存一个月左右。

四、硫酸铵饱和度计算及加入方式

在分段盐析时，加盐浓度一般以饱和度表示，饱和溶液的饱和度为 100%。用硫酸铵盐析时其溶液饱和度调整方法有三种：一种是当蛋白质溶液体积不大、所需调整的浓度不高时，加入饱和硫酸铵溶液。配制法是加入过量的硫酸铵，加热至 50～60℃保温数分钟，趁热滤去沉淀，再于 0℃或 25℃下平衡 1～2 天，有固体析出时即达 100% 饱和度。盐析所需饱和度可按下式计算：

$$V = V_0 \times \frac{S_2 - S_1}{1 - S_2}$$

式中，V 及 V_0 分别代表所需饱和硫酸铵溶液及原溶液体积；S_2 和 S_1 分别代表所需达到的和原溶液的饱和度。严格来说，混合不同体积的溶液时，总体积会发生变化使上式产生误差，但这由体积改变所造成的误差一般小于 2%，可忽略不计。另一种方法是所需达到饱和度较高而溶液的体积又不再过分增大时，可直接加固体硫酸铵，其加入量可按下式计算：

$$X = \frac{G(S_2 - S_1)}{1 - AS_2}$$

式中，X 是将饱和度为 S_1 的溶液提高到饱和度为 S_2 时所需硫酸铵的质量（g）；G 及 A 为常数，与温度有关。G 在 0℃ 时为 707，20℃ 时为 756；A 在 0℃ 时为 0.27，20℃ 时为 0.29。在室温及 0℃ 时所需硫酸铵饱和度可查表。第三种调整饱和度的方法是将盐析的样品液装于透析袋内对饱和硫酸铵进行透析，此法浓度变化较连续，不会出现盐的局部过高现象，但盐析时测定盐的饱和度手续较烦琐，运用较少。

1. 确定沉淀蛋白质所需硫酸铵浓度的方法

将少量样品冷却到 0~5℃，然后搅拌加入固体硫酸铵粉末，见蛋白质产生沉淀时，离心除去沉淀，分析上清液确定所需蛋白质的浓度。如它仍在溶液中则弃去沉淀，再加更多的硫酸铵于上清液中，直到产生蛋白质沉淀时止。以所要提取的蛋白质在溶液中的浓度对硫酸铵浓度作图，得沉淀曲线，找出蛋白质开始沉淀的浓度。如不考虑收率，饱和度区间可取得窄一些，使纯度高一些。

2. 室温下由 S_1 提高到 S_2 时每升加固体硫酸铵的克数

饱和度	0.10	0.20	0.25	0.30	0.35	0.40	0.45	0.50	0.55	0.60	0.65	0.70	0.75	0.80	0.85	0.90	0.95	1.00
0	55	113	114	175	209	242	278	312	350	390	430	474	519	560	608	657	708	760
0.10		57	67	118	149	182	215	250	287	325	365	405	448	494	530	585	634	685
0.20			29	59	90	121	154	188	225	260	298	337	379	420	465	512	559	610
0.25				29	60	91	123	157	192	228	265	304	345	386	430	475	521	571
0.30					30	61	93	125	160	195	232	270	310	351	394	439	485	533
0.35						30	62	94	128	163	199	235	275	315	358	403	449	495
0.40							31	63	96	131	166	205	240	280	322	365	410	458
0.45								31	64	98	133	169	206	245	286	330	373	420
0.50									32	63	100	135	172	211	250	292	335	380
0.55										33	66	101	138	176	214	255	298	344
0.60											33	67	103	140	179	219	261	305
0.65												34	69	105	143	182	224	267
0.70													34	70	108	146	187	228
0.75														35	72	110	149	170
0.80															36	73	112	152
0.85																37	75	114
0.90																	37	76
0.95																		38

3. 0℃下由 S_1 提高到 S_2 时每 100mL 加固体硫酸铵的克数

		在 0℃时所达到硫酸铵饱和度/%															
		20	25	30	35	40	45	50	55	60	65	70	75	80	85	90	95	100
	0	10.6	13.4	16.4	19.4	22.6	25.8	29.1	32.6	36.1	39.8	43.6	47.6	51.6	55.9	60.3	65.0	69.7
	5	7.9	10.8	13.7	16.6	19.7	22.9	26.2	29.6	33.1	36.8	40.5	44.4	48.4	52.6	57.0	61.5	66.2
	10	5.3	8.1	10.9	13.9	16.9	20.0	23.3	26.6	30.1	33.7	37.4	41.2	45.2	49.3	53.6	58.1	62.7
	15	2.6	5.1	6.2	11.1	14.1	17.2	20.4	23.7	27.1	30.6	34.3	38.1	42.0	46.0	50.3	54.7	59.2
	20	0	2.7	5.5	8.3	11.3	14.3	17.5	20.7	24.1	27.6	31.2	34.9	38.7	42.7	46.9	51.2	55.7
	25		0	2.7	5.6	8.4	11.5	14.6	17.9	21.1	24.5	28.0	31.7	35.5	39.5	43.6	47.8	52.2
	30			0	2.8	5.6	8.6	11.7	14.8	18.1	21.4	24.9	28.5	32.3	36.2	40.2	44.5	48.8
	35				0	2.8	5.7	8.7	11.8	15.1	18.4	21.8	25.4	29.1	32.9	36.9	41.0	45.3
溶液	40					0	2.9	5.8	8.9	12.0	15.3	18.7	22.2	25.8	29.6	33.5	37.6	41.8
的原	45						0	2.9	5.9	9.0	12.3	15.6	19.0	22.6	26.3	30.2	34.2	38.3
始饱	50							0	3.0	6.0	9.2	12.5	15.9	19.4	23.0	26.8	30.8	34.8
和度	55								0	3.0	6.1	9.3	12.7	16.1	19.1	23.5	27.3	31.3
/%	60									0	3.1	6.2	9.5	12.9	16.4	20.1	23.9	27.9
	65										0	3.1	6.3	9.7	13.2	16.8	20.5	21.4
	70											0	3.2	6.5	9.9	13.4	17.1	20.9
	75												0	3.2	6.6	10.1	13.7	17.4
	80													0	3.3	6.7	10.3	13.9
	85														0	3.4	6.8	10.5
	90															0	3.4	7.0
	95																0	3.5
	100																	

五、生物工程单元操作实验中常用数据表

1. 长度单位

名称	缩写	换算法							
米	m	1	10^{-1}	10^{-2}	10^{-3}	10^{-6}	10^{-9}	10^{-10}	10^{-12}
分米	dm	10	1	10^{-1}	10^{-2}	10^{-5}	10^{-8}	10^{-9}	10^{-11}
厘米	cm	10^2	10	1	10^{-1}	10^{-4}	10^{-7}	10^{-8}	10^{-10}
毫米	mm	10^3	10^2	10	1	10^{-3}	10^{-6}	10^{-7}	10^{-9}
微米	μm	10^6	10^5	10^4	10^3	1	10^{-3}	10^{-4}	10^{-6}
纳米	nm	10^9	10^8	10^7	10^6	10^3	1	10^{-1}	10^{-3}
埃	Å	10^{10}	10^9	10^8	10^7	10^4	10	1	10^{-2}
皮米	pm	10^{12}	10^{11}	10^{10}	10^9	10^6	10^3	10^2	1

2. 体积单位

名称	缩写			换算法		
升	L	1	10^{-1}	10^{-2}	10^{-3}	10^{-6}
分升	dL	10	1	10^{-1}	10^{-2}	10^{-5}
厘升	cL	10^2	10	1	10^{-1}	10^{-4}
毫升	mL	10^3	10^2	10	1	10^{-3}
微升	μL	10^6	10^5	10^4	10^3	1

3. 质量单位

名称	缩写				换算法			
千克	kg	1	10^{-3}	10^{-4}	10^{-5}	10^{-6}	10^{-9}	10^{-15}
克	g	10^3	1	10^{-1}	10^{-2}	10^{-3}	10^{-6}	10^{-12}
分克	dg	10^4	10	1	10^{-1}	10^{-2}	10^{-5}	10^{-11}
厘克	cg	10^5	10^2	10	1	10^{-1}	10^{-4}	10^{-10}
毫克	mg	10^6	10^3	10^2	10	1	10^{-3}	10^{-9}
微克	μg	10^9	10^6	10^5	10^4	10^3	1	10^{-6}
纳克	ng	10^{12}	10^9	10^8	10^7	10^6	10^3	10^{-3}
皮克	pg	10^{15}	10^{12}	10^{11}	10^{10}	10^9	10^6	1

4. 数与物质的量浓度表示法

名称		单位符号	物质的量浓度单位	
中文	英文		符号	换算
摩尔	mole	mol	mol/L	1mol/L
毫摩尔	millimole	mmol	mmol/L	$\times 10^{-3}$mmol/L
微摩尔	micromole	μmol	μmol/L	$\times 10^{-6}\mu$mol/L
纳摩尔	nanomole	nmol	nmol/L	$\times 10^{-9}$nmol/L
皮摩尔	picromole	pmol	pmol/L	$\times 10^{-12}$pmol/L

5. 制数量词头及符号

词头	符号	系数	词头	符号	系数
yocto-幺	y	$\times 10^{-24}$	deca-十	da	$\times 10$
zepto-仄	z	$\times 10^{-21}$	hecto-百	h	$\times 10^2$
atto-阿	a	$\times 10^{-18}$	kilo-千	k	$\times 10^3$
femto-飞	f	$\times 10^{-15}$	mega-兆	M	$\times 10^6$
pico-皮	p	$\times 10^{-12}$	giga-吉	G	$\times 10^9$
nano-纳	n	$\times 10^{-9}$	tera-太	T	$\times 10^{12}$
micro-微	μ	$\times 10^{-6}$	peta-拍	P	$\times 10^{15}$
milli-毫	m	$\times 10^{-3}$	exa-艾	E	$\times 10^{18}$
centi-厘	c	$\times 10^{-2}$	zetta-皆	Z	$\times 10^{21}$
deci-分	d	$\times 10^{-1}$	yotta-佑	Y	$\times 10^{24}$

六、高压蒸汽灭菌常用压力、温度与时间

蒸汽压力			蒸汽温度/℃	灭菌时间/min
MPa	kg/cm²	lb/in²		
0.055	0.56	8.00	112.6	30
0.069	0.70	10.00	115.2	20
0.103	1.00	15.00	121.0	20

七、实验室常用化学杀菌剂和消毒剂

类别	代表	常用含量	用途	作用机制
醛类	甲醛	36%～40%	熏蒸空气（接种室、培养室）	使蛋白质变性
	石炭酸（来苏儿）	3%～5%	室内空气喷雾消毒，擦洗被污染的桌面、地面	破坏细胞膜，使蛋白质变性
酚类		3%～5%	浸泡用过的移液管等玻璃器皿（浸泡1h）	
		1%～2%	皮肤消毒（1～2min）	
醇类	乙醇	70%～75%	皮肤消毒或器皿表面消毒	脱水，使蛋白质变性
有机类	乳酸	80%	熏蒸空气（接种室、培养室）	破坏细胞膜和酶类
	乙酸	3～5mL/m²	熏蒸空气	
	苯甲酸	0.1%	食品防腐剂（抑制真菌）	
	山梨酸	0.1%	食品防腐剂（抑制霉菌）	
	丙酸盐	0.32%	食品防腐剂（抑制霉菌）	
无机酸	硫酸	0.01mol/L	适用于玻璃器皿浸泡	破坏细胞膜和酶类
碱类	烧碱	4%	病毒性传染病	
	石灰水	1%～3%	粪便消毒、畜舍消毒	
氧化剂	高锰酸钾	0.1%～3%	皮肤、水果、茶具消毒	蛋白质或酶氧化变性
	漂白粉	1%～5%	洗刷培养室、饮水及粪便消毒（对噬菌体有效）	
	过氧化氢	3%	清洗伤口	
	氯气	0.2～1.0mg/m³	饮用水消毒	
	碘	2.5%	皮肤消毒	
重金属盐	汞	0.05%～0.2%	非金属表面器皿及组织分离	蛋白质变性、酶失活
	汞溴红	2%	体表及伤口消毒	
	硝酸银	0.1%～1.0%	新生儿眼药水	
	硫酸铜	与石灰水配成波尔多液	真菌、藻类杀菌剂，防治植物病	
金属螯合剂	8-羟基喹啉硫酸盐	0.1%～0.2%	外用清洗消毒、生化试剂缓冲液的防腐剂	与酶的激活剂或金属活性剂结合，使酶失活
去污剂	新洁尔灭	0.25%	皮肤及器皿消毒	破坏细胞膜，使蛋白质变性
		0.01%	浸泡用过的盖玻片、载玻片	
	肥皂	1:5000	皮肤清洁剂	
染料	结晶紫	2%～4%	体表及伤口消毒	破坏细胞膜或细胞质中核酸结合，破坏其生理功能

八、发酵中常用有机氮源的成分

成分	黄豆饼粉	棉籽饼粉	花生饼粉	玉米浆	鱼粉	米糠	酵母膏
蛋白质/%	51	41	45	24	72	13	50
碳水化合物/%	—	28	23	5.8	5	45	—
脂肪/%	1	1.5	5	1	1.5	13	—
纤维/%	3	13	12	1	2	14	3
灰分/%	5.7	6.5	5.5	8.8	18.1	16	10
干物/%	92	90	90.5	50	93.6	91	95
核黄素/(mg/kg)	3.06	4.4	5.3	5.73	10.1	2.64	—
硫胺素/(mg/kg)	2.4	14.3	7.3	0.88	1.1	22	—
泛酸/(mg/kg)	14.5	44	48.4	74.6	9	23.2	—
烟酸/(mg/kg)	21	—	167	83.6	31.4	297	—
吡咯醇/(mg/kg)	—	—	—	19.4	14.7	—	—
生物素/(mg/kg)	—	—	—	0.88	—	—	—
胆碱/(mg/kg)	2750	2400	1670	629	3560	1250	—
精氨酸/%	3.2	3.3	4.6	0.4	4.9	0.5	3.3
胱氨酸/%	0.6	1.0	0.7	0.5	0.8	0.1	1.4
甘氨酸/%	2.4	2.4	3	1.1	3.5	0.9	—
组氨酸/%	1.1	0.9	1	0.3	2	0.2	1.6
异亮氨酸/%	2.5	1.5	2	0.9	4.5	0.4	5.5
亮氨酸/%	3.4	2.2	3.1	0.1	6.8	0.6	6.2
赖氨酸/%	2.9	1.6	1.3	0.2	6.8	0.5	6.5
甲硫氨酸/%	0.6	0.5	0.6	0.5	2.5	0.2	2.1
苯丙氨酸/%	2.2	1.9	2.3	0.3	3.1	0.4	3.7
苏氨酸/%	1.7	1.1	1.4	—	3.4	0.4	3.5
色氨酸/%	0.6	0.5	0.5	—	0.8	0.1	1.2
酪氨酸/%	1.4	1	—	0.1	2.3	—	4.6
缬氨酸/%	2.4	1.8	2.2	0.5	4.7	0.6	4.4

参 考 文 献

高勤学. 2007. 基因操作技术. 北京：中国环境科学出版社.

贾士儒. 2004. 生物工程专业实验. 北京：中国轻工业出版社.

柯德森. 2010. 生物工程下游技术实验手册. 北京：科学出版社.

雷德柱, 胡位荣. 2010. 生物工程中游技术实验手册. 北京：科学出版社.

李啸. 2009. 生物工程专业综合大实验指导. 北京：化学工业出版社.

李玉林, 任平国. 2009. 生物技术综合实验. 北京：化学工业出版社.

刘佳佳, 曹福祥. 2004. 生物技术原理与方法. 北京：化学工业出版社.

刘亮伟，陈红歌. 2010. 基因工程原理与实验指导. 北京：中国轻工业出版社.

刘晓晴. 2009. 生物技术综合实验. 北京：科学出版社.

卢圣栋. 1993. 现代分子生物学实验技术. 北京：高等教育出版社.

唐涌濂，张雪洪，胡洪波. 2004. 生物工程单元操作实验. 上海：上海交通大学出版社.

魏春红，李毅. 2006. 现代分子生物学实验技术. 北京：高等教育出版社.

魏群. 2002. 生物工程技术实验指导. 北京：高等教育出版社.

杨安钢，刘新平，药立波. 2008. 生物化学与分子生物学实验技术. 北京：高等教育出版社.

曾佑炜，揭广川，李家洲. 2010. 基因工程技术. 北京：中国轻工业出版社.

张维铭. 2005. 现代分子生物学实验手册. 北京：科学出版社.

钟卫鸿. 2007. 基因工程技术实验指导. 北京：化学工业出版社.